AF524208

Anwendungsentwicklung auf der SAP® Cloud Platform

SAP PRESS ist eine gemeinschaftliche Initiative von SAP SE und der Rheinwerk Verlag GmbH. Unser Ziel ist es, Ihnen als Anwendern qualifiziertes SAP-Wissen zur Verfügung zu stellen. SAP PRESS vereint das Know-how der SAP und die verlegerische Kompetenz von Rheinwerk. Die Bücher bieten Ihnen Expertenwissen zu technischen wie auch zu betriebswirtschaftlichen SAP-Themen.

Damit Sie nach weiteren Titeln Ihres Interessengebiets nicht lange suchen müssen, haben wir eine kleine Auswahl zusammengestellt.

Holger Seubert
SAP Cloud Platform
1. Auflage 2018, 327 Seiten, geb.
ISBN 978-3-8362-6320-7
www.sap-press.de/4646

André Tiebing, Benjamin Kunold, Patrick Jungk
ABAP-Entwicklung auf der SAP Cloud Platform
1. Auflage 2021, 534 Seiten, geb.
ISBN 978-3-8362-7830-0
www.sap-press.de/5171

Carsten Bönnen et al.
SAP Gateway und OData
3., aktualisierte und erweiterte Auflage 2019, 818 Seiten, geb.
ISBN 978-3-8362-6717-5
www.sap-press.de/4802

Renzo Colle, Ralf Dentzer, Jan Hrastnik
Core Data Services für ABAP
2., aktualisierte und erweiterte Auflage 2020, 591 Seiten, geb.
ISBN 978-3-8362-7028-1
www.sap-press.de/4898

Einleitung

Die Anwendungsentwicklung im SAP-Umfeld war lange geprägt vom klassischen On-Premise-Deployment-Paradigma der Anwendungssoftware. Hier entwickeln Kunden und Partner eigenständige Erweiterungen der SAP-Standardprodukte, meist auf Basis des ABAP-Applikationsservers. Dieser stellt Entwicklungsumgebung, Modularisierungs- und Schnittstellentechnologie sowie Software-Lifecycle-Management-Werkzeuge zur Verfügung, um eine Erweiterung optimal zu integrieren.

Mit der wachsenden Popularität von Cloud-Plattformen und dem Software-as-a-Service-Vertriebs- und -Benutzungsmodell kann sich SAP nicht mehr alleine auf ein geschlossenes, proprietäres Programmiermodell und Erweiterungsmodell verlassen. Kunden und Partner wollen neue, sich agil entwickelnde Technologien im Cloud-Umfeld nutzen, wo sie aber auf völlig andere Konzepte und Architekturen treffen als in der klassischen On-Premise-Welt. *Microservices*, *Cloud Native Design*, *12 Factor Applications*, *Continuous Deployment* und *DevOps* sind nur einige Konzepte, die sich im Umfeld der Cloud-Plattformen entwickelt haben, oder auch nur eine Renaissance unter neuem Namen erleben. Viele frei verfügbare Frameworks und Werkzeuge für die verschiedenen Programmiersprachen konkurrieren um die Gunst der Entwickler*innen, besitzen allerdings oft nur eine Lebensdauer von wenigen Jahren.

Herausforderungen der Softwareentwicklung

Mit dem Zugang zur SAP Cloud Platform stehen SAP-Kunden und Partner deshalb vor folgenden Fragen:

- Wie entwickeln wir cloud-native Anwendungen, die unsere bestehenden SAP-Anwendungen und -Prozesse erweitern?
- Wie entwickeln wir neue, differenzierende Geschäftsanwendungen, die sich optimal in unseren bestehenden SAP-Kontext integrieren?
- Wie profitieren wir von der rasanten Technologieentwicklung im Cloud-Umfeld, ohne dass sich unser Entwicklungsteam mehr mit technologischen Neuerungen auseinandersetzt als mit der Implementierung eines geschäftlich relevanten Prozesses?
- Wie befreien wir unsere Entwicklungsabteilung von der Last der immer wiederkehrenden Implementierung grundlegender Qualitäten wie Sicherheit, Skalierbarkeit, Erfüllung von Datenschutzvorgaben, Auditierbarkeit, Internationalisierung etc.?

Eine Antwort von SAP auf diese Fragen ist das *SAP Cloud Application Programming Model* (*CAP*). CAP wird auch als Backend-Programmiermodell bezeichnet. Dies bedeutet, dass es kein Modell zur Entwicklung von Benutzeroberflächen darstellt. Über die Benutzeroberfläche macht CAP im Kern keine Annahmen. SAP Fiori kann aber besonders einfach über das OData-Protokoll als UI-Programmiermodell zusammen mit CAP eingesetzt werden.

Ziele des Buches Ziel dieses Buches ist es, dass Sie anhand von Implementierungsbeispielen die Grundprinzipien von CAP verstehen und auch seine Abhängigkeiten zur Welt der SAP Cloud Platform. Ich möchte Sie in die Lage versetzen, mittels der schnell wachsenden CAP-Community und der von SAP zur Verfügung gestellten Ressourcen Ihre eigenen CAP-Projekte erfolgreich durchführen zu können.

Sie werden bemerken, dass ich in diesem Buch großen Wert auf den Praxisbezug lege. Anhand einer Beispielanwendung werden Sie Schritt für Schritt in immer fortgeschrittenere Aspekte von CAP eingeführt. Diese Teile werden durch eher theoretische Abschnitte ergänzt, sodass Sie auch eine Vorstellung von den Möglichkeiten bekommen, die naturgemäß im Rahmen einer Beispielanwendung nicht demonstriert werden können.

Es ist nicht das Ziel dieses Buches, eine möglichst vollständige Faktensammlung aller Details zu CAP zu sein. Dieser Versuch müsste scheitern, da ständig neue Fähigkeiten und Integrationspunkte entstehen. Vielmehr sollen Sie anhand eines nachvollziehbaren Beispiels die stabilen Grundprinzipien von CAP verstehen und die sich darum gruppierenden Werkzeuge.

Zielgruppe Dieses Buch richtet sich vor allem an Architekt*innen und Entwickler*innen, die Anwendungen auf der SAP Cloud Platform entwerfen und implementieren, aber auch an für Entwicklungsteams verantwortliche Manager*innen, die nach Ansätzen zur Applikationsentwicklung für ihre Teams suchen. Ich setze deswegen grundlegende Kenntnisse der Softwareentwicklung voraus. Obwohl nicht zwingend notwendig, ist es von Vorteil, wenn Sie insbesondere Vorkenntnisse im Bereich moderner Entwicklungswerkzeuge (z. B. Eclipse, Visual Studio Code), im Umgang mit Command-Line-Werkzeugen (Microsoft PowerShell oder Linux Bash), der relationalen Datenmodellierung, der Cloud Foundry Platform-as-a-Service und der Programmierung in Node.js mitbringen. Meine Entscheidung, Node.js zu favorisieren, liegt schlicht darin begründet, dass die Node.js-Ausprägung von CAP früher produktiv einsetzbar war als die Java-Variante und auch in der SAP-Community verbreiteter ist.

Falls Sie nicht in allen Bereichen Vorkenntnisse haben, seien Sie unbesorgt. Das Buch führt Sie im Stil eines Tutorials durch die Entwicklung einer Beispielanwendung mittels CAP, ohne technisch zu detailliert zu werden. Damit sollen insbesondere auch Entwickler*innen angesprochen werden, die aus der klassischen SAP-Umgebung des ABAP-Applikationsservers kommen. CAP versucht nicht, diese Umgebung zu kopieren. Dies würde aufgrund der verschiedenen technischen Randbedingungen und Paradigmen gar keinen Sinn ergeben. Trotzdem werden Sie sich in den Prinzipien von CAP wiederfinden, die es erlauben, Ihre Kompetenz als in der Entwicklung betriebswirtschaftlicher Anwendungen voll zu nutzen.

Was Sie hier nicht finden werden

CAP ist ein *Backend-Programmiermodell*, d. h., es adressiert vor allem, aber nicht notwendigerweise, die Entwicklung von Services mit angeschlossener Datenbank. CAP als Programmiermodell für die SAP Cloud Platform integriert sich natürlich mit anderen SAP-Technologien. Vor allem sind dies die Cloud-Foundry-Umgebung der SAP Cloud Platform, SAP Fiori und SAP HANA. All dies sind Bereiche, die eigene Prinzipien und Programmiermodelle exponieren. Dieses Buch wird jeweils Hintergrundinformationen zu diesen Technologien liefern, soweit sie für die Integration mit CAP wichtig sind und die gezeigten Beispiele es erfordern. Das Vermitteln solcher Technologien im vollem Umfang sprengt allerdings den Rahmen des Buches. Der Rheinwerk Verlag bietet Ihnen jedoch auch zu diesen Themen Vertiefungsmöglichkeiten.

Technische Voraussetzungen

Um die hier entwickelten Beispiele nachvollziehen zu können, sollten Sie über einen Computer mit Zugang zum Internet verfügen. Auf diesem Computer benötigen Sie die Berechtigung, Software installieren zu können. Sie werden nur gängige, freie Software benötigen, für die keine Lizenzen erforderlich sind. Um auch die letzten Kapitel des Buches nachvollziehen zu können, benötigen Sie allerdings einen Zugang zur SAP Cloud Platform. Falls dieser nicht schon im Kontext Ihres Unternehmens existiert, können Sie über einen Trial-Account Zugang erhalten.

Aufbau des Buches

Teil I: Motivation und Einführung

Teil I besteht aus zwei einführenden Kapiteln. **Kapitel 1**, »Einführung in das SAP Cloud Application Programming Model«, ist theoretischer Natur und beantwortet vor allem die Fragen, was das SAP Cloud Application Programming Model ist und was seine Bestandteile und Prinzipien sind. Da CAP genutzt wird, um Anwendungen für die SAP Cloud Platform zu bauen, werden kurz deren Zielsetzung und Eigenschaften rekapituliert. Die SAP Cloud Platform kann im Rahmen dieses Buches nicht im Detail behandelt werden. Trotzdem ist es wichtig, die Beziehung von CAP zur SAP Cloud Platform genau zu verstehen, ebenso wie die Beziehungen zu SAP Fiori und SAP HANA.

Mit **Kapitel 2**, »Erste Schritte zur eigenen Anwendung«, wechseln Sie in den Praxismodus. Zuallererst beschreibe ich, welche Software Sie installieren müssen und wo Sie diese aus dem Internet beziehen können. Anhand eines "Hello World"-Beispiels werden einige CAP-Komponenten beschrieben und angewandt. Mithilfe dieses kleinen Beispiels werden Sie in die Art und Weise eingeführt, wie Sie mit CAP Entwicklungsprojekte durchführen sollten.

Teil II: Entwicklung einer Beispielanwendung

Teil II beschäftigt sich mit der Entwicklung einer relevanteren Anwendung. Sie werden zur Erstellung eines Produktkatalogs ein typisches CAP-basiertes Entwicklungsprojekt aufsetzen und strukturieren. Die Beispielanwendung wird im gesamten Teil II dieses Buches rein lokal auf Ihrem Rechner entwickelt. Sie brauchen dafür noch keinen Zugang zur SAP Cloud Platform.

In **Kapitel 3**, »Start des Entwicklungsprojekts«, wenden Sie die in Teil I erlernten Techniken auf die Entwicklung einer realistischen Anwendung, einen Produktkatalog, an. Dieses Kapitel beschreibt die Erstellung der ersten Version dieser Anwendung. Darüber hinaus zeige ich Ihnen das Testen mittels HTTP-Clients sowie das Debuggen Ihrer Anwendung.

Kapitel 4, »Core Data Services für CAP im Detail«, beschäftigt sich systematisch mit der Modellierungssprache CDS für CAP. Sie lernen die Grundprinzipien, aber auch weiterführende Konzepte von CDS kennen. Betrachten Sie dieses Kapitel als theoretische Vertiefung. Nicht alle Techniken von CDS werden Sie für die Beispielanwendung benötigen. Für die zukünftige Implementierung Ihrer eigenen Anwendungen finden Sie hier aber eine kompakte Beschreibung der Sprache CDS.

Mithilfe von **Kapitel 5**, »Weiterentwicklung zur produktiven Anwendung«, werden Sie die Beispielanwendung sukzessive mit fortgeschrittenen CDS-Techniken ausstatten, die Sie für einen produktiven Einsatz im Geschäftsumfeld benötigen. Es werden Eigenschaften wie Internationalisierung, Authentifizierung, Autorisierung und die Wiederverwendung von Modellen behandelt. Die Verwendung von SAP-Fiori-Benutzeroberflächen im Zusammenhang mit CAP innerhalb Ihrer lokalen Testumgebung wird im Detail erläutert.

In **Kapitel 6**, »Das CDS API für Node.js«, werden Sie sich erneut mit Theorie beschäftigen dürfen. Sie lernen die Schnittstelle kennen, mit der Sie programmatisch in Node.js mit CDS interagieren können. Allerdings ist dieses Kapitel auch für Java-Programmierer*innen relevant, da nicht nur technische Schnittstellen, sondern auch die Einsatzmöglichkeiten und die semantischen Eigenschaften der Schnittstelle besprochen werden. Auch bezüglich der API-Methoden ist die Java-Schnittstelle mit der Node.js-Schnittstelle vergleichbar.

Teil III: Arbeiten mit der SAP Cloud Platform

In **Teil III** dreht sich alles um das Entwickeln und Deployen einer CAP-basierten Anwendung im Kontext der SAP Cloud Platform. Bis zu diesem Punkt werden Sie Plattform-Services wie die SAP-HANA-Datenbank oder den Service zur Authentifizierung nur lokal simuliert haben. Diese werden nun durch entsprechende produktive Services der SAP Cloud Platform ersetzt. In einem Zwischenschritt kann der Applikationsserver weiterhin in Ihrer lokalen Umgebung verbleiben. Als Endausbaustufe wird Ihre Anwendung komplett auf die SAP Cloud Platform deployt sein.

Kapitel 7, »Deployment-Umgebung auf der SAP Cloud Platform anlegen«, zeigt, wie Sie Zugang zu einem Trial-Account der SAP Cloud Platform bekommen und welche Konfigurationen Sie vornehmen müssen, um die Cloud-Foundry-Umgebung einzurichten. Im Zuge einer Einführung in die Arbeit mit Cloud Foundry deployen Sie eine Anwendung in die Cloud-Foundry-Umgebung.

In **Kapitel 8**, »SAP-Anwendungsarchitektur in der Cloud-Foundry-Umgebung«, steht die Blaupause von SAP für Geschäftsanwendungen in der Cloud-Foundry-Umgebung der SAP Cloud Platform im Mittelpunkt. Sie lernen die Application-Router-Komponente kennen, die unter anderem als Frontend-Server für die Benutzeroberfläche fungiert. Die Rolle des SAP HANA Cloud Services sowie des SAP Cloud Platform Authorization and Trust Management wird erläutert. Ihre Beispielanwendung wächst dabei um eine SAP-Fiori-Benutzerschnittstelle.

Kapitel 9, »Anbindung an SAP HANA«, beschäftigt sich speziell mit der Beziehung von CAP zum SAP HANA Cloud Service, sowohl während der lokalen Entwicklung als auch nach einem produktiven Deployment.

Das Szenario der hybriden Entwicklung wird in **Kapitel 10**, »Hybride Entwicklung«, behandelt. Die Applikationsserver einer Anwendung können dabei in der lokalen Entwicklungsumgebung verbleiben, kommunizieren aber dennoch mit Services auf der SAP Cloud Platform. Dies reduziert die Dauer von Entwicklungs- und Testzyklen erheblich. Neben SAP HANA steht die Konfiguration und Nutzung des SAP Cloud Platform Authorization and Trust Management Services im Mittelpunkt.

Das eigentliche Deployment und der Betrieb der Anwendung auf der SAP Cloud Platform wird Ihnen in **Kapitel 11**, »Deployment der Geschäftsanwendung«, vorgestellt. Zwei Alternativen werden präsentiert und verglichen: zum einen die Nutzung des Cloud-Foundry-Kommandozeilenwerkzeugs, zum anderen die Technik der Multitarget Applications. Zum Ende dieses Kapitels ist Ihre Anwendung vollständig auf der SAP Cloud Platform verfügbar.

Teil IV: Integration mit SAP-Produkten und -Services

Kaum ein Cloud-Service arbeitet isoliert von anderen Produkten und Services. **Teil IV** zeigt Ihnen daher, wie Sie Services der SAP Cloud Platform nutzen können, um CAP-basierte Anwendungen zu entwickeln, aber vor allem zur Laufzeit mit Produkten des SAP-Portfolios zu integrieren.

Kapitel 12, »Das SAP Business Application Studio«, stellt Ihnen *IDE as a Service* auf der SAP Cloud Platform vor, was unter anderen für die Entwicklung von CAP-basierten Anwendungen genutzt werden kann.

In **Kapitel 13**, »Integration mit SAP-Lösungen«, erhalten Sie einen Überblick über die Kommunikation von CAP-basierten Anwendungen mit anderen Lösungen von SAP. Sie lernen Techniken und Services kennen, mit denen Sie Ihre CAP-basierte Anwendung beispielsweise mit SAP S/4HANA verbinden können. Für eine ereignisbasierte Kommunikation kommt dafür das SAP Cloud Platform Enterprise Messaging zum Einsatz.

Kapitel 14, »Problembehandlung«, bietet Ihnen Hilfestellungen, wenn es mal mit dem einen oder anderen Schritt des Entwicklungsprozesses nicht gleich klappt.

Zum Schluss gibt Ihnen **Kapitel 15**, »Zusammenfassung und Ausblick«, ein Resümee und einen Ausblick auf kommende Neuerungen im Umfeld der Anwendungsentwicklung auf der SAP Cloud Platform.

Danksagung

Auch wenn dieses Buch nur durch einen einzelnen Autor erstellt wurde, so ist es doch ein Kondensat von Ideen und ihren Umsetzungen, die mit der Zeit von vielen beigetragen wurden. Allen konstruktiv Beitragenden gilt mein Dank. Neben dem gesamten CAP-Team möchte ich aber dennoch die, aus meiner Sicht, drei »Macher« des SAP Cloud Application Programming Model in der heutigen Form besonders hervorheben, mit denen ich glücklicherweise eine Zeitlang eng zusammenarbeiten durfte: Zuallererst danke ich dem »Erzeuger« Daniel für seine Sturheit, Konsequenz und Brillanz, ohne die sich CAP schon lange in ein verwaschenes Konzept aufgelöst hätte. Dem »Geburtshelfer« Johannes gilt es, für seine Weitsicht und Geduld mit Einzelnen zu danken. Ohne ihn hätte CAP niemals organisatorisch Fahrt aufgenommen. Und dann ist da noch der »Taufpate« und »Missionar«,

Christian, der CAP beim Aufwachsen zur Seite steht, wenn es gilt, fachliche und organisatorische Probleme aus dem Weg zu räumen.

Danken möchte ich auch dem Lektorat des Rheinwerk Verlags, das mich so effektiv und unkompliziert bei meinem ersten Buch dieser Art geleitet hat.

Dr. Klaus Kopecz
September 2020

TEIL I

Einführung

1

Kapitel 1
Einführung in das SAP Cloud Application Programming Model

Das SAP Cloud Application Programming Model (CAP) ist eine Sammlung von Sprachen, Bibliotheken und Werkzeugen zur Entwicklung von Services und Anwendungen in Geschäftsprozessen. CAP integriert sich optimal in die SAP Cloud Platform. Es unterstützt Anwendungsentwickler darin, Geschäftslogiken zu implementieren, anstatt sich übermäßig und wiederholt mit der technischen Domäne auseinanderzusetzen.

Cloud-basierte Anwendungen erfreuen sich seit Jahren wachsender Popularität. Das gilt nicht nur für den Markt der privaten Endkonsumenten, die durch Plattformbetreiber wie Facebook und Google bedient werden. Unternehmen aus allen Branchen setzen in zunehmendem Maße auf Cloud-Technologien. Sie können dabei zwei Rollen einnehmen:

Software as a Service

- **Konsument von Software**

  Das gängige Geschäftsmodell des Softwareanbieters ist ein Mietmodell, das sogenannte *Software-as-a-Service*-(SaaS)-Modell. Konsumenten abonnieren eine Anwendung für eine regelmäßig zu entrichtende Gebühr. Die Anwender kümmern sich nicht um Installation, Wartung und Betrieb der Software, dies übernimmt allein der Softwareanbieter.

- **Anbieter und Betreiber von Anwendungen**

  Firmen, die sich auf Softwareentwicklung spezialisiert haben, aber auch große Unternehmen mit eigenen IT-Abteilungen, implementieren differenzierende Anwendungen und Services. Diese können zum Großteil eigenständig fungieren, oder sie haben einen Erweiterungscharakter. Im letzten Fall erweitern sie bestehende Geschäftsprozesse, die z. B. auf On-Premise-Systemen im Unternehmen realisiert sind, durch kleine, modulare Zusatzfunktionen. Der Vorteil für den Anbieter ist, dass bestehende Systeme nicht modifiziert werden müssen, sondern dass die Erweiterung über offene Schnittstellen integriert wird.

SaaS-Anwendungen als Erweiterungen

Anbieter von Software suchen deswegen nach Möglichkeiten der Anwendungsprogrammierung für Cloud-Plattformen, die sowohl den SaaS-Anwendungsfall als auch den Erweiterungsfall effektiv unterstützen. Tatsächlich müssen diese beiden Charakteristiken einer Anwendung oft gleichzeitig erfüllt sein. Ein international agierendes Unternehmen möchte z. B. einen bestehenden Geschäftsprozess basierend auf SAP S/4HANA erweitern, diese Erweiterung über das SaaS-Modell aber gleichzeitig seinen Landesgesellschaften zur Verfügung stellen und die Nutzung differenziert abrechnen.

Cloud-basierte Geschäftsanwendungen mit CAP

SAP bietet eine effektive Möglichkeit der Erstellung von Geschäftsanwendungen für die SAP Cloud Platform durch Nutzung des *SAP Cloud Application Programming Model* (CAP). Im Zusammenspiel mit der SAP Cloud Platform bietet CAP Qualitäten zur Erstellung komplexer Geschäftsanwendungen, wie den Umgang mit komplexen Datenmodellen und Datenabfragen, Internationalisierung, Auditierbarkeit, Datenschutz (z. B. Einhaltung der DSGVO) und mehr. Dabei zeichnet sich CAP gleichzeitig durch Standardisierung und Offenheit gegenüber anderen gängigen Technologien aus, die von SAP selbst kommen (z. B. SAP Fiori), oder in Open-Source-Communitys gepflegt werden.

In Abschnitt 1.1 stelle ich Ihnen zunächst die SAP Cloud Platform im Überblick vor. Abschnitt 1.2 beschäftigt sich mit Designprinzipien und Zielsetzungen von CAP. Die Komponenten von CAP werden erläutert und deren Beziehung zur SAP Cloud Platform dargestellt.

1.1 Die SAP Cloud Platform

Die *SAP Cloud Platform* stellt Services und Werkzeuge bereit, um Unternehmensanwendungen zu entwickeln und zu betreiben. Bestehende Geschäftsanwendungen können in der Cloud integriert werden, um vorhandene Geschäftsprozesse zu erweitern. Gleichzeitig können völlig neue Prozesse durch neu entwickelte Anwendungen und Services realisiert werden. SAP betreibt die SAP Cloud Platform global über eine Vielzahl von Rechenzentren in der ganzen Welt. SAP bietet damit eine *Platform as a Service* (PaaS) für Unternehmensanwendungen. Entsprechend werden Services angeboten, die wichtige Qualitäten für eine Geschäftsanwendung bereitstellen. Diese sind u. a.:

- Sicherheit im Anwendungsbetrieb
- Authentifizierung und Autorisierung

- Erfüllung von Datenschutzrichtlinien
- Auditierbarkeit, Skalierbarkeit
- nachrichten- und ereignisbasierte Kommunikation
- SAP HANA als Persistenzservice
- Bereitstellung von Anwendung nach dem SaaS-Modell
- Application Lifecycle Management und mehr

Über diese technisch ausgerichteten Services hinaus bietet die SAP Cloud Platform eine Reihe von Services mit direktem betriebswirtschaftlichem Mehrwert, wie beispielsweise Services zur Stammdatenverteilung, Analytics und Prozessintegration.

[o]

Platform as a Service (PaaS)

Eine PaaS ist eine cloudbasierte Plattform, die Entwicklern Dienste bereitstellt, um effektiv Anwendungen für die Cloud zu entwickeln und sie in der Cloud zu betreiben. Dazu zählen u. a. Entwicklungs- und Software-Lifecycle-Management-Werkzeuge, Möglichkeiten zur Skalierung und für den sicheren Betrieb sowie Monitoring-Werkzeuge.

Business Application Platform

Im Sinne einer PaaS für Geschäftsanwendungen spricht man auch von einer *Business Application Platform*. Eine detaillierte Darstellung der Konzepte und der Nutzungsmöglichkeiten der SAP Cloud Platform finden Sie in dem Buch »SAP Cloud Platform. Services, Nutzen, Erfolgsfaktoren« von Holger Seubert (siehe *www.sap-press.de/4646*).

Neo-Umgebung der SAP Cloud Platform

Die SAP Cloud Platform stellt verschiedene Umgebungen (sogenannte *Environments*) zur Verfügung. Die *Neo-Umgebung* der SAP Cloud Platform ist ein SAP-proprietäres Angebot einer PaaS. Es ermöglicht die Entwicklung und den Betrieb von Java- und HTML5-Anwendungen mit Zugriff auf SAP HANA.

Cloud-Foundry-Umgebung der SAP Cloud Platform

Die *Cloud-Foundry-Umgebung* der SAP Cloud Platform basiert auf der offenen Cloud-Foundry-Plattform (siehe *www.cloudfoundry.org*). Damit stehen Ihnen eine große Anzahl an potenziellen Werkzeugen und Programmiersprachen zur Verfügung. SAP ist selbst Mitglied der Cloud Foundry Foundation und gestaltet die Evolution dieser PaaS aktiv mit.

[«]

SAP Cloud Application Programming Model und die Cloud-Foundry-Umgebung

Das SAP Cloud Application Programming Model fokussiert sich heute auf die Entwicklung von Anwendungen für die Cloud-Foundry-Umgebung der

SAP Cloud Platform. CAP ist im Kern allerdings unabhängig von einer spezifischen Laufzeitplattform. Zukünftige Deployment-Ziele können über eine Adaptationsschicht angeschlossen werden. Damit sind Investitionen in CAP langfristig geschützt.

ABAP-Umgebung

Die *ABAP-Umgebung* ermöglicht es ABAP-Entwicklern, ihre Sprachkenntnisse auch auf der SAP Cloud Platform gewinnbringend einzusetzen. Das dort genutzte *ABAP RESTful Programming Model* ist in gewisser Weise eine Konkurrenz zu CAP. Allerdings sind die Zielgruppen der beiden Ansätze sehr unterschiedlich. Das ABAP-RESTful-Programmiermodell adressiert die »klassischen« ABAP-Entwickler, CAP baut auf offene Technologien wie Java und Node.js und unterstützt cloud-native Konzepte wie Microservices. Die SAP Cloud Platform stellt sicher, dass Applikationen und Services, die mit den verschiedenen Programmiermodellen erstellt wurden, nahtlos integrierbar sind. Zum einen geschieht dies über die gemeinsame Nutzung der SAP Cloud Platform Services (z. B. zur Authentifizierung), zum anderen über standardisierte Kommunikationsprotokolle, wie z. B. das *Open Data Protocol* (OData, siehe *https://www.odata.org/*).

Das Open Data Protocol (OData)

Das *Open Data Protocol* (OData) ist ein OASIS-Standard, der verschiedene Vorgehensweisen zum Bau und zum Konsum von REST-Schnittstellen definiert. Es definiert die Protokolle der Serviceanfragen und -antworten, Status Codes, URL-Konventionen, Medientypen sowie das Format und die Optionen von Datenabfragen. OData kennt Konzepte von Funktionen und Aktionen in Services. Asynchrone Anfragen werden behandelt, ebenso wie das Senden von mehreren Datensätzen bei deren Erzeugung und Änderungen (*Batch-Verarbeitung*). Ein OData-Service liefert selbstbeschreibende, maschinenlesbare Metadaten, die von Werkzeugen ausgewertet werden können.

Kyma-Umgebung

Die *Kyma-Umgebung* ermöglicht die Entwicklung von Anwendungen und Erweiterungen auf der *Kubernetes*-Plattform. Kubernetes ist flexibler als die Cloud-Foundry-Plattform, bietet Anwendungsentwicklern, die sich mehr auf die Betriebswirtschaft als auf die Technologie konzentrieren möchten, weniger Unterstützung.

1.2 Was ist das SAP Cloud Application Programming Model?

Das Programmiermodell als Bindeglied

CAP ist eine Sammlung von Sprachen, Bibliotheken und Werkzeugen zur Erstellung von Anwendungen auf der SAP Cloud Platform. Als Programmiermodell bestimmt es, wie Sie Anwendungen entwickeln und wie Sie während der Erstellung mit der SAP Cloud Platform interagieren. CAP wird somit zum Bindeglied zwischen Ihnen und Ihrer Anwendung, sowie zwischen der Anwendung und der SAP Cloud Platform (siehe Abbildung 1.1). Ein *Software Development Kit* (SDK) unterstützt Sie bei der Entwicklung. Die enthaltenen Bibliotheken und Werkzeuge entlasten Sie in dem Sinne, dass Sie sich auf die eigentliche Implementierung der Geschäftslogik konzentrieren können. Zur Laufzeit ermöglichen die Bibliotheken einen einfachen Zugriff auf Services der SAP Cloud Platform sowie das Anbieten eigener Schnittstellen.

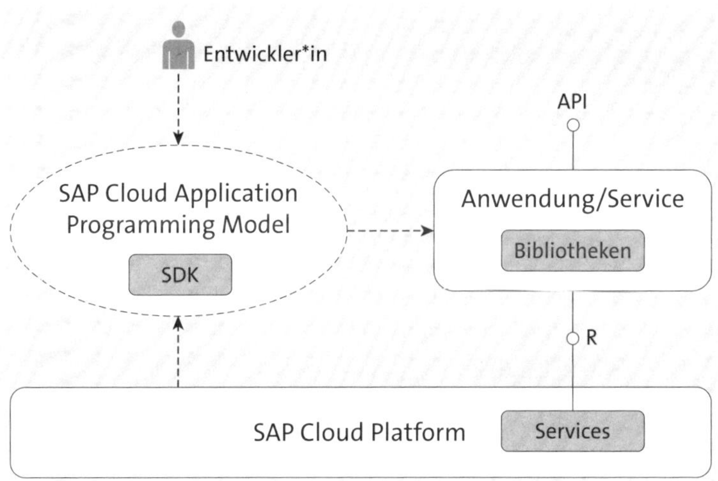

Abbildung 1.1 Das Programmiermodell als Bindeglied zwischen Plattform und Anwendungsentwicklung

Core Data Services für CAP

Der Grundansatz von CAP ist modellbasiert. Mithilfe von *Core Data Services* (CDS) erstellen Sie ein Modell Ihrer betriebswirtschaftlichen Domäne. CDS dient als zentraler Baustein von CAP der konzeptionellen Modellierung von Daten- und Servicestrukturen. Genauer gesagt ist CDS eine Familie von Sprachen, zum einen zur Strukturbeschreibung von Entitäten und Services, zum anderen zur Formulierung von Datenabfragen, den sogenannten *Querys*. CDS beinhaltet klassische Datenmodellierung, aber auch Modellierung von Serviceoperationen, die von externen Services genutzt werden. Basierend auf diesen Modellen können Sie einen Service ohne weitere Programmierung bereitstellen, der schon die grundlegenden *CRUD*-Funktionalitäten (Create, Read, Update, Delete) mit sehr weitgehenden Abfragemöglichkeiten implementiert. Ohne weitere Eingriffe kann ein Service über das OData-Protokoll, oder ein natives REST-Protokoll angesprochen werden.

CAP für Java und Node.js

Darüber hinausgehende Geschäftslogik implementieren Sie in *Ereignisbehandlerroutinen*. Es stehen Ihnen dazu Java oder JavaScript (in der Serverumgebung Node.js) als Programmiersprachen zur Verfügung. Wenn Sie die in diesem Buch beschriebene Beispielapplikation nachvollziehen, werden Sie Ereignisse mittels JavaScript behandeln.

Die drei Varianten von CDS

CDS wird von SAP schon seit mehreren Jahren als eine *Data Definition Language* (DDL) positioniert, die semantisch hochwertiger als SQL anzusehen ist. Über die Zeit haben sich drei Varianten von CDS herausgebildet:

- *CDS für ABAP* legt den Schwerpunkt auf View-Definitionen über existierende Tabellen in einer vom ABAP-Applikationsserver unterstützten Datenbank.
- *SAP HANA CDS* ist die native Implementierung von CDS innerhalb von SAP HANA.
- *CAP CDS* ist das neueste Mitglied der Familie, welches Sie in diesem Buch kennenlernen werden. In diesem Kontext werde ich einfach von »CDS« reden, wenn ich mich auf CAP CDS beziehe. Neben dem DDL-Aspekt ermöglicht CAP CDS auch die Modellierung von Verhalten auf einer Serviceebene und übernimmt damit Aufgaben einer holistischen Anwendungsmodellierung.

1.2.1 Design- und Architekturprinzipien

Als Programmiermodell basiert CAP auf folgenden Design- und Architekturprinzipien:

- **Deklarative Modelle**

  Wo immer es sinnvoll ist, werden Datenmodelle, Servicesignaturen und auch Verhalten deklarativ beschrieben. Das bedeutet, Sie beschreiben einen gewünschten Zustand, und CAP wird die besten Maßnahmen ergreifen, um diesen Zustand herzustellen. Imperative Logik kann von Ihnen ergänzt werden.

- **Event-verarbeitende und event-emittierende Services**

  Das aktive Element von CAP ist der Service. Anwendungslogik wird implementiert als Behandlung von Ereignissen in Services, oder als Erzeugung von Ereignissen durch Services.

- **Vermeidung von »Boilerplate Code«**

  Sie müssen eine Vielzahl wiederkehrender Funktionen implementieren, wie die Verwaltung von Datenbankverbindungen, die Konstruktion von HTTP-Headern für die REST-Kommunikation, das Schreiben in ein Auditlog, das Erstellen und Verwalten von Hilfstabellen zur Internationalisierung von Texten, das Transaktionsmanagement etc. CAP nimmt Ihnen viele dieser rein technischen Aufgaben ab und implementiert sie vor allem in einer für die Zielplattform optimalen Weise.

- **»Out-of-the-Box«-Nutzung der SAP-Cloud-Platform-Services und -Werkzeuge**

  Grundlegende technische Services der SAP Cloud Platform sind ohne weiteren Programmieraufwand für Sie nutzbar. Dies betrifft unter anderem SAP HANA, SAP Cloud Platform Enterprise Messaging, SAP Fiori und das SAP Business Application Studio.

- **Offene Architektur**

  CAP unterstützt ohne weiteres Zutun SAP HANA als Datenbank, SAP-Fiori-UI-Applikationen, OData und REST-Protokolle. Die Architektur von CAP erlaubt es aber auch, Adapter für andere Technologien zu entwickeln und anzuschließen, sei es durch Kunden oder Partner oder in Zukunft durch SAP selbst.

- **Best-Practice-Entwicklungsmodell**

  Über die Rolle eines reinen Programmiermodells hinaus stellt CAP eine Reihe von Best Practices zur Modellierung und Entwicklung zur Verfügung. CAP offeriert und favorisiert ein Entwicklungsmodell, das die Vorzüge, aber auch die Nachteile einer Cloud-Plattform im Entwicklungsprozess berücksichtigt. Genannt seien hier beispielsweise die langen Zeiten für ein Anwendungs-Deployment auf eine Cloud-Plattform. Dies berücksichtigt CAP durch eine sehr gute Unterstützung eines phasenweise rein lokalen Entwicklungsprozesses. Ihre Anwendung wächst inkrementell, ist aber jederzeit testbar, auch ohne sofortige Nutzung der SAP Cloud Platform (dieser Ansatz wird auch *Grow as you go* genannt). Mit der Zeit erreicht Ihre Anwendung den gewünschten Funktionsumfang und nutzt in der produktiven Version alle nötigen Services der SAP Cloud Platform. CAP ist deswegen auf der einen Seite ein Programmiermodell, auf der anderen Seite aber auch ein Entwicklungsmodell, indem ein spezieller Entwicklungsstil proklamiert und unterstützt wird.

- **Wiederverwendung**

  CAP bietet Methoden zur Verteilung und zur Wiederverwendung von Modellen. Ein Projekt kann z. B. grundlegende Domänenmodelle erstellen und pflegen, die von anderen Projekten zum Bau von Applikationen in derselben betriebswirtschaftlichen Domäne wiederverwendet werden können.

- **Erweiterbarkeit**

  Wiederverwendung geht meist einher mit der Anforderung nach Erweiterbarkeit. CDS sowie die CAP-Laufzeiten und Werkzeuge erfüllen diese Anforderung explizit. Erweiterungen können durch Entwicklungsprojekte oder auch durch SaaS-Kunden zur Laufzeit einer SaaS-Applikation vorgenommen werden.

1.2.2 CAP-Komponenten und ihre Beziehung zur SAP Cloud Platform und zu SAP Fiori

Integrierte CAP-Komponenten

Abbildung 1.2 verdeutlicht, wie die Hauptkomponenten von CAP zu Teilen der SAP Cloud Platform und anderen Konzepten stehen. CAP-Komponenten sind als weiße Kästen dargestellt.

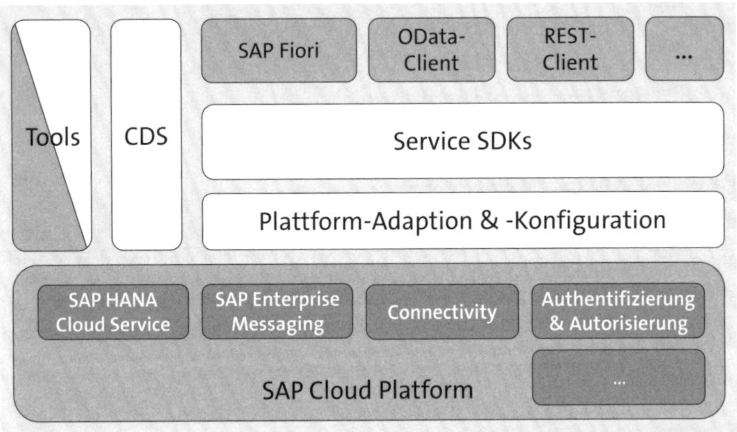

Abbildung 1.2 Komponenten von CAP im Umfeld der SAP Cloud Platform

CAP Service SDK

Als zentrales und integrierendes Element dient CDS der konzeptionellen Modellierung von Daten- und Servicestrukturen. Darüber hinaus stellt CAP eine Sammlung von Bibliotheken, das *Service SDK*, für Java und Node.js bereit. Mit ihnen können CAP-basierte Services bereitgestellt und externe Services konsumiert werden. Services werden standardmäßig per OData-Protokoll, oder als native REST-Endpunkte exponiert. Die Architektur von CAP ist offen, sodass andere Protokolle implementiert werden können. Mit dem offenen Standard OData erschließt sich automatisch die Nutzung von SAP Fiori als Technologie zur Erstellung von Benutzeroberflächen.

CAP vs. SAP Fiori

CAP ist ein sogenanntes *Backend-Programmiermodell*, d. h., es zielt auf die Implementierung der Service- und Persistenzschicht. Wenn eine Benutzeroberfläche für CAP-basierte Services erstellt werden soll, dann ist SAP Fiori (als *Frontend-Programmiermodell*) die Methode der Wahl, da das OData-Protokoll eine einfache Integration ermöglicht. Gerade die Variante *SAP Fiori Elements* integriert sich besonders einfach mit CAP, da das SAP-Fiori-Frontend auf Annotationen basierend definiert wird. Die CDS-Modelle von CAP können diese Annotationen schon beinhalten.

Flexibilität durch Konfiguration

Durch eine Adaptionsschicht ist der Kern von CAP von der Zielplattform entkoppelt. Zurzeit werden zwei Zielplattformen unterstützt, die Cloud-Foundry-Umgebung der SAP Cloud Platform und die lokale Entwicklungsumgebung auf Windows- und Linux-basierten Rechnern. Lokale Entwicklung spielt eine zentrale Rolle im Grow-as-you-go-Entwicklungsprozess. Während früher Phasen der Entwicklung kann z. B. die Authentifizierung lokal simuliert werden, bevor Sie den Authentifizierungsservice der SAP Cloud Platform konfigurieren müssen. Es ist dann nur eine Frage der Konfiguration des CAP-Services, zwischen beiden Optionen zu wählen.

Entwicklungsumgebung und Werkzeuge

Für Sie wird die Nutzung eines Programmiermodells durch passende Entwicklungswerkzeuge wesentlich vereinfacht. In einem CAP-Entwicklungsprojekt erstellen Sie gewöhnliche Textdateien für Ihren Quellcode, die im Prinzip mit einem beliebigen Editor bearbeitet werden können. Damit steht Ihnen die gesamte Auswahl der gängigen Entwicklungstools zur Verfügung, so wie für beliebige Java- oder Node.js-Projekte.

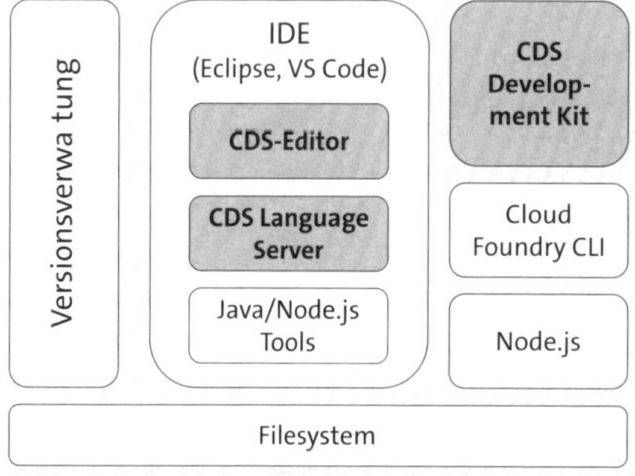

Abbildung 1.3 Typische Entwicklungsumgebung für eine CAP-basierte Anwendung

In den Praxiskapiteln werden Sie auf Ihrem Computer eine typische Entwicklungsumgebung aufbauen (siehe Abbildung 1.3). Vorteilhaft ist die Nutzung einer *integrierten Entwicklungsumgebung* (Integrated Development Environment, IDE). Für die gängige Eclipse IDE und die Visual Studio Code IDE bietet SAP einen Editor zum Bearbeiten von CDS-Dateien. Dieser nutzt den *CDS Language Server* von SAP, basierend auf dem offenen Language Server Protocol. Damit werden Dienste wie z. B. Autovervollständigung, Absprung zu Definitionen und Dokumentation zur Verfügung gestellt. Je nachdem, welche Implementierungssprache Sie nutzen, werden Sie weitere Tools für die Java- oder Node.js-Entwicklung in Ihrer IDE installieren. Sie benötigen außerdem eine Installation der JavaScript-Laufzeitumgebung Node.js.

CDS Development Kit

Diese Laufzeitumgebung ist die Voraussetzung für das *CDS Development Kit*, das eine Sammlung nützlicher Tools und den CDS-Compiler zur Durchführung Ihres CAP-Entwicklungsprojekts enthält. In produktiven Entwicklungsprojekten werden Sie die Projektdateien mit einem Versionskontrollsystem, wie z. B. Git, versionieren. Wenn Sie im Laufe des Projekts auf Services und Schnittstellen der Cloud-Foundry-Umgebung der SAP Cloud Platform zugreifen, installieren Sie das Kommandozeilenwerkzeug der Cloud-Foundry-Umgebung, das Cloud Foundry Command Line Interface (*Cloud Foundry CLI*), welches entsprechende Kommandos zur Verfügung stellt.

1.2.3 Anatomie einer Anwendung

Drei-Schichten-Architektur

Eine CAP-basierte Anwendung besitzt typischerweise eine klassische Drei-Schichten-Struktur, wie in Abbildung 1.4 gezeigt. Die Datenschicht und die Benutzeroberflächenschicht (*UI-Schicht*) sind optional. Im Extremfall entwickeln Sie nur einen zustandslosen Service, der von anderen Services konsumiert wird. In Ihrem Entwicklungsprojekt finden alle drei Schichten ihre Entsprechung in CDS-Modellen.

Domänenmodell und Datenquellen

Das *Domänenmodell* reflektiert die statischen Aspekte einer Anwendungsdomäne in Form von Entitätenmodellen und ihren Beziehungen (*Entity Relationship Model*). Die Anwendungsdomäne Personalplanung könnte z. B. Entitäten wie Mitarbeiter, Arbeitsort, Abwesenheit und Einsatzplan beinhalten. Entitäten sind durch Beziehungen wie Assoziation und Komposition verknüpft. Aus dem Domänenmodell werden die Persistenzobjekte abgeleitet, die zur Laufzeit in einer Datenbank zur Verfügung gestellt werden. Eine Datenbank ist eine mögliche Ausprägung einer Datenquelle.

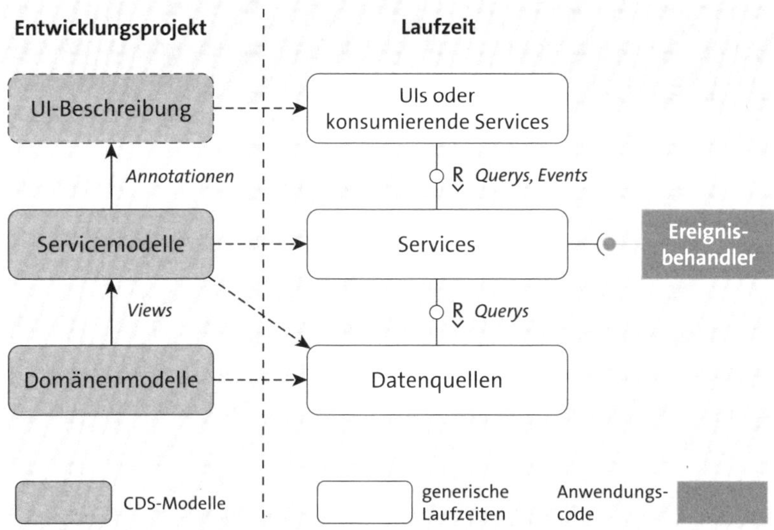

Abbildung 1.4 Anatomie einer CAP-basierten Anwendung

Normalerweise werden relationale Datenbanksysteme verwendet. In Zukunft könnten aber auch dokumentenbasierte Datenbanken unterstützt werden, falls SAP (oder jemand anderes) die entsprechende Transformation von CDS-Modellen bereitstellen würde.

SAP HANA als produktive Datenbank

Wenn Sie SAP HANA als Persistenz nutzen, wird CAP Ihnen die entsprechenden Datenbankartefakte aus CDS-Modellen generieren und auch die Aktivierung in der Datenbank vornehmen. Für die Entwicklung und Tests auf Ihrem lokalen Rechner wird die offene, leichtgewichtige Datenbank *SQLite* unterstützt (siehe *https://www.sqlite.org/*).

Domain Driven Design und CAP

Domain-driven Design ist eine Methodik der Softwareentwicklung, die durch das Buch von Eric Evans populär wurde (Evans, Eric: *Domain-Driven Design: Tackling Complexity in the Heart of Software*. 1. Auflage, Addison Wesley, 2003). Ein Grundproblem der Softwareentwicklung ist die fehleranfällige Kommunikation zwischen Domänenexperten und Softwareentwicklern, die dazu führt, dass die resultierende Software nicht den Erwartungen der Benutzer und Benutzerinnen entsprechen. Evans Methodik beschreibt eine Kommunikationsstrategie, in deren Zentrum ein Domänenmodell steht. Die Modellierungssprache CDS unterstützt diesen Ansatz, indem sie Implementierungsdetails von der Modellierung trennt und geeignete höherwertige Konzepte zur Verfügung stellt.

Eine weitere Säule des Domain-driven Design ist der iterative Entwicklungsprozess, der Domänenexperten und Entwicklerinnen in regelmäßiger und enger Abstimmung hält. Das Grow-as-you-go-Entwicklungsmodell von CAP stellt die Werkzeuge bereit, um solch einen iterativen Prozess zu implementieren.

Services

Das Domänenmodell dient auch als Grundlage der Definition des Verhaltens einer Anwendung, indem Sichten (*Views*) die Struktur der Schnittstelle von Services bestimmen. CDS-Services beschreiben außerdem Funktionen und Aktionen, die bereitgestellt werden sollen. Servicemodelle können sich auf das Domänenmodell der eigentlichen Anwendung beziehen, aber auch externe Services beschreiben, die von der Anwendung konsumiert werden sollen. Diese externen Services können zur Laufzeit wiederum als Datenquelle agieren. Wenn die Beschreibung eines solchen zu konsumierenden Services in Form eines CDS-Modells oder als OData-Metadatendokument zur Verfügung steht, können Sie Ihre eigentlichen Anwendungsservices bezugnehmend auf diese Dokumente definieren und sogar testen. Die CAP-Laufzeitbibliotheken stellen, basierend auf den Servicemodellen, automatisch OData- oder REST-Endpunkte bereit. Im OData-Fall wird eine vollständige OData-Query-Schnittstelle angeboten. Zusätzlich können Daten über den Service erzeugt und geändert werden. Dazu ist keine Programmierung nötig.

Behandlung von Ereignissen

In der Entwicklung implementieren Sie Routinen, die bestimmte Ereignisse besonders behandeln. Es gibt vordefinierte Ereignisse (z. B. `Before.READ`) oder Ereignisse, welche die von Ihnen modellierten Servicefunktionen auslösen.

Benutzeroberfläche

SAP Fiori kann die vorhandenen OData-Schnittstellen einfach konsumieren. Selbstverständlich kann jeder andere Service (oder ein UI) auf Ihre Schnittstelle zugreifen, solange er das OData- oder das native REST-Protokoll unterstützt. SAP Fiori kann insbesondere in der Variante *SAP Fiori Elements* (siehe *https://community.sap.com/topics/fiori-elements*) genutzt werden. Dort werden Benutzeroberflächen ohne Programmcode nur über Annotationen in den OData-Metadaten beschrieben. Im Kontext von CAP können diese Annotationen Teil der CDS-Modelle werden und somit automatisch über die zur Laufzeit generierten OData-Metadaten an ein SAP-Fiori-Elements-Benutzeroberfläche geliefert werden.

Generische Laufzeiten für Erweiterbarkeit

In diesem Sinne behandelt CDS alle drei Schichten einer Anwendung, von der Persistenz (Daten) über Services (Verhalten) bis zur Benutzeroberfläche. Wie in Abbildung 1.4 dargestellt, können in allen drei Schichten generische

Laufzeiten ein Rolle spielen, die ihre Aufgaben basierend auf entsprechenden Metadaten und Modellen verrichten. In der Datenquellenschicht ist dies gewöhnlich ein Datenbanksystem. In der Serviceschicht stellt CAP solch eine generische Laufzeit zur Verfügung, konkret durch die Bibliotheken des CAP Service SDK. In der UI-Schicht ist SAP Fiori Elements ein Beispiel für eine generische Laufzeit. Eine durchgängige Verwendung generischer Laufzeiten ist die Voraussetzung für die Umsetzung vieler Erweiterungsszenarien. Beispielsweise möchte ein Nutzer oder eine Nutzerin einer Anwendung weitere Datenfelder in allen drei Schichten nutzen, ohne die Anwendung programmtechnisch modifizieren zu müssen. In einem SaaS-Szenario wäre dies ohnehin nicht möglich. Da CDS ein Erweiterungskonzept beinhaltet, besteht die Möglichkeit, dass die Anwendung alleine durch Modellerweiterungen erweitert werden kann.

1.2.4 CAP-Services

Aus Entwicklersicht ist der Service in CAP das aktive Element, das Funktionen anbietet und Aktionen ausführt. Services in CAP sind zustandslos, d. h., dass jeder Zustand in den passiven Datenquellen repräsentiert ist. Services interagieren mit Services der SAP Cloud Platform, mit SAP-Systemen und -Applikationen, oder mit weiteren Services, die Teil der gleichen CAP-basierten Anwendung sind.

Servicenetzwerke mit CAP

Damit sind CAP-Services ein Teil eines Servicenetzwerks (siehe Abbildung 1.5). Die Kommunikation kann synchron erfolgen, oder asynchron durch den Austausch von Ereignissen (*Events*). Zur synchronen Kommunikation mit anderen SAP-Systemen außerhalb der SAP Cloud Platform wird die *SAP Cloud Platform Connectivity* genutzt. Damit wird die Authentifizierung und die sichere Datenübertragung gewährleistet. Eine ereignisbasierte Interaktion wird entsprechend über das *SAP Cloud Platform Enterprise Messaging* realisiert.

CAP-Services vs. Microservices

Sind mehrere CAP-Services involviert, so bestehen Wahlmöglichkeiten, wie sie in Bezug auf Entwicklungsprojekte und Deployment-Einheiten zu gruppieren sind. Auf Cloud-Plattformen findet heutzutage oft die Microservices-Architektur Anwendung (siehe z. B. *https://martinfowler.com/articles/microservices.html*). Alle Teile eines Microservices besitzen einen gemeinsamen Lebenszyklus, idealerweise von der Entwicklung bis zum Deployment. Deswegen können durchaus mehrere CAP-Services zu einem Microservice zusammengefasst sein.

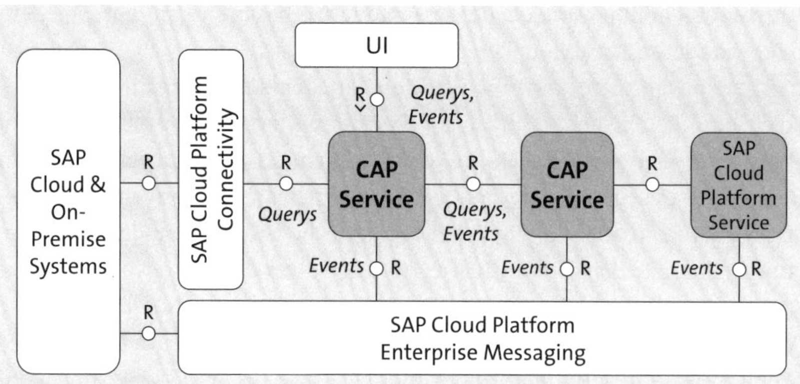

Abbildung 1.5 CAP-Services als Teil eines Servicenetzwerks

In diesem Fall wird ein Entwicklungsprojekt mehrere Servicedefinitionen enthalten und das Projekt wird als Gesamtheit gebaut und deployt.

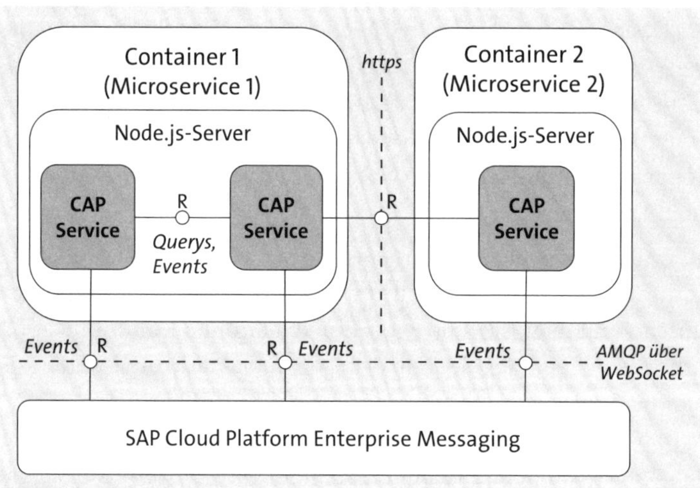

Abbildung 1.6 Beispiel einer Beziehung von CAP-Services zu Microservices

CAP-Services in container-basierten Laufzeiten

Abbildung 1.6 zeigt eine mögliche Beziehung von CAP-Services zu Microservices anhand einer container-basierten Laufzeit, wie sie die Cloud-Foundry-Umgebung bereitstellt. Zwei CAP-Services laufen im Kontext eines Node.js-Prozesses auf einem Node.js-Server. Dieser Server wurde in einem Container in der Cloud-Foundry-Umgebung gestartet (»Container 1«). Beide Services können gegenseitig sowohl synchrone Querys als auch asynchrone Ereignisse senden, empfangen und verarbeiten. Dies kann basierend auf internen Kommunikationsmechanismen erfolgen, die der Node.js-Server bereitstellt. Alternativ können Ereignisse an das SAP Cloud Platform Enterprise Messaging gesendet oder von daher empfangen werden (dieser Vorgang wird auch *Remote Communication* genannt). Dieser Kanal nutzt das AMQP-Protokoll über WebSockets. Letztere ermöglichen eine bidirektionale Kommunikation zwischen zwei TCP-Endpunkten. Die Kommunikation mit dem dritten CAP-Service, der als eigenständiger Microservice deployt ist (»Container 2«), erfolgt entweder synchron über das HTTP-Protokoll oder asynchron über die Messaging-Infrastruktur. Neben den gezeigten Node.js-Serverumgebungen unterstützt CAP auch Webserver für Java-Anwendungen, wie Apache Tomcat und TomEE, auch in Kombination mit dem populären Spring-Boot-Framework.

1.2.5 Wiederverwendung von CDS-Modellen

Die Wiederverwendbarkeit und Erweiterbarkeit von Softwareartefakten sind zwei Schlüsseleigenschaften moderner Programmiersprachen und Modularisierungssysteme. Diese beiden Eigenschaften waren eine Voraussetzung für eine rasante Entwicklung der Softwareindustrie und ihrer Produkte. Zum Beispiel ist es gängige Praxis, Java-Komponenten (JAR-Dateien) versioniert zur Wiederverwendung in einem Apache-Maven-Repository abzulegen, über das Verwender*innen durch Deklaration von Abhängigkeiten in ihrem Entwicklungsprojekt Komponenten zur Wiederverwendung beziehen können. Besonders die Verteilung von quelloffenen Komponenten (Open Source) wurde mithilfe öffentlich zugänglicher Repositorys extrem vereinfacht.

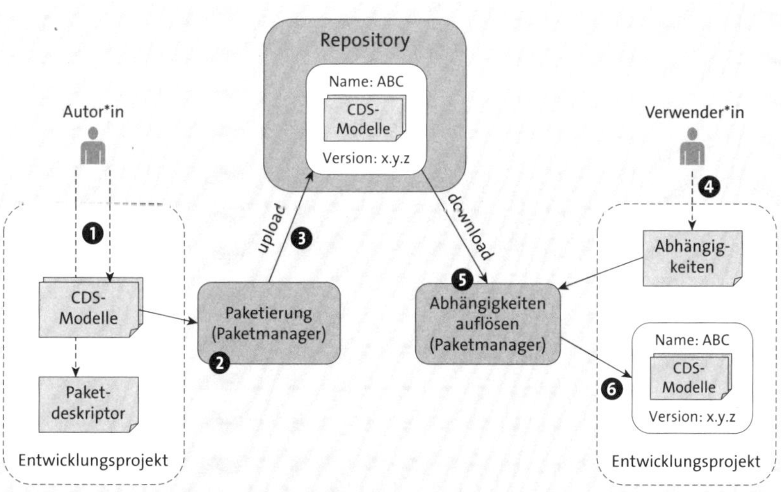

Abbildung 1.7 Wiederverwendung von CDS-Modellen über ein zentrales Repository

Standardmethodik der Wiederverwendung

Diese bewährte und immer wieder angewandte Methodik hat sich auch CAP zur Wiederverwendung von CDS-Modellen zu eigen gemacht, wie in Abbildung 1.7 dargestellt ist. Ein typischer Prozess besteht aus den folgenden Schritten:

❶ Ein Autor oder eine Autorin von CDS-Modellen wird die zu verteilenden CDS-Dateien mithilfe eines Paketierungssystems gruppieren und versionieren.

❷ CAP nutzt dafür den *Node Package Manager* (npm).

❸ Ein gebildetes Paket kann dann auf ein eventuell öffentliches Repository hochgeladen werden.

❹ Auf der Verwenderseite werden Sie in Ihrem Projekt eine Deskriptordatei erzeugen, die durch Angabe des Namens und der Version das gewünschte Paket zur Wiederverwendung deklariert.

❺ Ein System zur Auflösung der gewünschten Abhängigkeit wird dann das passende Paket herunterladen.

❻ Anschließend wird es vom Paketmanager im Projekt installiert.

Der Node Package Manager

Der *Node Package Manager* (npm, siehe *https://www.npmjs.com/*) ist Teil der Installation der JavaScript-Serverumgebung Node.js und damit frei verfügbar. Er spielt für verschiedene Aspekte von CAP eine zentrale Rolle:

- Sie nutzen npm zur Installation und Aktualisierung des CDS Development Kits in Ihrer Entwicklungsumgebung.
- Ihr Entwicklungsprojekt nutzt npm zum Download und zur Aktualisierung der CAP-Laufzeitbibliotheken für Node.js. Auch werden auf diese Weise zur Wiederverwendung publizierte CDS-Modelle zu Ihrem Projekt hinzugefügt.
- Ist Ihre Serverlaufzeit Node.js-basiert, definieren Sie mittels npm auch Abhängigkeiten zu beliebigen anderen Bibliotheken. Nutzen Sie einen Java-Server, wird oft Apache Maven diese Rolle übernehmen.
- Ihr Projekt selbst und Ihre Applikation kann über den npm-Paketdeskriptor konfiguriert werden.
- Sie können mithilfe von npm Ihre CDS-Modelle und deren Ereignisbehandler anderen Projekten zur Wiederverwendung zur Verfügung stellen.

Wiederverwendungsszenarien

Warum sollten Sie CDS-Modelle wiederverwenden, so wie Sie es auch mit Programmbibliotheken tun? Ein typisches Szenario ist die Wiederverwendung von Domänenmodellen. Wie in Abschnitt 1.2.3, »Anatomie einer Anwendung«, erläutert, beschreibt das Domänenmodell statische Aspekte in Form von Entitäten einer Anwendungsdomäne. Basierend auf einer gemeinsamen Domäne sind beliebig viele Services und Anwendungen denkbar. Die gemeinsame Nutzung eines Domänenmodells ist gerade eine zentrale Voraussetzung für Kompatibilität und Integrierbarkeit vieler Anwendungen.

Feingranulare Entwicklungsprojekte mit CAP

So werden Sie typischerweise pro Anwendung ein Entwicklungsprojekt aufsetzen und zusätzlich ein Projekt zur Entwicklung des Domänenmodells. Die Anwendungsprojekte können dann gezielt Versionen des gemeinsam genutzten Domänenmodells konsumieren und auch den Zeitpunkt bestimmen, wann eine neue Version integriert werden soll. Insbesondere kann SAP Domänenmodelle ausliefern, die von SAP-Applikationen, aber auch von Kunden- oder Partnerapplikationen genutzt werden können. CAP selbst beinhaltet schon Modelle zur Wiederverwendung, z. B. Typdefinitionen für Land, Währung und Sprache zusammen mit entsprechenden Codelisten. Sie werden in Kapitel 5, »Weiterentwicklung zur produktiven Anwendung«, selbst solche Modelle als Teil einer Beispielapplikation verwenden.

1.2.6 Erweiterbarkeit

Eng verbunden mit dem Konzept der Wiederverwendung ist die Anforderung der Erweiterbarkeit. Verwender eines CDS-Modells werden dieses zwar als Basis nutzen, aber oft noch spezifische Bestandteile hinzufügen wollen. Ein typisches Beispiel ist die Erweiterung einer Entität eines Domänenmodells um ein weiteres Feld. Zum Beispiel könnten Verwender der Entität »Produkt« diese um das Feld »Bewertung« ergänzen wollen, um darauf basierend einen Bewertungsservice zur Verfügung zu stellen.

Erweiterung wiederverwendeter Modelle

CDS stellt die passende Funktionalität bereit, um solche Erweiterungsszenarien zu implementieren. In den weiteren Kapiteln dieses Buches wird dabei die Rolle des CDS-Compilers deutlich werden, der CDS-Modelle aus verschiedenen Quellen (u. a. wiederverwendete Modelle und Erweiterungen) zu einem effektiven Modell abmischen kann. Solche Erweiterungen können im Rahmen eines Entwicklungsprojekts erfolgen, aber auch dynamisch zur Laufzeit einer Anwendung. Letztere Fähigkeit ist eine unabdingbare Voraussetzung zur Erweiterung von SaaS-Applikationen durch ihre Verwender.

1.3 Nächste Schritte

In diesem Kapitel haben Sie die wesentlichen Vorteile und Eigenschaften von CAP im Überblick kennengelernt. Im Sinne von Softwareartefakten präsentiert sich CAP als eine Sammlung von Sprachen, Bibliotheken und Werkzeugen zur Erstellung von Anwendungen auf der SAP Cloud Platform. Anwendungen werden in großen Teilen deklarativ durch die Sprache Core Data Services (CDS) beschrieben. Die aktiven Teile einer CAP-basierten Anwendung sind Services, die ereignisbasiert miteinander kommunizieren. Sie implementieren Ihre Geschäftslogik innerhalb von Ereignisbehandlerroutinen.

CAP ist »open and opinionated«

CAP ist aber auch »voreingenommen«, was den Entwicklungsprozess betrifft. Insbesondere ist es möglich, in frühen Phasen der Entwicklung offline zu entwickeln, also ohne notwendige Verbindung zur SAP Cloud Platform. Durch solch einen Entwicklungsprozess werden Sie in den folgenden Kapiteln anhand einer Beispielapplikation geführt. Schritt für Schritt wächst die Komplexität der Anwendung, was automatisch von einer lokalen Entwicklung über die Nutzung der Services der SAP Cloud Platform bis hin zu einem kompletten Deployment auf der SAP Cloud Platform führen wird.

Wie jede gute Einführung in die Softwareentwicklung beginnt auch das folgende Kapitel mit dem Aufbau der Entwicklungsumgebung sowie einer »Hello World«-Anwendung.

Kapitel 2
Erste Schritte zur eigenen Anwendung

»Es gibt nichts Gutes, außer man tut es.« In diesem Kapitel lernen Sie CAP von der Anwenderseite in der Praxis kennen. Sie werden mit den empfohlenen Werkzeugen vertraut gemacht und bekommen einen ersten Eindruck von dem iterativen Entwicklungsprozess, den CAP unterstützt.

In den folgenden Abschnitten werden Sie anhand eines »Hello World«-Beispiels an die praktische Nutzung von CAP herangeführt. Hauptziel dieses Kapitels ist es, Sie mit den wichtigsten Grundprinzipien und Arbeitsphilosophien von CAP vertraut zu machen und auch die empfohlenen Entwicklungswerkzeuge kennenzulernen. Das Kapitel ist nicht als systematische und detaillierte Darstellung angelegt, denn diese werden Sie in Teil II dieses Buches mit einer realistischeren Beispielanwendung finden. Machen Sie sich also keine Sorgen, wenn Sie nicht alle Details zu dem gezeigten Beispiel auf Anhieb verstehen. CAP basiert auf einer Reihe quelloffener und frei verfügbarer, aber gängiger Software und Standards oder arbeitet eng damit zusammen. Deswegen ist eine Einführung in CAP naturgemäß auch eine Einführung in diese Softwarekomponenten, die nicht von SAP spezifisch entwickelt wurden. Diese Tatsache reflektiert die Strategie von SAP, im Kontext der SAP Cloud Platform besonders offen für *de facto* Open-Source-Standards zu sein.

Lokale Entwicklung

Es besteht für Sie noch keine Notwendigkeit, sich zur SAP Cloud Platform zu verbinden. Ein Kennenlernen von CAP ist ohne großen Aufwand mit Ihrem lokalen Rechner möglich. In Abschnitt 2.1 zeige ich Ihnen, wie Sie die nötige Software installieren, die frei aus dem Internet zu beziehen ist. In Abschnitt 2.2 stelle ich Ihnen den CDS-Editor vor. Danach werden Sie in Abschnitt 2.3 einen einfachen »Hello World«-Service entwickeln, bevor ich in Abschnitt 2.4 das CDS-Command-Line-Interface vorstelle.

Betriebssysteme für CAP-Entwicklung

Sie können einen Rechner mit Windows-10-Betriebssystem nutzen oder aber auf Linux-Basis. Für Windows 10 werden Sie Windows PowerShell einsetzen, für Linux die dort vorhandene Bash-Shell. Falls es Unterschiede in den nötigen Kommandos gibt, werden entsprechend beide Varianten aufgeführt.

2.1 Aufbau einer lokalen Entwicklungsumgebung

In den nachfolgenden Abschnitten beschreibe ich die Schritte, mit denen Sie eine minimale Entwicklungsumgebung für CAP auf Ihrem Rechner einrichten. Beachten Sie, dass Sie über die Rechte verfügen müssen, Software installieren zu dürfen. Tabelle 2.1 fasst zusammen, welche Komponenten auf Ihrem Rechner installiert werden. Die Reihenfolge in der Tabelle entspricht der Sequenz der folgenden Installationsanleitungen.

Komponente	Zweck
Node.js-Serverumgebung (erforderlich)	Laufzeit für das CDS Development Kit und den JavaScript-Code in Ihren Routinen zur Ereignisbehandlung
Visual Studio Code (optional)	Integrierte Entwicklungsumgebung. Alternative: Eclipse IDE oder jede andere integrierte Entwicklungsumgebung
Visual Studio Build Tools (nur unter Windows)	Einige npm-Module für Node.js (z. B. der SAP-HANA-Datenbanktreiber) werden in den nativen Code für das jeweilige Betriebssystem übersetzt.
CDS-Sprachunterstützung für Visual Studio Code (optional)	Alternative: das entsprechende Plugin für die Eclipse IDE. Für andere IDEs wird keine CDS-Sprachunterstützung von SAP angeboten.
CDS Development Kit (erforderlich)	Werkzeuge für CAP-Projekte
SQLite (erforderlich für lokale Tests)	SQL-Datenbank für eine ausschließlich lokale Entwicklung und Tests
HTTP-Client (erforderlich für Tests ohne Benutzeroberfläche)	CAP-Services werden über das Internetprotokoll HTTP angesprochen. Wenn Ihre Anwendung (noch) keine Benutzerschnittstelle für einen Service besitzt, können Sie mit einem beliebigen HTTP-Client Ihren Service dennoch kontrolliert testen.

Tabelle 2.1 Komponenten einer CAP-Entwicklungsumgebung

[«]

Alternative Entwicklungsumgebung

Wenn Sie nicht in der Lage sind, auf Ihrem Rechner Software zu installieren, können Sie eventuell Ihre Systemadministratoren um Hilfe bitten. Einige Unternehmen verbieten die Installation gewisser Software im Unternehmensnetzwerk, oder die Systemkonfigurationen schließen die hier benötigten Installationen aus. In diesem Fall können Sie auf eine alternative, cloudbasierte Entwicklungsumgebung zurückgreifen, die SAP zur Verfügung stellt. Es handelt sich um das *SAP Business Application Studio*, das auf der SAP Cloud Platform angeboten wird (siehe Kapitel 12, »Das SAP Business Application Studio«). Zu dessen Nutzung müssen Sie entweder über ein Kundenkonto auf der SAP Cloud Platform verfügen oder dort mit einem kostenlosen Trial-Account arbeiten. Das Anlegen eines Trial-Accounts wird in Kapitel 7, »Deployment-Umgebung auf der SAP Cloud Platform anlegen«, beschrieben.

Das SAP Business Application Studio verhält sich sehr ähnlich zu Visual Studio Code, sodass Sie die in diesem Buch gezeigten Abbildungen auch mit dem Application Studio nachvollziehen können. Ich empfehle Ihnen aber, wenn möglich, eine lokale Entwicklungsumgebung einzurichten. Die Interaktionen der verschiedenen Softwarekomponenten mit CAP werden dadurch wesentlich klarer verständlich. Außerdem sind Sie freier in der Wahl Ihrer Entwicklungswerkzeuge und Software-Versionen. Sie können vor allem viele der hier gezeigten Beispiele ohne Internetzugang, d. h. »offline«, durchführen.

2.1.1 Node.js-Serverumgebung

Grundlage vieler CAP-spezifischer Werkzeuge ist die JavaScript-Serverumgebung Node.js. Insbesondere das *CDS Development Kit* (siehe Abschnitt 2.1.5) basiert auf Node.js und nutzt wiederum auch andere Node.js-Komponenten, wie das Web Framework *Express*. Besuchen Sie die Internetseite *https://nodejs.org* und laden Sie das *Long-Term-Support*-(LTS)-Release für Ihr Betriebssystem herunter. LTS-Releases sind stabile Releases mit langen Wartungszusagen. Die Beispiele in diesem Buch wurden mit dem Release 12.18.2 getestet, sollten aber auch mit neueren Versionen funktionieren. Falls Sie im weiteren Verlauf des Buches auf Probleme stoßen, empfehlen ich Ihnen die Nutzung eines Release 12.18.x, wobei »x« für die größte verfügbare Zahl steht.

Installation von Node.js

Öffnen Sie die heruntergeladene Installationsdatei und folgen Sie den Anweisungen. Bleiben Sie in den folgenden Fenstern bei den vorgewählten Einstellungen. Ihre Node.js-Installation werden Sie nach der Installation von Visual Studio Code überprüfen und konfigurieren.

Node.js und CAP

Node.js spielt zwei Rollen für CAP. Zum einen ist es unbedingte Voraussetzung für die Entwicklertools von CAP. Zum anderen dient es zur Laufzeit einer Applikation als Grundlage für das CAP Service SDK für Node.js und das benötigte Web-Framework *Express*. Als Java-Entwickler*in haben Sie zur Laufzeit die Option, das Service-SDK für Java zu nutzen, zusammen mit in der Java-Welt gängigen Web-Frameworks. Auch als Java-Entwickler*in benötigen Sie allerdings eine Node.js-Installation in Ihrer Entwicklungsumgebung.

2.1.2 Visual Studio Code als IDE installieren und konfigurieren

Visual Studio Code oder Eclipse?

Visual Studio Code ist eine leichtgewichtige Entwicklungsumgebung, ein sogenanntes *Integrated Development Environment* (IDE). Es hat vor allem bei Node.js-Entwicklern große Popularität gewonnen. Wegen der starken Affinität von CAP zu Node.js empfehle ich diese die. Die in diesem Buch gezeigten Beispiele basieren auf Visual Studio Code. Als Java-Entwickler*in sind Sie wahrscheinlich eher mit der ebenfalls populären *Eclipse-IDE* vertraut. Sie können Eclipse alternativ verwenden, da SAP dafür ebenfalls einen Editor für CDS-Dateien anbietet. Alle anderen, meist kommerziellen IDEs werden nicht speziell unterstützt, das schließt ihre Nutzung aber nicht aus. Im Prinzip benötigen Sie nur einen beliebigen Texteditor, um CAP-basierte Anwendungen zu erstellen. Sie werden allerdings die Vorteile eines CDS-Editors vermissen.

Visual Studio Code installieren

Besuchen Sie *https://code.visualstudio.com/* und installieren Sie die »Stable Build«-Version für Ihr Betriebssystem nach den dortigen Vorgaben. Dort finden Sie auch eine Einführung, Dokumentation, Tipps und Tricks und mehr zur Benutzung der IDE. Unter Windows sehen Sie vor der Installation ein Auswahlfenster (siehe Abbildung 2.1). Meine Empfehlung ist das Setzen des Auswahlfeldes für die Option **Desktop-Symbol erstellen**, um den Start von Visual Studio Code zu vereinfachen. Aktivieren Sie ebenso die beiden Auswahlfelder **Aktion »Mit Code öffnen«**, um Visual Studio Code aus dem Dateiexplorer gezielt aufrufen zu können. Die Option **Zu PATH hinzufügen** ergänzt die Umgebungsvariable **PATH** des Betriebssystems. Damit können

Sie Visual Studio Code durch Eingabe des Kommandos `code` in einer Windows PowerShell (oder einer anderen Shell) starten.

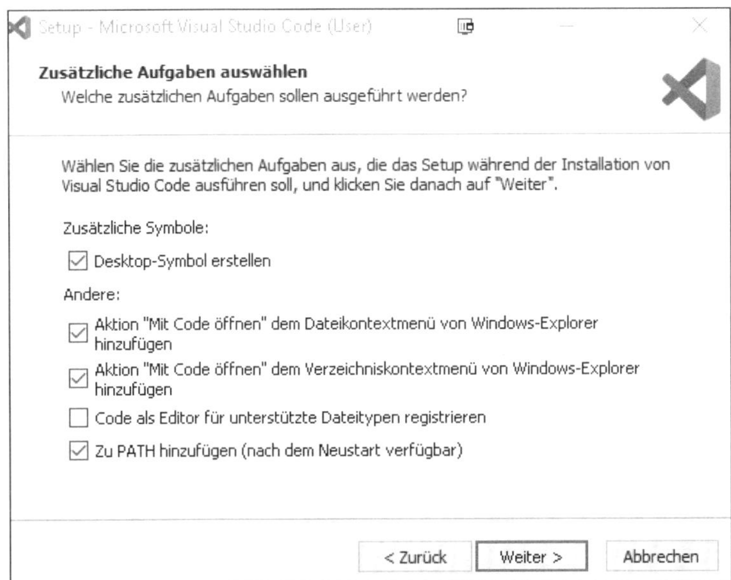

Abbildung 2.1 Installation von Visual Studio Code unter Windows

Visual Studio Code starten

Nach der Installation starten Sie Visual Studio Code über die Verknüpfung auf Ihrem Desktop. Falls Sie noch keine Erfahrung mit Visual Studio Code oder einer anderen integrierten Entwicklungsumgebung haben, ist es empfehlenswert, die Einführungen auf *https://code.visualstudio.com/docs/* zu besuchen. Nach dem Start zeigt sich die IDE mit Willkommensbildschirm auf schwarzem Hintergrund, wie in Abbildung 2.2 gezeigt.

Konfiguration der IDE

Folgende Konfiguration sollten Sie jetzt durchführen:

❶ Wenn Sie die Willkommensseite nicht bei jedem Start der IDE sehen wollen, entfernen Sie den entsprechenden Haken in der unteren linken Ecke des Fensters.

❷ Weitere Bildschirmkopien von Visual Studio Code werden hier mit einem weißen Hintergrund abgebildet. Zum besseren Vergleich wechseln Sie deshalb das Anzeigethema mittels **File • Preferences • Color Theme**. In dem sich öffnenden Auswahldialog wählen Sie **Light+ (default light)**. Prinzipiell können Sie natürlich ein beliebiges Anzeige-Theme Ihrer Wahl einstellen.

❸ Erzeugen Sie ein Terminal, in dem Sie Kommandos eingeben können. Wählen Sie dazu **Terminal • New Terminal**. Es öffnet sich ein integriertes Terminal. Unter Windows handelt es sich um die PowerShell, unter Linux um die Bash-Shell. Hier können Sie ganz einfach überprüfen, ob Ihre Node.js-Installation erfolgreich verlaufen ist. Geben Sie dazu im Terminal das Kommando `node -v` ein. Node.js meldet sich mit einer Versionsnummer (siehe Abbildung 2.3). Sollte dies nicht der Fall sein, starten Sie Ihren Rechner neu.

❹ Durch Klicken auf das Dokumentensymbol links können Sie den Dateiexplorer ein- und ausblenden. Aktivieren Sie den Dateiexplorer und öffnen Sie ein Verzeichnis über die nun sichtbare Schaltfläche **Open Folder**. Entweder legen Sie hier eine neues Verzeichnis für das erste CAP-Beispielprojekt an, oder Sie tun dies parallel mit dem Dateiexplorer Ihres Betriebssystems. Sie können diesen Ordner an einer beliebigen Stelle Ihres Dateisystems anlegen und im Prinzip beliebig benennen. Ich verwende für das erste Beispiel den Ordnernamen **hello-cap**. Nachdem Sie den Ordner angelegt und ausgewählt haben, zeigt Visual Studio Code seinen Inhalt in der Explorer-Sicht an. Der Ordnername selbst wird dabei immer in Großbuchstaben dargestellt. Da es sich um einen neuen Ordner handelt, ist er natürlich vorerst leer (siehe Abbildung 2.4).

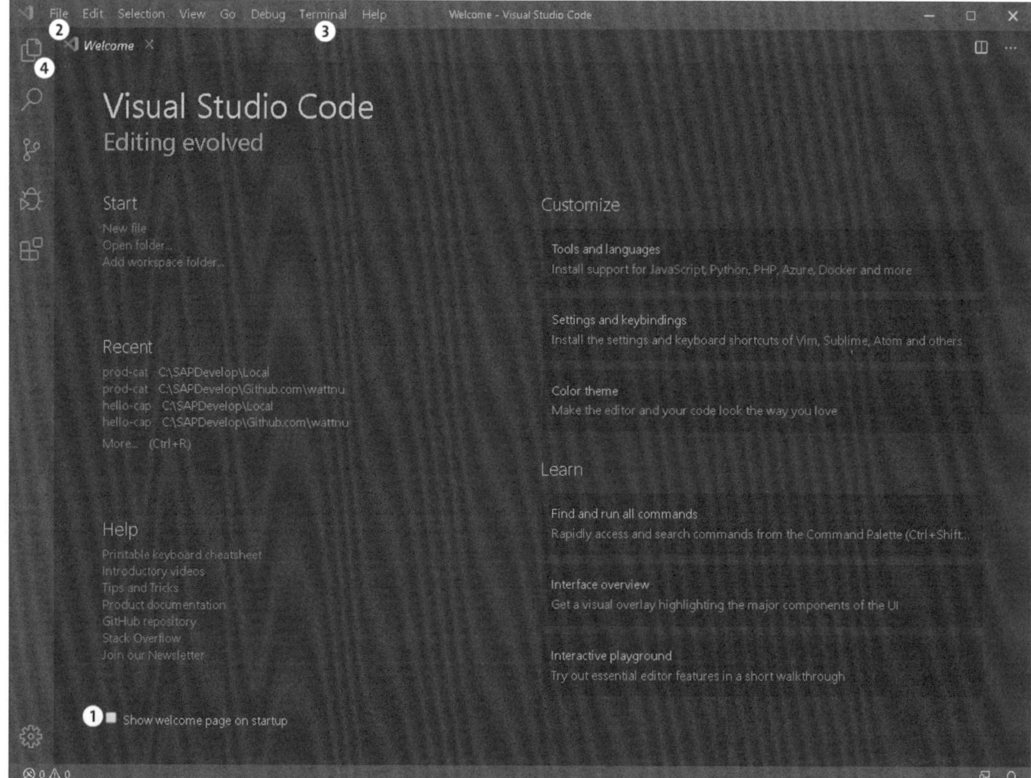

Abbildung 2.2 Der Startbildschirm von Visual Studio Code

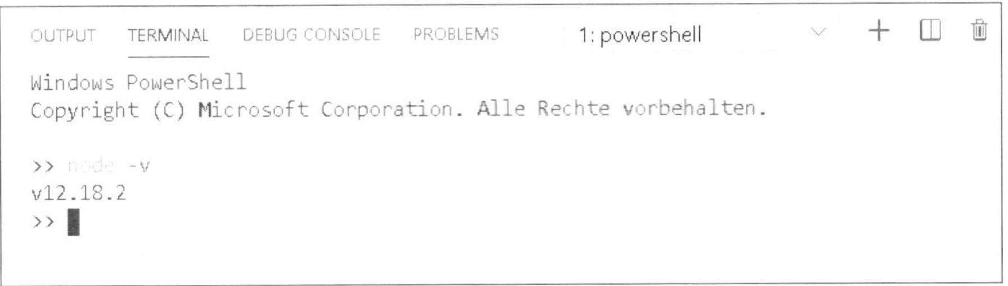

Abbildung 2.3 Das integrierte Terminal in Visual Studio Code zum Eingeben von Shell-Kommandos

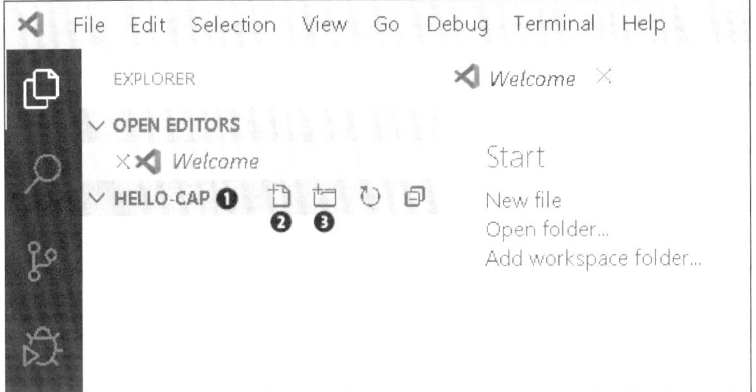

Abbildung 2.4 Die Explorer-Sicht für den geöffneten Ordner HELLO CAP

Bewegen Sie den Mauszeiger an die in Abbildung 2.4 gezeigte Position ❶, sehen Sie die Schaltflächen, mit denen Sie einen neue Datei ❷ bzw. einen neuen Unterordner ❸ anlegen können. Durch Öffnen des Ordners **hello-cap/** hat Visual Studio Code ein neues Projekt für Sie bereitgestellt. Daher müssen Sie nun erneut ein Terminal öffnen. Dies hat das aktuelle Arbeitsverzeichnis automatisch auf den Ordner **hello-cap/** gesetzt, wie Sie durch Eingabe des Kommandos `pwd` überprüfen können.

2.1.3 Visual Studio Build Tools für Windows

Nutzung unter Windows 10

Dieser Abschnitt ist nur für Nutzer des Microsoft-Windows-Betriebssystems relevant.

Manche Softwarepakete, die Sie im Rahmen von CAP-Projekten (oder auch für andere Projekte) mithilfe des *Node Package Managers* (npm) installieren, durchlaufen während der Installation einen Build-Prozess, der für das jeweilige Betriebssystem native Codemodule erzeugt. Dies kann erwünscht sein, um zeitkritische Routinen möglichst performant ausführen zu können. Im SAP-Umfeld ist das z. B. für eine Variante des Treibers für die SAP-HANA-Datenbank der Fall. Linux-basierte Systeme sind in der Regel schon vorkonfiguriert, um diesen Build-Prozess durchführen zu können. Auf Systemen, die auf Microsoft Windows basieren, muss dafür zusätzliche Software installiert werden.

Öffnen Sie dazu auf Ihrem Computer eine PowerShell (alternativ einen Windows Command Prompt) im Administratormodus. Dies erreichen Sie z. B. durch die Eingabe von »Powershell« im Windows-Suchfeld. Das Suchergebnis ist in Abbildung 2.5 dargestellt. Klicken Sie im rechten Detailabschnitt der Suchergebnisse auf den Eintrag **Als Administrator ausführen**.

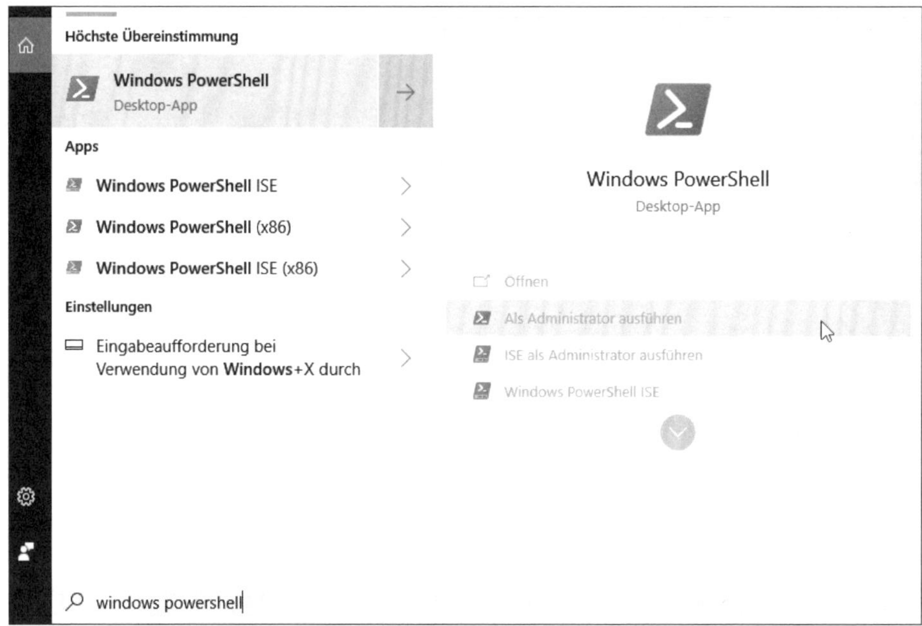

Abbildung 2.5 Aufruf der Windows PowerShell im Administratormodus

Installation der Build Tools

Ein PowerShell-Fenster öffnet sich, in dem Sie das Kommando `npm install --global --production windows-build-tools` eingeben. Diese Anweisung wird ca. 3 Gigabytes Software herunterladen und installieren, haben Sie also etwas Geduld. Es hat sich bewährt, parallel die Liste der auf Ihren Rechner installierten Programme anzuschauen. Der genannte Prozess installiert die Programme **Python**, **Microsoft Visual Studio Installer**, **Visual Studio Build Tools** und das **Windows Software Development Kit**. Zum Abschluss der Installation sehen Sie eine Konfigurationsmeldung (siehe Abbildung 2.6). Sollte diese Abschlussmeldung nicht erscheinen, obwohl alle Komponenten installiert wurden, brechen Sie den Prozess mit `Strg` + `C` (oder `Ctrl` + `C`) ab und starten ihn erneut.

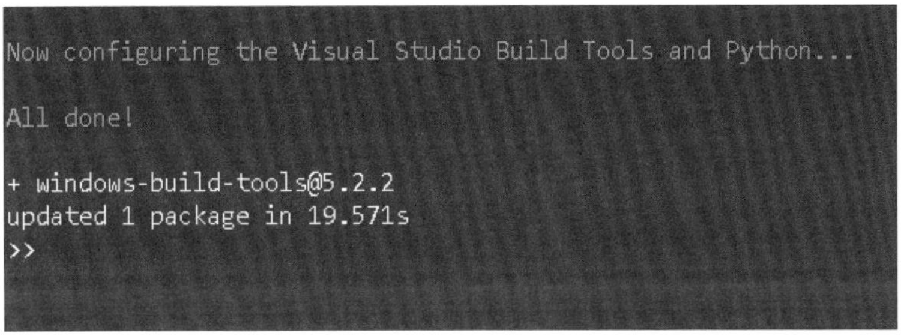

```
Now configuring the Visual Studio Build Tools and Python...

All done!

+ windows-build-tools@5.2.2
updated 1 package in 19.571s
>>
```

Abbildung 2.6 Abschließende Konfiguration der Visual Studio Build Tools

Verifizieren der Installation

Abschließend sollten Sie die Installation verifizieren, indem Sie das Kommando `npm config ls` in der PowerShell eingeben. Die Ausgabe sollte ähnlich zu der in Listing 2.1 sein. Entscheidend ist der Eintrag `globalconfig`, der den Wert für die Variable `python` festlegt. Sollte dieser Eintrag nicht vorhanden sein, wiederholen Sie die Installation der Visual Studio Build Tools. Beachten Sie in diesem Fall auch die Hinweise unter *http://s-prs.de/v765100*.

```
>> npm config ls
; cli configs
metrics-registry = "https://registry.npmjs.org/"
scope = ""
user-agent = "npm/6.14.4 node/v12.16.3 win32 x64"
; userconfig C:\Users\abcde\.npmrc
registry = "https://registry.npmjs.org/"

; globalconfig C:\Users\abcde\AppData\Roaming\npm\etc\npmrc
python = "C:\\Users\\abcde\\.windows-build-tools\\python27\\
python.exe"
...
```

Listing 2.1 Ausgabe der npm-Konfiguration

2.1.4 CDS-Sprachunterstützung für Visual Studio Code

Visual Studio Code kann durch Erweiterungen, sogenannte *Extensions*, mit Zusatzfunktionen ausgestattet werden. SAP bietet eine Visual-Studio-Code-Erweiterung an, die einen komfortablen Editor für CDS-Dateien bereitstellt.

Der CDS-Editor

In Visual Studio Code wechseln Sie in die Erweiterungssicht, indem Sie auf das Symbol ⊞ in der linken Auswahlleiste klicken. Wie in Abbildung 2.7 gezeigt, geben Sie in das erscheinende Suchfeld »SAP Cloud Platform core data services« ein. In der resultierenden Ergebnisliste markieren Sie den Eintrag **SAP Cloud Platform core data services plug-in for Visual Studio Code** und wählen die grüne Schaltfläche **Install** (siehe Abbildung 2.7). Sobald der CDS-Language-Support installiert ist, werden Sie zukünftig automatisch über Aktualisierungen informiert werden. Visual Studio Code wird diese Aktualisierung dann mit Ihrer Zustimmung installieren. Genauso werden Sie über Aktualisierungen der eigentlichen IDE informiert.

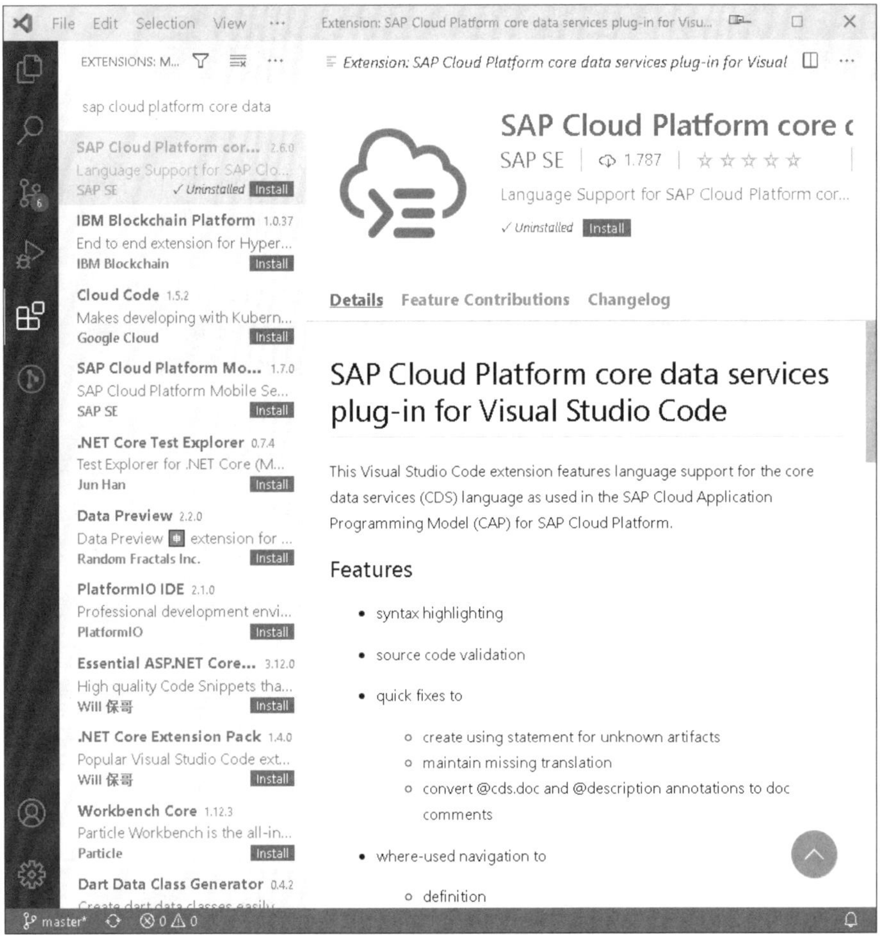

Abbildung 2.7 Einbinden der CDS-Sprachunterstützung für Visual Studio Code

CDS-Sprachunterstützung für die Eclipse-IDE

Wenn Sie lieber die Eclipse-IDE nutzen möchten, finden Sie das entsprechende CDS-Editor-Plug-in auf der SAP-Tools-Downloadseite unter *http://s-prs.de/v765101* (siehe Abbildung 2.8). Dort finden Sie die entsprechende Anleitung mit Links zum Installieren des Eclipse-Plug-ins. Beachten Sie allerdings, dass sich die Abbildungen in diesem Buch auf die Visual-Studio-Code-IDE beziehen.

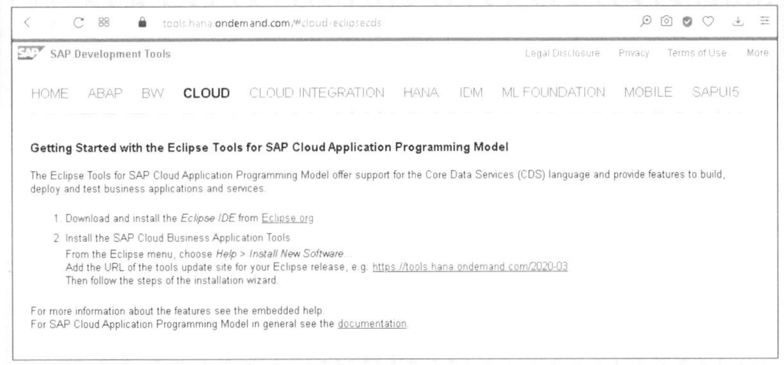

Abbildung 2.8 Downloadseite der SAP Developer Tools

Sollte der direkte Link zu den Eclipse-Tools nicht funktionieren, wechseln Sie oben auf der Browserseite in den Abschnitt **CLOUD** und suchen Sie auf der Seite nach dem Begriff »Eclipse Tools for SAP Cloud Application Programming Model«. Den Suchdialog für die Browserseite öffnen Sie mit der Tastenkombination `Ctrl` + `F`, oder `Strg` + `F`.

2.1.5 CDS Development Kit

Neben dem CDS-Editor spielt das CDS Development Kit die zentrale Rolle in Ihren Entwicklungsprojekten. Das CDS Development Kit ist für Node.js lauffähig und wird deswegen mit npm installiert.

Die öffentliche npm-Registry

Dabei wird von npm eine sogenannte *npm-Registry* kontaktiert, die eine Sammlung von Softwarepaketen enthält. Die gängigste öffentliche Registry ist unter *https://registry.npmjs.org/* zu erreichen und ist für Ihre Node.js-Installation bereits als Registry vorkonfiguriert. Sie bietet eine Vielzahl von quelloffenen Paketen für JavaScript-Entwickler. Auch SAP publiziert dort viele Pakete unter der *SAP Developer Licence*, die Sie unter *http://s-prs.de/v765102* einsehen können. Alle für CAP benötigten Pakete sind auf *https://registry.npmjs.org* verfügbar. Wenn Sie die Java-Variante von CAP nutzen, werden Sie analog Java-Archive für CAP mit der Paketverwaltung *Maven* von dem öffentlichen *Maven Central Repository* beziehen können.

Installation von npm-Paketen

Das Kommando `npm install` kontaktiert die Registry und installiert die angeforderten Pakete (siehe Abbildung 2.9). Alle Pakete werden auf Ihrem Dateisystem als Ordner und Dateien im Verzeichnis **node_modules/** abgelegt. Dieses Verzeichnis wird entweder innerhalb eines konkreten Projektverzeichnisses angelegt (lokale Projektinstallation) oder global an einer zentralen Stellen auf Ihrem Rechner (globale Installation).

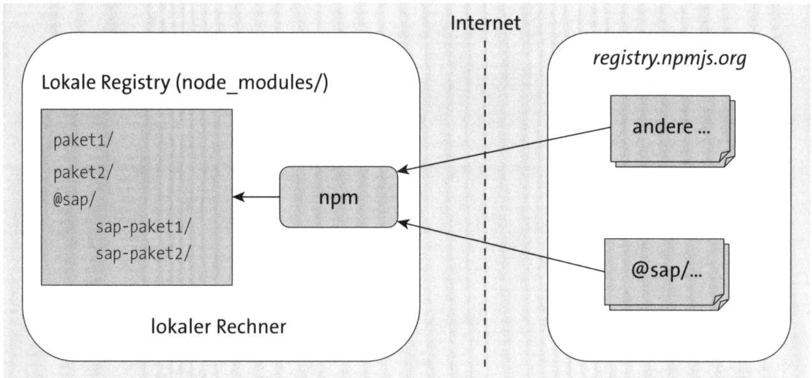

Abbildung 2.9 Anbindung der npm-Registry

Die von SAP zur Verfügung gestellten Pakete werden alle im Namensraum `@sap` veröffentlicht. Dieses Präfix spiegelt sich in der Struktur des Paketverzeichnisses **node_modules/** wider, wie in Abbildung 2.9 dargestellt.

Installation des CDS Development Kits

Für die eigentliche Installation des CDS Development Kits geben Sie das Kommando `npm install -g @sap/cds-dk` im Terminal ein. Das CDS Development Kit wird daraufhin heruntergeladen und global installiert. Zum Prüfen der Installation geben Sie das Kommando `cds` ein. Sie sollten eine Ausgabe ähnlich zu der in Listing 2.2 sehen.

```
>> cds
USAGE
    cds <command> [<args>]
    cds <src>  =  cds compile <src>
    cds        =  cds help

COMMANDS
    i | init       jump-start cds-based projects
    a | add        add a feature to an existing project
    m | import     add models from external sources
    c | compile    compile cds models to different outputs
    s | serve      run your services in local server
    w | watch      run and restart on file changes
    r | repl       read-eval-event loop
    e | env        inspect configuration
    b | build      prepare for deployment
    d | deploy     deploy to databases or cloud
    l | login      login to extendable SaaS application
    o | logout     logout from extendable SaaS application
    v | version    get detailed version information
```

```
    ? | help       get detailed usage information

  Learn more about each command using:
  cds help <command> or
  cds <command> --help
>>
```

Listing 2.2 Ausgabe nach Prüfung der Installation des CDS Development Kits

Erste Kommandos des CDS Development Kits

Nutzen Sie insbesondere `cds help <command>`, um zu erfahren, wie Eingaben im Detail zu tätigen sind. Mit `cds -v` werden die Komponenten des CDS Development Kits mit ihrer jeweiligen Version im Terminal ausgegeben. Listing 2.3 zeigt die Versionen, die zum Zeitpunkt der Erstellung dieses Buches (Herbst 2020) Verwendung fanden. Beachten Sie, dass Ihre Versionsliste einen neueren Stand reflektieren wird. Sollten Sie das CDS Development Kit in einer bestimmten Version installieren wollen, so nutzen Sie eine explizite Versionsangabe, wie beispielweise `npm install -g @sap/cds-dk@3.0.0`.

```
>> cds -v
@sap/cds: 4.1.7
@sap/cds-compiler: 1.35.0
@sap/cds-dk: 3.0.0
@sap/cds-foss: 2.0.0
@sap/cds-reflect: 2.12.2
@sap/cds-runtime: 2.1.7
Node.js: v12.18.2
home: C:\Users\AppData\Roaming\npm\node_modules\@sap\cds-dk
```

Listing 2.3 Die Komponenten des CDS Development Kits und deren Versionen

Die Zeile `home` in Listing 2.3 gibt an, wo auf Ihrem Rechner das CDS Development Kit installiert wurde. Bei der Installation haben Sie durch die Option `-g` bestimmt, dass das Paket global installiert wird und damit von überall ausführbar ist. Im Gegensatz dazu werden Sie später Pakete normalerweise innerhalb eines Entwicklungsprojekts installieren, sodass sie auch nur in diesem Kontext verfügbar sind. Wenn Sie die CDS-Sprachunterstützung für Visual Studio Code nutzen, werden Sie automatisch über Aktualisierungen des CDS Development Kits informiert und können es automatisch aktualisieren lassen.

CDS Command Line Interface

Ein wichtiger Teil des CDS Development Kits ist das CDS-Kommandozeilenwerkzeug (*CDS Command Line Interface*). Es stellt für Ihr Terminal mehrere Kommandos bereit, die jeweils mit `cds` beginnen. Die Kommandos `cds -v` und `cds help` haben Sie schon kennengelernt. Eine Übersicht über die wichtigsten Kommandos finden Sie in Abschnitt 2.4.

Semantische Versionierung

In der Softwareindustrie ist das Konzept des *Semantic Versioning* weit verbreitet. Es wird vor allem im Umfeld von Node.js und CAP benutzt. Dabei handelt es sich um eine Methode, Softwareartefakte mit Versionsnummern auszuzeichnen und verschiedene Qualitäten von Softwareänderungen im Versionsschema widerzuspiegeln. Die genaue Spezifikation finden Sie unter *https://semver.org/*.

Sowohl npm als auch CAP nutzen diese Art der Versionierung. Deswegen ist es wichtig, dass Sie die Grundzüge dieses Schemas kennen. Versionen werden immer durch mindestens drei Ziffern in der Form `Major.Minor.Patch` repräsentiert.

Die Patch-Ziffer wird immer erhöht, wenn Fehlerkorrekturen gemacht wurden, die nicht zu inkompatiblen Änderung führen. Wenn Sie das CDS Development Kit z. B. in der Version 3.0.0 installiert haben, sollten sie unbedingt, sobald verfügbar, Version 3.0.1 installieren, da diese wichtige Fehlerkorrekturen beinhalten könnte.

Die Minor-Ziffer wird erhöht, wenn eine neue Funktionalität freigegeben wird, allerdings ohne dass die Komponente inkompatibel geändert wurde. Sie können dann entscheiden, ob Sie die neue Funktionalität benötigen oder nicht. Für die Komponente selbst wäre ein Upgrade unkritisch, aber im Zusammenspiel mit anderen Komponenten besteht immer ein gewisses Risiko. Vor einem Upgrade Ihrer produktiven Anwendung auf eine neue Minor-Version sollten Sie deshalb umfangreiche Integrationstests durchführen.

Die Major-Version wird hochgezählt, wenn eine Komponente inkompatibel geändert wurde. Beispielsweise hat sich ihr Verhalten oder ihre API-Struktur geändert. Solche neuen Versionen sollten Sie sehr vorsichtig behandeln, da eventuell umfangreiche Anpassungen auf Ihrer Seite nötig sein könnten. Allerdings können Sie diese neue Version nicht einfach ignorieren, da ältere Versionen wahrscheinlich irgendwann keine Fehlerkorrekturen und keine neuen Funktionen mehr erhalten werden (dieser Vorgang wird *Deprecation* genannt).

In der Praxis finden Sie oft Angaben zu Versionsbereichen und nicht zu einer definierten Version. Eine Notation, wie man Bereiche semantischer Versionen ausdrückt, finden Sie unter *http://s-prs.de/v765103*. Die in der Praxis wichtige *Caret Range* wird auch in diesem Buch oft genutzt. Mit dem Zirkumflex-Zeichen ^ (englisch *Caret*) wird eine minimale Version angegeben.

Der Versionsbereich erstreckt sich dann über alle größeren, kompatiblen Versionen, d. h. alle Folgeversionen mit der gleichen Major-Version. Beispielsweise erlaubt die Vorgabe von ^3.0.0 die Installation aller größeren Versionen mit der Major-Version 3. npm wird in diesem Fall die größte passende Version von einer Registry installieren.

2.1.6 Entwicklungsdatenbank SQLite

Die Datenbank SQLite nutzen

Sie sind nun fast so weit, CAP auf Ihrem Rechner in vollem Umfang nutzen zu können. Natürlich werden Sie Services entwickeln wollen, die auf eine Datenbank, insbesondere SAP HANA, zugreifen. Während der ersten, frühen Phasen ihres Entwicklungsprojekts können Sie zu Testzwecken das freie Datenbanksystem *SQLite* nutzen, um die Konfiguration und Verbindung zu einem SAP HANA Cloud Service auf der SAP Cloud Platform erst später durchführen zu müssen. Natürlich müssen Sie sich spätestens dann mit dem SAP HANA Cloud Service verbinden, wenn Sie die spezifische Funktionalität von SAP HANA nutzen wollen, die eine leichtgewichtige SQL-Datenbank wie SQLite nicht bietet.

Die SQL-Datenbank SQLite

SQLite ist eine Bibliothek, die einen eingebetteten SQL-Datenbankserver zur Verfügung stellt. SQLite läuft nicht als eigener Datenbankprozess und benötigt keine Konfiguration. Deshalb ist eine Verwendung als Entwicklungs- und Testdatenbank sehr einfach. SQLite liest und schreibt gewöhnliche Dateien. Dazu wird ein effektives und plattformübergreifendes Dateiformat definiert. Eine komplette SQL-Datenbank mit Tabellen, Views, Triggern und Indizes kann in einer einzigen Datei enthalten sein. Optional kann eine transiente In-Memory-Persistenz gewählt werden. CAP unterstützt das Arbeiten mit SQLite in Ihrer Entwicklungsumgebung.

SQLite für Windows

Auf modernen Linux- und Mac-Systemen ist SQLite schon vorinstalliert. Als Windows-Nutzer*in besuchen Sie *https://sqlite.org/* und wechseln von dort auf die Download-Seite. Auf dieser Seite findet sich die Sektion **Pre-compiled Binaries for Windows**. Laden Sie die **sqlite-tools** herunter (siehe Abbildung 2.10) und extrahieren Sie den Inhalt dieses Zip-Archivs auf Ihrem Rechner. Kopieren Sie dann alle extrahierten **.exe**-Dateien direkt in einen neuen Ordner, z. B. **C:\sqlite**, auch wenn diese nach der Extraktion wiederum in einem Unterordner liegen.

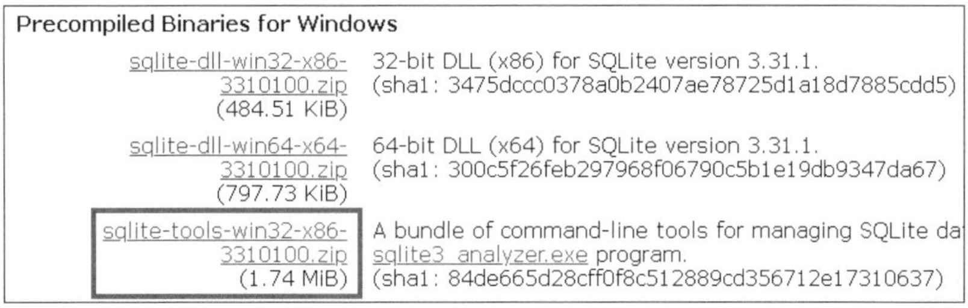

Precompiled Binaries for Windows

sqlite-dll-win32-x86-3310100.zip (484.51 KiB)	32-bit DLL (x86) for SQLite version 3.31.1. (sha1: 3475dccc0378a0b2407ae78725d1a18d7885cdd5)
sqlite-dll-win64-x64-3310100.zip (797.73 KiB)	64-bit DLL (x64) for SQLite version 3.31.1. (sha1: 300c5f26feb297968f06790c5b1e19db9347da67)
sqlite-tools-win32-x86-3310100.zip (1.74 MiB)	A bundle of command-line tools for managing SQLite da sqlite3_analyzer.exe program. (sha1: 84de665d28cff0f8c512889cd356712e17310637)

Abbildung 2.10 Zur Installation von SQLite muss die sqlite-tools-Datei heruntergeladen werden.

Zuletzt müssen Sie über die Systemsteuerung von Windows die Umgebungsvariable **Path** für Ihren Benutzer erweitern, sodass der Pfad **C:\sqlite** enthalten ist. Zum Testen der Installation starten Sie Visual Studio Code neu und geben das Kommando `sqlite3 -help` in das Terminal ein. Als Ausgabe sollte jetzt die Hilfe-Information des sqlite3-Tools angezeigt werden.

2.1.7 Clients zum Testen von HTTP-Services

Werkzeuge zum Testen von CAP-Services

CAP-Services werden über das Internetprotokoll HTTP angesprochen. Wenn Ihre Anwendung (noch) keine Benutzerschnittstelle für einen Service besitzt, können Sie mit einem beliebigen *HTTP-Client* Ihren Service dennoch kontrolliert testen. Es gibt eine Vielzahl von entsprechenden Werkzeugen mit ähnlichem Funktionsumfang, sodass Sie das Werkzeug Ihrer Wahl verwenden können. Die Beispiele in diesem Buch benutzen ein Erweiterung für Visual Studio Code, da sich diese gut in die IDE integriert. In Abschnitt 3.6, »Testen mit einem HTTP-Client«, wird diese Erweiterung vorgestellt.

2.2 CDS-Editor

Jetzt sind Sie gerüstet, um Ihre erste CDS-Datei anzulegen und den CDS-Editor kennenzulernen. In Visual Studio Code klicken Sie auf das Icon **New File** (◻) und vergeben im sich öffnenden Eingabefeld den Namen **services.cds** (siehe Abbildung 2.11).

Ein Editorfenster öffnet sich, in dem Sie die CDS-Codezeilen aus dem folgenden Listing eingeben:

```
service ask {
    function question(to: String) returns String;
}
```

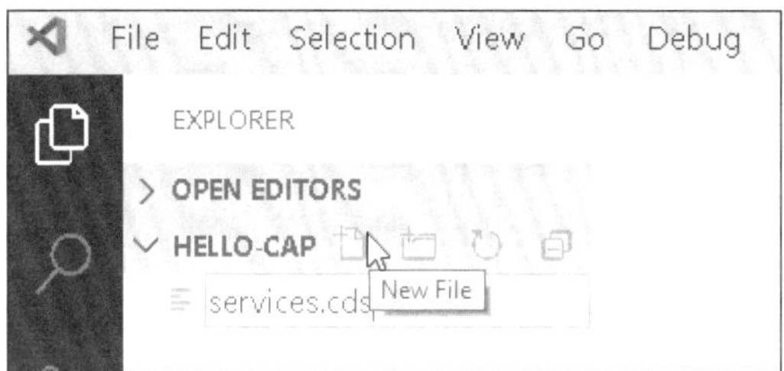

Abbildung 2.11 Anlegen der Datei »services.cds« in Visual Studio Code

Produktives Arbeiten mit dem CDS-Editor

Während Sie schreiben, wird der Editor Ihnen Hilfestellungen geben. Es werden mögliche Vervollständigungen angezeigt, die Sie mit den Pfeiltasten und [Tab] auswählen können (siehe Abbildung 2.12). Vorschläge können auch jederzeit mit der Tastenkombination [Strg] + Leertaste angezeigt werden. Unvollständige oder syntaktisch inkorrekte Eingaben werden rot unterstrichen und ein Fehlertext wird angezeigt, wenn Sie die Maus über der Markierung positionieren. In Abbildung 2.13 ist z. B. das unvollständige Schlüsselwort `functio` rot unterstrichen.

Abbildung 2.12 Der CDS-Editor liefert Vorschläge bei noch unvollständigen Eingaben.

Abbildung 2.13 Hervorhebung von syntaktisch inkorrekten Eingaben

Probieren Sie einfach verschiedene Möglichkeiten aus, um sich mit dem Editor vertraut zu machen. Ist Ihr CDS-Code korrekt und vollständig, sichern Sie die Datei mit der Tastenkombination [Strg] + [S].

Eine weitere nützliche Funktion des Editors ist die Formatierung einer Modelldatei zur besseren Lesbarkeit. Unter anderem wird die Struktur Ihrer Modelle durch passende Einrückungen verdeutlicht. Die Formatierung führen Sie durch, indem Sie im Editorfenster die rechte Maustaste klicken und **Format Document** wählen.

2.3 »Hallo CAP«-Service

Der Verwendungszweck des geplanten Services ist einfach an seiner CDS-Definition abzulesen. Es handelt sich um einen Frageservice, mit dem Sie Fragen an jemanden stellen können. Der Name der Person, der die Frage gestellt wird, ist dabei ein Parameter der Fragefunktion. Offensichtlich gibt es bis jetzt noch keine Liste von Fragen, aber Sie können den Service trotzdem schon mal ausprobieren.

Starten des Services

Geben Sie im Terminal das Kommando `cds watch` ein. Sie werden eine Ausgabe wie in Abbildung 2.14 sehen.

```
OUTPUT   TERMINAL   ...      1: node

>> cds watch

[cds] - running nodemon...
--ext cds,csn,csv,ts,mjs,cjs,js,json,properties,edmx,xml,env
--exec cds serve all --with-mocks --in-memory?

[cds] - model loaded from 1 file(s):

  services.cds

[cds] - using bindings from: { registry: '~/.cds-services.json' }
[cds] - connect to sqlite db { database: ':memory:' }
/> successfully deployed to sqlite in-memory db

[cds] - serving ask { at: '/ask' }

[cds] - launched in: 2414.799ms
[cds] - server listening on { url: 'http://localhost:4004' }
[ terminate with ^C ]
```

Abbildung 2.14 Ausgabe im Terminal nach Eingabe von »cds watch«

Das eingegebene Kommando hat Folgendes bewirkt:

1. Das CDS Development Kit startet einen Prozess, der die Dateien im aktuellen Projekt analysiert und auch auf Änderungen an diesen Dateien reagiert.
2. CAP versucht sich mit einer Datenquelle zu verbinden. Da bisher nichts anderes für das Projekt konfiguriert wurde, wird eine SQLite-In-Memory-Datenbank gestartet, um in CDS-Dateien modellierte Entitäten als Tabellen in der Datenbank zu erzeugen. Da Sie bisher nur einen Service definiert haben, werden noch keine Persistenzobjekte erzeugt.
3. Auf Ihrem Rechner wird ein Webserver gestartet, der einen Endpunkt unter *http://localhost:4004* bereitstellt.

Starten des Webbrowsers

Starten Sie Ihren Webbrowser, indem Sie den Mauszeiger auf der URL positionieren, die Sie in der Terminalausgabe sehen, die Taste `Strg` gedrückt halten und dann einen Mausklick auslösen (siehe Terminalausgabe in Abbildung 2.14). Ihr Browser zeigt die Willkommensseite von CDS-Services und gibt an, welche Endpunkte zur Verfügung stehen (siehe Abbildung 2.15). Aktuell sind das **/ask** (da Ihr Service so benannt ist) und **/ask/$metadata**.

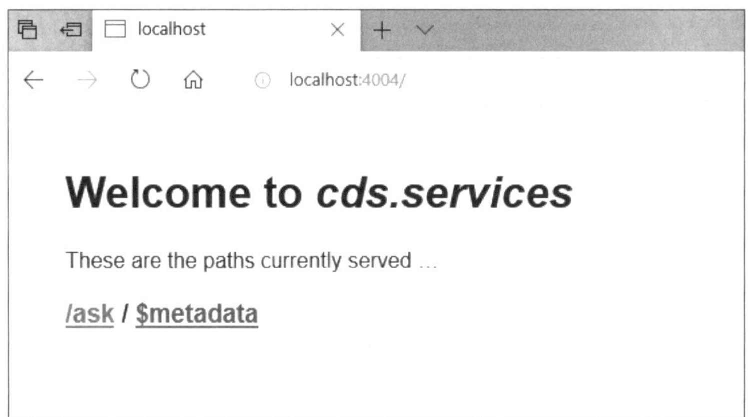

Abbildung 2.15 Willkommensseite der CDS-Services

OData-Definition eines Services

Klicken Sie auf **$metadata**, um die Definition des Services im OData-Metadatenformat zu sehen (siehe Abbildung 2.16). Je nachdem, welchen Browser Sie verwenden, kann die Ausgabe von der Abbildung abweichen. Die Metadaten zeigen z. B., welche Funktion Ihr Service mit welchen Argumenten bereitstellt.

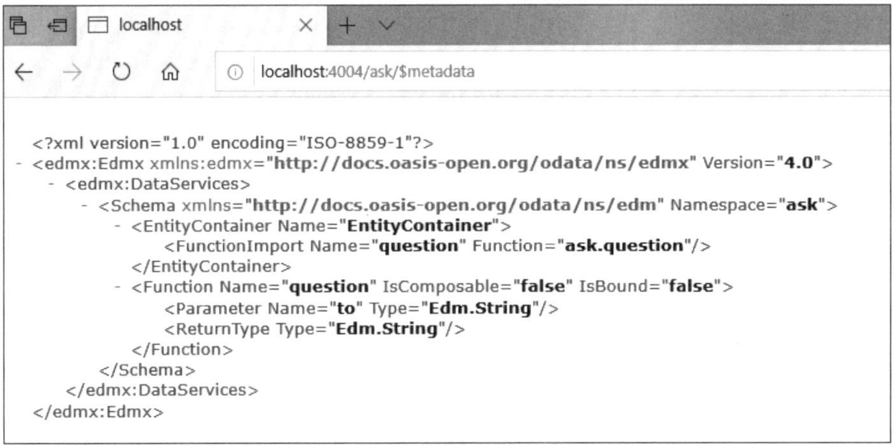

localhost

localhost:4004/ask/$metadata

```
<?xml version="1.0" encoding="ISO-8859-1"?>
- <edmx:Edmx xmlns:edmx="http://docs.oasis-open.org/odata/ns/edmx" Version="4.0">
  - <edmx:DataServices>
    - <Schema xmlns="http://docs.oasis-open.org/odata/ns/edm" Namespace="ask">
      - <EntityContainer Name="EntityContainer">
          <FunctionImport Name="question" Function="ask.question"/>
        </EntityContainer>
      - <Function Name="question" IsComposable="false" IsBound="false">
          <Parameter Name="to" Type="Edm.String"/>
          <ReturnType Type="Edm.String"/>
        </Function>
      </Schema>
    </edmx:DataServices>
</edmx:Edmx>
```

Abbildung 2.16 OData-Metadaten eines Services

Funktionsaufruf im Browser

Die Funktion `question` können Sie schon im Browser aufrufen. Geben Sie dazu in der Adresszeile des Browsers *http://localhost:4004/ask/question (to='CAP')* ein. Es gibt allerdings noch keine Implementierung, die ausgeführt werden könnte. Deswegen sehen Sie die Meldung **No handler registered for question**.

2.3.1 Serviceimplementierung anlegen

Sie können eine Implementierung hinzufügen, indem Sie eine JavaScript-Datei mit dem Namen **services.js** im gleichen Ordner anlegen, in dem auch die Datei **services.cds** liegt. Unterbrechen Sie dabei *nicht* den im Terminal mit `cds watch` gestarteten Prozess. Erfassen Sie den in Listing 2.4 gezeigten JavaScript-Code in der Datei **services.js** und sichern sie den Inhalt mit der Tastenkombination [Strg] + [S].

```
module.exports = (ask)=>{
    ask.on('question', async (req) => {
        return "Wie geht es dir " + req.data.to + "?";
    })
}
```

Listing 2.4 Behandlung des »on.question«-Ereignisses für den »ask«-Service

[»]

Das Hochkomma

Beachten Sie, dass in CDS-Dateien, so wie auch in JavaScript üblich, oft das Hochkomma ['] als einfaches Anführungszeichen genutzt wird. Auf einer deutschen Tastatur finden Sie es auf der Taste mit dem Zeichen [#].

Nach dem Sichern der Datei werden Sie eine Aktualisierung der Ausgabe im Terminal beobachten. Ihnen wird angezeigt, dass der Service `ask` mit einer Implementierung in der Datei **services.js** bereitgestellt wurde:

```
[cds] - serving ask { at: '/ask', impl: 'services.js' }
```

Iterative Entwicklung mit schnellem Feedback

Sie sehen, dass Sie mit `cds watch` einen Prozess gestartet haben, der Ihre Quellcodeänderungen automatisch detektiert und die Servicedefinitionen dynamisch anpasst.

Überprüfen Sie nun die Funktion des JavaScript-Codes, indem Sie erneut *http://localhost:4004/ask/question(to='CAP')* in die Adresszeile des Browsers eingeben. Als Ausgabe sehen sie einen JSON-String mit dem Eintrag `"value":"Wie geht es dir CAP?"`, was dem Rückgabewert der Funktion im OData-Format entspricht. Sie haben mittels JavaScript-Codes einen Ereignisbehandler für das Ereignis `on.question` implementiert, was der Ausführung der Funktion `question` entspricht. Beachten Sie gleichzeitig die Ausgaben in Ihrem Terminal. Jede Browseranfrage wird entsprechend dort protokolliert. Auch etwaige Fehlermeldungen werden über das Terminal ausgegeben.

2.3.2 Persistente Entität anlegen

Datenbankobjekte modellieren

Ihr Service benutzt bisher keine Persistenz, da Sie noch keine Entität definiert haben. Mit der Entität `Questions` sollen nun Fragen in einer Datenbank abgelegt werden, um durch die Servicefunktion `ask/question` abgerufen zu werden. Erweitern Sie dazu die Datei **services.cds** um die Definition einer Entität, so wie in Listing 2.5 gezeigt.

```
service ask {
    function question(to: String) returns String;
}
entity Questions {
    key ID   : Integer;
        text : String;
}
```

Listing 2.5 Inhalt der Datei »services.cds« mit der Definition der Entität »Questions«

Um die von `cds watch` generierte Persistenz nutzen zu können, müssen Sie noch zwei Erweiterungen vornehmen. Erstens müssen Daten in die Datenbank gelangen und zweitens muss die Implementierung der Servicefunktion `on.question` angepasst werden, um aus der Datenbank zu lesen.

2.3.3 Testdaten für die Datenbank bereitstellen

Arbeiten mit .csv-Dateien

CAP bietet Ihnen die Möglichkeit, Testdaten oder initiale Daten in Form von **.csv**-Dateien bereitzustellen, die dann automatisch in die Datenbank geschrieben werden. Die **.csv**-Dateien müssen dabei bestimmte Konventionen erfüllen, um den CDS-Entitäten zugeordnet werden zu können. Gehen Sie folgendermaßen vor:

1. Legen Sie einen neuen Order mit dem Namen **data** in Ihrem Projekt an (also unterhalb des Ordners **hello-cap/**).
2. Innerhalb dieses Ordners legen Sie eine neue Datei namens **Questions.csv** an. Wichtig ist, dass diese Datei den gleichen Namen hat wie die CDS-Entität, die mit den Daten bestückt werden soll.
3. Tragen Sie Daten in die **.csv**-Datei ein (siehe Abbildung 2.17). Dort ist auch die neue Projektstruktur dargestellt. Der Inhalt der **.csv**-Datei ist nochmals in Listing 2.6 aufgeführt.

Deployment nach SQLite

Wenn der Prozess zu `cds watch` noch aktiv ist (andernfalls starten Sie den Prozess jetzt neu), werden Sie in Ihrem Terminal mit einer Ausgabe wie in Listing 2.7 belohnt, die zeigt, dass die Daten aus der **.csv**-Datei in die SQLite-In-Memory-Datenbank geschrieben wurden.

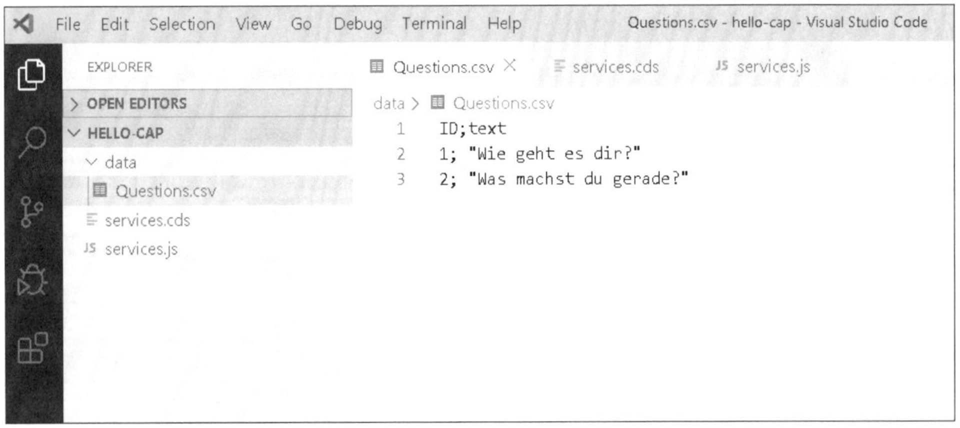

Abbildung 2.17 Projektstruktur mit ».csv«-Datei zum Befüllen der Entität »Questions«

```
ID;text
1;"Wie geht es dir?"
2;"Was machst du gerade?"
```

Listing 2.6 Beispieldateneinträge in einer ».csv«-Datei

```
[cds] - connect to datasource - sqlite::memory:
 > filling Questions from data\Questions.csv
/> successfully deployed to sqlite in-memory db
```

Listing 2.7 Terminalprotokoll nach dem Schreiben von Daten aus einer ».csv«-Datei in die Datenbank

[«]

Visual-Studio-Code-Marktplatz für Erweiterungen

Viele nützliche Erweiterungen für Visual Studio Code werden über einen öffentlichen Marktplatz (*https://marketplace.visualstudio.com/vscode*) angeboten. Mithilfe des integrierten Suchfeldes in der Erweiterungssicht von Visual Studio Code (⊞) können Sie nach Inhalten im Marktplatz suchen, Dokumentationen zu Erweiterungen lesen und diese einfach installieren.

Wenn Sie zum ersten Mal eine **.csv**-Datei anlegen, wird Visual Studio Code Sie möglicherweise darauf hinweisen, dass zur einfacheren Bearbeitung dieser Art von Dateien passende Erweiterung auf dem Marktplatz zur Verfügung stehen. Scheuen Sie sich nicht, solche Erweiterungen herunterzuladen und auszuprobieren. Normalerweise bedeutet dies einen Produktivitätsgewinn. Bei Nichtgefallen können Sie Erweiterungen auch einfach wieder entfernen.

2.3.4 Zugriff auf Testdaten in der Serviceimplementierung

Sehen können Sie die Daten, die Sie eben in die SQLite-Datenbank geschrieben haben, noch nicht. Die Servicefunktion `ask/question` greift in ihrer Implementierung noch nicht auf die Datenbank zu. Modifizieren Sie daher die Datei **services.js** wie in Listing 2.8 dargestellt (lassen Sie `cds watch` wieder einfach weiterlaufen).

```
module.exports = (ask)=>{
    ask.on('question', async (req) => {
      const rand = Math.floor(Math.random()*2)+1;
      const q = await cds.read('Questions').where({ID:rand});
        return "Hallo " + req.data.to + "! " + q[0].text;
    })
}
```

Listing 2.8 Lesen eines Datensatzes mit einem zufälligen Schlüsselwert

CDS-Schnittstelle

In der Variable `rand` wird eine zufällige Zahl mit dem Wert `1` oder `2` abgelegt. Anschließend wird die CDS-Schnittstelle für Node.js genutzt, um mit einer `Where`-Bedingung aus der Entität `Questions` mit dem zufälligen Schlüsselwert zu lesen. Anhand der Funktion `cds.read(...).where(...)` sehen Sie, dass die CDS-Schnittstelle sehr intuitiv zu nutzen ist, als Verkettung sukzessiv einschränkender Operationen auf dem `cds`-JavaScript-Objekt. Diese Art von Schnittstelle wird auch *Fluent API* genannt. Die CDS-Schnittstelle werden Sie später im Detail in Kapitel 6, »Das CDS API für Node.js«, kennenlernen.

Serviceimplementierung in Aktion

Rufen Sie nun wieder die Browserseite *http://localhost:4004/ask/question (to='CAP')* auf. Falls sie noch geöffnet ist, können Sie auch die Refresh-Funktion ihres Browsers nutzen. Wie immer müssen Sie sicherstellen, dass Ihr `cds watch`-Prozess im Terminal noch aktiv ist. Wenn Sie nun wiederholt die Refresh-Funktion des Browsers auslösen, sehen Sie in zufälliger Folge jeweils eine der in der Datenbank gespeicherten Fragen auf der Browserseite.

2.3.5 Blick in die Datenbank

CAP hat für Sie automatisch eine Datenbank angelegt und die notwendigen Objekte darin erzeugt. Ohne weitere Konfigurationen wird dazu SQLite in einem In-Memory-Modus verwendet. Das bedeutet, dass wenn sie den Prozess `cds watch` beenden, auch die Datenbank aus dem Speicher Ihres Rechners verschwinden wird. Für Testzwecke kann diese Vorgehensweise durchaus ausreichend sein, da jeder Neustart die Datenbank aus den **.csv**-Dateien neu erzeugt und initialisiert. Es gibt aber auch Szenarien, in denen die Daten nicht immer neu initialisiert werden sollen. In diesen Fällen ist es sinnvoll, die Datenbank auf Ihrem Dateisystem zu persistieren.

Die SQLite-Datenbankdatei

Sie werden Ihr Projekt nun erweitern, um genau dies zu erreichen. Als Nebeneffekt können Sie dabei analysieren, welche Objekte in der Datenbank angelegt wurden. Beenden Sie zunächst den `cds watch`-Prozess im Terminal mit der Tastenkombination `Strg` + `C`, falls dieser noch aktiv ist, und führen Sie danach die nächsten Schritte aus.

Deployment in die Datenbank

Geben Sie folgendes Kommando ein: `cds deploy --to sqlite` (beachten Sie die zwei Minuszeichen vor `to`). Das System antwortet im Terminal wie in Listing 2.9 gezeigt.

```
>> cds deploy --to sqlite
 > filling Questions from data\Questions.csv
/> successfully deployed to ./sqlite.db


/> created ./package.json
>>
```

Listing 2.9 Protokollausgabe nach Erzeugung einer persistenten Datenbankdatei

Als Resultat wurden zwei neue Dateien in Ihrem Projekt erzeugt, die Sie nun auch im Dateiexplorer von Visual Studio Code sehen. Die Datei **sqlite.db** ist die Datenbankdatei, die von SQLite benutzt wird, um Daten auf Ihrem Dateisystem abzulegen. **package.json** ist der Projektdeskriptor, den das Paketverwaltungssystem npm nutzt. Auch CAP nutzt diesen Deskriptor, um Projektkonfigurationen zu speichern. Im nächsten Abschnitt werden Sie mehr Details über die Rolle dieses Deskriptors erfahren.

Analyse der Datenbank

Ihre Installation von SQLite stellt Ihnen ein Kommandozeilenwerkzeug zum Arbeiten mit SQLite-Datenbanken zur Verfügung. Geben Sie das Kommando `sqlite3 sqlite.db` ein. Dies startet das SQLite-Tool und öffnet die Datenbankdatei **sqlite.db**. Geben Sie dort das Kommando `.dump` ein, das mit einer Ausgabe wie in Listing 2.10 antwortet.

```
sqlite> .dump

PRAGMA foreign_keys=OFF;
BEGIN TRANSACTION;
CREATE TABLE Questions (
  ID INTEGER NOT NULL,
  text NVARCHAR(5000),
  PRIMARY KEY(ID)
);
INSERT INTO Questions VALUES(1,' Wie geht es dir?');
INSERT INTO Questions VALUES(2,' Was machst du gerade?');
COMMIT;

sqlite>
```

Listing 2.10 Protokoll der SQL-Kommandos zur Erzeugung der Datenbank

Blick in die Datenbank

Sie sehen, welche Tabellen mit welchen SQL-Anweisungen erzeugt wurden und welche Daten dort mit welchen SQL-Anweisungen eingefügt wurden. In diesem Fall handelt es sich nur um die Tabelle `Questions`, die der gleichnamigen CDS-Entität entspricht. Sie sehen, dass aus Ihrer CDS-Datei eine Reihe von SQL-Anweisungen erzeugt wurde. Mit dem Kommando `.quit` beenden Sie das SQLite-Tool. Sie können sich natürlich auch auf dem Visual-Studio-Code-Marktplatz nach einer passenden Erweiterung für die Arbeit mit SQLite umschauen.

Die Beziehung von CDS zu SQL

Wenn CDS-Modelle in eine SQL-Datenbank deployt werden, geschieht dies durch eine Transformation von CDS nach SQL. CDS wird wie SQL genutzt, um Relationen auszudrücken. CDS ist allerdings intuitiver und lesbarer, sodass die Sprache auch leicht von weniger technisch Versierten in einer betriebswirtschaftlichen Domäne verwendet werden kann.

Verlassen Sie sich nie darauf, welche SQL-Anweisungen aus einem CDS-Modell generiert werden! Aus Ihrer Anwendungsentwicklersicht ist diese Transformation ein Implementierungsdetail von CAP, dessen genaue Implementierung sich jederzeit ändern kann. Das bedeutet, dass Sie auf von CAP erzeugte Datenbankobjekte auch nur über das CDS API zugreifen sollten und nicht z. B. über eine SQL-Schnittstelle. Beispielsweise sehen die generierten SQL-Anweisungen für SQLite anders aus als die für SAP HANA.

Open Source und CAP

CAP basiert auf Open-Source-Software oder integriert sich leicht damit. Ein Beispiel ist die Nutzung der Datenbank SQLite. Suchen Sie einfach im Marktplatz von Visual Studio Code nach Erweiterungen, die das Arbeiten mit SQLite vereinfachen. Sie werden einige Tools finden, die einfacher und produktiver zu nutzen sind als das oben gezeigte Kommandozeilenwerkzeug `sqlite3`. Wechseln Sie dazu in die Extension-Sicht von Visual Studio Code (⊞) und geben Sie »sqlite« in das Suchfeld ein.

2.3.6 Projektdeskriptor »package.json«

Neben der SQLite-Datenbankdatei wurde auch der Projektdeskriptor **package.json** erzeugt, der von npm interpretiert wird. CAP hat dieses Konzept adoptiert und nutzt den Deskriptor ebenfalls, um CAP-spezifische Konfigurationen im Entwicklungsprojekt abzulegen.

Öffnen Sie den Inhalt dieser Datei, indem Sie im Dateiexplorer von Visual Studio Code auf den Dateinamen klicken (siehe Abbildung 2.18).

Projektkonfiguration

Der Inhalt deklariert in JSON-Notation ein Objekt `cds`, in dem die CAP-spezifische Projektkonfiguration abgelegt wird. In diesem Fall ist konfiguriert, dass ein Datenbankservice `db` als Datenquelle benötigt wird und dass die Datenbank vom Typ `sqlite` sein soll. Anhand dieser Konfiguration weiß die CDS-Schnittstelle, auf welche Art Datenquelle sie sich beziehen muss. Damit wird es möglich, Anfragen wie `cds.read('Questions').where({ID:rand})` in den passenden SQL-Dialekt der Datenbank zu übersetzen.

```
{
  "cds": {
    "requires": {
      "db": {
        "kind": "sqlite"
      }
    }
  }
}
```

Abbildung 2.18 Der Projektdeskriptor mit Konfigurationseinträgen

Im Teil II des Buches werden Sie am Beispiel eines realistischen Entwicklungsprojekts sehen, dass der Projektdeskriptor noch viele andere zentrale Steuerungsaufgaben übernimmt.

Convention over Configuration

Wie das »Hello CAP«-Beispiel zeigt, genügt es im Extremfall, nur eine CDS-Datei mit drei Zeilen zu schreiben und ein Kommando abzusetzen, um einen aktiven Webserver mit angeschlossener Datenbank zu starten. Dies bedeutet, dass CAP sehr viele Voreinstellungen beinhaltet, die zum Tragen kommen, wenn keine speziellen Konfigurationen vorgenommen werden. Dieses gängige Prinzip der *Convention over Configuration* wird in CAP ausgeprägt genutzt, um schnell testbare Software zu erzeugen.

2.3.7 OData vs. natives REST

Wie das Beispiel aus Abschnitt 2.3 zeigt, ist es sehr leicht, mit CAP einen Webservice zu definieren und zu starten. CAP stellt synchrone Services bereit, die über das HTTP-Protokoll kommunizieren (asynchrone, ereignisbasierte Kommunikation erfolgt über bidirektionale WebSockets).

Auch OData-Services basieren auf REST

Basierend auf HTTP bietet CAP das *OData Protocol*, oder eine Kommunikation mittels *Representational State Transfer* (REST, siehe *http://s-prs.de/v765104*). OData-Services sind REST-basiert, bieten aber darüber hinaus unter anderem eine Möglichkeit der Selbstauskunft durch die Möglichkeit der Abfrage von Metadaten. Auch eine Repräsentation komplexer Datenabfragen ist möglich, was insbesondere für Geschäftsanwendungen eine entscheidende Rolle spielt. OData wird auch als »SQL für das Internet« bezeichnet. Ohne weitere Konfiguration stellt CAP OData-Services bereit.

Native REST-Services mit CAP

Sie können leicht ausprobieren, wie einfach es ist, stattdessen einen Service als nativen REST-Service zu exponieren. Geben Sie folgendes Kommando ein (beachten Sie die Nutzung der doppelten Minuszeichen):

```
cds serve  services.cds  --in-memory --to rest
```

Hier nutzen Sie nun ein weiteres Kommando des CDS Development Kits, `cds serve`, mit dem Sie Services starten können, basierend auf einer CDS-Definitionsdatei. Der Service wird mit den Optionen »SQLite-In-Memory-Datenbank« und »natives REST als Protokoll« gestartet. Auf der Willkommensseite von CDS (*http://localhost:4004/*) sehen Sie, dass die Pfadangabe **$metadata** fehlt, da diese nur für das OData-Format erzeugt wird. Nach der Eingabe von »http://localhost:4004/ask/question(to='CAP')« in die Adresszeile des Browsers sehen Sie eine bekannte Antwort, aber diesmal in reinem Zeichenkettenformat (String), so wie es die Servicedefinition vorgibt. Die begleitenden OData-bezogenen Metadaten und das JSON-Format fehlen. Starten Sie zum Vergleich den Service einfach noch mal ohne die Option `--to rest`, um den Vergleich mit dem OData-Ausgabeformat zu sehen.

2.4 CDS Command Line Interface

Tabelle 2.2 gibt Ihnen einen Überblick über die wichtigsten Kommandos des CDS-Kommandozeilenwerkzeugs, wie es durch das CDS Development Kit bereitgestellt wird. Einige Kommandos werden in Teil II des Buches in verschiedenen Varianten verwendet. Ziehen Sie für jedes Kommando auch `cds help` *<Kommando>* zurate, um aktuelle, detailliertere Hilfeinformationen zu erhalten.

Kommando	Bedeutung
`cds init` *<Projektname>*	Initialisiert ein CAP-Entwicklungsprojekt. Ein minimales Datei- und Ordnerlayout wird generiert, das den empfohlenen Konventionen entspricht. Sie werden dieses Kommando zur Initialisierung Ihres Beispielprojekts nutzen.
`cds compile` *<Modell>*	Kompiliert eine CDS-Datei und alle ihre Abhängigkeiten in eines der verfügbaren Ausgabeformate. Dies ist wichtig, um die Konsistenz und Vollständigkeit von Modellen zu prüfen.

Tabelle 2.2 Die wichtigsten Kommandos des CDS Command Line Interface

Kommando	Bedeutung
cds deploy <*Modell*>	Deployt eine CDS-Datei in eine Datenbank. Unterstützt werden zurzeit SQLite und SAP HANA. Für SAP HANA wird dabei in mehreren Schritten mit der SAP Cloud Platform kommuniziert, um gegebenenfalls einen Zugang zu einer SAP-HANA-Datenbankinstanz zu erhalten (siehe Kapitel 9, »Anbindung an SAP HANA«).
cds serve	Startet einen HTTP-Server, lädt gezielt Servicedefinitionen und stellt pro Service einen HTTP-Endpunkt bereit. Eignet sich besonders für Testzwecke.
cds watch	Startet einen Web-Server, der alle im Projekt vorhandenen Services exponiert. Zusätzlich wird ein Prozess gestartet, der Ihr Projekt auf Dateiänderungen hin beobachtet. Änderungen werden automatisch berücksichtigt, indem der HTTP-Server neu gestartet wird und ein erneutes Deployment in eine SQLite-Datenbank erfolgt. Dies ist wohl das wichtigste Kommando, das Sie während des gesamten Entwicklungsprozesses nutzen werden.
cds run	Verhält sich wie cds watch, ohne aber auf Dateiänderungen zu reagieren. Dieses Kommando wird vom CAP-Framework genutzt, um produktive Anwendungen zu starten.
cds import	OData- oder CDS-Modelle von externen Services können in ein bestehendes Projekt importiert werden. Diese Modelle können dann in weiteren CDS-Modellen referenziert werden. Das CAP-Service-SDK nutzt die importierten Modelle, um zur Laufzeit mit den externen Services zu kommunizieren (siehe Kapitel 12, »Das SAP Business Application Studio«).
cds env	Ein CAP-Projekt und die CAP-Laufzeit können aus verschiedenen Quellen konfiguriert werden. Dieses Kommando zeigt die effektive momentan gültige Konfiguration an oder ändert sie (siehe Abschnitt 5.3, »Konfiguration«). Dieses Kommando dient vor allem zur Anzeige der effektiven Konfiguration im Fehleranalyseprozess.

Tabelle 2.2 Die wichtigsten Kommandos des CDS Command Line Interface (Forts.)

Kommando	Bedeutung
`cds build`	Baut alle Module eines CAP-Projekts zur Erzeugung von Artefakten, die auf die SAP Cloud Platform deployt werden können (siehe Kapitel 11, »Deployment der Geschäftsanwendung«).
`cds version`	Oder auch `cds -v`. Es zeigt die Versionen der aktuell installierten CAP-Komponenten an. Nutzen Sie diese Information zur Fehleranalyse und für Supportanfragen.

Tabelle 2.2 Die wichtigsten Kommandos des CDS Command Line Interface (Forts.)

2.5 Was sollten Sie aus diesem Kapitel mitnehmen?

Stärken von CAP

Mit der Entwicklung des sehr einfachen »Hallo CAP«-Services haben Sie schon einige Vorteile und Eigenschaften von CAP als Programmier- und Entwicklungsmodell kennen gelernt:

- **»Convention over Configuration«**

  Basierend auf nur einer CDS-Datei mit drei Zeilen Inhalt instanziiert CAP Ihnen einen kompletten Webserver und eine Datenbank. Sie können den Service-Endpunkt sofort mit Ihrem Webbrowser ansprechen und testen. Testdaten erfassen Sie bequem mittels **.csv**-Dateien. Sie werden nicht mit dem typischen Boilerplate-Code belastet, der immer und immer wieder geschrieben werden muss, um minimale technische Fähigkeiten zu implementieren. All dies wird erreicht, indem CAP sinnvolle Vorannahmen für Sie trifft und Ihnen rein technische Implementierungen durch seine Bibliotheken abnimmt.

- **Funktionaler Editor**

  Der CDS-Editor bietet Ihnen Syntax-Hervorhebung, Codevervollständigung, Dokumentation und Fehleranalyse (und mehr).

- **Offene Architektur**

  CAP integriert sich mit gängiger quelloffener Software, wie z. B. der Visual-Studio-Code-IDE, der Eclipse-IDE, der SQLite-Datenbank und Node.js mit npm. Dies ermöglicht Ihnen, mit Werkzeugen oder Bibliotheken Ihrer Wahl zu arbeiten. CAP setzt auf offene Standards wie REST und OData.

- **Grow-as-you-go-Entwicklungsmodell**

  Beginnend mit einer einfachen Servicedefinition haben Sie schrittweise Ihren Service mit Ereignisbehandler und Persistenz erweitert. Zu jedem

Zeitpunkt realisieren Sie einen ausführbaren und damit testbaren Zustand. Zusammen mit der Fähigkeit von CDS, betriebswirtschaftliche Domänen abzubilden, unterstützt CAP die Methodik des Domain-driven Design.

- **Intuitive CDS-Schnittstelle**

  Sie implementieren Ereignisbehandler, z. B. für das Ereignis des Aufrufs einer Funktion. Dabei nutzen Sie die CDS-Schnittstelle, mit der Sie auf intuitive Art und Weise Datenanfragen und Datenmanipulationen formulieren können.

Viele der Stärken von CAP konnten naturgemäß noch nicht an dem in diesem Kapitel vorgestellten »Hello World«-Beispiel demonstriert werden. Dazu dient Teil II des Buches, für den Sie nun gerüstet sind.

TEIL II

Anwendungsentwicklung

Kapitel 3
Start des Entwicklungsprojekts

Dieses Kapitel beschreibt die ersten Schritte auf dem Weg zu einer CAP-basierten Anwendung, die Sie am Ende auf die SAP Cloud Platform deployen werden. Ich stelle Ihnen das Modell eines Produktkatalogs vor und zeige Ihnen, wie Sie das Entwicklungsprojekt dazu aufsetzen. Erste Basisteile des Anwendungsmodells werden in CDS überführt.

In Teil I dieses Buches haben Sie die Grundlagen über CAP gelernt und als kleine Übungsaufgabe einen einfachen »Hello World«-Service entwickelt. Nun möchte ich Ihnen anhand einer Beispielanwendung zeigen, wie sie einen Produktkatalog implementieren, in dem Benutzer*innen nach Produkten suchen und Produkte bestellen können. In einer klassischen Drei-Schichten-Architektur werden Sie die Persistenzschicht und die Serviceschicht mittels CAP sowie eine Benutzeroberfläche basierend auf SAP Fiori implementieren.

Vom Modell zum Code

CAP macht es Ihnen leicht, ein Entwicklungsprojekt zu beginnen und dann im Grow-as-you-go-Stil schrittweise auszubauen. Vor dem ersten Kontakt mit CDS werden Sie in Abschnitt 3.1 dieses Kapitels ein Entitätenmodell und ein Verhaltensmodell der Anwendung entwerfen. In Abschnitt 3.2 legen Sie das eigentliche Entwicklungsprojekt an, indem Sie das Entitätenmodell in Abschnitt 3.3 direkt in ein CDS-Modell überführen. Nach dieser datenbezogenen Arbeit behandelt Abschnitt 3.4 die Serviceschicht der Anwendung, und in Abschnitt 3.5 führen Sie schon komplexe Datenabfragen durch, ohne ein Stück Programmcode geschrieben zu haben. In Abschnitt 3.6 zeige ich Ihnen, wie Sie CAP-Services mit einem HTTP-Client systematisch testen, bevor Sie in Abschnitt 3.7 zum ersten Mal Programmcodes beisteuern und debuggen.

3.1 Modell eines Produktkatalogs

Bevor es an die Entwicklung selbst geht, sollten Sie ein Domänenmodell des Produktkatalogs erstellen, das alle Entitäten und Beziehungen abbildet. Abbildung 3.1 zeigt das Domänenmodell unseres Katalogs, mit den involvierten Entitäten und ihren gegenseitigen Beziehungen mit den jeweiligen Kardinalitäten.

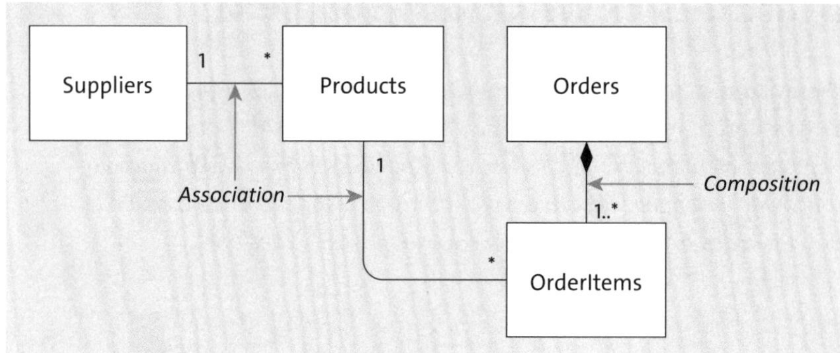

Abbildung 3.1 Domänenmodell des Produktkatalogs

Domänenmodell

Jeder Kasten stellt eine Entität dar. Als wesentliche Entitäten neben dem eigentlichen Produkt (`Products`) gibt es den Lieferanten (`Suppliers`) und die Bestellung. Die Bestellung ist eine strukturierte Entität, bestehend aus einem Bestellkopf (`Orders`) und den Bestellpositionen (`OrderItems`). Die Entität `Orders` ist also eine *Komposition*. Zu einer Bestellung gehört mindestens eine Bestellposition. Außerdem können die Positionen nicht alleine, sondern nur in Bezug zu einem Bestellkopf existieren.

Assoziation und Komposition

Eine Beziehung zwischen den Entitäten kann aber nicht nur eine *Komposition*, sondern auch eine *Assoziation* sein. Assoziierte Entitäten können unabhängig voneinander existieren. Beispielsweise existiert ein Lieferant unabhängig davon, ob eines seiner Produkte im Katalog enthalten ist. Zahlen repräsentieren Kardinalitäten von Beziehungen. Das Sternchen * steht für eine beliebige positive Zahl oder Null. Ein Lieferant ist deswegen zu keinem, einem, oder mehreren Produkten assoziiert.

Das Diagramm des Domänenmodells zeigt nicht die innere Struktur der jeweiligen Entitäten, diese werden Sie aber gleich in dem korrespondierenden CDS-Modell spezifizieren.

Rollen und Verhalten

Neben dem statischen Domänenmodell ist es natürlich ebenso wichtig, das Verhalten der Anwendung festzulegen. Wie in Abbildung 3.2 gezeigt, soll der Produktkatalog zwei Anwenderrollen unterstützen: den Administrator und den Katalognutzer. Beide unterscheiden sich durch die Daten, auf welche sie zugreifen und die Operationen, die sie mit diesen Daten ausführen dürfen.

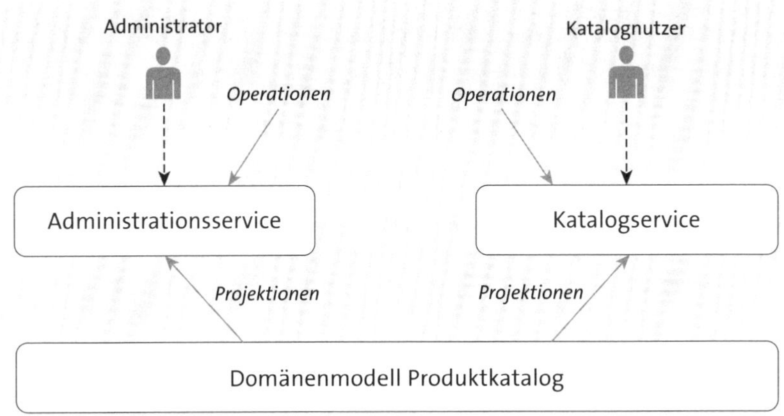

Abbildung 3.2 Anwenderrollen und zugeordnete Services

Zuordnung von Rollen zu Services

Jeder dieser Rollen wird ein CDS-Service zugeordnet, der die jeweils relevanten Sichten des Domänenmodells exponiert und mit den für die Rolle definierten Operationen ausgestattet ist. Die Datenstrukturen der Services sind dabei Projektionen aus dem gemeinsamen Domänenmodell.

Zielgerichtete CDS-Services

Erstellen Sie keinen »allmächtigen« CDS-Service, der alle Daten exponiert und der möglichst viele Operationen ausführen kann. Erstellen Sie stattdessen mehrere zielgerichtete Services, jeweils für eine Anwenderrolle oder einen Anwendungsfall (auch *Use Case* genannt). Diese Services exponieren gezielt nur relevanten Aspekte des Domänenmodells. So kann der Service auch mit rollengerechten Operationen ausgestattet werden. Das an Rollen ausgerichtete Autorisierungskonzept ist deshalb einfacher zu implementieren. CDS-Services können als Grundlage für Benutzeroberflächen dienen, die damit automatisch rollenspezifisch werden.

Eine Ausnahme von dieser Empfehlung gilt für Services, die zum Zweck der Stammdatenreplikation erstellt werden. Hier kann es von Vorteil sein, große und tiefe Strukturen zu exponieren, um viele Daten in wenigen Anfragen zu transportieren.

Für den Produktkatalog beschränken wir uns auf die in Tabelle 3.1 aufgeführten Serviceoperationen.

Anwenderrolle	Operation
Administrator	Produkte anlegen, lesen, ändern, löschen
	Lieferanten anlegen, lesen, ändern, löschen
	Lesen aller Bestellungen mit Suchkriterien
	Bestellungen lesen und löschen
Katalogbenutzer	Lesen (Auflisten) aller Produkte mit Suchkriterien
	Bestellungen anlegen
	eigene Bestellungen lesen

Tabelle 3.1 Serviceoperationen pro Anwenderrolle

Sicherheit durch Design

Nach dem Prinzip der rollenspezifischen Services werden Sie einen Service pro Anwenderrolle definieren: einen Administratorservice und einen Katalogservice. Wie Sie in Tabelle 3.1 sehen, exponiert der Katalogservice beispielsweise keine Lieferanteninformationen, oder Operationen auf Lieferanten. Damit haben die Katalognutzer keine Möglichkeit, auf diese Entität zuzugreifen. Deswegen wird die Projektion aus dem Domänenmodell heraus für den Katalogservice von vorneherein keine Lieferanteninformation enthalten. Wie Sie in Abschnitt 5.4, »Authentifizierung und Autorisierung«, sehen werden, können Sie eine ähnliche Einschränkung auch mittels Berechtigungen erreichen. Wenn ein Service allerdings nur konsumentengerechte Informationen und Operationen anbietet, ist die Wahrscheinlichkeit wesentlich geringer, dass Sie durch Unachtsamkeit Sicherheitslücken verursachen.

3.2 Entwicklungsprojekt anlegen

Legen Sie auf Ihrem Dateisystem einen Projektordner mit dem Namen **prod-cat** an. Öffnen Sie diesen Order mit Visual Studio Code. Öffnen Sie außerdem wieder ein Terminal in Visual Studio Code und überprüfen Sie mit dem Kommando `pwd`, ob das Terminal Ihren Projektordner als aktuelles Arbeitsverzeichnis gesetzt hat.

Generierung von Projektdateien

Führen Sie dann das Kommando `cds init` aus. Eine Reihe von Dateien und Ordnern wird in Ihrem Projektverzeichnis erzeugt. Ihr Projekt sollte danach die in Abbildung 3.3 gezeigte Struktur haben. Es handelt sich um eine von CAP vorgeschlagene Struktur, von der Sie zwar abweichen können, was aber zusätzlichen Konfigurationsaufwand bedeutet. Wenn Sie keine guten Gründe haben, sollten Sie bei dieser vorgeschlagenen Struktur bleiben.

File Edit Selection View Go Run Terminal Help package.json - prod-cat - Visual Studio Code

EXPLORER

PROD-CAT
- app
- db
- srv
- .cdsrc.json
- .eslintrc
- package.json
- README.md

OUTLINE
TIMELINE
NPM SCRIPTS

package.json

```
{
  "name": "prod-cat",
  "version": "1.0.0",
  "description": "A simple CAP project.",
  "repository": "<Add your repository here>",
  "license": "UNLICENSED",
  "private": true,
  "dependencies": {
    "@sap/cds": "^4",
    "express": "^4"
  },
  "devDependencies": {
    "sqlite3": "^4"
  },
  "scripts": {
    "start": "npx cds run"
  }
}
```

OUTPUT TERMINAL DEBUG CONSOLE PROBLEMS 1: powershell

```
>> cds init
[cds] - creating new project in current folder
done.

Find samples on https://github.com/SAP-samples/cloud-cap-samples
Learn about next steps at https://cap.cloud.sap/docs/get-started
>>
```

Abbildung 3.3 Empfohlene Projektstruktur mit dem Projektdeskriptor »package.json«

Projektstruktur und Dateien

Jeder dieser Ordner hat seine und jede Datei ihre spezifische Bedeutung:

- Der Ordnername **app** steht für »Applikation«. Dort werden Artefakte abgelegt, die für die Benutzeroberfläche relevant sind. Initial ist dieser Ordner leer. Wenn Sie ein Projekt durchführen, das keine Benutzeroberfläche verlangt, können Sie diesen Ordner natürlich löschen.
- Der Ordnername **db** steht für »Datenbank«. Genauer gesagt soll er die Heimat für das Domänenmodell der Anwendung sein. Da dies aber eng an die Persistenz gekoppelt ist, entsteht der enge Bezug zur Datenbank. Initial ist dieser Ordner leer.

- Der Ordner **srv** wird Artefakte enthalten, welche die Serviceschicht der Anwendung implementieren. Initial ist auch dieser Ordner leer.
- Die Datei **.cdsrc.json** kann neben **package.json** für CAP-Konfigurationsdaten genutzt werden.
- Die Datei **.eslintrc** ist eine Konfigurationsdatei für das Werkzeug *ESLint* (siehe *https://eslint.org/*), das statische Codeprüfungen für JavaScript-Code durchführt. ESLint ist ein Quasi-Standard in der JavaScript-Entwicklung und wird von den meisten JavaScript-Editoren genutzt. Wenn Sie die Datei öffnen, sehen Sie, welche Konfigurationen CAP vornimmt. Bestimmte globale Variablen wie `SELECT` werden z. B. bekannt gemacht, um gewisse Warnungen zu unterdrücken.
- Die Datei **package.json** ist der zentrale Projektdeskriptor für npm-Projekte (siehe *http://s-prs.de/v765105*). CAP nutzt diese Datei auch für seine spezifischen Konfigurationen. Der wichtigste Eintrag ist im Moment der `dependencies`-Abschnitt, der festlegt, welche npm-Pakete in welcher Version im Projekt installiert werden sollen. Sie sehen hier das `cds`-Paket von SAP mit der Major-Version 4 sowie das `express`-Paket (siehe *https://expressjs.com*). Letzteres beinhaltet das Web-Framework *Express*, das CAP für Node.js nutzt, um die HTTP-Endpunkte der Services bereitzustellen.
- Die technische Dokumentation zu Ihrem Projekt legen Sie in der Datei **README.md** ab. Sie nutzen dabei das *Markdown*-Format (siehe *http://s-prs.de/v765106*). Visual Studio Code ermöglich eine parallele Ausgabeansicht, wenn Sie eine Markdown-Datei geöffnet haben. Klicken Sie dazu auf die Datei **README.md** im Dateiexplorer und danach auf das Symbol [Symbol] im rechten oberen Bereich von Visual Studio Code. Ein zweites Editor-Fenster öffnet sich mit der Ausgabeansicht der Markdown-Datei.

[»]

Sichere CAP-Anwendungen mit dem Express-Web-Framework

CAP für Node.js nutzt das quelloffene Web-Framework Express, um HTTP-Endpunkte in einem Netzwerk (z. B. dem Internet) zu exponieren. Damit sind auch CAP-basierte Anwendungen potenziell das Ziel bösartiger Attacken, die über das Internet erfolgen. Beachten Sie deshalb bei der Erstellung produktiver Anwendungen die Empfehlungen zur sicheren Nutzung von Express unter *http://s-prs.de/v765107*. Zur Umsetzung dieser Empfehlungen helfen Ihnen die Informationen zur Sicherung von CAP-basierten Anwendungen auf *http://s-prs.de/v765108*.

Konfiguration für Visual Studio Code

Neben diesen direkt sichtbaren Dateien hat `cds init` noch den Ordner **.vscode/** erzeugt. Dort werden die Einstellungen Ihrer Visual-Studio-Code-

IDE projektspezifisch abgelegt. Dieser Ordner ist im Dateiexplorer nicht sichtbar, da es nicht notwendig ist, die darin enthaltenen Dateien mit einem gewöhnlichen Editor zu bearbeiten. Visual Studio Code bietet dazu den Menüeintrag **File • Preferences • Settings**.

Abhängigkeiten installieren

Damit Ihr Projekt vollständig und selbstkonsistent wird, sollten Sie nun alle in der Datei **package.json** definierten Abhängigkeiten installieren. Damit vermeiden Sie Abhängigkeiten von eventuell global auf Ihrem Rechner installierten Paketen. Ihr Projekt können Sie so leichter mit anderen austauschen, z. B. über ein Versionskontrollsystem. Bevor Sie dies durchführen, sollten Sie für diese Entwicklungsphase noch eine npm-Konfiguration vornehmen, um zu verhindern, dass die Installation eine Datei **package-lock.json** generiert, die Versionen von Abhängigkeiten für ein produktives Deployment festschreibt. Geben Sie dazu im Terminal das Kommando `npm set package-lock=false` ein. Sie können die gesamte npm-Konfiguration jederzeit durch das Kommando `npm config ls` einsehen.

Das Verzeichnis »node_modules/«

Für die Installation der Abhängigkeiten stellt npm das Kommando `npm install` bereit. Nach dessen Ausführung sehen Sie im Dateiexplorer einen neuen Ordner mit dem Namen **node_modules/**, der die angeforderten Abhängigkeiten (und wiederum deren Abhängigkeiten) enthält. Wenn Sie die Deklaration der Abhängigkeiten in der Datei **package.json** ändern, sollten Sie anschließend wieder `npm install` ausführen.

Nach diesen Vorbereitungen steigen Sie nun in die eigentliche Entwicklungsarbeit ein.

[«]

Download der Dateien zum Beispielprojekt

In diesem Buch finden Sie eine Reihe von Listings, die den Inhalt der Dateien zeigen, die Sie für Ihr Anwendungsprojekt benötigen. Mit der Zeit werden diese Inhalte natürlich komplexer, sodass eine manuelle Übertragung in Ihr Projekt zeitaufwendig, aber vor allem fehleranfällig wird. Deswegen werden die Projektdateien auf einem Server des Rheinwerk Verlags für Sie zum Download bereitgestellt.

Sie erreichen den Server unter *https://www.rheinwerk-verlag.de/5110*. Laden Sie dort das unter dem Reiter **Materialien** hinterlegte ZIP-Archiv herunter, und extrahieren Sie es in einem Ordner Ihrer Wahl auf Ihrem Rechner. Der Inhalt gliedert sich in mehrere weitere ZIP-Archive, in denen Codebeispiele abgelegt sind. Die ZIP-Dateien sind nach den Kapiteln bzw. den Abschnitten benannt, zu denen die jeweilige Ausbaustufe des Projekts gehört. Die Datei **Kapitel_03.zip** enthält z. B. den Stand des Projekts am Ende von

Kapitel 3. Das Archiv **Kapitel_05.02.zip** enthält den Stand des Projekts am Ende von Abschnitt 5.2.

Der Ordner **node_modules/** ist nicht Bestandteil der ZIP-Archive. Dies hat den Zweck, dass Sie immer möglichst aktuelle Versionen der Projektabhängigkeiten nutzen. Wenn Sie ein Vorlageprojekt kopieren, denken Sie deswegen daran, danach immer `npm install` auszuführen, um alle Projektabhängigkeiten, die in dem Projektdeskriptor **package.json** deklariert sind, im Ordner **node_modules/** zu installieren.

Seien Sie aber nicht zu kopierfreudig. Machen Sie sich zumindest zu Beginn die Mühe und übertragen Sie die Listings manuell. Sie lernen dadurch den Umgang mit der IDE und vor allem die Fähigkeiten der CDS-Sprachunterstützung im Editor kennen. Des Weiteren lernen und verinnerlichen Sie nur so die Sprachsyntax von CDS.

3.3 Domänenmodell anlegen

Nachdem Sie das Entwicklungsprojekt für Ihren Produktkatalog angelegt haben, sollten Sie als Nächstes das Domänenmodell anlegen.

Domänenmodell in CDS

Das Domänenmodell des Produktkatalogs, das ich zu Beginn des Kapitels in Abbildung 3.1 vorgestellt habe, lässt sich direkt in ein CDS-Modell übersetzen. Legen Sie dazu die Datei **schema.cds** im Ordner **db/** an, mit dem Inhalt, den Listing 3.1 zeigt.

```
namespace my.domain;
entity Products {
  key ID        : Integer;
      name      : String(100) not null;
      stock     : Integer;
      price     : Decimal(9, 2);
      retail    : Decimal(9, 2);
      currency_code: String(3);
      supplier  : Association to Suppliers;
}
entity Suppliers {
  key ID        : Integer;
      name      : String(100);
      priority  : Integer;
      products  : Association to many Products on products.supplier =
 $self;
}
```

```
entity Orders {
  key ID        : UUID;
      orderNo   : String;
      currency_code: String(3);
      Items     : Composition of many OrderItems on Items.parent =
 $self;
}
entity OrderItems {
  key ID         : UUID;
      parent     : Association to Orders;
      product    : Association to Products;
      amount     : Integer;
}
```

Listing 3.1 Basis-Domänenmodell des Produktkatalogs

Falls Sie sich wundern: Es ist eine Konvention, Pluralnamen für die Entitäten zu verwenden (Products anstelle von Product). Neben den Entitäten und deren Elementen werden auch die Assoziationen und Kompositionen direkt in CDS ausgedrückt. Für die Rückbeziehungen, z. B. von Suppliers nach Products, wird ein Join-Kriterium angegeben.

Namensräume

Die Festlegung eines Namensraums mit der namespace-Deklaration gilt für alle Entitäten in der CDS-Datei. Die Entität Products besitzt damit in einem globalen Kontext (über die einzelne Datei hinaus) den voll qualifizierten Namen my.domain.Products.

Speichern Sie das Domänenmodell und stellen Sie sicher, dass der CDS-Editor keine Syntaxfehler anzeigt. Im Verlaufe dieses Buches werden Sie dieses Domänenmodell weiter verfeinern. Die Bedeutung der einzelnen Elemente der Entitäten ist in Tabelle 3.2 erläutert.

Entität	Element	Bedeutung
Products	ID	technisches Schlüsselfeld
	name	Produktname für eine Benutzeroberfläche. Der Zusatz not null macht dieses Element obligatorisch.
	stock	Bestand eines Produkts
	price	Einkaufspreis mit 9 Dezimalen, davon 2 Nachkommastellen

Tabelle 3.2 Semantik der Elemente der Entitäten des Domänenmodells

Entität	Element	Bedeutung
`Products` (Forts.)	`retail`	Verkaufspreis mit 9 Dezimalen, davon 2 Nachkommastellen
	`currency_code`	Währungscode von drei Zeichen Länge
	`supplier`	Assoziation zu genau einem Lieferanten
`Suppliers`	`ID`	technisches Schlüsselfeld
	`name`	Lieferantenname für die Benutzeroberfläche
	`priority`	Priorität des Lieferanten
	`products`	Assoziation zu mehreren Produkten
`Orders`	`ID`	Schlüsselfeld vom Typ *Universially Unique Identifier* (UUID). Die Werte solcher Schlüsselfelder werden von CAP automatisch generiert.
	`orderNo`	Bestellnummer zur Anzeige an der Benutzeroberfläche
	`currency_code`	Währungscode für den Gesamtwert
	`Items`	Deklaration für die Komposition aus `OrderItems`
`OrderItems`	`ID`	Schlüsselfeld vom Typ UUID
	`parent`	Zeiger auf die Kopfentität `Orders`
	`product`	Assoziation zu genau einem Produkt
	`amount`	Bestellmenge in Stück

Tabelle 3.2 Semantik der Elemente der Entitäten des Domänenmodells (Forts.)

Die Outline-Sicht für CDS in Visual Studio Code

Die CDS-Sprachunterstützung für Visual Studio Code erzeugt eine sogenannte *Outline-Sicht*. Sie sehen die Outline-Sicht im Datei-Explorer unterhalb der Ordnerstruktur. Wenn Sie eine CDS-Datei im Editor geöffnet haben, zeigt Ihnen die Outline-Sicht eine hierarchische Übersicht der Entitäten und Services mit ihren untergeordneten Elementen (siehe Abbildung 3.4).

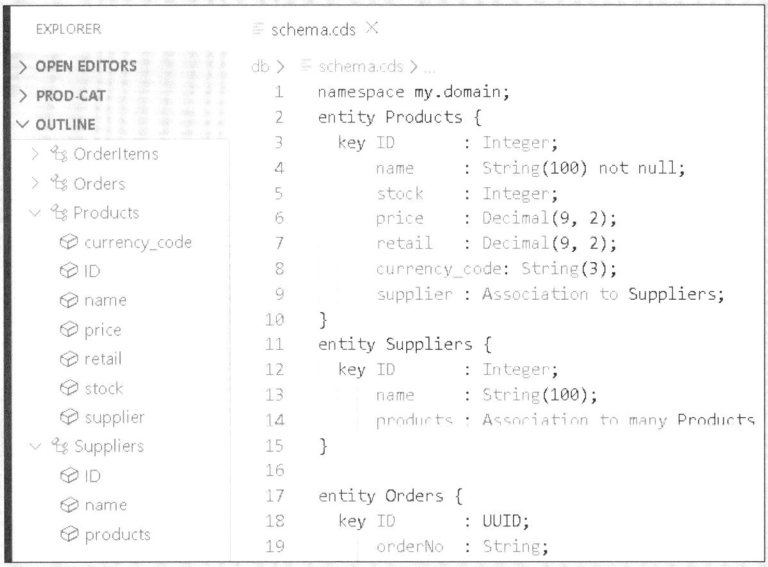

```
EXPLORER
> OPEN EDITORS
> PROD-CAT
v OUTLINE
  > OrderItems
  > Orders
  v Products
      currency_code
      ID
      name
      price
      retail
      stock
      supplier
  v Suppliers
      ID
      name
      products
```

```
schema.cds
db > schema.cds > ...
namespace my.domain;
entity Products {
  key ID        : Integer;
      name      : String(100) not null;
      stock     : Integer;
      price     : Decimal(9, 2);
      retail    : Decimal(9, 2);
      currency_code: String(3);
      supplier  : Association to Suppliers;
}
entity Suppliers {
  key ID        : Integer;
      name      : String(100);
      products  : Association to many Products

}

entity Orders {
  key ID        : UUID;
      orderNo   : String;
```

Abbildung 3.4 Outline-Sicht im Dateiexplorer

3.4 Die Serviceschicht

Der Administratorservice

Im Sinne von "Grow as you go" sollen Sie schnelle, testbare Fortschritte mit Ihrem Projekt erzielen. Deswegen definieren Sie nun den Service für den Administrator mit den in Abschnitt 3.1 beschriebenen Eigenschaften. Legen Sie dazu im Ordner **srv/** die Datei **admin-service.cds** mit dem in Listing 3.2 gezeigten Inhalt an.

```
using my.domain from '../db/schema';
service AdminService {
  entity Products as projection on domain.Products;
  entity Suppliers as projection on domain.Suppliers
  entity Orders as projection on domain.Orders;
}
```

Listing 3.2 Definition des Administratorservices

Import des Domänenmodells

Mit der ersten Zeile wird der Namensraum des Domänenmodells importiert. Die Pfadangabe ist dabei eine relative Referenz auf die Datei **schema.cds** im Ordner **db/**. Im Nachfolgenden können dadurch alle Entitäten des Domänenmodells referenziert werden. Dazu muss nur das letzte

Segment des Namensraums der Entität vorangestellt werden, wie z. B. in `domain.Products`. Die Definition des Administratorservices besagt, dass die drei gelisteten Entitäten zu exponieren sind, die einfach als 1:1-Projektionen der jeweiligen Entitäten aus dem Domänenmodell anzubieten sind.

Die »using«-Direktive

In Ihrem Entwicklungsprojekt nutzen Sie mehrere Dateien, um Ihr CDS-Modell zu definieren. Diese Aufspaltung dient zum einen einer semantischen Strukturierung des Projekts (z. B. Trennung von Domänen- und Servicemodellen). Zum anderen kann die Trennung aber auch, im Falle der Wiederverwendung von Modellen, die in anderen Projekten erstellt wurden, notwendig sein. Die `using`-Direktive sorgt dafür, dass die getrennten Modellartefakte zur Laufzeit zu einem konsistenten Gesamtmodell zusammengeführt werden. Je mehr Sie das Gesamtmodell fragmentieren, desto mehr müssen Sie Fragmente zusammenbinden. Untergliedern Sie Ihr Projekt deswegen nicht zu stark. Nutzen Sie die Semantik von Modellen und auch Verantwortlichkeiten, um eine maßvolle Strukturierung vorzunehmen. Die `using`-Direktive wird im Detail in Abschnitt 4.8, »Referenzen auf Modelle«, vorgestellt.

Testen des Services

Wie Sie in Kapitel 2, »Erste Schritte zur eigenen Anwendung«, gesehen haben, ist es jetzt sehr einfach, den Service zu testen. Starten Sie dazu in Ihrem Terminal `cds watch` und danach Ihren Browser über den angebotenen Link auf *http://localhost:4004/*. Auf der Willkommensseite sehen Sie die Struktur des Administratorservices wie in Abbildung 3.5 gezeigt.

These are the paths currently served ...

/admin / $metadata

- Orders ...in Fiori
- Products ...in Fiori
- Suppliers ...in Fiori

Abbildung 3.5 Browserseite mit der Spezifikation des Administratorservices

OData-Metadaten

Klicken Sie auf den Pfad **/admin**, um das sogenannte *OData-Servicedokument* im JSON-Format zu sehen. Unter dem Pfad **/admin/$metadata** erreichen Sie das *OData-Metadatendokument* des Services. Dies ist ein XML-Dokument, das die detaillierte Struktur und gegebenenfalls auch die Operationen eines Services beschreibt. Beide OData-Dokumente werden aus den CDS-Modellen generiert und sind für Sie deshalb nur abgeleitete Artefakte, die als technisches Kommunikationsprotokoll genutzt werden. Es besteht aktuell kein Bedarf für Sie, zusätzlich zu CDS den OData-Standard im Detail kennenlernen zu müssen.

[«]

Ableitung von Service-Endpunkten

Der Pfad eines Service-Endpunkts wird nach den folgenden Regeln bestimmt:

- Der Servicename im CDS-Modell wird in Kleinbuchstaben überführt. In den erzeugten Namen werden Bindestriche zur Trennung eingesetzt, wenn im Servicenamen ein Großbuchstabe vor einem Kleinbuchstaben steht. »Camel-Case-Notation« (»camelCase«) wird also in »Kebab-Case-Notation« (»kebab-case«) überführt.
- Endet der Servicename mit »Service«, wird dieser Teil bei der Bildung des URL-Pfads für den Endpunkt ignoriert.
- Durch die Angabe der Annotation `@path` kann ein beliebiger Pfad festgelegt werden, unabhängig vom Servicenamen. Das Konzept der Annotationen wird in Kapitel 4, »Core Data Services für CAP im Detail«, erläutert.

Testdaten einfügen

Wie in Abbildung 3.5 gezeigt, werden Ihnen auch Hyperlinks zu den durch den Service exponierten Entitäten angeboten. Klicken Sie z. B. auf **Products**, um die vorhandenen Produktdaten innerhalb des JSON-Arrays **value** zu sehen. Da noch keine Daten vorhanden sind, ist dieses Array leer. Wie Sie in Kapitel 2, »Erste Schritte zur eigenen Anwendung«, gelernt haben, können Sie einfach mit einer **.csv**-Datei einige Testdaten erzeugen. Legen Sie dazu die Datei **my.domain-Products.csv** in einem neuen Ordner **data/** unterhalb des **db/**-Ordners an. Beachten Sie, dass der Namensraum Teil des **.csv**-Dateinamens sein muss, um eine Zuordnung zur Entität zu ermöglichen. Erstellen Sie einen beliebigen Testinhalt an Produktdatensätzen, z. B. wie in Listing 3.3 gezeigt.

```
ID;name;stock;price;retail;currency_code;supplier_ID
101;Flat Screen TV 32 inch;2;199.98;219.00;EUR;301
102;MyVoice Fitness Headphone blue;207;5.75;11.99;EUR;303
```

Listing 3.3 Inhalt einer ».csv«-Datei mit zwei Produkttestdatensätzen

Beachten Sie das Feld `supplier_ID`. Da das Produkt eine Assoziation auf die Lieferantenentität besitzt, wird die Produkttabelle ein Fremdschlüsselfeld für den Lieferanten enthalten. Vermeiden Sie das Einfügen von Leerzeichen zwischen den Semikola, denn dies kann bei der Übertragung in eine Datenbank zu Problemen führen. Sobald Sie die **.csv**-Datei speichern, wird der laufende `cds watch`-Prozess diese Änderung detektieren und die Testdaten in die In-Memory-Datenbank SQLite deployen. Durch erneutes Klicken auf den **Products**-Link sollten die Testdaten nun sichtbar sein.

3.5 Datenabfragen

OData-Query-Optionen

Mit den bisher implementierten CDS-Modellen lassen sich über Ihren Browser schon komplexe Datenabfragen (*Querys*) an den Administratorservice senden. Da dieser Service eine OData-Service ist, unterstützt er automatisch die meisten der in der OData-Spezifikation beschriebenen *Query-Optionen*. Diese werden als URL-Parameter übergeben und beginnen alle mit dem $-Zeichen. Details dazu, welche Optionen OData spezifiziert, finden Sie unter *http://s-prs.de/v765109*. Suchen Sie dort im Inhaltsverzeichnis nach dem Kapitel »Query Options«. CAP unterstützt die neueste Version 4 der OData-Spezifikation.

Serviceantwort im Browser

Die Antwortseite eines Browsers auf eine Datenabfrage ist beispielhaft in Abbildung 3.6 gezeigt. Die Ausgabe ist als strukturiertes JSON-Dokument gezeigt. Je nachdem, welchen Browser mit welchen Erweiterungen Sie verwenden, kann die Ausgabe im Detail etwas vom gezeigten Beispiel abweichen.

Vollständige Testdaten

Damit Sie beim Testen der Query-Optionen aussagekräftige Resultate sehen, empfiehlt es sich für alle Entitäten, **.csv**-Dateien mit mehreren Einträgen bereitzustellen. Wenn Sie solche **.csv**-Dateien nicht selbst erstellen möchten, können Sie auf die Dateien zurückgreifen, die über die Downloadseite (zu finden unter *https://www.rheinwerk-verlag.de/5110*) zu diesem Buch zu beziehen sind. Für dieses Kapitel finden Sie passende **.csv**-Dateien im Archiv **Kapitel_03.zip** im Ordner **db/data/**.

Nützliche OData-Querys

Im Rahmen diese Buches kann ich keine vollständige Übersicht über alle OData-URL-Parameter geben. Tabelle 3.3 zeigt Ihnen aber eine Sammlung nützlicher und häufig genutzter Query-Optionen anhand des Administratorservices.

```
localhost:4004/admin/Orders?$select=orderNo&$expand=Items

{
    "@odata.context": "$metadata#Orders(orderNo,ID,Items())",
    "@odata.metadataEtag": "W/\"/QSriG98dJva5e04xpcHrmPUL6xi9LKxlR2p8/5abPA=\"",
    "value": [
        {
            "ID": "4c1ea77c-ce95-439e-92d6-6f14cd35797b",
            "orderNo": "MX50001",
            "Items": [
                {
                    "ID": "0caa520e-6758-4513-887e-090036d8bc99",
                    "amount": 1,
                    "parent_ID": "4c1ea77c-ce95-439e-92d6-6f14cd35797b",
                    "product_ID": 103
                },
                {
                    "ID": "cd5900d9-b1f6-43ec-a543-a0760679fc31",
                    "amount": 2,
                    "parent_ID": "4c1ea77c-ce95-439e-92d6-6f14cd35797b",
                    "product_ID": 101
                }
            ]
        },
        {
            "ID": "377404df-4951-4cb3-afe9-aee2bfa1db5e",
            "orderNo": "ZZ50003",
            "Items": [
                {
                    "ID": "9e1f5362-a76a-48fb-b23d-c46c17603cc4",
                    "amount": 2,
                    "parent_ID": "377404df-4951-4cb3-afe9-aee2bfa1db5e",
                    "product_ID": 121
                }
            ]
        }
    ]
}
```


Abbildung 3.6 Ausgabe im Browser für die Datenabfrage »/admin/Orders?$select=orderNo&$expand=Items«

Der dort aufgeführten URL mit Parametern müssen Sie jeweils noch den Teil *http://localhost:4004/admin* voranstellen, um die vollständige Query-URL für den Administratorservice zu erhalten, die Sie in Ihrem Browser eingeben. Probieren Sie selbst neue Querys aus, indem Sie verschiedene Optionen kombinieren. Denken Sie daran, dass der Prozess `cds watch` laufen muss, damit der Administratorservice für den Browser verfügbar ist.

URL mit Parametern	Rückgabemenge
/Products(103)	alle Elemente des Produkts mit `ID` = 103
/Suppliers(303)/products	alle Produkte, die dem Lieferanten mit `ID` = 303 zugeordnet sind
/Products(101)/supplier	der Lieferant, der dem Produkt mit `ID` = 101 zugeordnet ist
/Products?$select=name,price	die Elemente `ID`, `name`, `price` für alle Produkte
/Products?$search=Phone	Alle Produkte, die die Zeichenkette »Phone« in Elementen vom Typ `String` beinhalten. Groß- und Kleinbuchstaben werden nicht unterschieden.
/Suppliers?$expand=products	Alle Lieferanten. Pro Lieferant alle zugeordneten Produkte
/Suppliers?$expand=products($select=name,price)	Alle Lieferanten. Pro Lieferant alle zugeordneten Produkte, aber nur die Elemente `ID`, `name`, `price`
/Orders?$expand=Items	alle Bestellungen mit ihren zugehörigen Bestellpositionen
/Suppliers/$count	Anzahl der Lieferanten
/Suppliers?$count=true	alle Lieferanten sowie das zusätzliche OData-Metadatum `@odata.count`
/Products?$orderby=stock	alle Produkte, aufsteigend sortiert nach ihrem Bestand
/Products?$orderby=stock&$search=Phone	alle Produkte, die dem Suchkriterium »Phone« genügen, sortiert nach ihrem Bestand
/Products?$filter=stock lt 40	alle Produkte, deren Bestand kleiner als 40 ist
/Products?$skip=1&$top=2	das zweite und dritte Produkt (überspringe das erste und zeige die nächsten zwei)

Tabelle 3.3 Nützliche Query-Optionen für den Administratorservice

3.6 Testen mit einem HTTP-Client

Die Testseite, die unter *http://localhost:4004/* angeboten wird, bietet Ihnen schon einige Möglichkeiten, die Korrektheit Ihrer Domänen- und Servicemodelle zu testen. Insbesondere lassen sich Datenabfragen senden und

Service-Operation testen. Allerdings lassen sich auf diese Art und Weise nur Anfragen an den Service senden, die vorhandene Daten nach gewissen Kriterien selektieren oder berechnen und dann an den Browser zurückschicken. Es ist nicht möglich, aktiv neue Daten zu erzeugen oder vorhandene Daten zu ändern. Die Daten, die Sie bisher in die Datenbank geschrieben haben, stammen aus **.csv**-Dateien, die das CDS Development Kit zu Testzwecken in die Datenbank importiert hat. In einer produktiven Umgebung werden solche neuen Daten oder Datenänderungen auch über eine Servicekommunikation des HTTP-Protokolls übermittelt werden müssen.

3.6.1 Kommunikation über HTTP

Das *HTTP-Protokoll* definiert eine Reihe von Anfragemethoden (*Request-Methoden*), die mögliche Aktionen bei HTTP-Anfragen beschreiben. Wenn Sie eine URL in die Adresszeile eines Webbrowsers eintippen, sendet dieser z. B. eine GET-Anfrage an einen Server, der dann mit den angefragten Daten antwortet.

Ablauf einer HTTP-Kommunikation

Der grundsätzliche Ablauf der Kommunikation ist in Abbildung 3.7 dargestellt. Ein *HTTP-Client* (z. B. Ihr Webbrowser) sendet eine Anfrage ❶ an einen HTTP-Server. Jede Anfrage (Request) besteht aus einer Kopfinformation (*Request Header*) und den eigentlichen Daten (*Request Body*). Der Request Header beschreibt allgemeine Eigenschaften der Anfrage (z. B. bezüglich der Autorisierung) und enthält auch die in Abschnitt 3.5, »Datenabfragen«, benutzten URL-Parameter. Der Request Body kann z. B. Daten enthalten, die vom Server in einer Datenbank geändert werden sollen. Jedem Request ist eine Request-Methode zugeordnet, die beschreibt, was mit den Daten im Request Body geschehen soll. Die gängigsten Methoden sind GET, POST, PUT und PATCH, die auch für CAP eine wichtige Rolle spielen. Eine Beschreibung dieser Methoden zusammen mit der Beziehung zu CDS-Ereignissen finden Sie in Tabelle 3.4.

Antwort des Servers

Nach Erhalt der Anfrage wird der Server diese verarbeiten ❷. Anschließend sendet der Server eine Antwort, die wiederum in einen Kopfteil (*Response Header*) und einen Datenteil (*Response Body*) gegliedert ist ❸. Die Antwort enthält mindestens eine Statusinformation in Form eines standardisierten Statuscodes, um dem Client mitzuteilen, ob seine Anfrage erfolgreich verarbeitet wurde, oder ob Fehler aufgetreten sind. Der Client hat dann die Möglichkeit, entsprechend zu reagieren ❹.

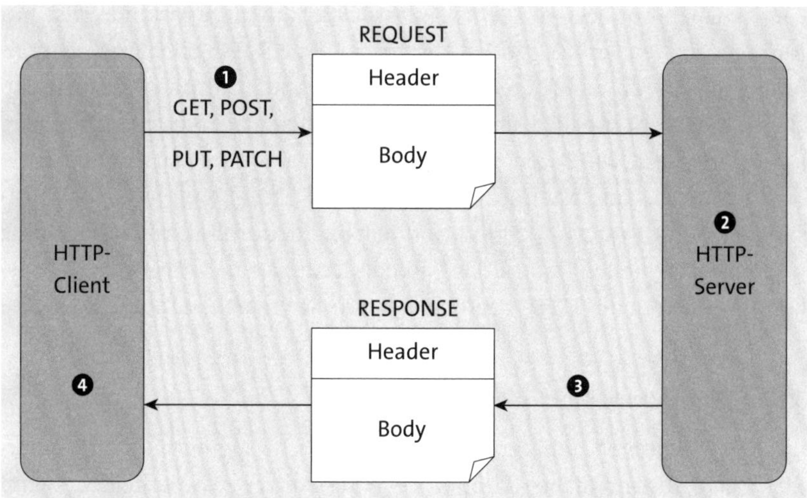

Abbildung 3.7 Ablauf der Kommunikation über das HTTP-Protokoll

Request-Methode	Bedeutung	CDS-Event
GET	Abfrage von Daten nach Kriterien, die als URL-Parameter, oder im Request Body übergeben werden	READ
POST	Erzeugung einer neuen Ressource	CREATE
PUT	Modifikation einer existierenden Ressource, oder Erzeugung einer neuen, wenn die Ressource noch nicht existiert	UPDATE
PATCH	teilweise Modifikation einer existierenden Ressource	UPDATE
DELETE	Löschen einer Ressource	DELETE

Tabelle 3.4 Die gängigsten HTTP-Methoden mit ihrer Bedeutung für CDS

3.6.2 Nutzung eines HTTP-Clients

In Gestalt Ihres Webbrowsers haben Sie ein einfaches Beispiel für einen HTTP-Client. Eine Einschränkung ist allerdings, dass der Browser selbst nur GET-Requests an einen Server schickt. Wenn Sie aber in Ihren Testszenarien Daten erzeugen, ändern, oder löschen wollen, so benötigen Sie einen HTTP-Client, der auch POST-, PUT-, oder DELETE-Requests schicken kann. Es gibt neben kommerziellen Angeboten eine Vielzahl freier HTTP-Clients in der Open-Source-Gemeinde, die Sie dafür nutzen können. Alle funktionieren sehr ähnlich und werden geeignet sein, die hier gezeigten Beispiele nachzuvollziehen.

HTTP-Client als Visual-Studio-Code-Extension

Für die abgebildeten Tests nutze ich eine Visual-Studio-Code-Erweiterung, weil diese sich optimal in die IDE integriert. Diese Erweiterung können Sie in Visual Studio Code installieren, indem sie die Webseite mit der Adresse *http://s-prs.de/v765110* besuchen. Die Installation kann auch direkt über die Extension-Sicht von Visual Studio Code initiiert werden, wenn Sie dort nach dem Begriff »REST Client« suchen.

Aufbau von Request-Dateien

Am einfachsten nutzen Sie die Erweiterung, indem Sie in Ihrem Projekt einen Unterordner **_requests/** erzeugen und dort Dateien mit der Endung **.http** anlegen. Ich benutze für Hilfsverzeichnisse, die keine eigentlichen Anwendungsartefakte enthalten, die Konvention des Unterstrichs als Präfix. Jede dieser Dateien kann viele Request-Daten beinhalten, der Request kann direkt aus dem Editor gestartet werden und Sie können die Antwort in einem parallelen Fenster analysieren. Sie können verschiedene **.http**-Dateien anlegen, um z. B. alle GET-Requests und alle POST-Requests jeweils in einer Datei zu bündeln. Andere für Sie sinnvolle Aufteilungen sind aber auch möglich. Eine Reihe von Request-Dateien finden Sie in den Downloadmaterialien zu diesem Buch.

Anfragen abschicken

Abbildung 3.8 zeigt die HTTP-Client-Extension für Visual Studio Code in Aktion. Die Datei **GET.http** ist im linken Editorfenster geöffnet. Sie enthält eine Reihe von GET-Request-Definitionen. Die Requests werden durch eine Kommentarzeile voneinander getrennt, die mit mindestens drei aufeinanderfolgenden Raute-Zeichen (#) beginnt. Einen Request können Sie abschicken, indem Sie die Schaltfläche **Send Request** anklicken, die der Editor automatisch zu jedem Request erzeugt (siehe Markierung in Abbildung 3.8). Beachten Sie wieder, dass der Request natürlich nur beantwortet werden kann, wenn Sie Ihren Webserver zuvor gestartet haben, z. B. mit `cds watch`.

Abbildung 3.8 HTTP-Client Extension für Visual Studio Code

Antwort auf einen HTTP-Request

Die Antwort auf einen Request wird in dem sich selbstständig öffnenden Response-Fenster zur Rechten angezeigt. Die erste wichtige Information im Response Header ist der HTTP-Statuscode mit der zugehörigen Meldung (**200 OK** in Abbildung 3.8). In diesem Fall wurde der Request erfolgreich bearbeitet. Der Response Header zeigt noch weitere beschreibende Informationen an, z. B., dass der Response Body im JSON-Format vorliegt. Der Response Body selbst entspricht für diesen GET-Request der Ausgabe, die Sie auch in Ihrem Browserfenster gesehen haben.

Mit dem HTTP-Client haben Sie nun ein mächtiges Testtool zur Verfügung, mit dessen Hilfe Sie im Folgenden auch Datenänderungen durchführen können. Die Requests, die in diesem Buch beispielhaft behandelt werden, finden Sie auch als **.http**-Dateien im Ordner **_requests/** in den Downloadmaterialen zu diesem Buch.

3.6.3 Datenänderungen über einen CDS-Service

Bisher konnten Sie über Ihren Browser nur GET-Requests an den Administratorservice senden. Mithilfe des HTTP-Clients können nun auch die anderen HTTP-Request-Methoden POST, PUT, PATCH und DELETE verwendet werden.

Anlegen neuer Datensätze

Benutzen Sie einen Request wie in Listing 3.4, um einen neuen Lieferanten anzulegen. Neu ist, dass Sie nun einen Request Body mitschicken, in dem der neue Datensatz aufgeführt ist. Das Request-Header-Attribut `Content-Type` gibt an, dass diese Daten im JSON-Format geschickt werden. Beachten Sie die Leerzeile zwischen Header und Body.

```
### Create new Supplier
POST http://localhost:4004/admin/Suppliers
Content-Type: application/json

{
    "ID": 401,
    "name": "ACME Company"
}
```

Listing 3.4 Request zur Anlage eines neuen Lieferanten

[»]

JSON-Format in Service-Requests

CAP-Services nutzen meist das JSON-Format, um Anfragen zu formatieren. Es wird wahrscheinlich auch bei Ihnen vorkommen, dass die Serverantwort manchmal einen Status `400 Bad Request` und eine Fehlermeldung wie

"Error while deserializing payload. An error occurred during deserialization of the entity. Unexpected string in JSON at position 23." beinhaltet. Der Grund ist , dass das JSON-Dokument im Ihrem Request Body nicht korrekt formatiert ist. Beachten Sie in dem Fall die Fehlermarkierungen in Ihrem Editor. Eine Einführung in das JSON-Format finden Sie beispielsweise unter *https://www.json.org/json-de.html*.

3

Nach dem Abschicken des Requests werden Sie als Antwort eine Erfolgsmeldung sehen (Status **201 Created**). Im Response Body erhalten Sie eine Kopie der neu angelegten Daten.

Schicken Sie den identischen Request nun erneut ab. Diesmal sollten Sie eine Antwort sehen, die auf einen Fehler hinweist (Status **400 Bad Request**). Im Response Body wird eine Fehlermeldung zurückgegeben. Dieses Verhalten entspricht der Semantik eines POST-Requests, der spezifiziert ist, neue Daten anzulegen. Vorhandene Daten können damit nicht geändert werden.

[«]

Zurücksetzen Ihrer Daten in den Anfangszustand

Nachdem Sie mehrere HTTP-Requests abgeschickt haben, können Sie bestimmte Tests eventuell nicht mehr erneut ausführen, weil Daten schon existieren oder nicht mehr konsistent sind. Wenn Sie mit der In-Memory-Option von SQLite arbeiten, ist ein Zurücksetzen sehr einfach: Stoppen Sie den aktuellen Serverprozess, indem Sie im Terminal [Strg] + [C] drücken und starten Sie `cds watch` anschließend wieder. Die In-Memory-Datenbank wird dadurch abgebaut und anschließend erneut aus den vorhandenen **.csv**-Dateien bestückt. Damit erhalten Sie wieder einen wohldefinierten Anfangszustand. Nutzen Sie also die **.csv**-Dateien, um diesen Anfangszustand zu definieren, und nutzen Sie die **.http**-Dateien für darauf basierende Tests.

Wenn Sie nicht die In-Memory-Variante von SQLite nutzen, sondern eine über `cds deploy --to sqlite` erstellte, persistente Datenbankdatei (siehe Abschnitt 2.3.5, »Blick in die Datenbank«), so müssen Sie diese Datenbankdatei erneut mit `cds deploy --to sqlite` initialisieren, um den wohldefinierten Anfangszustand wiederherzustellen.

Tiefe Strukturen anlegen

Mit einem POST-Request können auch tief strukturierte Daten erzeugt werden. In Ihrem Modell ist die Bestellung eine Komposition aus Bestellpositionen. Es ist deshalb sinnvoll, beide Entitäten immer gemeinsam anzulegen, denn ein Bestellkopf ohne Positionen ist nicht sehr nützlich und eine Bestellposition ohne Kopf darf nicht existieren. Sie erreichen dies mit einem POST-Request wie in Listing 3.5 gezeigt.

```
### Create Order with autogenerated UUID key
POST http://localhost:4004/admin/Orders
Content-Type: application/json

{
  "orderNo": "ZZ100",
  "currency_code": "EUR",
  "Items": [
    {
    "amount": 1,
    "product_ID": 102
    },
    {
    "amount": 2,
    "product_ID": 101
    }
  ]
}
```

Listing 3.5 Anlegen einer Bestellung mit Bestellpositionen

Auto-Generierung von UUID-Schlüsseln

Im Request Body werden dabei keine Schlüsselfelder für den Bestellkopf oder die Bestellpositionen mitgegeben. Wenn Sie den Request mit der Entität `OrderItems` aus Ihrem Domänenmodell vergleichen, sehen Sie außerdem, dass das Beziehungsfeld `parent` ebenfalls nicht angegeben wird. Wenn Sie Schlüsselfelder vom Typ UUID modellieren, kann CAP Ihnen automatisch global eindeutige Schlüsselwerte generieren. Optional könnten Sie aber auch eine vorher erzeugte UUID für das Feld `ID` im Request mitgeben. Des Weiteren kennt das CAP Service SDK natürlich das Domänenmodell, auf dem der Administrationsservice basiert. Dies definiert die Kompositionsbeziehung zwischen `Orders` und `OrderItems`. So weiß CAP, dass es sinnvoll ist, das Beziehungsfeld `parent_ID` der Items mit der für den Order-Datensatz generierten `ID` für Sie zu füllen. Das Resultat dieser Automatismen sehen Sie im Response Body der Antwort auf den Request (siehe Listing 3.6). Dort sehen Sie, dass die Felder `ID` und `parent_ID` konsistent gefüllt sind.

```
{
   "@odata.context":"$metadata#Orders(Items())/$entity",
   "@odata.metadataEtag":"W/\"/QSriG98dJva5eO4xpcHrmPUL6xi9LKxlR2p8/
     5abPA=\"",
   "ID":"423d8ca5-a2bf-475f-9e46-433b7a0d7221",
   "orderNo":"ZZ100",
   "currency_code":"EUR",
```

```
  "Items":[
    {
      "ID":"d932583f-5fcf-42fe-9ce5-a0a2d9987974",
      "amount":1,
      "parent_ID":"423d8ca5-a2bf-475f-9e46-433b7a0d7221",
      "product_ID":102
    },
    {
      "ID":"c750a23a-8177-47d3-839e-6567d842fcd9",
      "amount":2,
      "parent_ID":"423d8ca5-a2bf-475f-9e46-433b7a0d7221",
      "product_ID":101
    }
  ]
}
```

Listing 3.6 Response Body als Antwort auf die Anlage einer Bestellung mit Bestellpositionen

Im Browser sehen Sie Bestellungen mit den zugehörigen Positionen als Resultat der Abfrage *http://localhost:4004/admin/Orders?$expand=Items.*

Ändern existierender Datensätze

Existierende Datensätze können mittels PUT-Requests geändert werden, wie beispielhaft in Listing 3.7 gezeigt wird.

```
### Update Product
PUT http://localhost:4004/admin/Products(101)
Content-Type: application/json;IEEE754Compatible=true

{
    "name": "Updated Flat Screen",
    "price": "189.51"
}
```

Listing 3.7 PUT-Request zum Ändern des Produkts mit der ID = 101

Umgang mit Dezimalzahlen

Anhand des Response Body können Sie kontrollieren, ob die Änderung erfolgreich war. Beachten Sie unbedingt den zusätzlichen Parameter `IEEE754-Compatible=true` im Wert des Feldes `Content-Type`. Er ist notwendig, wenn Ihr Request Zahlen vom Datentyp `Decimal` beinhaltet. JavaScript kennt, im Gegensatz zu CDS und OData, keinen nativen Datentyp `Decimal`. Fehlt dieser Parameter, wird der Request mit dem entsprechenden Hinweis als fehlerhaft beantwortet. Beachten Sie außerdem, dass der Wert von `price` in Anführungszeichen zu setzen ist, anders als Sie es z. B. für Integer-Zahlen in JSON-Dokumenten gewohnt sind.

Löschen von Datensätzen

Den oben angelegten Lieferanten mit der ID 401 löschen Sie mit diesem einfachen Request:

```
DELETE http://localhost:4004/admin/Suppliers(401)
```

Beachten Sie, dass der Status der Antwort **204 No Content** lautet.

Das Löschen einer Bestellung erreichen Sie ebenfalls mit einem DELETE-Request, wobei Sie als Parameter die ID einer existierenden Bestellung benutzen müssen, z. B.:

```
DELETE http://localhost:4004/admin/Orders(4c1ea77c-ce95-439e-92d6-
6f14cd35797b)
```

Insbesondere löscht dieser DELETE-Request auch automatisch alle zur Bestellung gehörenden Bestellpositionen. Dies liegt wieder daran, dass `Orders` eine `Composition of many OrderItems` enthält. Die Kompositionsbeziehung bedeutet, dass die Teile der Komposition (die `OrderItems`) alleine stehend keine Existenzberechtigung haben. Deswegen bedingt die Löschung der Komposition auch die Löschung seiner Teile.

3.6.4 Validierungen von Service-Requests

Das Domänenmodell enthält viele definierte Einschränkungen und Konsistenzbeziehungen, die zur Validierung vor der Ausführung eines Requests herangezogen werden können.

Prüfung von Typdefinitionen

Die einfachsten Einschränkungen entstehen durch Typdefinition von Elementen. Beispielsweise ist das Element `price` der Entität `Products` vom Typ `Dec(9,2)`, also eine Dezimalzahl mit maximal neun Stellen, wovon maximal zwei Stellen Nachkommastellen sein dürfen. Einer weiteren Einschränkung unterliegt das Element `currency_code` vom Typ `String(3)`. Entsprechend sollten die Requests in Listing 3.8 alle zu einer Fehlersituation führen.

```
### Update Product with invalid price format
PATCH   http://localhost:4004/admin/Products(101)
Content-Type: application/json;IEEE754Compatible=true

{
    "price": "169.5134"
}
```

```
### Update Product with invalid currency_code format
PATCH   http://localhost:4004/admin/Products(101)
Content-Type: application/json

{
    "currency_code": "EURO"
}
```

Listing 3.8 Zwei PATCH-Requests mit fehlerhaften Datentypen

Prüfung basierend auf Assoziationen

Eine weitere wichtige Prüfung basiert auf den definierten Assoziationen, die in einer Datenbank auf Fremdschlüsselbeziehungen abgebildet werden. Aufgrund dessen sollte es nicht möglich sein, ein Produkt mit einer Lieferanten-ID anzulegen, zu der es keinen Eintrag in der Lieferantenstammtabelle gibt. Eine weitere Bedingung an das Produkt ist durch den Zusatz `not null` im Domänenmodell für das Element `name` definiert worden: Sie besagt, dass es nicht möglich sein soll, ein neues Produkt anzulegen, ohne einen Produktnamen zu vergeben. Probieren Sie entsprechende Requests aus, mit denen Sie eine Fehlersituation in der Antwort hervorrufen.

3.7 Debuggen einer Service-Implementierung

Die generische Verarbeitung von OData-Requests durch das CAP Service SDK bietet Ihnen viele leistungsfähige Operation, ohne dass Sie eine Zeile Programmcode beisteuern müssen. Insbesondere die Nutzung der OData Query Options lässt Sie komplexe Datenabfragen mit einem beliebigen HTTP-Client durchführen.

Anwendungsfälle für Programmcode

Natürlich werden Sie Anforderungen vorfinden, die einen programmatischen Eingriff in die Verarbeitung erfordern. Typische Anwendungsfälle sind beispielsweise:

- Verpacken einer komplexen Datenabfrage in eine einfach aufzurufende Funktion mit Parametern
- Herstellen einer transaktionalen Klammer über Operationen, die mehrere Entitäten involvieren
- Implementierung von Datenabfragen, die nicht mit OData abzubilden sind
- Komplexe Datenabfragen im Falle der Nutzung anderer Protokolle als OData (z. B. natives REST)

Sobald Sie einen eigenen Code beisteuern, werden Sie auch auf die Debugging-Fähigkeiten Ihrer IDE zurückgreifen. CAP gibt Ihnen dazu keine Einschränkungen vor, sodass Sie für Ihre IDE vorhandene Debugger für Node.js oder Java nutzen können.

Debug-Konfiguration in Visual Studio Code

Wenn Sie Ihr Projekt in Visual Studio Code mittels `cds init` initialisiert haben (siehe Abschnitt 3.2, »Entwicklungsprojekt anlegen«), dann ist das Projekt schon mit einer passenden Debug-Konfiguration ausgestattet. Diese Konfigurationsdaten liegen in Ihrem Projekt im Ordner **.vscode/**, den die IDE standardmäßig nicht anzeigt. Sie können den Ordner aber im gewöhnlichen Dateiexplorer Ihres Betriebssystems sehen. Am besten ändern Sie die darin enthaltenen Dateien nicht mit einem Texteditor, sondern nutzen dazu nur die Konfigurationsdialoge von Visual Stuido Code. Diese erreichen Sie über **File • Preferences • Settings**.

Virtuelle Felder in Modellen

Bevor Sie das Debuggen mit einem Codebeispiel ausprobieren, müssen Sie zuerst eine Logik implementieren. Erweitern Sie dazu das Domänenmodell für die Entität `Products` um ein zusätzliches Element `margin` (siehe Listing 3.9). Der Zusatz `virtual` bedeutet, dass dieses Element zwar Teil der Entität wird, aber nicht auf der Datenbank gespeichert wird. Solche virtuellen Felder sollen typischerweise das Ergebnis von Berechnungen enthalten, die bei einem GET-Request ausgeführt werden. Sie werden also Code schreiben, der die Marge zu einem Produkt ausrechnet und bei Serviceanfragen mitliefert.

```
entity Products {
  key ID              : Integer;
      name            : String(100) not null;
      stock           : Integer;
      price           : Decimal(9, 2);
      retail          : Decimal(9, 2);
      virtual margin  : Decimal(9, 2);
      currency_code   : String(3);
      supplier        : Association to Suppliers;
}
```

Listing 3.9 Erweitertes Produktmodell mit dem virtuellen Element »margin«

Service-Implementierung mit JavaScript

Erstellen Sie eine neue Datei **admin-service.js** im Ordner **srv/**. Speichern Sie den Inhalt von Listing 3.10 in der Datei.

```
module.exports = (srv)=>{
    const { Products } = srv.entities
    srv.after ('READ', Products, (each)=>{
      let num = each.retail - each.price;
```

3

```
        each.margin = num.toFixed(2);
    })
}
```

Listing 3.10 JavaScript-Code zur Implementierung eines »after.READ«-Ereignisbehandlers

Wenn Sie nun den bekannten GET-Request zum Lesen aller Produkte ausführen, sehen Sie das berechnete virtuelle Feld `margin` in der Antwort. Erreicht wurde dies durch die Berechnung bei der Behandlung des `after.READ`-Ereignisses für die Entität `Products`, d. h. nach dem Lesen der Produktdaten von der Datenbank.

Breakpoints setzen

Um nachzuvollziehen, was im Ereignisbehandler passiert, wechseln Sie zur Debugging-Sicht von Visual Studio Code, indem Sie auf das Icon klicken. Stoppen Sie zuvor einen eventuell noch laufenden `cds watch`-Prozess. Im Editor zur Datei **admin-service.js** setzen Sie nun Breakpoints an der zweiten, dritten und vierten Zeile von Listing 3.10 (siehe auch Abbildung 3.9).

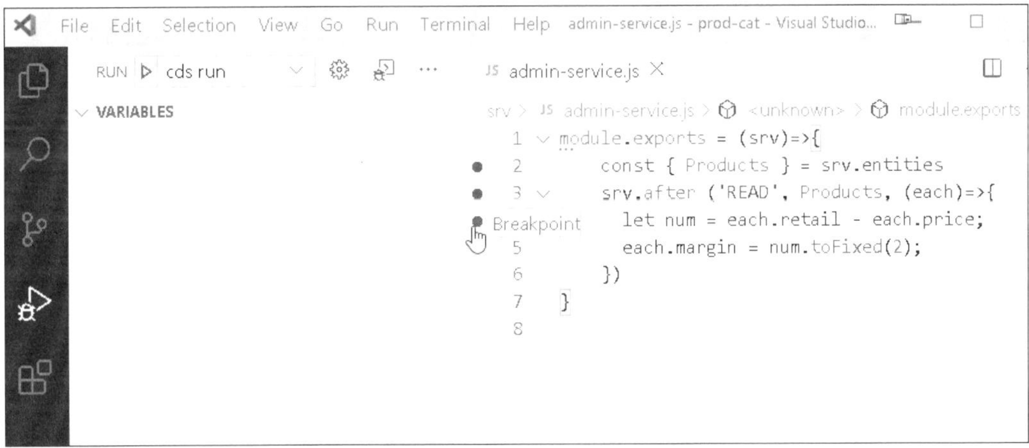

Abbildung 3.9 Setzen von Breakpoints in der Service-Implementierung

Bewegen Sie dazu den Mauszeiger jeweils vor die gewünschte Zeilennummer, bis ein schwach roter Punkt erscheint. Klicken Sie dann mit der linken Maustaste, um den Breakpoint zu erstellen. Alle Breakpoints werden im Abschnitt **Breakpoints** links unten im Visual-Studio-Code-Fenster aufgelistet (siehe auch Abbildung 3.10).

Debugging durchführen

Bevor Sie den Debugger starten, müssen Sie die CAP-Bibliotheken lokal in Ihrem Projekt installieren. Dies erreichen Sie durch Eingabe des Kommandos `npm install`. Die global installierten Bibliotheken des CDS Development Kits ist dafür nicht ausreichend. Das Kommando `npm init` zur Erzeugung Ihres Projekts hat für Sie eine sogenannte *Run Configuration* mit dem Namen **cds run** in Visual Studio Code angelegt. Sie sehen diesen Namen im Abschnitt **RUN** links oben im Visual-Studio-Code-Fenster (siehe Abbildung 3.9). Starten Sie nun das Debugging, indem Sie auf den grünen Pfeil links neben **cds run** klicken.

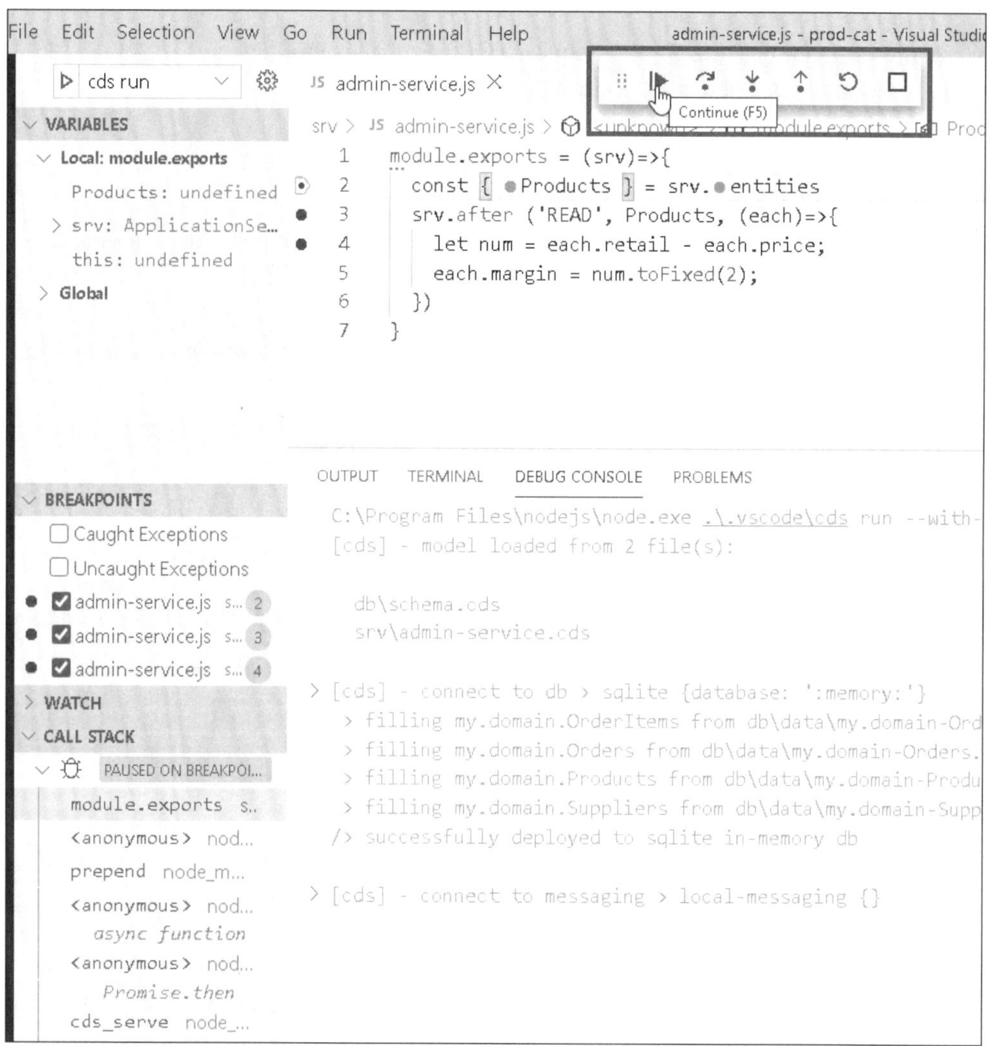

Abbildung 3.10 Aktiver Debugging-Prozess in Visual Studio Code

Steuerung des Debuggers

Ihr Terminalfenster wird nun durch die Debugging-Konsole ersetzt (siehe Abbildung 3.10). Dort sehen Sie mehrere Schaltflächen, mit denen Sie den Debugging-Prozess kontrollieren können. Wenn der Debugger an einem Breakpoint anhält, können Sie mit diesen Schaltflächen den Prozess entweder weiterlaufen lassen, über eine Anweisung springen, in eine Unterroutine hineinspringen, eine Unterroutine verlassen, den Debugging-Prozess neu starten oder ihn beenden.

In der Debugging-Konsole in Abbildung 3.10 sehen Sie, dass `cds watch` gestartet wurde. Außerdem steht der Debugging-Prozess am ersten Breakpoint und wartet auf Ihre Aktion. Das CDS Service SDK ist also dabei, Ihren JavaScript-Code auszuführen, um die dort definierten Ereignisbehandlerroutinen zu registrieren.

Variableninhalte

In der linken Debugging-Sicht gibt der Bereich **Variables** Auskunft über den aktuellen Zustand der Programmvariablen. Im Moment sehen Sie dort, dass die Variable `Products` noch undefiniert ist. Das können Sie ändern, indem Sie die Schaltfläche **Continue** betätigen (siehe Abbildung 3.10). Dies führt dazu, dass der Prozess weiterläuft und am nächsten Breakpoint stehen bleibt. Sie sehen, dass die Variable `Products` nun mit internen Informationen über das Produktmodell gefüllt ist. Klicken Sie den Strukturpfeil **>** vor `Products` an, um die Metadaten zu sehen.

Im Editorfenster Ihrer JavaScript-Datei sehen Sie, dass der Prozess nun vor der Funktion `srv.after` angehalten hat. Diese Funktion wird den Ereignisbehandler registrieren. Klicken Sie erneut auf **Continue**. Die Registrierung wird anschließend durchgeführt, und der Webserver wartet auf eingehende Anfragen eines HTTP-Clients.

GET-Anfrage debuggen

Wechseln Sie zu Ihrem Browser und führen Sie eine GET-Anfrage durch, indem Sie in der Adresszeile »http://localhost:4004/admin/Products« eingeben. Ihr Browser wird keine Antwort anzeigen, da nun der Prozess am dritten Breakpoint angehalten hat, wie Sie durch Wechseln zum Visual-Studio-Code-Fenster sehen. Sie sind nun innerhalb des Ereignisbehandlers angelangt und können die jeweiligen Variableninhalte betrachten. Benutzten Sie die Schaltflächen **Step Over** und **Continue**. Der Ereignisbehandler wird entsprechend der Anzahl der Produkte in der Datenbank durchlaufen. Bei jedem Durchlauf wird die jeweilige Marge berechnet. Wenn alle Produkte durchlaufen wurden, ist der GET-Request abgearbeitet und Sie können das Ergebnis im Browser begutachten.

[«]

Debugging-Modus für die Terminalausgabe

Neben dem Debuggen Ihres Programmcodes ist es zur Fehleranalyse oft auch erforderlich, die Terminalausgabe des CAP-Servers zu analysieren. Dort werden die Verarbeitungsschritte der CAP-Bibliotheken protokolliert. Es ist möglich, den Detailgrad dieses Protokolls zu erhöhen, indem Sie die Umgebungsvariable `DEBUG` im Terminal setzen. In der Windows PowerShell nutzen Sie dazu beispielsweise das Kommando `$env:DEBUG = "true"`. Dadurch werden viele zusätzliche Informationen angezeigt (beispielsweise generierte SQL-Anweisungen), die für die Bearbeitung von Support-Anfragen nützlich sind.

3.8 Was sollten Sie aus diesem Kapitel mitnehmen?

Sie haben die ersten Schritte in der Implementierung Ihres Produktkatalogs gemacht. Die Spezifikation des Domänenmodells und des Verhaltens des Katalogs haben Sie direkt in CDS-Modelle für Entitäten und einen Service überführt. Neben den vielen gezeigten Details zu Modellierung, der HTTP-Request-Verarbeitung und den Testwerkzeugen, sollten sie Folgendes mitnehmen:

- **CDS-Modelle sind für Menschen gemacht**

  Mit CDS modellieren Sie auf einer konzeptionellen Ebene, die eng mit einer betriebswirtschaftlichen Ebene verknüpft werden kann. Eine erste Skizze eines Domänenmodells, erstellt in einem gängigen Modellierungsformat (z. B. UML), kann direkt in ein CDS-Modell überführt werden, das über die Zeit mehr und mehr Details aufnimmt.

- **CAP-Services sind zielgerichtet**

  Aus den einzelnen Rollen und Use Cases zu einer Anwendung ergeben sich auf natürliche Weise eine Anzahl von Services. Servicestrukturen sind zielgerichtete, zweckorientierte Projektionen aus dem Domänenmodell.

- **CAP-Projekte haben eine standardisierte Struktur**

  Das CDS Development Kit hilft Ihnen bei der Anlage eines Projekts. Eine vorgegebene Struktur ermöglicht es Ihnen wiederum, Entwicklungswerkzeuge sofort und ohne weitere Konfiguration nutzen zu können (z. B. `cds watch`). Es ist möglich, von Strukturvorgaben abzuweichen, ohne guten Grund sollten Sie dies allerdings nicht tun.

- **CAP-Services kennen die offenen Standards OData/REST und HTTP**

  HTTP ist das Kommunikationsprotokoll im Internet und in der Cloud. Sie profitieren von den vielen Werkzeugen zum Testen von HTTP-basierten Services. CAP-Services implementieren den OData-Standard, wodurch Ihnen automatisch die weit entwickelte OData-Query-Sprache und andere OData-Konzepte (wie Validierungen) für Ihre Service-Clients zur Verfügung stehen.

- **Sie nutzen die Werkzeuge Ihrer Wahl zur Entwicklung von Service-Implementierungen**

  Die Implementierung von Ereignisbehandlern ermöglicht es Ihnen, spezifische Logik zu realisieren. Sie nutzen dazu die weitverbreiteten Sprachen JavaScript oder Java. CAP ist dadurch offen für die Entwicklungsumgebung Ihrer Wahl. Sie haben beispielsweise gesehen, wie Sie den Visual-Studio-Code-Debugger im CAP-Kontext nutzen können.

Kapitel 4
Core Data Services für CAP im Detail

CDS für CAP ist eine Familie domänenspezifischer Sprachen, mit durch Menschen lesbaren und mit maschinell verarbeitbaren Notationen. Diese kurze Definition wird in diesem Kapitel mit Leben gefüllt, indem die einzelnen Sprachelemente systematisch vorgestellt werden, zusammen mit der Kompilierung in die internen Repräsentationen, welche die CAP-Bibliotheken und Ihr Programmcode in Ereignisbehandlern nutzen.

Ziele dieses Kapitels

In diesem theoretisch und abstrakt gehaltenen Vertiefungskapitel lernen Sie CDS und die zugehörigen Verarbeitungskonzepte im Detail kennen. Einige der vorgestellten Fähigkeiten werden Sie in der nächsten Ausbauphase des Beispielprojekts dieses Buches in der Praxis anwenden. Wenn Sie lieber gleich an der Weiterentwicklung des Beispielprojekts arbeiten möchten, überspringen Sie dieses Kapitel vorerst. Nutzen Sie es dann als Referenz, wenn die Beispielanwendung für Sie neue Aspekte nutzt. Die Strukturierung dieses Kapitels sowie der Index am Ende des Buches sind für solch ein Nachschlagen ausgelegt. Ich empfehle Ihnen allerdings dennoch mindestens die Beschäftigung mit Abschnitt 4.1, »CDS als Familie von Modellierungssprachen«, um diesen wichtigen Aspekt mit in die weitere Arbeit zu nehmen.

Bisher haben Sie CDS als Modellierungssprache kennengelernt, mit der Sie auf einfache Art und Weise Entitäten und deren Beziehungen sowie Services und deren Operationen definieren. Dies ist aber nur ein Teil aller Bestandteile des Konzepts CDS. CDS ist genau genommen eine Sammlung von Sprachen mit externen und internen Repräsentationen.

In Abschnitt 4.2, »Entitäten und Views«, erläutere ich die datenbezogenen Objekte in CDS, die nach einem Deployment realen Datenbanktabellen oder Sichten darauf entsprechen. Die möglichen Beziehung zwischen Entitäten werden in Abschnitt 4.3, »Assoziationen und Kompositionen«, vorgestellt. Abschnitt 4.4, »Typen in CDS«, beschäftigt sich mit dem Typsystem von CDS.

Abschnitt 4.5 stellt weitere Eigenschaften von CDS-Elementen vor, wie z. B. die Eigenschaft des Schlüsselfeldes, oder des Pflichtfeldes. Die Möglichkeiten, Datenabfragen und Projektionen auf Daten in CDS zu formulieren, behandelt Abschnitt 4.6, »Die CDS Query Language«. Eine Separierung von CDS-Objekten über Namensräume kann mit Methoden erreicht werden, die in Abschnitt 4.7 vorgestellt werden. Die Verwendung von CDS-Definitionen aus eigenen oder wiederverwendeten Dateien behandelt Abschnitt 4.8, »Referenzen auf Modelle«. Der Sprachumfang von CDS kann von Anwendungen durch das Konzept der *Annotationen* gezielt erweitert werden, das in Abschnitt 4.9 diskutiert wird.

Neben den datenzentrischen Entitäten sind Services das zweite zentrale Element von CDS, das die Verhaltensaspekte einer Anwendung abbildet. Servicedefinition, Operationen und deren Implementierung sind das Thema von Abschnitt 4.10.

Die Wiederverwendung und Erweiterbarkeit von Modellen wird von CDS sehr umfangreich unterstützt. Abschnitt 4.11 stellt das dafür genutzte Konzept der *Aspekte* vor.

Die Möglichkeit, Daten und Texte für Benutzeroberflächen mehrsprachig zur Verfügung zu stellen, ist eine Grundanforderung an eine Entwicklung von Geschäftsanwendungen. Abschnitt 4.12, »Lokalisierung«, und Abschnitt 4.13, »Lokalisierte Daten«, zeigen die entsprechenden Lösungsansätze in CDS.

Die zentrale CAP-Referenzdokumentation

CAP und insbesondere die Sprache CDS entwickelt sich sehr dynamisch weiter. Deswegen kann dieses Buch immer nur eine Momentaufnahme darstellen und ist in diesem Sinne nie vollständig. Die technischen CDS-Spezifikationen werden von SAP auf dem zentralen CAP-Dokumentationsserver vorgehalten, den Sie unter *https://cap.cloud.sap/* erreichen. Dieser stellt das aktuelle Nachschlagewerk für Sie zur Verfügung.

Bezüglich CDS wird dieses Kapitel die wichtigsten Teile der Spezifikationen hier wiedergeben, allerdings angereichert mit weiteren Erläuterungen, um die Anwendungsrelevanz besser zu verstehen. Anhand von Beispielen können Sie die Spezifikation selbst nachvollziehen.

4.1 CDS als Familie von Modellierungssprachen

Notationen für Menschen und Maschinen

CDS im Kontext des SAP Cloud Application Programming Models ist ein Oberbegriff für eine Sammlung von drei Sprachen. Für jede dieser Sprachen gibt es zwei Notationen. Eine davon ist dazu gedacht, von Menschen erstellt und gelesen zu werden. Die andere ist optimiert für eine maschinelle Verarbeitung. Eine Transformation (*Parsing*) überführt die eine Notation in die andere (siehe Abbildung 4.1).

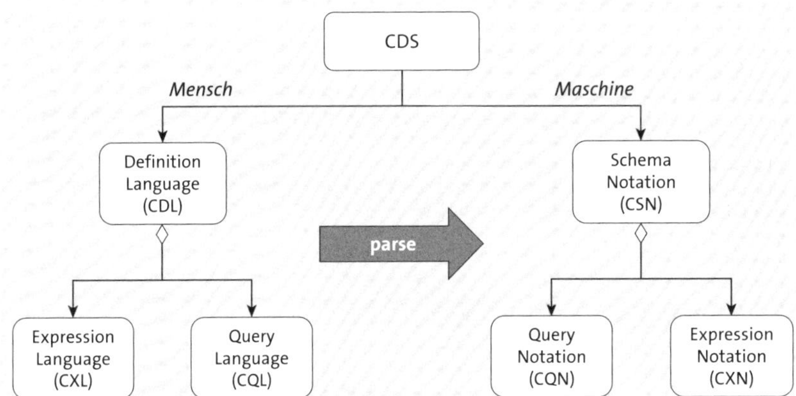

Abbildung 4.1 CDS als Familie von Sprachen

Die *CDS Definition Language* (CDL) ist die Sprache, die Sie bereits für den Inhalt der Dateien mit der Dateiendung **.cds** genutzt haben. Sie ist die Modellierungssprache, die Sie bei der Anwendungsentwicklung nutzen. Wenn man von »CDS« oder »CDS-Dateien« spricht, sind eigentlich meist Dokumente oder Dateien im CDL-Format gemeint.

CDL inkludiert zwei weitere Sprachen, die *CDS Expression Language* (CXL) und die *CDS Query Language* (CQL). Beide spielen eine Rolle bei der Definition von Views und Projektionen innerhalb von CDL. CXL und CQL basieren auf der bekannten *SQL Query Language*, erweitert um einige zusätzliche Möglichkeiten.

Zielformate der CDS-Parser

CAP beinhaltet Werkzeuge, die eine für Menschen vorgesehene Sprache in eine Notation umsetzt, die zur maschinellen Verarbeitung geeignet ist. Die Transformation erfolgt von CDL in die *CDS Schema Notation* (CSN, sprich »Season«), von CQL in die *CDS Query Notation* (CQN) und von CXL in die *CDS Expression Notation* (CXN). Mit dem Kommandozeilenwerkzeug des CDS Development Kits können Sie das Kommando `cds compile <Datei>` oder einfach nur `cds <Datei>` nutzen, um CDL nach CSN zu transformieren.

Eine Transformation in das CSN-Format

Öffnen Sie ein Terminal in Visual Studio Code im Quellverzeichnis Ihres Projekts zum Produktkatalog. Geben Sie das Kommando `cds compile srv\admin-service.cds` ein. Sie bekommen eine Ausgabe im CSN-Format, wie sie in Listing 4.1 ausschnittsweise dargestellt ist. Dies ist eine vollständige interne Repräsentation des Administratorservices, d. h., auch die Definitionen der Entitäten des Domänenmodells wurden inkludiert, obwohl sie in einer anderen CDS-Datei als der Service abgelegt sind. Der CDS-Compiler folgt dazu den in `using`-Anweisungen hinterlegten Referenzen. Die CSN-Ausgabe beinhaltet auch Informationen darüber, wie sie erzeugt wurde. Beachten Sie dazu die vorletzte Zeile mit dem Eintrag `meta`. Anhand der `query`-Angabe in Listing 4.1 sehen Sie auch ein Beispiel, wie CSN die Query-Notation CQN inkludiert.

```
>> cds compile srv\admin-service.cds
{
  definitions: [Object: null prototype] {
    AdminService: { kind: 'service' },
    'AdminService.OrderItems': {
      kind: 'entity',
      '@cds.autoexposed': true,
      query: {
        SELECT: { from: { ref: [ 'my.domain.OrderItems' ] } }
      },
      elements: [Object: null prototype] {
        ID: { key: true, type: 'cds.UUID' },
        parent: {
          type: 'cds.Association',
          target: 'AdminService.Orders',
          keys: [ { ref: [ 'ID' ] } ]
        },
        product: {
          type: 'cds.Association',
          target: 'AdminService.Products',
          keys: [ { ref: [ 'ID' ] } ]
        },
        amount: { type: 'cds.Integer' }
      }
    },
...
  meta: { creator: 'CDS Compiler v1.26.2' },
  '$version': '1.0'
```

Listing 4.1 Ausschnitt der CSN-Repräsentation der Datei »admin-service.cds«

Wenn Sie die Ausgabe der Kompilierung im Terminal lieber in einer Datei speichern wollen, nutzen Sie die Variante `cds compile srv/admin-service.cds > meine-datei.csn`.

Ein weitere Methode, solche Transformation durchzuführen, ist die CDS-Schnittstelle, mit der Sie programmatisch die Parser-Funktion von CDS aufrufen können. In Kapitel 6, »Das CDS API für Node.js«, werden Sie die CDS-Schnittstelle für Node.js im Detail kennen lernen.

CSN als zentrale Repräsentation von CDS-Modellen

CSN spielt die zentrale Rolle in der Repräsentation und Verarbeitung von CDS-Modellen (siehe Abbildung 4.2). Verschiedene Eingangsrepräsentationen werden über einen Parser nach CSN überführt. CSN-Modelle wiederum werden je nach Anwendungsfall in verschiedene Ausgangsformate kompiliert. CSN-Dokumente können durch eine Reihe von Prozessen verarbeitet werden, um wiederum andere CSN-Dokumente zu erzeugen. Diese Vorgehensweise entkoppelt die Art und Weise, wie Modelle erstellt werden (z. B. in der Sprache CDL), von dem Aspekt, wer oder was diese Modelle konsumieren soll (z. B. benötigt ein SAP-Fiori-UI OData-Metadatendokumente). Damit lassen sich bei Bedarf auch andere Modellierungssprachen als CDL an CDS »anschließen«, indem Sie den passenden Parser zur Verfügung stellen.

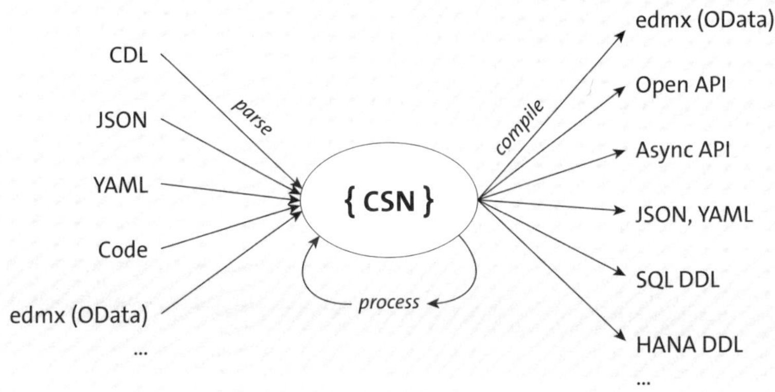

Abbildung 4.2 CDS Schema Notation (CSN) als zentrale CDS-Repräsentation (Quelle: SAP)

Flexible Transformationspfade

Interessanterweise erlaubt das Schema aus Abbildung 4.2 auch einen Transformationspfad von edmx (OData) über CSN nach edmx (OData). Das hat durchaus einen Sinn, da das intermediäre CSN-Objekt mit anderen CSN-Objekten kombiniert werden kann, z. B. in Form einer View-Bildung und Servicedefinitionen. Dies ist eine gängige Methode, wie Sie externe OData-Servicedefinitionen (z. B. eines SAP-S/4HANA-Services) in Ihrem Projekt nutzen können, um diese Services zu konsumieren. Kapitel 13, »Integration mit SAP-Lösungen«, wird diesen Aspekt behandeln.

programminterne Repräsentation

CSN ist Ihnen übrigens im vorangegangen Abschnitt 3.7, »Debuggen einer Service-Implementierung«, schon einmal begegnet. Wenn Sie dort während des Debuggens die Variablen `srv` und `Products` inspizieren, werden Sie eine CSN-Struktur wiedererkennen. Das ist auch der Grund, warum Sie die Grundzüge von CSN verstehen sollten. Bei einer Fehlersuche mittels Debugger können Sie sich so besser orientieren.

Mit dem Kommando `cds compile` können Sie das Prinzip der multiplen Ausgabeformate nachvollziehen. Dieses Kommando führt auch das in Abbildung 4.2 gezeigte Parsen für Sie aus. Nehmen Sie wieder die Datei **admin-service.cds** im Ordner **srv** als Ausgangspunkt.

Führen Sie mehrfach das Kommando `cds compile srv/admin-service.cds` aus, wobei Sie nacheinander die Optionen `--to edmx`, `--to yaml`, `--to json`, `--to sql` und `--to hana` anhängen.

4.2 Entitäten und Views

Entitäten in CDS sind strukturierte Typen, bestehend aus typisierten Elementen. Sie repräsentieren meist (aber nicht zwangsweise) persistierte Daten, die erzeugt, gelesen und verändert werden können.

Modellierung von Datenstrukturen

Entitäten werden mit dem Schlüsselwort `entity` definiert und können ein oder mehrere Schlüsselfelder beinhalten, die durch die Direktive `key` gekennzeichnet sind. Listing 4.2 zeigt ein Beispiel einer Entitätendefinition. Das Schlüsselwort `define` ist optional und wird in den folgenden Beispielen nicht genutzt. Speichern Sie die folgenden Listings am besten in einer Datei, wenn Sie die diskutierten Verarbeitungsschritte nachvollziehen möchten.

```
define entity Products {
  key ID    : Integer;
      name  : String(100);
      stock : Integer;
 }
```

Listing 4.2 Beispiel einer Entitätendefinition

4.2.1 Entitäten als Datenbanktabellen

Wenn Entitäten auf einer relationalen Datenbank abgebildet werden, dann entsprechen sie Tabellen oder Views.

Beziehung von CDS zu SQL

Kompilieren Sie die Definition in Listing 4.2 mit dem Kommando `cds compile <Datei.cds> --to sql`, dann erhalten Sie die resultierenden SQL-Anweisungen, die an eine SQL-Datenbank geschickt werden (siehe Listing 4.3).

```
CREATE TABLE Products (
  ID INTEGER NOT NULL,
  name NVARCHAR(100),
  stock INTEGER,
  PRIMARY KEY(ID)
);
```

Listing 4.3 SQL-Anweisungen korrespondierend zu der Entitätendefinition in Listing 4.2

Wenn Sie vermeiden wollen, dass eine Entität eine Datenbankrepräsentation erhält, benutzen Sie die Direktive `abstract`, wie in `abstract entity Products {…}`.

4.2.2 Entitäten als Views

Eine Entität entspricht einem Datenbank-View, wenn der Zusatz `as select from` oder `as projection on` genutzt wird, wie Listing 4.4 zeigt.

Formulierung von View-Bedingungen

Die korrespondierenden SQL-Anweisungen zeigt Listing 4.5.

```
entity Foo as select from Products { ID, name }
    where name like '%TV%'
    order by name;
```

Listing 4.4 Entität mit »select from«-Bedingung

```
CREATE VIEW Foo AS SELECT
  Products_0.ID,
  Products_0.name
FROM Products AS Products_0
WHERE Products_0.name LIKE '%TV%'
ORDER BY name;
```

Listing 4.5 SQL-Anweisungen korrespondierend zu der Entitätendefinition in Listing 4.4

Die Variante `as projection on` stellt sicher, dass die entstehenden Views mit OData-Querys kompatibel sind. Dazu darf bei Projektionen nicht der volle Funktionsumfang von SQL-Querys genutzt werden, z. B. kein explizites `UNION`. Hinter `as select` steht ein CQL-Ausdruck, der eine Query beschreibt. CQL wird im Detail in Abschnitt 4.6, »Die CDS Query Language«, vorgestellt.

Nutzung von »as projection on«

Wenn Sie sicherstellen wollen, dass Ihre View sinnvoll über einen OData-Service exponiert werden kann, so nutzen Sie die Variante `as projection on` anstelle von `as select from`. Die letztere Variante bietet allerdings mehr Möglichkeiten zur View-Definition.

Views erben Eigenschaften von Basisentitäten

Die Eigenschaften der Elemente eines Views ergeben sich durch die Vererbung der Eigenschaften der Basisentitäten. So haben z. B. die beiden Entitäten in Listing 4.6 eine identische Signatur.

```
entity Bar1 as select from Products {
        ID,
        name as description
    };

entity Bar2 {
    ID          : Integer;
    description : String(100)
}
```

Listing 4.6 Zwei Entitäten mit identischen effektiven Signaturen

4.2.3 Views mit Parametern

Viewdefinitionen können mit Parametern angereichert werden. Diese Parameter können übergeben werden, wenn der View und seine enthaltene Query z. B. durch einen Request an einen CDS-Service angesprochen wird. Listing 4.7 zeigt ein vollständiges Beispiel. Dort wird basierend auf der Entität `Products` der View `Foo` mit einem Parameter definiert.

Parameter für OData-Services

Dieser View wird über den Service `SomeService` nach OData exponiert und kann damit über den im Kommentar gezeigten GET-Request aufgerufen werden. In dem Beispiel wird der Parameterwert `'TV'` in der Anfrage übergeben. Beachten Sie, dass Views mit Parametern zum Zeitpunkt der Entstehung dieses Buches nur im Zusammenhang mit SAP HANA benutzt werden können. Es ist also nicht möglich, solche Konfigurationen mit der Testdatenbank SQLite auszuprobieren.

```
entity Products {
    key ID    : Integer;
        name  : String(100);
        stock : Integer;
}
```

```
// View with parameters
entity Foo(term: String) as select from Products { ID, name }
    where name like :term
    order by name;

// Service definition
service SomeService {
  entity ProdSearch(p: String) as select from Foo(term: :p);
}
// Sample request to service:
// GET http://localhost:4004/some/ProdSearch('TV')
```

Listing 4.7 Definition und Aufruf eines Views mit Parametern

[«]

Groß- und Kleinschreibung in CDL und CQL

CDL und CQL sind nicht sensitiv auf Groß- und Kleinschreibung. Zum Beispiel ist die Definition `entity Bar1 as select from Products` äquivalent zu `EnTity Bar1 AS sEleCt FROM Products`. Beachten Sie aber, dass dies nicht für die verwendeten Bezeichner wie `Bar1` oder `Products` gilt. Die Entität `Products` ist also verschieden von der Entität `products`.

4.3 Assoziationen und Kompositionen

Assoziationen beschreiben Beziehungen zwischen Entitäten. Diese werden genutzt, um Datenabfragen entlang solcher Beziehungen durchzuführen (siehe Abschnitt 4.6, »Die CDS Query Language«). CDS unterscheidet drei Typen von Assoziationen.

Unmanaged Association

Nicht-verwaltete Assoziationen (*Unmanaged Associations*) definieren eine beliebige JOIN-Bedingung in ihren ON-Teil (siehe Listing 4.8). Der Name der Assoziation (`suppliers` in Listing 4.8) wird als Alias für die zu assoziierende Zielentität benutzt.

```
entity Products {
    key ID          : Integer;
        name        : String(100);
        supplier    : Association to Suppliers
                          on supplier.ID = supplier_ID;
        supplier_ID : Integer;     // foreign key
}
```

```
entity Suppliers {
    key ID : Integer;
}
```

Listing 4.8 Unmanaged Association von »Products« nach »Suppliers«

Managed to-one Association

Eine verwaltete to-one-Assoziation (*Managed to-one Association*) ist eine syntaktische Kurzform der nicht-verwalteten Assoziationen, wie in Listing 4.9 gezeigt. Das nicht explizit modellierte Fremdschlüsselfeld `supplier_ID` wird bei einer Aktivierung in eine SQL-Datenbank automatisch hinzugefügt.

```
entity Products {
    key ID          : Integer;
        name        : String(100);
        supplier    : Association to Suppliers;
}
```

Listing 4.9 Managed to-one Association von »Products« nach »Suppliers«

Managed to-many Association

Verwaltete to-many-Assoziationen (*Managed to-many Associations*) definieren eine ON-Bedingung der Form `<association>.<back-association> = $self`, wie sie in Listing 4.10 gezeigt wird.

```
entity Products {
    key ID          : Integer;
        name        : String(100);
        supplier    : Association to Suppliers;
}
entity Suppliers {
    key ID      : Integer;
        products: Association to many Products
                    on products.supplier = $self;
}
```

Listing 4.10 Managed to-many Association von »Suppliers« nach »Products«

Composition

Eine Komposition (*Composition*) ist eine spezielle Art von Assoziation, die ausdrückt, dass eine Entität in einer anderen enthalten ist. Dabei ist die Existenz der Bestandteile abhängig von der Existenz der Entität, die die Komposition definiert. Ein Beispiel ist der Bestellkopf mit der Komposition von Bestellpositionen (siehe Listing 4.11). Das Gesamtkonstrukt (die Bestellung) ist eine logische Einheit. Eine Bestellposition existiert nur so lange, wie der zugehörige Bestellkopf vorhanden ist. Das Löschen des Bestellkopfes muss dazu führen, dass auch die zugehörigen Positionen gelöscht werden.

```
entity Orders {
  key ID            : UUID;
      orderNo       : String;
      currency_code : String(3);
      Items         : Composition of many OrderItems
                        on Items.parent = $self;
}
entity OrderItems {
  key ID      : UUID;
      parent  : Association to Orders;
      product : Association to Products;
      amount  : Integer;
}
```

Listing 4.11 Komposition von Bestellpositionen

Automatische Exponierung von Kompositionen

Eine Komposition wird über einen Service automatisch exponiert (dieser Vorgang wird *Auto Exposure* genannt). Listing 4.12 zeigt das Beispiel zweier Bestellservices. Es liegt das Domänenmodell des Produktkatalogs aus Kapitel 3, »Start des Entwicklungsprojekts«, zugrunde.

```
using my.domain from '../db/schema';
service Auto {
    entity Orders as projection on domain.Orders;
}
service Explict {
    entity Orders as projection on domain.Orders;
    entity OrderItems as projection on domain.OrderItems;
}
```

Listing 4.12 Automatische Exponierung einer Komposition im Service »Auto«

Der Service `Auto` exponiert automatisch die Entität `OrderItems`, da im Domänenmodell die Entität `Orders` eine Komposition von `OrderItems` beinhaltet. Ein Request kann also auch `OrderItems` anfragen, allerdings nur, wenn der Request im Kontext einer oder mehrerer `Orders` erfolgt. Ist dies nicht der Fall, wird ein Fehler zurückgegeben. Zum Vergleich zeigt Listing 4.12 auch den Service `Explicit`, der die Entität `OrderItems` explizit exponiert. Tabelle 4.1 vergleicht das Verhalten zwischen der expliziten und der automatischen Exponierung. Die Anfrage `GET /auto/OrderItems` erfolgt nicht im Kontext eines Bestellkopfes und wird deshalb abgelehnt.

Anfrage	Antwort
GET `/auto/Orders?$expand=Items`	Liste von Bestellungen mit deren jeweiligen Positionen
GET `/auto/OrderItems`	Fehlermeldung `Entity OrderItems is autoexposed`
GET `/explicit/Orders?$expand=Items`	Liste von Bestellungen mit deren Positionen
GET `/explicit/OrderItems`	Liste von Bestellpositionen

Tabelle 4.1 Vergleich des Verhaltens zwischen expliziter und automatischer Exponierung

Dokumentenbasierte Verarbeitung

Zu dem Ausschluss des isolierten Zugriffs auf die automatisch exponierten `OrderItems` passt das Prinzip der *dokumentenbasierten Verarbeitung*. Manche Datenbanken bieten eine dokumentenbasierte Speicherung von Informationen an: Dokumente werden dabei effektiv als unstrukturierte Einheiten gespeichert und sind dadurch extrem schnell abrufbar. Der Preis dafür ist, dass auf Teile solcher Dokumente nicht relational zugegriffen werden kann. Dokumente werden immer als Ganzes gelesen oder geschrieben. Die Komposition mit automatischer Exponierung in CDS bildet dieses Dokumentenprinzip ab, sodass CDS offen dafür ist, die Vorteile einer dokumentenbasierten Datenbank zu nutzen.

4.4 Typen in CDS

Das Typsystem in CDS

CDS bietet eine Reihe von vordefinierten Typen an, die für die Typisierung von Elementen genutzt werden können. Darauf aufbauend können benutzerdefinierte Typen angelegt werden, die auch strukturiert sein können. Benutzerdefinierte Typen können sich wiederum auf andere benutzerdefinierte Typen beziehen.

4.4.1 Vordefinierte Typen

Tabelle 4.2 zeigt eine Liste der wichtigsten vordefinierten Typen in CDS. Eine vollständige Liste finden Sie auf *https://cap.cloud.sap/*.

CDS-Typ	Bemerkung	SQL-Typ
UUID	Universally Unique Identifier	NVARCHAR(36)
Boolean		BOOLEAN
Integer		INTEGER
Integer64		BIGINT
Decimal(lenght, scale)	optionale Länge und Nachkommastellen	DECIMAL
Double		DOUBLE
Date	Format YYYY-MM-DD	DATE
Time	Format hh:mm:ss[.nnnnnnn]	TIME
DateTime	Sekunden	TIMESTAMP
Timestamp	Mikrosekunden	TIMESTAMP
String(length)	optionale Längenangabe	NVARCHAR(length)
LargeBinary		BLOB
LargeString		NCLOB

Tabelle 4.2 Gängige CDS-Datentypen mit ihren SQL Pendants (Quelle: SAP)

4.4.2 Strukturierte Typen

Anwender*innen können eigene Datentypen zur Wiederverwendung definieren, die im Allgemeinen strukturiert sind. Dafür kennt CDL das Schlüsselwort `type`. Listing 4.13 definiert einen strukturierten Typ `Monetary`, der eine Dezimalzahl mit einem Währungscode repräsentiert. Dieser Typ wird dann für die Definition eines Preiselements in der Entität `Products` genutzt.

```
type Monetary {
  value         : Decimal(10,3);
  currency_code : String(3);
}
entity Products {
  key ID    : Integer;
      price : Monetary;
}
```

Listing 4.13 Definition des Typs »Monetary« mit Verwendung in der Entität »Products«

Generierte SQL-Feldnamen

Auf einer SQL-Datenbank würde die Tabelle zur Entität `Products` erzeugt werden, wie in Listing 4.14 gezeigt. Die Namen der Tabellenfelder werden aus den Namen der Elemente `value` und `currency_code` aus der Typdefinition, sowie dem Präfix `price` aus der Entitätendefinition gebildet.

```
CREATE TABLE Products (
  ID INTEGER NOT NULL,
  price_value DECIMAL(10, 3),
  price_currency_code NVARCHAR(3),
  PRIMARY KEY(ID)
);
```

Listing 4.14 SQL-Anweisungen, generiert aus dem Modell in Listing 4.13

Führen Sie eigene Typen nur ein, wenn es eine Wiederverwendung gibt. Ansonsten leidet die Lesbarkeit Ihrer Modelle. Ein Typ `Monetary` kann sinnvoll sein, da monetäre Felder in vielen Entitäten auftauchen können.

Codelisten als Typen

Eine Typdefinition kann auch Codelisten beinhalten, wodurch bei einer Wiederverwendung des Typs in Modellen auch die Daten der Codeliste wiederverwendet werden, sodass diese nur einmal zentral gepflegt werden müssen.

Anonyme strukturierte Typen

Für den Fall, dass keine Wiederverwendung möglich ist, Sie aber trotzdem ein tief strukturiertes Modell bevorzugen, können Sie anonyme Typen verwenden. Listing 4.15 zeigt eine Inline-Typdefinition. Die so definierte Entität `Products` ist völlig äquivalent zur Definition in Listing 4.13.

```
entity Products {
    key ID    : Integer;
        price : {
          value         : Decimal(10, 3);
          currency_code : String(3);
        }
}
```

Listing 4.15 Nutzung einer anonymen Inline-Typdefinition für das Element »price«

4.4.3 Assoziationen als Typen

Es ist möglich, Typen zu definieren, die Assoziationen zu anderen Entitäten beinhalten. Listing 4.16 zeigt ein Beispiel.

```
type Supplier : Association to Suppliers;
entity Products {
    key ID          : Integer;
        name        : String(100);
        stock       : Integer;
        supplier    : Supplier;
```

Listing 4.16 Typdefinitionen können Assoziationen beinhalten.

4.4.4 Aufzählungstypen

CDS ermöglicht die Definition von Aufzählungstypen (*Enumerated Type* oder enum). Dies kann entweder als Aufzählung von String-Literalen erfolgen oder als bezeichnete Aufzählung eines numerischen Datentyps (siehe Listing 4.17).

```
type Category: String enum { internal; external }
entity Products {
    key ID      : Integer;
        category: Category;
        status  : Integer enum {
            planned         = 1;
            inProduction    = 2;
            ready           = 3;
            deprecated      = 4;
        }
}
```

Listing 4.17 Definition zweier Aufzählungstypen

4.4.5 Arrays

CDS erlaubt die Definition von Array-Typen (siehe Listing 4.18). Diese werden zum Zeitpunkt der Entstehung dieses Buches noch nicht für Entitäten, die auf relationalen Datenbanken abgebildet werden, unterstützt.

```
type EmailAddresses: array of String;
entity Account {
    userName: String;
    emails  : EmailAddresses;
}
```

```
entity Emails {
    emails: array of String;
}
```

Listing 4.18 Definition und Verwendung eines Array-Typs

4.5 Weitere Eigenschaften von Elementen

Neben einem Datentyp können Elemente die Eigenschaften `virtual`, `default`, `not null` und `key` besitzen (siehe Listing 4.19).

Virtuelle Felder

Virtuelle Elemente werden nicht auf der Datenbank materialisiert, aber dennoch über Services exponiert. Sie werden üblicherweise in Ereignisbehandlern berechnet.

Bedingungen an Datenbankfelder

Mit dem Zusatz `default` können initiale Werte von Elementen definiert werden, die bei der Neuanlage von Datensätzen berücksichtigt werden. Der Zusatz `not null` verbietet, dass Datensätze ohne einen Wert für dieses Element erzeugt werden (die Abwesenheit eines Wertes wird üblicherweise durch das Symbol `NULL` repräsentiert). Schlüsselfelder von Entitäten werden durch den Zusatz `key` gekennzeichnet und tragen implizit immer den Zusatz `not null`.

```
entity Products {
    key ID              : Integer;
        name            : String(100) not null;
        virtual margin  : Decimal(9, 2);
        currency_code   : String(3) default 'EUR';
        priority        : Integer default 2;
}
```

Listing 4.19 Beispiele für die Nutzung der Elementeigenschaften »key«, »virtual«, »default« und »not null«

4.6 Die CDS Query Language

Die CDS Query Language (CQL) wird zur View-Definition herangezogen. Sie basiert auf dem SQL-Standard zur View-Definition, beinhaltet aber einige nützliche Erweiterungen, die ich Ihnen im Folgenden vorstelle.

4.6.1 Postfix-Projektionen

Listing 4.20 zeigt zwei äquivalente Servicedefinitionen. Es wird dabei das Domänenmodell und die Ordnerstruktur vorausgesetzt, die in Kapitel 3, »Start des Entwicklungsprojekts«, vorgestellt wurde.

Position von Feldlisten

Im Service `PrefixService` wird eine Feldliste vor den `from`-Ausdruck gesetzt, wie vom SQL-Standard festgelegt. In CQL kann alternativ eine äquivalente Postfix-Projektion genutzt werden, wie es der Service `PostfixService` zeigt. Die Feldliste wird dort hinter den `from`-Ausdruck gesetzt. Der ebenfalls äquivalente Service `ProjectionService` in Listing 4.20 enthält den alternativen Ausdruck `as projection on` (siehe Abschnitt 4.2, »Entitäten und Views«).

```
using my.domain from '../db/schema';
service PrefixService {
   entity ProductSuppliers as select ID, name as productName,
     supplier.name as supplier from domain.Products;
}
service PostfixService {
    entity ProductSuppliers as select from domain.Products {
            key ID,
            name          as productName,
            supplier.name as supplier
        }
}
service ProjectionService {
   entity ProductSuppliers as projection on domain.Products {
           key ID,
           name          as productName,
           supplier.name as supplier
       }
}
```

Listing 4.20 Postfix-Ausdruck in »PostfixService« im Vergleich zur View-Definition nach dem SQL-Standard in »PrefixService«

4.6.2 Pfadausdrücke und Filterbedingungen

Navigation entlang von Beziehungen

Ein CQL-*Pfadausdruck* wird genutzt, um entlang von Assoziationen oder Strukturen zu navigieren. Listing 4.21 zeigt mehrere Möglichkeiten, wie Sie Pfadausdrücke einsetzen können.

```
using my.domain from '../db/schema';
service PostfixService {
    // all Products associated to all Suppliers
    entity SupplierProducts1 as
        select from domain.Suppliers.products
        {*, key ID};

    // all Products associated to one Supplier
    entity SupplierProducts2 as
        select from domain.Suppliers[name='MediaTV Inc.'].products
        {*, key ID, supplier.name as supplierName};

    // all Products associated to one Supplier
    entity SupplierProducts3 as
        select from domain.Products where supplier.name=
'MediaTV Inc.'
}
service PrefixService {
    // all Products with Supplier name
    entity ProductsWithSupplier as select *, supplier.name as
      supplierName
        from domain.Products;

    // fill productName field for all prio1-
Suppliers offering products with 'phone' in name field
    entity Prio1PhoneSuppliers
        as select key ID, name, priority, products[
name like '%phone%'].name as productName
        from domain.Suppliers
        where priority = 1;
}
```

Listing 4.21 Pfadausdrücke können an verschiedenen Stellen platziert werden.

Pfadausdrücke in »From«-Anweisungen

Der View `PostfixService.SupplierProducts1` nutzt den Pfadausdruck `Suppliers.products`, um alle Produkte zu lesen, die Lieferanten zugeordnet sind.

Pfadausdrücke in »Select«-Anweisungen

Filterbedingungen in Pfadausdrücken

Der View PostfixService.SupplierProducts2 nutzt den Pfadausdruck Suppliers[name='MediaTV Inc.'].products, um alle Produkte anzuzeigen, die dem Lieferanten MediaTV Inc. zugeordnet sind. In der Liste der zu selektierenden Felder wird außerdem über den Pfadausdruck supplier.name der Name des Lieferanten hinzugefügt. Der Ausdruck [name='MediaTV Inc.'] wird als *Filterbedingung* bezeichnet.

Der View PrefixService.ProductsWithSupplier selektiert alle Produkte und liest zusätzlich jeweils den Lieferantennamen. Dies wird über den Ausdruck supplier.name in der Feldselektionsliste erreicht.

Pfadausdrücke in »Where«-Bedingungen

Der View PostfixService.SupplierProducts3 selektiert ebenfalls alle Produkte, die dem Lieferanten MediaTV Inc. zugeordnet sind. Allerdings erfolgt die Selektion über die Entität Products mit dem Pfadausdruck supplier.name='MediaTV Inc.' in einer where-Bedingung.

Der View PostfixService.Prio1PhoneSupliers nutzt eine Filterbedingung und einen Pfadausdruck, um die Produktnamen der Lieferanten mit Priorität 1 anzuzeigen.

4.6.3 Die »Excluding«-Direktive

Bei einer View-Definition kann eine Liste von Elementen explizit von der Selektion ausgeschlossen werden.

Ausschluss von Feldern in Projektionen

Dazu wird eine excluding-Direktive genutzt, der eine Liste der auszuschließenden Elemente folgt. Listing 4.22 zeigt zwei typische Beispiele: Ein GET-Request auf */excluding/Exclude1* wird alle Produktfelder bis auf die Felder price, retail und currency_code anzeigen. Ein GET-Request auf */excluding/Exclude2* wird alle Produktfelder außer dem Feld supplier_ID anzeigen, zusätzlich aber auch den Inhalt des assoziierten Feldes supplier.name unter dem Namen supplierName.

```
using my.domain from '../db/schema';
service Excluding {
    entity Exclude1 as select from domain.Products
        {*}
        excluding {price, retail, currency_code};

     entity Exclude2 as select from domain.Products
```

```
        {*, supplier.name as supplierName}
        excluding {supplier};
}
```

Listing 4.22 Nutzung der »Excluding«-Anweisung

Eine Schlüsseleigenschaft für Erweiterungen

Der wichtigste Anwendungsfall der excluding-Direktive ist die automatische Propagation der Erweiterungen von Entitäten und Services. Erweiterungen werden ausführlich in Abschnitt 4.11, »Aspekte«, behandelt. Als Vorgriff illustrieren Listing 4.23 und Listing 4.24 an einem einfachen Beispiel den Effekt einer excluding-Direktive im Zusammenhang mit Erweiterungen. Listing 4.23 definiert einen Service Excluding, der zwei Entitäten exponiert. Ohne weiteres Zutun wird der Service beide Entitäten ausschließlich mit den Feldern name und height exponieren.

```
entity Buildings {
    key name   : String;
        type   : String;
        height : Integer;
}
service Excluding {
    entity Exclude1 as
        select from Buildings
        excluding {type};

    entity Exclude2 as
        select from Buildings {name, height};
}
```

Listing 4.23 »Excluding«-Anweisung in einer Servicedefinition

Im Szenario der »späten Erweiterung« können nun beispielsweise andere Entwickler Ihren Service erweitern. Dazu kennt CDL die extend-Direktive (siehe Listing 4.24). Dieses Beispiel zeigt die Erweiterung der Entität Buildings um das neue Feld age.

```
extend entity Buildings with {
        age: Integer
}
```

Listing 4.24 Erweiterung der Entität »Buildings« um das Element »age«

Wird die Erweiterung zum Modell in Listing 4.23 hinzugefügt, wird der Service die Entitäten Exclude1 und Exclude2 unterschiedlich exponieren. Exclude1 wird nun das Erweiterungsfeld age tragen, Exclude2 hingegen nicht.

[«]

Offenheit gegenüber Erweiterungen

Wenn Sie Ihre Modelle offen gegenüber Erweiterungen von Entitäten halten wollen, nutzen Sie keine explizite Liste von Elementen in View-Definitionen. Schließen Sie stattdessen solche Elemente mittels der `excluding`-Direktive explizit aus, die niemals Bestandteil des Views sein sollen.

4.7 Namensräume

Namensräume separieren CDS-Definitionen

In CDS-Dateien können Sie Namensräume (*Namespaces*) für Entitäten, Services und Typen festlegen. Namensräume werden als Präfix zur Bildung des vollqualifizierten Namens herangezogen, der bei Referenzen in anderen CDS-Dateien genutzt werden muss. Der vollqualifizierte Name wird auch für die Generierung von Datenbanktabellen und Views genutzt. Es existieren zwei Varianten, um Namensräume zu definieren, die ich Ihnen im Folgenden vorstelle.

4.7.1 Die »Namespace«-Direktive

Ein Namensraum kann für alle der Namensraumdeklaration folgenden Objektdefinitionen festgelegt werden, die in Listing 4.25 gezeigt werden. Die resultierende interne CSN-Repräsentation (siehe Listing 4.26) zeigt, dass dort die vollqualifizierten Namen `com.acme.Products` und `com.acme.Suppliers` erzeugt wurden.

```
namespace com.acme;

entity Products {key ID: Integer; name: String};
entity Suppliers {key ID: Integer; name: String};
```

Listing 4.25 Definition des Namensraums »com.acme«

```
{
  namespace: 'com.acme',
  definitions: {
    'com.acme.Products': {
      kind: 'entity',
      elements: {
        ID: { key: true, type: 'cds.Integer' },
        name: { type: 'cds.String' }
      }
    },
```

```
      'com.acme.Suppliers': {
        kind: 'entity',
        elements: {
          ID: { key: true, type: 'cds.Integer' },
          name: { type: 'cds.String' }
        }
      }
    },
    meta: { creator: 'CDS Compiler v1.23.2' },
    '$version': '1.0'
```

Listing 4.26 Interne CSN-Repräsentation mit vollqualifizierten Namen

4.7.2 Die »Context«-Direktive

Namensräume können auch innerhalb einer Datei geschachtelt definiert werden. Das Beispiel in Listing 4.27 erzeugt die vollqualifizierten Namen `com.acme.sales.Products` und `com.acme.sale.sup.Suppliers`.

```
namespace com.acme;
context sales {
    entity Products {key ID: Integer; name : String};
    context sup {
        entity Suppliers {key ID: Integer; name : String};
    }
}
```

Listing 4.27 Hierarchische Definitionen mittels der »Context«-Direktive

4.8 Referenzen auf Modelle

»Import« von Modelldefinitionen

Das `using`-Schlüsselwort wird genutzt, um externe Modelldefinitionen im Kontext einer CDS-Datei bekannt zu machen. Damit lassen sich Modelle in mehrere Dateien aufteilen, entweder zum Zweck der Strukturierung eines Projekts oder zur Verteilung und Wiederverwendung von CDS-Dateien. Ihr Entwicklungsprojekt zur Beispielapplikation platziert z. B. das Domänenmodell in den Ordner **db/** und die Servicemodelle in den parallelen Ordner **srv/**. Das ist kein Zwang, aber eine empfohlene Konvention zur Projektgliederung. Da das Servicemodell das Domänenmodell referenziert, benötigt die Datei eine entsprechende Anweisung `using my.domain from '../db/schema'`. Diese Anweisung erlaubt es, innerhalb der Service-Datei alle Modellobjekte des Namensraums `my.domain` aus der Datei mit der relativen Lokation **../db/** und dem Namen **schema.cds** zu nutzen. Die Modelle werden gewissermaßen »importiert«.

Varianten der »using«-Anweisung

Die `using`-Direktive kann in verschiedenen Varianten eingesetzt werden (siehe Listing 4.28). Dort werden drei Services basierend auf verschiedenen Importvarianten definiert.

Die erste Variante importiert den gesamten Namensraum `my.domain`. Referenzen auf importierte Entitäten müssen nur noch mit dem Präfix `domain` qualifiziert werden.

Aliasse

Bei der Definition des `Admin2Service` wird der importierte Namensraum über einen Alias angesprochen. Der Service `Admin3Service` referenziert individuell importierte Entitäten. Beachten Sie, dass die vom Service exponierten Entitäten nun anders benannt werden müssen (z. B. `Materials` anstelle von `Products`).

```
// plain import
using my.domain from '../db/schema';
service Admin1Service {
  entity Products as projection on domain.Products;
  entity Suppliers as projection on domain.Suppliers;
}
// import with alias
using my.domain as external from '../db/schema';
service Admin2Service {
  entity Products as projection on external.Products;
  entity Suppliers as projection on external.Suppliers;
}
// import individual objects
using {my.domain.Products, my.domain.Suppliers} from '../db/schema';
service Admin3Service {
    entity Materials as projection on Products;
    entity Vendors as projection on Suppliers;
}
```

Listing 4.28 Varianten des Modellimports

Quellen eines Imports

Neben der Namensauflösung eines Imports kann auch die Quelle des Imports auf verschiedene Weise angegeben werden:

- **Relativer Dateipfad**

  Der Quelle ist die relative Adressierung **./** oder **../** vorangestellt. Dann wird die relative Adressierung entsprechend aufgelöst, um die Quelldatei zu finden.

- **Absoluter Dateipfad**

  Die Quelle wird im Ordner **node_nodules/** des aktuellen Entwicklungsprojekts gesucht. Durch das Kommando `npm install` werden in diesen Ordner Abhängigkeiten installiert, wie sie im Projektdeskriptor **package.json** deklariert sind. Diese installierten Pakete können CDS-Modelle enthalten, die Ihnen andere Entwickler*innen zur Wiederverwendung zur Verfügung stellen. SAP liefert beispielsweise über das Paket **@sap/cds** Modelle zur Wiederverwendung aus. Um den dort definierten Typ `Currency` zur Definition Ihrer eigenen Entitäten wiederzuverwenden, können Sie die Anweisung `using Currency from '@sap/cds/common'` in einer CDS-Datei nutzen. Dies setzt voraus, dass das Paket **@sap/cds** installiert wurde. Innerhalb des Ordners **node_modules/@sap/cds/** werden Sie dann die Datei **common.cds** finden.

- **Verschiedene Dateitypen**

  In den hier gezeigten Beispielen ist die Quelldatei immer ohne Dateiendung angegeben. Dies liegt daran, dass CDS sowohl Modelle aus **.cds**-Dateien (Modelle im CDL-Format) als auch aus **.csn**-Dateien (Modelle im CSN-JSON-Format) laden kann. Wenn Sie keine Dateiendung angeben, werden zuerst **.csn**-Dateien und danach **.cds**-Dateien gesucht. Quelldateien im CSN-JSON-Format können durch Kompilierung von CDS-Dateien erzeugt werden. Sie enthalten dann Modelle in CSN in einem JSON-Format (siehe Abschnitt 4.1, »CDS als Familie von Modellierungssprachen«). Sie erzeugen solche Dateien durch das Kommando cds compile *<Dateiname>*.cds --to json > *<Dateiname>*.csn. Kompilierte CDS-Modelle im CSN-Format haben den Vorteil, dass sie immer vollständig sind, da alle `using`-Referenzen beim Kompilieren aufgelöst werden. Dadurch können Sie anderen auch sehr umfangreiche Modelle in einer kompakten Datei leicht zur Verfügung stellen.

- **Ordner als Quellangabe**

  Referenziert die Quellangabe einen Ordner und nicht eine einzelne Datei, so wird aus diesem Ordner die Datei **index.cds** (oder **index.csn**) verwendet, falls sie vorhanden ist. Sie definiert gewissermaßen die Schnittstelle des Ordners aus der Sicht von CDS.

4.9 Annotationen

Annotationen sind Metadaten, die CDS-Modellen hinzugefügt werden können und die Aspekte beschreiben, die über die Modellierungsdomäne von CDS hinausgehen. Ein typisches Beispiel sind Annotationen, welche die Repräsentation von Entitäten und deren Elementen auf einer Benutzeroberfläche beschreiben. Die Modellierungsdomäne von CDS umfasst Datenrepräsentationen und Servicemodelle, aber eben nicht die Modellierung von Benutzeroberflächen.

Anwendungsspezifische Erweiterung des Sprachumfangs

Eine Anwendung oder ein Framework, das aus CDS-Modellen das Aussehen und Verhalten von Benutzeroberflächen ableiten will, wird einen eigenen spezifischen Satz von Annotationen erfinden und ihn auch interpretieren. CDS gibt eine *Syntax* für die Platzierung von Annotationen vor und bestimmt, auf welche Weise sie durch Modellebenen propagiert oder überschrieben werden. CDS als Sprache kümmert sich aber nicht um die *Semantik* der Annotationen. Dies ist Sache der Anwendung oder des Frameworks, die bzw. das die Annotationen benutzt.

4.9.1 Verarbeitung von Annotationen

Das Vokabular als Namensraum

Verschiedene Typen von Annotationen werden anhand sogenannter *Vocabularys* unterschieden, die die Rolle eines Namensraums für Annotationen spielen. Das Namensraumpräfix beginnt dabei mit einem @ gefolgt von dem Namen des Vocabularys. So gehört z. B. die Annotation `@Common.Label: 'Customer'` zum Vocabulary `Common`.

Vokabularbasierte Verarbeitung

Abbildung 4.3 zeigt, wie Annotationen in CDS-Modellen verarbeitet werden. Die generische Service-Implementierung von CAP wird alle OData-bezogenen Annotationen unverändert in die generierten OData-Metadaten übernehmen. Der wichtigste Konsument von solchen Annotationen ist SAP Fiori. Unter anderem ist der Aspekt der Präsentation der Daten an der Benutzeroberfläche in den OData-Annotationen codiert. Man unterscheidet OData-Annotationen, die von einem technischen Komitee der Standardisierungsorganisation OASIS festgelegt werden (siehe *http://s-prs.de/v765111*), und OData-Annotationen, die von SAP definiert sind (siehe *http://s-prs.de/v765112*). Zu ersteren gehören z. B. die Vocabularys `@Core` und `@Capabilities`. SAP definiert z. B. die Vokabulare `@UI`, `@Common`, `@Communication`, `@PersonalData` und `@Analytics`.

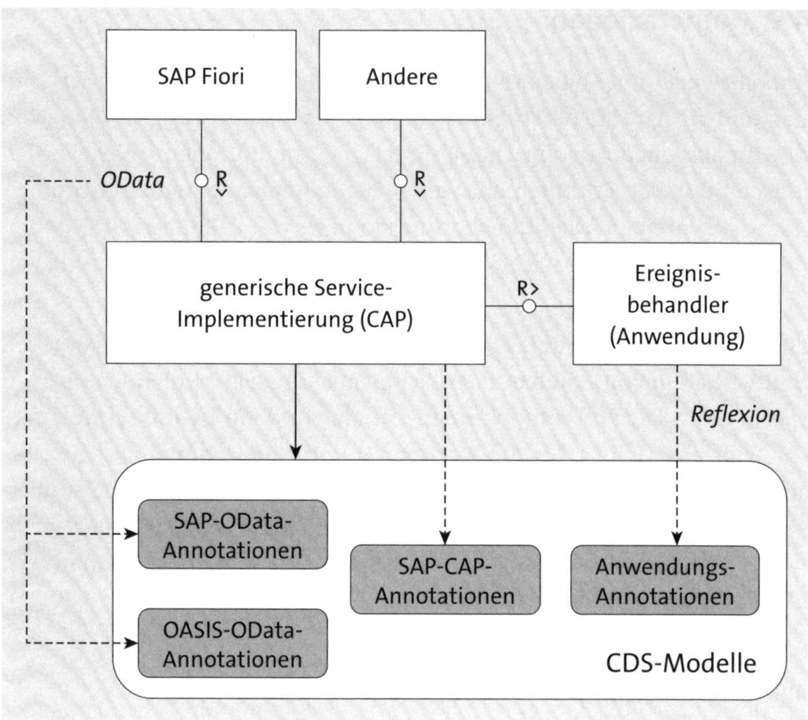

Abbildung 4.3 Verarbeitung von Annotationen in CDS-Modellen

CAP-Annotationen

Über diese OData-spezifischen Annotationen hinaus definiert CAP selbst Annotationen, die von der generischen Service-Implementierung behandelt werden. Dies sind zusätzliche Metadaten an Modellen, die über die Zielsetzung von CDS als Sprache hinausgehen. Ein Beispiel ist die CAP-Annotation `@title`, die bei der Verwendung von OData in `@Common.Label` umgesetzt wird. Nun ist OData aber nur ein Protokoll von vielen, das CAP generiert. In Zukunft könnte es weitere UI-relevante Protokolle geben, die CAP mit einer geeigneten Umsetzung von `@title` bedienen kann.

Anwendungsspezifische Annotationen

Anwendungen haben ebenfalls die Möglichkeit, eigene Annotation einzuführen. CAP wird diese in den internen Modellrepräsentationen mitführen (aber nicht interpretieren), sodass die Anwendung in ihren spezifischen Ereignisbehandlern die Annotationen berücksichtigen kann. Im Ereignisbehandler der Anwendung müssen deshalb CSN-Modelle mittels der sogenannten *Reflexion* analysiert werden. CAP stellt ein entsprechendes *Reflection API* zur Verfügung.

4.9.2 CDL-Syntax für Annotationen

Platzierung von Annotationen

In CDL werden Annotation mit dem Präfix @ versehen. Wie in Listing 4.29 gezeigt, können sie vor einer Definition stehen (@before), nach dem definierten Namen (@inner), oder nach einer einfachen (unstrukturierten) Definition (@after). Am Beispiel der entity isehen Sie, dass die Annotation auch in der vorhergehenden Zeile platziert werden kann, was insbesondere bei mehreren Annotationen die Lesbarkeit stark erhöht.

```
@before
entity Customer @inner {
        @before name @inner : String @after;
        @before address @inner {
            street      : String;
            city       : String;
    }
}
```

Listing 4.29 Platzierung von Annotationen

Platzierung multipler Annotationen

Wenn ein Name mit mehreren Annotationen ausgezeichnet werden soll, kann dies entweder in einer durch Leerzeichen getrennten Aufzählung erfolgen, oder durch Klammerung in der Form @(a1, a2, ...). Für @inner-Annotationen ist die Verwendung von Klammern obligatorisch. Listing 4.30 zeigt die verfügbaren Optionen.

```
@before1
@before2
entity Customer1 @(inner1, inner2) {
        @(before1, before2) name    : String @after1 @after2;
        @before1 @before2   supplier @(
        inner1,
        inner2
        ): Association to Suppliers
           @(after1, after2, after3);
}
```

Listing 4.30 Optionen für die Platzierung multipler Annotationen

4.9.3 Werte von Annotationen

Annotationen besitzen immer einen Wert, der hinter einem Doppelpunkt angegeben wird. Wenn kein expliziter Wert zugewiesen wird, besitzt die Annotation den Wert true. Listing 4.31 zeigt die Zuweisungsmöglichkeiten. Die fehlende explizite Zuweisung führt dort zu der impliziten Zuweisung des Wertes `true` zur Annotation `@Flag`. Explizite Zuweisungen sind mit den einfachen Datentypen `Boolean`, `String`, `Integer` und `Decimal` möglich. Ist der Typ der Annotation `@Symbol` ein Aufzählungstyp, dann kann mit der Zuweisung des Symbols `#foo` der Wert `foo` der möglichen Werte des Aufzählungstyps adressiert werden. Referenzen auf assoziierte Datenelemente lassen sich wie für die Annotation `@Reference` zuweisen. Schließlich kann einer Annotation auch ein Array beliebiger Werte zugewiesen werden, wie das Beispiel der Annotation `@Array` zeigt.

```
@Flag                //= true, da kein Wert zugewiesen
@Boolean: false
@String: 'foo'
@Integer: 11
@Decimal: 11.1
@Symbol: #foo
@Reference: address.city
@Array: [ /* kann beliebige Werte enthalten */ ]
```

Listing 4.31 Möglichkeiten von Wertetypen von Annotationen

CDS-Compiler und Parser nehmen keine Prüfung von Referenzen vor (`address.city` in Listing 4.31), dies obliegt der Applikation, welche die Annotation interpretiert.

4.9.4 Syntax für strukturierte Annotationen

Annotationen sind oft von strukturierter Form, wie im Beispiel der OData-Annotation `@Capabilities.SearchRestrictions.Searchable`.

Annotationsvarianten

Tabelle 4.3 zeigt vier Varianten der Notation strukturierter Annotationen in CDL. Alle vier dort gezeigten Varianten sind äquivalent.

Variante	Definition

1	`@Common.foo.bar`
	`@Common.foo.car: 'wheels'`
	`entity Products {}`

2	`@Common: { foo.bar, foo.car: 'wheels' }` `entity Products {}`

Tabelle 4.3 Äquivalente Notation für strukturierte Annotationen

Variante	Definition

3	`@Common.foo: { bar }`
	`@Common.foo.car: 'wheels'`
	`entity Products {}`

4	`@Common.foo: { bar, car: 'wheels' }` `entity Products {}`

Tabelle 4.3 Äquivalente Notation für strukturierte Annotationen (Forts.)

Vergleich von Annotationsvarianten

Die Äquivalenz können Sie überprüfen, indem Sie die Beispiele jeweils mit `cds compile` in das interne CSN-Format überführen. Das Resultat der Kompilierung ist in Listing 4.32 gezeigt.

```
{
  definitions: {
    Products: {
      kind: 'entity',
      '@Common.foo.bar': true,
      '@Common.foo.car': 'wheels',
      elements: {}
    }
  },
  meta: { creator: 'CDS Compiler v1.32.0' },
  '$version': '1.0'
}
```

Listing 4.32 CSN-Repräsentation der Annotationen in Tabelle 4.3

4.9.5 Propagation von Annotationen

Vererbung von Annotationen

Annotationen werden von Typen zu abgeleiteten Typen, Elementen und Entitäten vererbt. Im Falle von Views erfolgt die Vererbung von Elementen der zugrunde liegenden Entitäten zu Elementen des Views. Listing 4.33 zeigt ein Modell mit aufeinander aufbauenden Typen und Entitäten.

```
@an.annotation
type Monetary {
  value         : Decimal(10,3);
  currency_code : String(3);
};
entity Suppliers {
  key ID       : Integer;
```

```
      name     : String(100) @your.annotation: 317;
};
entity Products {
  key ID    : Integer;
      name  : String @my.annotation;
      price : Monetary;
      supplier: Association to Suppliers;
};
entity ProductList as select from Products {
    name as productName, price, supplier.name as supplierName
};
```

Listing 4.33 Modell zur Illustration der Propagation von Annotationen

Die Entität `Products` nutzt den Typ `Monetary` und ist zur Entität `Suppliers` assoziiert. Der View `ProductList` exponiert den Namen des Produkts, den Preis und den Namen des assoziierten Lieferanten.

Listing 4.34 zeigt die CSN-Repräsentation des Modells und damit, wie die vorhandenen Annotationen in die abhängigen Elemente und Entitäten propagiert werden:

- `@an.annotation` wird zum abhängigen `price`-Element der Entität `Products` propagiert.
- `@your.annotation` wird zum abhängigen Element `supplierName` des Views `ProductList` propagiert.
- `@my.annotation` wird zum abhängigen Element `productName` des Views `ProductList` propagiert.

```
{
  definitions: {
    Monetary: {
      kind: 'type',
      '@an.annotation': true,
      elements: {
       value: { type: 'cds.Decimal', precision: 10,scale: 3},
       currency_code: { type: 'cds.String', length: 3 }
      }
    },
    ProductList: {
      kind: 'entity',
      query: {
        SELECT: {
          from: { ref: [ 'Products' ] },
```

```
        columns: [
          { ref: [ 'name' ], as: 'productName' },
          { ref: [ 'price' ] },
          { ref: [ 'supplier', 'name' ],as: 'supplierName'}
        ] }
    },
    elements: {
      productName: { '@my.annotation': true, type: 'cds.String' },
      price: { '@an.annotation': true, type: 'Monetary' },
      supplierName: { '@your.annotation': 317, type: 'cds.String',
        length: 100 }
    },
    '$syntax': 'entity'
  },
  Products: {
    kind: 'entity',
    elements: {
      ID: { key: true, type: 'cds.Integer' },
      name: { '@my.annotation': true, type: 'cds.String' },
      price: { '@an.annotation': true, type: 'Monetary' },
      supplier: {
        type: 'cds.Association',
        target: 'Suppliers',
        keys: [ { ref: [ 'ID' ] } ]
      } }
  },
  Suppliers: {
    kind: 'entity',
    elements: {
      ID: { key: true, type: 'cds.Integer' },
      name: { '@your.annotation': 317, type: 'cds.String',
        length: 100 }
    } }
}
```

Listing 4.34 CSN-Repräsentation des Modells in Listing 4.33

4.9.6 Die »Annotate«-Direktive

Separierung und Gruppierung von Annotationen

Mit der annotate-Direktive haben Sie die Möglichkeit, Definitionen von Modellelementen und deren Annotationen zu trennen. Dies wenden Sie für Folgendes an:

- Erhöhung der Lesbarkeit von Modellen mit vielen Annotationen
- Gruppierung, bzw. Trennung von Annotationen aus gleichen bzw. verschiedenen Anwendungsbereichen
- Annotation von Definition und Elementen aus importierten Modellen, die Sie nicht selbst erstellt haben

Listing 4.35 zeigt die Annotation der importierten Entität `Products`, wobei aus Gründen der Lesbarkeit eine Aufteilung in zwei Blöcke vorgenommen wurde. Der erste Block definiert Begriffe für eine SAP-Fiori-Benutzeroberfläche sowie die Zuordnung des Währungsfeldes zum Element `price`. Der zweite Block definiert, welche Elemente in einer tabellarischen Produktliste auf dieser Benutzeroberfläche angezeigt werden sollen. Der CDS-Compiler vereinigt beide `annotation`-Anweisungen für die Entität `Products` bei der Erstellung der internen CSN-Repräsentation.

```
using {my.domain.Products} from '../db/schema';
// re-labelling
annotate Products with @title: 'Materials' {
    ID @Common.Label: 'Material ID';
    price @(Measures.ISOCurrency: currency_code, title: 'Cost' );
}
// Set UI line items for tables
annotate Products with @(
    UI: {
        LineItem: [
            {$Type: 'UI.DataField', Value: ID},
            {$Type: 'UI.DataField', Value: name},
            {$Type: 'UI.DataField', Value: stock},
            {$Type: 'UI.DataField', Value: retail},
            {$Type: 'UI.DataField', Value: price}
        ],
    }
);
```

Listing 4.35 Varianten und Kombination der »Annotate«-Direktive

4.9.7 Standardannotationen in CAP

CAP stellt eine Reihe von eigenen Standardannotationen bereit, die von CAP selbst zur Steuerung der Anwendungslogik interpretiert werden, wie z. B. für eine Berechtigungsprüfung. Zusätzlich definiert CAP einige eigene Annotationen, die im Falle von OData-Services in OData-Annotationen umgesetzt werden, aber auch für andere UI-Technologien sinnvoll eingesetzt werden können.

Eine aktuellen Liste dieser CAP-eigenen Annotationen finden Sie unter *http://s-prs.de/v765113*.

4.10 Services

CDS erlaubt die Definition von Serviceschnittstellen. Ein Service exponiert Entitäten und Operationen. Operationen werden von einem Anwendungsentwickler in Ereignisbehandlern implementiert.

Service nutzen CQL

Servicedefinitionen nutzen CQL, um Views und Projektionen auszudrücken. Details zu CQL mit vielen Beispielen haben Sie bereits in Abschnitt 4.6, »Die CDS Query Language«, kennengelernt.

Pfade von Service-Endpunkten

Der Endpunkt eines Services wird nach den folgenden Regeln bestimmt:

- Der Servicename im CDS-Modell wird in Kleinbuchstaben überführt. In den erzeugten Namen werden Bindestriche zur Trennung eingesetzt, wenn im Servicenamen ein Großbuchstabe vor einem Kleinbuchstaben steht. Schreibungen in Camel-Case-Notation werden also in die Kebab-Case-Notation überführt.
- Endet der Servicename mit der Zeichenkette `Service`, wird dieser Teil bei der Bildung des URL-Pfads für den Endpunkt ignoriert.
- Durch die Angabe der Annotation `@path` kann ein beliebiger URL-Pfad festgelegt werden, unabhängig vom Servicenamen.

Tabelle 4.4 zeigt einige Beispiele zu diesen Regeln.

Servicedefinition	Endpunkt
`service AdminService { … }`	*/admin*
`service AdminChangeAll { … }`	*/admin-change-all*
`@path: 'intern/Maintenance'` `service AdminService { … }`	*/intern/Maintenance*

Tabelle 4.4 Bildung des Service-Endpunkts aus dem Service-Namen

Ein Servicename beeinflusst den Namensraum

Das Schlüsselwort `service` wirkt wie ein Namensraumbestandteil, den Sie mittels `context` setzen (siehe Abschnitt 4.7.2, »Die ›Context‹-Direktive«). Ein Beispiel zeigt Listing 4.36. Der dortige Service `EUROrderService` beinhaltet eine Entität und einen Typ. Beide Objekte können außerhalb des Services nur über ihren vollqualifizierten Namen referenziert werden, so wie es innerhalb der Entität `EUROrders` gezeigt wird.

```
using my.domain from '../db/schema';
service EUROrderService {
  entity Orders as select from domain.Orders
    where currency_code = 'EUR' ;
  type cancelOrderReturn {
    acknowledge: String enum { succeeded; failed; };
    message: String;
  }
}
abstract entity EUROrders {
  orders: Association to EUROrderService.Orders;
  status: EUROrderService.cancelOrderReturn;
}
```

Listing 4.36 Servicedefinitionen erweitern Namensräume

4.10.1 Serviceoperationen

Actions und Functions

Innerhalb von Servicedefinitionen können Sie Operationen spezifizieren, von denen zwei Typen unterschieden werden:

- Aktionen (*Actions*) können Seiteneffekte hervorrufen, was bedeutet, dass sie Daten anlegen, ändern und löschen können. Aktionen können Daten zurückgeben, müssen aber nicht.
- Funktionen (*Functions*) dürfen keine Seiteneffekte hervorrufen, und müssen immer Daten zurückgeben.

Downloadmaterial zu Serviceoperationen und Implementierungen

Die folgenden Servicedefinition, Code- und Request-Beispiele finden Sie in den Materialien zum Buch auf dem Downloadserver des Rheinwerk Verlags unter *https://www.rheinwerk-verlag.de/5110* im Archiv **Kapitel_04.10_Operations.zip**.

Unbound Actions und Functions

Solche Operationen werden im OData-Umfeld *Unbound Actions* bzw. *Unbound Functions* genannt. CDS hat diese Notation übernommen. Listing 4.37 zeigt beispielhaft die Definition von einer Aktion und zwei Funktionen auf der Ebene eines Services. Die Aktion `cancelOrder` hat zwei Parameter und nutzt den vorher definierten Typ `cancelOrderReturn` für den Rückgabewert. Die Funktionen `countOrders` und `getOpenOrders` besitzen keine Parameter.

```
using my.domain from '../db/schema';
service EUROrderService {
  entity Orders as select from domain.Orders
    where currency_code = 'EUR' ;
  type cancelOrderReturn {
    acknowledge: String enum { succeeded; failed; };
    message: String;
  }
  // unbound actions / functions
  action cancelOrder (orderID: UUID, reason:  String) returns
    cancelOrderReturn;
  function countOrders() returns Integer;
  function getOpenOrders() returns array of Orders;
}
```

Listing 4.37 Unbound Actions und Unbound Functions (Quelle: SAP)

Aufruf von Actions und Functions

Service-Operationen lassen sich über einen HTTP-Request aufrufen. Aktionen müssen mit einem POST-Request ausgelöst werden, da sie eventuell Daten ändern. Funktionen werden mit einem GET-Request aufgerufen, da sie keine Seiteneffekte haben dürfen. Listing 4.38 zeigt zwei mögliche Requests.

```
### Call unbound action cancelOrder
POST http://localhost:4004/eur-order/cancelOrder
Content-Type: application/json

{
    "orderID": "4c1ea77c-ce95-439e-92d6-6f14cd35797b",
    "reason":  "no money"
}

### Call unbound function countOrders
GET http://localhost:4004/eur-order/countOrders()
```

Listing 4.38 POST-Request und GET-Request zum Aufruf einer Unbound Action bzw. Unbound Function

Keine Aktion oder Funktion ohne Implementierung

Wenn Sie die oben gezeigten Requests nachvollziehen, werden Sie als Antwort die Fehlermeldung **No handler registered for ...** erhalten. Es ist also notwendig, eine Implementierung der Operation bereitzustellen.

Bound Actions und Functions

Funktionen und Aktionen lassen sich auch in Bezug auf durch den Service exponierte Entitäten definieren. Man spricht dann von *Bound Actions* und *Bound Functions*. Wie das Beispiel in Listing 4.39 zeigt, werden gebundene Operationen in einem eigenen `actions`-Block definiert.

```
using my.domain from '../db/schema';
service StatisticsService {
  entity Products as projection on domain.Products
    actions {
      action addRating (stars: Integer);
      function getViewsCount(days: Integer) returns Integer;
    }
}
```

Listing 4.39 Definition von Bound Actions und Functions (Quelle: SAP)

Kontext für Bound Actions

Die gebunden Operationen müssen nun im Kontext eines Entitätendatensatzes aufgerufen werden, im Beispiel also im Kontext eines bestimmten `Products`. Jede gebundene Operation muss außerdem mit ihrem vollqualifizierten Namen in der URL eingetragen werden, also z. B. `StatisticsService.addRating`. Listing 4.40 zeigt mögliche Requests. Beachten Sie, dass für die Funktion `getViewsCount` der Parameter innerhalb der Klammern als Teil der URL übergeben wird. Mehrere Parameter werden durch Kommata getrennt.

```
### Call bound action addRating
POST http://localhost:4004/statistics/Products(101)/
StatisticsService.addRating
Content-Type: application/json

{
    "stars": 4
}

### Call bound function getViewsCount
GET  http://localhost:4004/statistics/Products(101)/
StatisticsService.getViewsCount(days=7)
```

Listing 4.40 POST-Request und GET-Request zum Aufruf einer Bound Action bzw. Bound Function

4.10.2 Implementierung von Serviceoperationen

Um eine Service-Implementierung einer Servicedefinition zuzuordnen, ist es am einfachsten, jeden Service in einer separaten CDS-Datei zu definieren und in einer gleichnamigen JavaScript-Datei zu implementieren, die im gleichen Ordner wie die CDS-Datei liegt. Angenommen, der Service `EUROrderService` aus Listing 4.37 wäre in der Datei **eurorder.cds** definiert und der Service `StatisticsService` aus Listing 4.39 wäre in der Datei **statistics.cds** definiert. Die zugehörigen JavaScript-Implementierungen lägen dann in der Datei **eurorder.js** bzw. **statistics.js**. Kommandos wie `cds serve`, `cds run` und `cds watch` nutzen diese Konvention der Zuordnung und führen die passenden Registrierungen automatisch durch.

Wo erfolgt eine Service-Implementierung?

Die Implementierung von Serviceoperationen erfolgt analog zur Behandlung von Ereignissen wie `after.READ`, `before.CREATE` oder `on.UPDATE`. Jede Operation entspricht dabei einem Ereignis mit dem Namen der Operation. Für Unbound Actions oder Unbound Functions wird das Ereignis ohne Bezug zu einer Entität registriert. Für Bound Actions und Bound Functions erfolgt die Registrierung mit Bezug auf eine Entität, genauso wie bei den CRUD-Ereignissen. In Kapitel 6, »Das CDS API für Node.js«, werde ich Ihnen die Möglichkeiten der Request-Verarbeitung und Datenmanipulation in Service-Implementierungen im Detail vorstellen. Im Folgenden sind zwei Beispiele gezeigt, wie Sie mit Bound Actions und Unbound Actions verfahren können.

Implementierung von Ereignisbehandlern

Listing 4.41 zeigt die Implementierung des `on`-Ereignisbehandlers für die Unbound Action `cancelOrder` in der Datei **eurorder.js**. Die Struktur des `req.data`-Objekts ist durch die Schnittstellendefinition der Aktion vorgegeben. Ebenso ist die Rückgabestruktur durch die Definition der Aktion bestimmt. CAP wird entsprechende Prüfungen vornehmen, ob die Implementierung zur Definition passt. Die `return`-Anweisung wird genutzt, um den Response Body des HTTP-Requests zurückzugeben.

```
// This is file eurorder.js
module.exports = (srv) => {
    srv.on('cancelOrder', (req) => {
        const rmessage =
 'Order ' + req.data.orderID + ' will be canceled';
        console.log(rmessage);
        const response = {
            acknowledge: 'succeeded',
            message: rmessage
        }
```

```
        return response;
    })
}
```

Listing 4.41 Implementierung einer Unbound Action

Listing 4.42 zeigt die Implementierung des on-Ereignisbehandlers für die Bound Action addRating in der Datei **statistics.js**. Die Anweisung return req.reject zeigt, wie Sie kontrolliert Requests unter Angabe eines HTTP-Statuscodes als fehlerhaft ablehnen.

```
// This is file statistics.js
module.exports = (srv) => {
    srv.on('addRating', 'Products', (req) => {
        if (req.data.stars > 5)
            return req.reject (400, "Please don't assign more than
              5 stars");
        const response = 'Number of Stars is ' + req.data.stars;
        console.log(response);
        return response;
    })
}
```

Listing 4.42 Implementierung einer Bound Action

4.11 Aspekte

Aspekte sind in CDS benannte oder anonyme Definitionen, die zur Wiederverwendung in Modellen genutzt werden können. Sie erlauben eine flexible Erweiterung der Elemente bestehender Definitionen, sowie das Überschreiben von Eigenschaften und Annotationen.

4.11.1 Die »Extend«-Direktive

Bestehende Definitionen können Sie mit der extend-Direktive auf verschiedene Art und Weise erweitern.

Varianten der Erweiterung

Listing 4.43 zeigt Erweiterungsoptionen der Entität Products. Die jeweiligen extend-Direktiven haben, von oben nach unten aufgelistet, folgende Wirkung:

1. Für die gesamte Entität Products wird der Wert der Annotation @title mit dem Wert Material überschrieben.
2. Für das Element ID wird der Wert der Annotation @Common.Label mit dem Wert Material_ID überschrieben.

3. Hinzufügen des neuen Elements name
4. Für das Element price wird die neue Annotation @title mit dem Wert Cost hinzugefügt.
5. Die Schachtelung von currency und code definiert effektiv ein Element currency.code. Für dieses Element werden die Annotationen @title und @description hinzugefügt.
6. Hinzufügen des effektiven Elements currency.symbol durch die Erweiterung um das Element symbol eine Strukturebene unterhalb von currency

```
@title : 'Products'
entity Products {
  key ID      : Integer @Common.Label : 'Product ID';
      price   : Integer;
      currency : {
        code   : String(3);
      }
}
extend Products with @title: 'Material' {
  extend ID with @Common.Label: 'Material_ID';
  name     : String(100); // new element
  extend price with @title: 'Cost';
  extend currency with {
    extend code with @(
      title       : 'Code',
      description : 'Currency Code'
    );
    symbol : String(5);  // new element
  }
}
```

Listing 4.43 Optionen zur Nutzung der »Extend«-Direktive

Beachten Sie, dass Listing 4.43 die Definition der Entität Products gemeinsam mit deren Erweiterung nur zur Illustration zeigt. Der übliche Anwendungsfall ist, dass die Definition der Entität über eine using-Anweisung aus einer anderen Datei importiert wird.

Überprüfen der Wirkung von »extend«

Um das effektive, erweiterte Modell zu sehen, kompilieren Sie die Definitionen mit Ihren Erweiterungen in die CSN-Repräsentation unter Nutzung von cds compile. Dazu genügt es, eine CDS-Datei mit Erweiterungen zu kompilieren, wenn diese die originalen Definitionen per using importiert.

4.11.2 Benannte Aspekte

Definitionen zur Wiederverwendung

Benannte Aspekte sind CDS-Definitionen, die im Sinne der Wiederverwendung zur Erweiterung vieler Definitionen genutzt werden können. Aspekte werden durch das vorangestellte Schlüsselwort `aspect` definiert, wie das Beispiel in Listing 4.44 zeigt. Der dortige Aspekt kann durch die `extend`-Direktive `extend Suppliers with Address` der Entität `Suppliers` hinzugefügt werden. Listing 4.44 zeigt eine direktere (aber äquivalente) Variante, die den Aspekt bei der Definition der Entität `Suppliers` hinzufügt. Effektiv, durch Kompilierung nach CSN, wird der Entität `Suppliers` ein strukturiertes Element `address` hinzugefügt. Im Allgemeinen werden Aspekte als kommaseparierte Liste hinter dem Entitätennamen aufgeführt, mit einem vorangestellten Doppelpunkt.

```
aspect Address {
  address {
    street   : String(100);
    postcode : String(20);
    town     : String(40);
    country  : String; }
}
entity Suppliers : Address {
  key ID   : Integer;
      name : String(100);
}
```

Listing 4.44 Nutzung des Aspekts »Address« in der Entität »Suppliers«

Separierte Definition von Aspekten

Es ist wieder zu betonen, dass in einem realistischen Anwendungsfall ein verwendeter Aspekt in einer CDS-Datei definiert sein wird, die sich von der Datei, in der der Aspekt verwendet wird, unterscheidet. SAP liefert eine Sammlung von Aspekten zur Wiederverwendung mit dem npm-Paket **@sap/cds** aus.

Die Bibliothek »@sap/cds/common.cds«

SAP liefert eine CDS-Datei als Teil des Pakets **@sap/cds** aus, die eine Reihe von Definitionen zur Wiederverwendung beinhaltet. Anwendungen können diese Definitionen in ihren CDS-Dateien über den Import `using ... from '@sap/cds/common'` für ihre Modelle verwenden. Sie finden die Datei **common.cds** in Ihrem Projekt im Ordner **node_modules/@sap/cds**. Voraussetzung ist, dass Ihr Projektdeskriptor **package.json** die Abhängigkeit `"@sap/cds": "^3"` deklariert und dass Sie diese Abhängigkeit mittels `npm install` in Ihrem Projekt installiert haben. Die *CDS-Common-Bibliothek* von SAP werden Sie im weiteren Verlauf des Buches für den Ausbau des Beispielprojekts benötigen.

4.12 Lokalisierung

Lokalisierung oder auch *Internationalisierung* (auch *i18n* abgekürzt) behandelt die Anpassung Ihrer Anwendung an lokale Gegebenheiten eines Zielmarktes. In CAP wird insbesondere der Umgang mit mehreren Sprachen berücksichtigt. Sie können Texte und Bezeichnungen in den Antworten auf Service-Request (z. B. relevant für SAP-Fiori-Benutzeroberflächen) in mehreren Sprachen zur Verfügung stellen. Die generischen Service-Implementierungen von CAP werden, je nach aktuellem Sprachkontext, die richtigen Texte zur Verfügung stellen.

Lokalisierung vs. lokalisierte Daten

Lokalisierung ist zu unterscheiden von lokalisierten Daten, bei denen die Textfelder der Entitätendaten in einer Datenbank in mehreren Sprachen verwaltet werden. Diese Anforderung wird im Abschnitt 4.13, »Lokalisierte Daten«, behandelt.

[«]

Mehrsprachigkeit für die Beispielapplikation

Übernehmen Sie die in Abschnitt 4.12 und Abschnitt 4.13 gezeigten Erweiterungen für die Mehrsprachigkeit in Ihr Beispielprojekt. Den Zielzustand Ihres Projekts am Ende dieses Kapitels finden Sie in den Downloadmaterialien zu diesem Buch im Archiv **Kapitel_04.zip**. Starten Sie wie üblich `cds watch` mit diesem Projektstand, um die hier gezeigten Beispiele nachzuvollziehen.

4.12.1 Mehrsprachigkeit in Modellen

In Modellen kennzeichnen Sie Anwendungstexte durch Annotationen. Statt feste Textliterale zu vergeben, referenzieren Sie dabei Textelemente, die in separaten Dateien abgelegt sind. Listing 4.45 zeigt, wie Sie die Entität `Products` aus dem Domänenmodell Ihrer Beispielapplikation internationalisieren, das in Abschnitt 3.3, »Domänenmodell anlegen«, eingeführt wurde.

```
entity Products {
  key ID    : Integer;
      name  : String(100) not null @title:'{i18n>productName}';
      stock : Integer @title:'{i18n>stock}';
      price : Decimal(9, 2) @title:'{i18n>price}';
```

```
    retail : Decimal(9, 2) @title:'{i18n>retail}';
    virtual margin : Decimal(9, 2) @title:'{i18n>margin}';
    currency_code  : String(3);
    supplier       : Association to Suppliers;
}
```

Listing 4.45 Internationalisierung von Feldbezeichnungen

Textelemente

Der Literalwert einer Annotation wird durch den Ausdruck `'{i18n >` *<Textelement>* `}'` ersetzt, wobei *<Textelement>* für einen von Ihnen vergebenen beliebigen Namen steht. Unter diesem Namen hinterlegen Sie die Bezeichnung in der jeweiligen Sprache in separaten Dateien pro Sprache.

Sprachdateien und Sprachcodes

Damit CAP diese Texte findet und anwenden kann, müssen die Sprachdateien entsprechend einer Konvention erstellt und abgelegt werden: Sie erfassen die Texte in sogenannten *Properties Files*. Dies sind einfache Textdateien, die Namen-Werte-Paare enthalten und die Dateiendung **.properties** haben. CAP nutzt Dateien mit Namen der Form **i18n_<Sprachcode>.properties**, wobei **<Sprachcode>** für einen zweistelligen Code nach *ISO 639-1* (siehe *http://s-prs.de/v765161*) oder für einen fünfstelligen, sogenannten *IETF Language Tag* (siehe *http://s-prs.de/v765162*) steht. Tabelle 4.5 zeigt einige Beispiele.

Sprachcode	Bedeutung
de	Deutsch
de_AT	Deutsch/Österreich
de_DE	Deutsch/Deutschland
en	Englisch
en_CA	Englisch/Kanada
en_GB	Englisch/Großbritannien
en_US	Englisch/USA
fr	Französisch
fr_CH	Französisch/Schweiz
zh_CN	Chinesisch/Volksrepublik China
zh_TW	Chinesisch/Taiwan

Tabelle 4.5 Beispiele von Sprachcodes

Verzeichnisse für Textdateien

Sprachdateien können in Ordnern mit dem Namen **_i18n**, **i18n** oder **assets/i18n** platziert werden. Die Ordner liegen entweder auf der gleichen Ebene wie die Modelldatei, oder eine Ebene darüber im Dateisystem. Im Beispielprojekt zu diesem Buch nutze ich den Ordner **db/i18n**, weil dort auch die CDS-Dateien liegen, welche die Textelemente primär nutzen. Es ist durchaus möglich, gleichzeitig an verschiedenen Stellen im Projekt i18n-Dateien zu nutzen.

Listing 4.46 und Listing 4.47 zeigen den Inhalt der Dateien **i18n_en_US.properties** und **i18n_de.properties**. Für jedes Textelement, das in Listing 4.45 genutzt wurde, ist eine Übersetzung angegeben.

```
# file i18n_en_US.properties
productName = Product name
stock       = Stock
price       = Purchasing price
retail      = Sales price
margin      = Margin
```

Listing 4.46 Datei mit US-englischen Textelementen

```
# file i18n_de.properties
productName = Produktname
stock       = Bestand
price       = Einkaufspreis
retail      = Verkaufspreis
margin      = Spanne
```

Listing 4.47 Datei mit deutschen Textelementen

[«]

Angabe fehlender Textelemente im CDS-Editor

Der CDS-Editor kann Sie auf nicht definierte Textelemente hinweisen. Dazu müssen Sie allerdings die Konfigurationseinstellungen des Editors bearbeiten. In Visual Studio Code wählen Sie dazu **File • Preferences • Settings** und geben in der sich öffnenden Suchzeile den Begriff »cds« ein. Sie gelangen zur Liste der Einstellungsmöglichkeiten für den CDS-Editor. Suchen Sie die Einstellung **Cds › Compiler: Mark Missing I18n Default** und markieren Sie die Auswahlbox. Von nun an wird Sie der CDS-Editor durch eine Markierung darauf aufmerksam machen, wenn er zu einem Textelement keine Definition in einer der i18n-Properties-Dateien im Projekt finden kann.

Schauen Sie sich bei dieser Gelegenheit auch die weiteren Einstellungsmöglichkeiten zum CDS-Editor an.

4.12.2 Anforderung einer Benutzersprache in einem HTTP-Request

Bisher haben Sie gesehen, wie Sie übersetzbare Texte in CDS-Modellen referenzieren und wie Sie diese Texte in einem Projekt verwalten können. Die generische Service-Implementierung von CAP wird die passenden Texte automatisch bestimmen und, im Falle von OData-Services, als Metadaten des Services zur Verfügung stellen.

Lokalisierung in OData-Metadaten

Erweitern Sie Ihr Produktmodell zum Produktkatalog wie in Listing 4.45 vorgegeben, und legen Sie Sprachdateien als Properties-Dateien an. Starten Sie `cd watch` und danach Ihren Browser mit der URL *http://localhost:4004/admin/$metadata*. Dies zeigt Ihnen die OData-Metadaten des Administratorservices an. Scrollen Sie auf der Browserseite nach unten in den Bereich **<Annotations Target="AdminService.Products/name">** (siehe Listing 4.48). Dort finden Sie die sprachabhängigen Bezeichnungen der Elemente, wie sie z. B. ein SAP-Fiori-UI heranziehen würde.

```
<Annotations Target="AdminService.Products/name">
  <Annotation Term="Common.Label" String="Product name"/>
</Annotations>
<Annotations Target="AdminService.Products/stock">
  <Annotation Term="Common.Label" String="Stock"/>
</Annotations>
<Annotations Target="AdminService.Products/price">
  <Annotation Term="Common.Label" String="Purchasing price"/>
</Annotations>
<Annotations Target="AdminService.Products/retail">
  <Annotation Term="Common.Label" String="Sales price"/>
</Annotations>
```

Listing 4.48 Ausschnitt aus den Annotationen in den OData-Metadaten des Administratorservices mit sprachabhängigen Texten

4.12.3 Auswahl der Ausgabesprache

Die für Sie sichtbare Sprache hängt von den Spracheinstellungen Ihres Browsers ab. Sie können die Anzeigesprache gezielt vorgeben, indem Sie den URL-Parameter `sap-language` setzen. So führt z. B. die URL *http://localhost:4004/admin/$metadata?sap-language=de* zu einer Ausgabe der Annotationen in deutscher Sprache, vorausgesetzt, Sie haben eine Sprachdatei mit deutschen Texten angelegt.

Die Standardsprachdatei

Legen Sie unbedingt eine Datei **i18n.properties** in Ihrem i18n-Ordner an, die Texte in einer von Ihnen gewählten Standardsprache enthält. Sie wird von CAP herangezogen, wenn keine zu den aktuellen Spracheinstellungen passende Properties-Datei ermittelt werden kann.

Auswahl und Normalisierung von Sprachcodes

CAP prüft eine Reihe von Quellen, um den Sprachcode zu bestimmen, der für eine Suche nach einer Properties-Datei genutzt wird. Diese Quellen sind (geordnet nach absteigender Priorität):

1. der Wert des URL-Parameters `sap-language`
2. der Wert des Parameters `Accept-Language` im Request Header des HTTP-Requests
3. Der für das CAP-Projekt konfigurierte Standardsprachcode (siehe Abschnitt 5.3, »Konfiguration«)

Anschließend wird eine Normalisierung durchgeführt, um die Anzahl der Übersetzungssprachen zu reduzieren. Dabei werden fünfstellige Sprachcodes auf ihren zweistelligen Hauptsprachcode reduziert. Aus `en_US` wird z. B. `en` und aus `de_AT` wird `de`. Es gibt allerdings Ausnahmen von dieser Normalisierung, z. B. für chinesische Sprachen, da dort innerhalb des Sprachcodes `zh` wesentliche Sprachvariationen existieren. Eine aktuelle Liste dieser Ausnahmen finden Sie in der offiziellen CAP-Dokumentation unter *https://cap.cloud.sap/*.

.csv-Dateien für Textelemente

Für kleinere Projekte oder erste Tests können Sie Textelemente in mehreren Sprachen auch in einer einzigen **.csv**-Datei ablegen. Nutzen Sie dabei eine Kopfzeile der Form `key;`*<code1>*`;`*<code2>*`;` ... und führen Sie darunter die Textelemente in den entsprechenden Sprachen auf, so wie folgendes Beispiel zeigt:

```
key;en;de
productName;Product name;Produktname
stock;Stock;Bestand
price;Purchasing price;Einkaufspreis
retail;Sales price;Verkaufspreis
margin;Margin;Spanne
```

4.13 Lokalisierte Daten

Die Lokalisierung von Texten in einer Datenbank wird von CAP grundlegend unterstützt. Sie brauchen sich nicht um die Verwaltung sprachabhängiger Datenbanktabellen zu kümmern. Bei Anfragen liest die generische Service-Implementierung von CAP die passenden Texte automatisch unter Berücksichtigung des jeweiligen Sprachenkontexts aus. Pro Datensatz erfolgt dabei gegebenenfalls der Rückgriff auf Standardtexte, falls für eine angefragte Sprache kein Eintrag für diesen Datensatz existiert.

Deklaration von sprachabhängigen Elementen

Ein Element einer Entität wird durch den Zusatz `localized` vor dem Datentyp als sprachabhängig gekennzeichnet. Um beispielsweise das Element `name` der Entität `Products` der Beispielanwendung sprachabhängig zu machen, erweitern Sie den Typ `String` zu `localized String`. Diese erweiterte Definition ist in Listing 4.49 dargestellt. Nur das Produktelement `name` ist zur Illustration aufgeführt.

```
entity Products {
  key ID    : Integer;
      name  : localized String(100) not null @title:
        '{i18n>productName}';
...
}
```

Listing 4.49 Definition des sprachabhängigen Elements »name« durch den Typ »localized String«

Generierung von Texttabellen

CAP wird beim Deployment des Datenbankschemas automatisch passende Texttabellen mit adäquaten Assoziationen erzeugen. Die Einführung solcher *Schattentabellen* passiert schon auf der Ebene der internen CSN-Repräsentation, wie Sie durch Kompilierung Ihres erweiterten Domänenmodells nachvollziehen können.

Sprachabhängige Testdaten

Testdaten mit sprachabhängigen Texten erfassen Sie in einer separaten **.csv**-Datei. Wenn Sie z. B. für die Entität `Products` die **.csv**-Datei **my.domain-Products.csv** genutzt haben, legen Sie nun zusätzlich die Datei **my.domain-Products_texts.csv** an. Einen möglichen Inhalt dieser Datei zeigt Listing 4.50, das die Übersetzungen ins Deutsche und Französische für das Element `name` enthält.

```
ID;locale;name
101;de;Flachbildschirm TV 32 Zoll
101;en;Flat screen TV 32 inch
101;fr;Écran plat TV de 32 pouces
102;de;MyVoice Fitnesskopfhörer Blau
```

```
102;en;MyVoice headphones blue
102;fr;MyVoice Écouteurs de fitness Bleu
121;de;Schreibheft liniert
121;en;Copybook ruled paper
121;fr;Cahier ligné
```

Listing 4.50 Beispiel einer .csv-Datei für Übersetzungen des mehrsprachigen Elements »name«

Verhalten bei fehlenden Übersetzungen

Auch mehrere Elemente können durch Semikola getrennt in der gleichen Datei übersetzt werden. Beachten Sie, dass der ursprünglich gepflegte Inhalt des Feldes `name` (in der Datei **my-domain-Products.csv**) weiterhin der Entität `Products` in sprachunabhängiger Weise zugeordnet bleibt. Dieser Inhalt wird genutzt, wenn in den generierten Schattentabellen kein passender Datensatz gefunden wird. Dies bedeutet für das hier gezeigte Beispiel, dass für jede angeforderte Sprache, die verschieden von Deutsch und Französisch ist, der Wert des Felds `name` direkt aus der Datenbanktabelle zur Entität `Products` gelesen wird. Mit den in den Materialien zum Buch enthaltenen Testdaten sind dies englische Texte.

[«]

Texttabellen in der Testdatenbank SQLite

In der Testdatenbank SQLite bestehen zur Zeit der Entstehung dieses Buches Einschränkungen im Umgang mit Texttabellen. Als zusätzliche Sprachen (über den Inhalt der Entitätentabelle hinaus) werden nur Deutsch (Sprachcode `de`) und Französisch (Sprachcode `fr`) unterstützt. Im produktiven Betrieb mit SAP HANA bestehen keinerlei Einschränkungen.

Kapitel 5
Weiterentwicklung zur produktiven Anwendung

Nach einem theoretisch ausgerichteten Kapitel werden Sie nun weitere Fähigkeiten des SAP Cloud Application Programming Model praktisch ausprobieren können, die für produktive Geschäftsanwendungen wichtig sind. Auch werden Sie Ihre Beispielanwendung mit einer Benutzeroberfläche ausstatten.

Am Ende des Kapitel 3, »Start des Entwicklungsprojekts«, hatten Sie schon ein gutes Stück Ihres Produktkatalogs implementiert. Basierend auf einem Domänenmodell gibt es einen lauffähigen Service für die Benutzerrolle eines Administrators. Damit können Produkte, Lieferanten und Bestellungen angelegt, geändert und gelöscht werden. Unter Nutzung des OData-Standards können komplexe Datenbankabfragen formuliert und ausgeführt werden. Sie haben auch schon einen Einblick in die Implementierung eines Ereignisbehandlers gewonnen, als Sie JavaScript-Code geschrieben haben, der nach dem Lesen von Daten aus der Datenbank das virtuelle Margen-Feld berechnet hat. In Kapitel 4, »Core Data Services für CAP im Detail«, haben Sie zusätzlich gelernt, wie Sie eine Anwendung mehrsprachenfähig machen. Dabei haben Sie das Domänenmodell um die nötigen Annotationen erweitert und mehrsprachige Textelemente und Testdaten erfasst.

Ziele dieses Kapitels

In Abschnitt 5.1 dieses Kapitels werde ich Ihnen die Möglichkeiten der Wiederverwendung von Modellen anhand der Beispielanwendung demonstrieren. Sie werden CDS-Definitionen aus einer von SAP ausgelieferten Bibliothek wiederverwenden und damit Unterstützung bei dem Umgang mit Codelisten und mit technischen Verwaltungsfeldern in Datenbanktabellen bekommen. In Abschnitt 5.2 wird die Anwendung dann für die Rolle des Katalognutzers ausgebaut. Dies beinhaltet die Implementierung einer Bestellmengenprüfung. Anschließend lernen Sie in Abschnitt 5.3, wie CAP mit dem komplexen Thema der Konfiguration umgeht. Dies ist unter anderem eine Voraussetzung für die Einführung von Authentifikation und Autorisierung in Ihrer Applikation, wie es Abschnitt 5.4 beschrieben wird. Zum Ende des Kapitels zeige ich Ihnen in Abschnitt 5.5, wie Sie den Entwurf einer SAP-

Fiori-Benutzerschnittstelle auf einem CAP-Service implementieren. Dabei kommen Sie immer noch ohne UI-spezifischen Programmcode aus, weil das SAP-Fiori-UI auf SAP Fiori Elements basiert. Dies ist eine Variante von SAP Fiori, in der die Oberfläche vollständig durch Annotationen an CDS-Modellen beschrieben werden kann.

Lokale Weiterentwicklung

Im Verlauf des Kapitels werden Sie weiterhin lokal arbeiten können, d. h. ohne Verbindung zur SAP Cloud Platform. Trotzdem haben Sie am Ende Ihre Anwendung schon quasi fertig entwickelt. Die Einbindung der SAP Cloud Platform wäre durchaus bereits in einer früheren Projektphase möglich. Für manche Projekte ist dies auch sicher sinnvoll, z. B. wenn Sie in großem Umfang von spezifischen Fähigkeiten von SAP HANA Gebrauch machen wollen. In diesem Buch wird der Übergang zur SAP Cloud Platform bewusst so spät wie möglich vollzogen. Damit möchte ich Ihnen zeigen, für welche Funktionen und Anforderungen dies wirklich notwendig ist und für welche nicht. In direkten Kontakt mit der SAP Cloud Platform kommen Sie erst in Teil III dieses Buches.

5.1 Wiederverwendung von Typen und Aspekten

Bibliotheken zur Wiederverwendung

Wenn Sie CDS in Ihrem Projekt durch Ausführen von `npm install` installieren, wird auch die *CDS-Common-Bibliothek* von SAP mit dem technischen Namen `@sap/cds/common.cds` installiert. Aus diesem Namen können Sie ablesen, dass sich die Datei im Ordner **node_modules/@sap/cds/** befindet. Diese Datei enthält Definitionen von CDS-Typen und Aspekten, die für jedes Projekt von Nutzen sind. Ihr Projekt soll daraus den Aspekt `managed` und den Typ `Currency` wiederverwenden. Dies erreichen Sie durch eine entsprechende `using`-Anweisung in der Datei **db/schema.cds**, die Ihr Domänenmodell beherbergt. Listing 5.1 zeigt das erweiterte Domänenmodell mit der Importanweisung in der ersten Zeile.

```
using {managed, Currency} from '@sap/cds/common';
namespace my.domain;
entity Products : managed {
 key ID : Integer;
 name   : localized String(100) not null @title: '{i18n>productName}';
 stock  : Integer @title: '{i18n>stock}';
 price  : Decimal(9, 2) @title: '{i18n>price}';
 retail       : Decimal(9, 2) @title: '{i18n>retail}';
 virtual margin: Decimal(9, 2) @title: '{i18n>margin}';
 currency     : Currency;
 supplier     : Association to Suppliers;
```

```
}
entity Suppliers : managed {
 key ID   : Integer;
 name  : String(100) @title: '{i18n>supplierName}';
 priority : Integer     @title: '{i18n>priority}';
 products : Association to many Products
              on products.supplier = $self;
}
entity Orders : managed {
 key ID  : UUID;
 orderNo : String @title: '{i18n>orderNumber}';
 currency : Currency;
 Items    : Composition of many OrderItems
              on Items.parent = $self;
}
entity OrderItems {
 key ID  : UUID;
 parent  : Association to Orders;
 product : Association to Products;
 amount  : Integer @title: '{i18n>orderAmount}';
}
```

Listing 5.1 Domänenmodell mit dem importierten Typ »Currency« und dem importierten Aspekt »managed«

Das erweiterte Modell nutzt diese importierten Definitionen nun an einigen Stellen:

- Die Entitäten `Products`, `Suppliers` und `Orders` nutzen jetzt den importierten Aspekt `managed`.
- Die Entitäten `Products` und `Orders` besitzen nun nicht mehr das Element `currency_code`, stattdessen beinhalten sie ein Element `currency` vom importierten Typ `Currency`.

In den folgenden Abschnitten werden die Funktionen dieser Importe verdeutlicht.

Immer an die Lokalisierung denken

»Still und heimlich« sind in Listing 5.1 auch eine ganze Reihe neuer `@title`-Annotationen aufgetaucht. Diese Annotationen werden von SAP Fiori interpretiert, wenn sie Bezeichnungen von UI-Feldern darstellen sollen (`@title` ist die CDS-Kurzform für die OData-Annotation `@Common.Label`). Es wird also ein wenig Fleißarbeit von Ihnen verlangt, damit es Textelemente für alle diese Bezeichnungen gibt und auch entsprechende Einträge in Ihren i18n-Properties-Dateien für verschiedene Testsprachen vorhanden sind.

Beachten Sie, die Unicode-Darstellung von deutschen Umlauten oder anderen besonderen Zeichen zu benutzen. Zum Beispiel sollten Sie anstelle des Umlauts `ä` die Zeichenfolge `\u00E4` setzen. Eine entsprechende Umsetzungstabelle finden Sie z. B. auf *http://s-prs.de/v765114*.

5.1.1 Der Aspekt »managed«

Navigation mit dem CDS-Editor

Die Definition des Aspekts `managed` können Sie sehr einfach über den CDS-Editor in Erfahrung bringen. Halten Sie `Strg` auf Ihrer Tastatur gerückt (`Ctrl` auf US-Tastaturen für Windows, `Ctrl` oder `Cmd` für Apple Mac) und navigieren Sie mit der Maus über das Wort `managed` in der `using`-Anweisung (siehe Abbildung 5.1). Wenn Sie nun zusätzlich die linke Maustaste drücken, führt Sie der CDS-Editor in die Quelldatei, welche die Definition des Aspekts enthält.

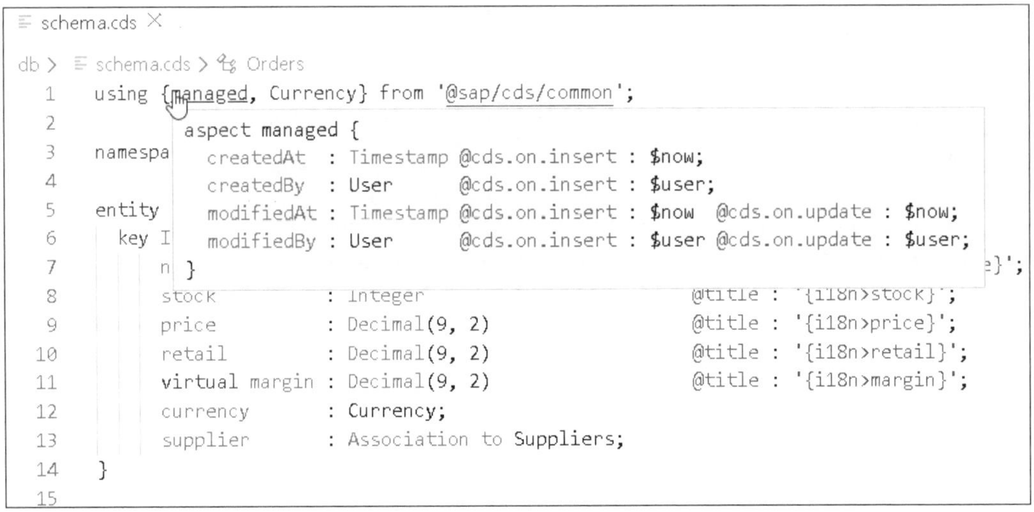

```
schema.cds ×
db > schema.cds > Orders
using {managed, Currency} from '@sap/cds/common';
        aspect managed {
namespa   createdAt  : Timestamp @cds.on.insert : $now;
          createdBy  : User      @cds.on.insert : $user;
entity    modifiedAt : Timestamp @cds.on.insert : $now  @cds.on.update : $now;
  key I   modifiedBy : User      @cds.on.insert : $user @cds.on.update : $user;
    n   }                                                                        e}';
    stock          : Integer                    @title : '{i18n>stock}';
    price          : Decimal(9, 2)              @title : '{i18n>price}';
    retail         : Decimal(9, 2)              @title : '{i18n>retail}';
    virtual margin : Decimal(9, 2)              @title : '{i18n>margin}';
    currency       : Currency;
    supplier       : Association to Suppliers;
}
```

Abbildung 5.1 Eingeblendete Details einer importierten Definition

In diesem Fall öffnet sich eine neues Editorfenster mit dem Inhalt der Datei **node_modules/@sap/cds/common.cds**, und Sie gelangen an diejenige Stelle innerhalb der Datei, an der der Aspekt definiert wird. Sie können diese Vorgehensweise grundsätzlich nutzen, um zu den Definitionen von importierten Objekten zu gelangen. Dies funktioniert auch für Definitionen, die nicht importiert werden, sondern in der gleichen Datei vorkommen. Positionieren Sie z. B. die Maus mit gedrückter [Strg]-Taste über dem Assoziationsziel `Suppliers` in der Entität `Products`, so sehen Sie die Definition der Entität `Suppliers` und können auch dorthin navigieren. Die Navigation funktioniert sogar mit Textelementen.

Einsatz von Pseudovariablen

An seiner Definition sehen Sie, dass der `managed`-Aspekt vier zusätzliche Elemente zu den Entitäten hinzufügt, die ihn inkludieren. Die entsprechenden Datenbankfelder speichern Verwaltungsinformationen für jeden Datensatz. Die Annotationen `@cds.on.insert` und `@cds.on.update` sorgen dafür, dass die annotierten Felder die Annotationswerte bei den Datenbankoperationen `insert` bzw. `update` erhalten. Als Annotationswerte werden die sogenannte *Pseudovariablen* `$now` und `$user` genutzt, die den aktuellen Zeitpunkt und den aktuell authentifizierten Benutzer beinhalten. In der Konsequenz führt die Nutzung des Aspekts `managed` dazu, dass automatisch pro Datensatz festgehalten wird, wann und durch wen er erzeugt oder geändert wurde.

Die Annotationen »@cds.on.insert/update«

Diese Annotationen werden von den generischen CAP-Request-Behandlern für OData- und REST-Services interpretiert. Die Annotationswerte werden automatisch bei CREATE- bzw. UPDATE-Operationen eingefügt. Werte, die über den Request mitgegeben werden, werden ignoriert. In Ereignisbehandlern kann der Automatismus allerdings überschrieben werden. Auch beim initialen Füllen von Daten mittels **.csv**-Dateien werden die Werte aus diesen Dateien berücksichtigt. Enthält die **.csv**-Datei entsprechende Werte, so werden sie in die Datenbank geschrieben. Falls die **.csv**-Datei diese Werte nicht enthält, werden die Annotationswerte gespeichert.

Ausgelieferte Texte und Erweiterung

Die CDS-Common-Bibliothek von SAP enthält auch vordefinierte Texte mit Übersetzungen. Sie finden sie im Ordner **node_modules/@sap/cds/_i18n**. Alle Textelemente aus der CDS Common-Bibliothek sind dort in einer ganzen Reihe von Sprachen definiert. Sie können die Auslieferung auf zwei Weisen beeinflussen:

- Fehlt die Übersetzung in eine benötigte Sprache, so fügen Sie sie einfach der entsprechenden Properties-Datei im i18n-Ordner Ihres Projekts hinzu. CAP wird zur Laufzeit alle Properties-Dateien zu einem gesamten Übersetzungsvorrat zusammenfügen. Ändern Sie die Properties-Dateien von SAP nicht, da Ihre Änderungen bei einer erneuten Installation der CDS-Common-Bibliothek verloren gehen würden.

- Möchten Sie eine ausgelieferte Übersetzung ändern, nehmen Sie die betroffenen Textelemente einfach in eine Properties-Datei Ihres Projekts auf und vergeben dort Ihre Übersetzung. CAP wird zur Laufzeit den Sprachdateien aus Ihrem Projekt eine höhere Priorität einräumen. Sie können so gezielt einzelne Textelemente ändern.

[»]

Die Unveränderbarkeit installierter Bibliotheken

Ändern Sie niemals den Inhalt des Ordners **node_modules/** in Ihrem Projekt. Dies gilt für alle Arten von Dateien, seien es Code-, CDS- oder Sprachdateien. Der Ordner sollte nur durch die npm-Paketverwaltung erstellt und geändert werden, da er Bibliotheken enthält, die Sie importieren. Würden Sie dort Änderung vornehmen, werden diese eventuell bei einer erneuten Installation durch `npm install` überschrieben. Außerdem werden Sie in großen Projekten mit einem Versionskontrollsystem (z. B. Git) und einem Continuous-Integration-Server (CI-Server) arbeiten. Installierte Abhängigkeiten sollen nicht in das Versionskontrollsystem überführt werden, da Sie im Rahmen des CI-Prozesses auf dem CI-Server erneut installiert werden. Schließen Sie deshalb das Verzeichnis **node_modules/** immer aus der Synchronisation mit einem Versionsverwaltungssystem aus. Da Sie Ihr Beispielprojekt mit dem Kommando `cds init` angelegt haben, hat CAP schon eine entsprechende Ausschlussdatei **.gitignore** für Git generiert. Möglicherweise ist Visual Studio Code so konfiguriert, dass diese Datei im Dateiexplorer nicht angezeigt wird.

5.1.2 Der Typ »Currency«

Die Entitäten `Products` und `Orders` besitzen das Element `currency` vom importierten Typ `Currency`. Navigieren Sie mithilfe des Editors zur Definition des Typs in der Datei **node_modules/@sap/cds /common.cds**. Sie finden dort unter anderem die Definitionen, die in Listing 5.2 gezeigt sind.

```
type Currency : Association to sap.common.Currencies;
context sap.common {
  entity Currencies : CodeList {
    key code : String(3) @(title: '{i18n>CurrencyCode}');
    symbol: String(5) @(title: '{i18n>CurrencySymbol}');
  }
  aspect CodeList @(
    cds.autoexpose,
    cds.persistence.skip : 'if-unused'
  ) {
```

```
    name : localized String(255) @title: '{i18n>Name}';
    descr: localized String(1000)@title: '{i18n>Description}';
  }
}
```

Listing 5.2 Definition und Abhängigkeiten des Typs »Currency«

Auswirkung eines Assoziationstyps

Abbildung 5.2 illustriert die Wirkung des Typs `Currency` als Assoziationstyp. Er definiert eine Assoziation zur Entität `sap.common.Currencies`. Da das Element `currency` in Ihrer Entität `Products` von diesem Typ ist, definieren Sie effektiv eine Assoziation. Die Entität `Currency` inkludiert wiederum den Aspekt `sap.common.CodeList`. Dies bedeutet, dass diese Entität die lokalisierten Elemente `name` und `descr` sowie die zugeordneten Annotationen enthält.

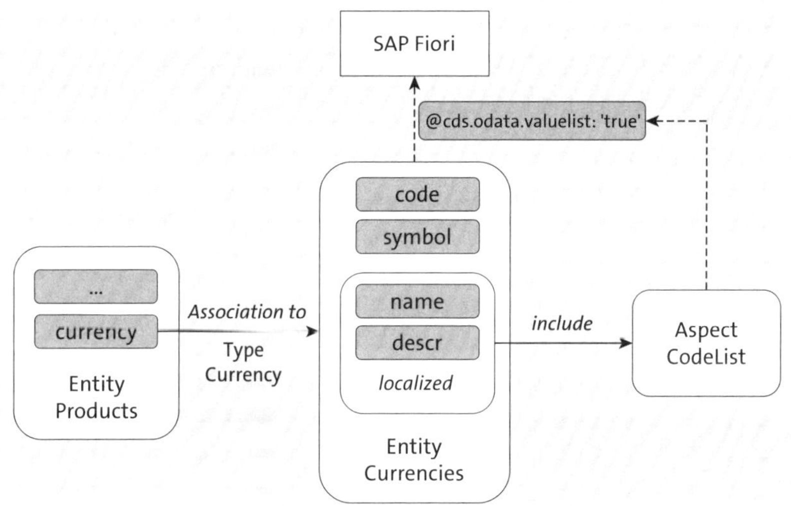

Abbildung 5.2 Struktur und Funktion des Typs »Currency«

Codelisten für SAP Fiori

Beim Kompilieren dieses Modellkonstrukts fügt CAP automatisch die Annotation `@cds.odata.valuelist: 'true'` zum Codelistenaspekt hinzu. Dieser wird von SAP Fiori auf Benutzeroberflächen so interpretiert, dass die Codeliste als Wertehilfe genutzt werden kann.

Automatische Exponierung in Services

Listing 5.2 zeigt noch zwei weitere Annotationen als Teil des Codelistenaspekts. `@cds.autoexpose` sorgt dafür, dass die Entität `Currencies` automatisch durch Services exponiert wird, welche wiederum die Entität `Products` exponieren, da von dort eine Assoziation zu `Currencies` besteht.

Bedingte Erzeugung einer Datenbanktabelle

Die Annotation `@cds.persistence.skip: 'if-unused'` bewirkt als Optimierung, dass zur Entität `Currencies` nur dann eine Datenbanktabelle generiert wird, wenn in Ihrem Modell auch eine Assoziation zu ihr existiert. `@cds.per-`

`sistence.skip` kann auch mit dem Wert `'true'` genutzt werden, wenn die Generierung einer Datenbanktabelle grundsätzlich nicht erfolgen soll.

Vorteile der Wiederverwendung

Zusammenfassend zeigt sich, dass die einfache Wiederverwendung des Typs `Currency` aus der CDS-Common-Bibliothek von SAP einige Funktionen liefert, die für Sie ohne weiteres Zutun verfügbar werden:

- Ein standardisiertes Codelistenformat wird genutzt.
- Übersetzungen von Begriffen wie »Currency code« und deren Beschreibungen werden von SAP für einige Sprachen schon mitgeliefert.
- Codelistentexte können mehrsprachig gepflegt werden.
- SAP Fiori kann die Codeliste als Wertehilfe nutzen.
- Die Codeliste wird automatisch über alle Services exponiert, in denen der wiederverwendete Typ eine Rolle spielt. Prüfen Sie dies, indem Sie `cds watch` starten und auf der Willkommensseite von CDS-Services (*http://localhost:4004/*) die angebotenen Entitäten validieren. Sie werden dort einen Link auf die Entität `Currencies` finden.

Erfassen von Daten zur Währungscodeliste

Aus rechtlichen Gründen darf SAP nicht ohne Weiteres standardisierte Codelisten ausliefern. Legen Sie deshalb in Ihrem Projekt im Ordner **db/data/** zwei weitere **.csv**-Dateien an. In der Datei **sap.common-Currencies.csv** erfassen Sie einige Währungen unter der Kopfzeile `code;symbol;name;descr`. In der Datei **sap.common-Currencies_texts.csv** erfassen Sie die entsprechenden Übersetzungen unter der Kopfzeile `code;locale;name;descr`. Testen Sie Ihre Eingaben, indem Sie `cds watch` starten und im Browser den Inhalt der Entität `Currencies` in verschiedenen Sprachen inspizieren. Schlagen Sie im Zweifel in Abschnitt 4.13, »Lokalisierte Daten«, nach.

5.1.3 Wiederverwendung von Adressdaten

Ihre eigene CDS-Common-Bibliothek

Zur weiteren Verdeutlichung der Mechanismen der Wiederverwendung und Codelisten, werden Sie nun die Lieferantenentität mit Adressdaten ausstatten. Das könnten Sie tun, indem Sie direkt der Entität `Suppliers` entsprechende Felder hinzufügen. Eine Adressenstruktur ist allerdings hochgradig dazu geeignet, standardisiert und dann in verschiedenen Entitäten wiederverwendet zu werden. Legen Sie deshalb Ihre eigene CDS-Common-Bibliothek an, indem Sie einen neuen Ordner **db/common/** anlegen und darin die Datei **index.cds** mit dem in Listing 5.3 gezeigten Inhalt erzeugen.

```
namespace my.common;
using { Country } from '@sap/cds/common';
```

```
aspect Address {
 street   : String(100) @title : '{i18n>street}';
 postcode : String(20) @title : '{i18n>postcode}';
 town     : String(40)  @title : '{i18n>town}';
 country : Country;
}
```


Listing 5.3 Definition einer wiederverwendbaren Adressstruktur

Erneut wird auch die Common-Bibliothek von SAP verwendet, indem Sie den Typ `Country` referenzieren. Dieser Typ verhält sich analog zu dem in Abschnitt 5.1.2 analysierten Typ `Currency`. Dies bedeutet, dass auch hier eine Codeliste zur Verfügung gestellt wird.

Nutzung von Aspekten

Nutzen Sie nun den Aspekt `Address` in Ihrem Domänenmodell für den Lieferanten. Listing 5.4 zeigt nur die nötigen Änderungen an der Datei **db/schema.cds**, ohne die unveränderten Definitionen erneut aufzulisten. Über die zusätzliche `using`-Anweisung wird Ihr Aspekt importiert, um dann in der Entität `Suppliers` inkludiert zu werden.

```
using {managed, Currency} from '@sap/cds/common';
using {my.common.Address} from './common';
...
entity Suppliers : managed, Address {
 key ID       : Integer;
 name       : String(100) @title : '{i18n>supplierName}';
 priority : Integer      @title : '{i18n>priority}';
 products : Association to many Products
                 on products.supplier = $self;
}
...
```

Listing 5.4 Import und Nutzung des Aspekts »Address« für die Entität »Suppliers«

Die Indexdatei als Schnittstelle

Beachten Sie, dass sich die `using`-Anweisung auf das Verzeichnis **./common/** bezieht und nicht auf eine Datei. Deswegen wird der CDS-Compiler darin nach einer Datei **index.cds** (oder **index.csn**) suchen und sie, wenn vorhanden, auch verwenden (siehe Abschnitt 4.8, »Referenzen auf Modelle«). Mit diesem Design ist es für Sie leicht, später eventuell noch mehr Definitionen in verschiedenen Dateien im Ordner **common/** abzulegen. Die Datei **index.cds** entscheidet dann immer, welche Definitionen Ihrer Common-Bibliothek unter welchem Namen für die Verwender zur Verfügung stehen.

Die Datei **index.cds** repräsentiert sozusagen die Schnittstelle Ihrer Bibliothek. Inspizieren Sie anschließend wieder das neue, effektive Gesamtmodell, indem Sie die Datei **schema.cds** mittels `cds compile` in das interne CSN-Format überführen.

Internationalisierung der Adresse

Dem Aspekt `Address` haben Sie bereits internationalisierte Textelemente hinzugefügt (siehe Listing 5.3), die als Bezeichnung der Adresselemente auf einer Benutzeroberfläche genutzt werden können. Nun können Sie durchaus auch einige Übersetzungen erfassen. Sie tun dies innerhalb des Verzeichnisses **db/common/**, indem Sie dort einen weiteren Ordner **i18n/** anlegen und darin entsprechende Properties-Dateien erstellen (siehe Abschnitt 4.12, »Lokalisierung«).

Da in der Lieferantenadresse der Typ `Country` verwendet wird, sollten Sie außerdem die entsprechenden **.csv**-Dateien für die Ländercodes mit Übersetzungen bereitstellen. Lesen Sie noch mal in Abschnitt 5.1.1, »Der Aspekt ›managed‹«, nach, wie Sie die Struktur des Typs `Country` herausfinden, und erfassen Sie die **.csv**-Dateien wie in Abschnitt 4.13, »Lokalisierte Daten«, beschrieben. In diesem Fall ist es sinnvoll, die **.csv**-Dateien im Ordner **db/common/data/** abzulegen. Sie können sich natürlich wie immer auch aus den Downloadmaterialien zum Buch bedienen.

Wiederverwendung über Projekte hinweg

Ihre CDS-Common-Bibliothek liegt in Ihrem eigenen Projekt, das Definitionen daraus für das Domänenmodell wiederverwendet. Bei größeren Projekten kann dies sinnvoll sein, etwa wenn viele Entitäten eines Projekts den Adressenaspekt benötigen. Im Beispielprojekt zu diesem Buch ist das nicht der Fall. Hier sollen nur die Prinzipen der Strukturierung auf einfache Weise verdeutlicht werden.

Häufig wird die Quelle der Wiederverwendung sogar außerhalb des eigenen Projekts liegen, nämlich in einem speziell dafür aufgesetzten Projekt, mit eigenen Entwicklungsteams, Releases, Versionen etc. So ist dies auch der Fall für die CDS-Common-Bibliothek, die von SAP erstellt und auf die npm-Registry *npm.sap.com* hochgeladen wird. Über den `dependencies`-Eintrag zu `@sap/cds` im Projektdeskriptor **package.json** können Sie die Bibliothek durch Ausführen von `npm install` in Ihrem Projekt installieren. Für Sie ist es auch möglich, solche npm-Pakete selbst zu erstellen und z. B. auf die offene npm-Registry *registry.npmjs.org* hochzuladen, um sie anderen Projekten, auch außerhalb Ihrer Organisation, zur Verfügung zu stellen. Konsultieren Sie dazu die Dokumentation unter *https://docs.npmjs.com/*, insbesondere zum Kommando `npm publish`.

Eine weitere Variante besteht darin, npm-Pakete von einem Git-Repository zu installieren. Dies kann innerhalb Ihres Unternehmens nützlich sein, um mehrere abhängige Projekte aktuell zu halten. Generell sollte diese Option aber nur vorübergehend (z. B. für sehr neue Projekte) gewählt werden. Mittelfristig sollten Sie immer getestete und auf einer npm-Registry publizierte Pakete konsumieren.

5.2 Implementierung der Rolle des Katalognutzers

Die Spezifikation des Produktkatalogs aus Abschnitt 3.1, »Modell eines Produktkatalogs«, sieht zwei Benutzerrollen vor. Für den Administrator haben Sie bereits den Service `AdminService` bereitgestellt. Dieser exponiert die Entitäten `Products`, `Suppliers` und `Orders` mit identischen Projektionen auf die jeweiligen Entitäten. Die Katalognutzer wiederum sollen alle vorhanden Produkte nach Suchkriterien auflisten können, Bestellungen anlegen und eigene Bestellungen anzeigen.

5.2.1 Das Servicemodell

Für dieses geforderte Verhalten definieren Sie einen neuen Service in der Datei **catalog-service.cds** im Projektverzeichnis **srv/** mit dem in Listing 5.5 gezeigten Inhalt.

```
using my.domain from '../db/schema';
service CatalogService @(path : '/shop') {
    @readonly
    entity Products as projection on domain.Products { * }
        excluding {
            createdBy, modifiedBy,
            createdAt, modifiedAt,
            price, margin, supplier
        };
    entity Orders as projection on domain.Orders;
}
```

Listing 5.5 Definition des Services für die Rolle des Katalognutzers

Eigenschaften eines Katalognutzers

Die Annotation `@path` bewirkt, dass dieser Service über den Endpunkt */shop* exponiert wird. Die Annotation `@readonly` bedeutet, dass die Entität `CatalogService.Products` nur gelesen werden kann. Alle POST-, PUT- oder PATCH-Requests werden abgelehnt. Des Weiteren werden alle Produktfelder exponiert, bis auf die Menge in der `excluding`-Liste. Die Katalognutzer sollen nicht sehen, wer Produktstammdaten angelegt oder geändert hat und auch keine Informationen über Einkaufspreise, Marge und Lieferanten abrufen können. Felder werden über eine Negativliste ausgeschlossen, um offen gegenüber eventuellen Erweiterungen Ihres Modells durch andere zu sein (siehe Abschnitt 4.6.3, »Die ›Excluding‹-Direktive«).

5.2.2 Servicespezifische Bezeichnungen und Lokalisierung

Nach der bisherigen Konfiguration werden die Katalognutzer die Bezeichnung **Verkaufspreis** zum Produktelement `retail` auf der Benutzeroberfläche sehen. Das sollten Sie ändern, da die einfachere Bezeichnung **Preis** für diese Rolle sinnvoller ist. Es gilt also, die im Ordner **db/i18n** hinterlegten Bezeichnungen zum Domänenmodell zu überschreiben, und zwar nur für das Element `retail` und nur im Kontext des Katalogservices, aber nicht im Kontext des Administratorservices. Um das zu tun, haben Sie zwei äquivalente Möglichkeiten:

1. Innerhalb der Definition des `CatalogService` nutzen Sie in einer separaten Zeile die Anweisung `annotate Products with {retail @title: '{i18n>consumerPrice}'}`. Eine `annotate`-Anweisung wirkt immer überschreibend, d. h., die existierende `@title`-Annotation am Element `retail` im Domänenmodell wird ersetzt.
2. Sie nehmen das Element `retail` explizit in die Liste der Projektionselemente des Services auf und deklarieren dort eine neue `@title`-Annotation. Die geänderte Definition von `Products` innerhalb des Services ist in Listing 5.6 gezeigt.

```
@readonly
entity Products as projection on domain.Products {
     *, retail @(title: '{i18n>consumerPrice}') }
    excluding {
        createdBy, modifiedBy,
        createdAt, modifiedAt,
        price, margin, supplier
    };
```

Listing 5.6 Direkte Annotation des Elements »retail« in der Projektionsliste

Bezeichnungen für Servicemodelle

Nun bleibt noch, die Bezeichnungen für das neue Textelement `consumerPrice` in eine entsprechende Properties-Datei pro Sprache zu pflegen. Es bietet sich an, dafür einen Ordner **srv/i18n/** anzulegen, da diese Bezeichnungen nicht zum Domänenmodell gehören, sondern zu den Servicemodellen.

Kontrollieren Sie den Effekt der Umbenennung und Übersetzung, indem Sie die Metadaten des Katalogservice abrufen. Nutzen Sie dazu z. B. die URL *http://localhost:4004/shop/$metadata?sap-language=de*, und suchen Sie auf der Browserseite nach dem Element `retail`.

5.2.3 Eine Bestandsprüfung implementieren

Die Katalognutzer sollen Produkte aus dem Katalog bestellen können. Dies soll natürlich nur möglich sein, wenn die Anzahl eines zu bestellenden Produkts nicht den aktuell verfügbaren Bestand übersteigt.

Zeitpunkt der Bestandsprüfung festlegen

Eine entsprechende Prüfung werden Sie in einer Implementierung zum Service `CatalogService` einbauen. Genauer gesagt implementieren Sie eine Behandlerroutine zum Ereignis `before.CREATE` der Service-Entität `Orders`. Legen Sie dazu die JavaScript-Datei **catalog-service.js** im Verzeichnis **srv/** an und erfassen Sie darin den Inhalt wie in Listing 5.7 gezeigt.

Lokation von Serviceimplementierungen

Damit die Implementierung automatisch erkannt wird, ist es wichtig, dass sie im gleichen Verzeichnis wie die zugehörigen CDS-Datei liegt und auch den gleichen Namen trägt. Wenn die Notwendigkeit besteht, von dieser Konvention abzuweichen, können Sie den Ort und Namen der JavaScript-Datei mit der Serviceannotation `@impl` ändern. Sollen z. B. die Implementierungen zum Service `CatalogService` in der Datei **catalog.js** im Verzeichnis **implementations/** des Beispielprojekts liegen, so erfassen Sie die Zeile `@impl: '../implementations/catalog.js'` oberhalb der Zeile der Servicedefinition `service CatalogService`.

```
// Implementations for CatalogService
// (in File srv/catalog-service.js)
   module.exports = (srv) => {
  // Use reflection to get the definition of Products
  const { Products} = cds.entities

  srv.before('CREATE', 'Orders', async (req) => {
    // Check for sufficient stock
    const orderItems = req.data.Items;
    var outOfStock = 0;
    for (index = 0; index < orderItems.length; index++) {
      var product = await SELECT.from(Products, ['stock', 'name'])
        .where({ ID: { '=': orderItems[index].product_ID } });
      if (product[0].stock < orderItems[index].amount) {
```

```
          req.error(400, 'Not enough stock for ' + product[0].name);
          outOfStock += 1;
        }
      }
      // If sufficent stock, then reduce Products.stock
      if (outOfStock == 0) {
        for (index = 0; index < orderItems.length; index++) {
          var affectedRows = await UPDATE(Products)
            .set({ stock: { '-=': orderItems[index].amount } })
            .where({ ID: { '=': orderItems[index].product_ID } });
        }
      }
    })
  }
```

Listing 5.7 Implementierung einer Bestellprüfung

Ablauf der Bestandsprüfung

Die Implementierung des Ereignisses `before.CREATE` für die Entität `Orders` besteht aus zwei Teilen. Im ersten Teil erfolgt die Prüfung, ob für die einzelnen Bestellpositionen genügend Bestand vorhanden ist, um die Bestellung anlegen zu können. Sie sehen im Code dafür folgende Vorgehensweise:

1. Die Bestellpositionen werden aus dem Request Body extrahiert und in die Konstante `orderItems` übertragen.
2. In einer Schleife über alle Bestellpositionen werden die Bestände zu den betroffenen Produkten gelesen. Das Feld `name` wird nur mitgelesen, um im Debugger besser kontrollieren zu können, welche Produkte betroffen sind. Zum Lesen der Bestände wird die `SELECT.from`-Funktion der CDS-Schnittstelle genutzt.
3. Pro Bestellposition wird geprüft, ob der Bestand ausreichend ist. Ist dies nicht der Fall, wird mittels `req.error` eine Fehlermeldung erzeugt. Die aktuelle Request-Verarbeitung wird dadurch nicht abgebrochen, zuerst werden alle Fehlermeldungen aufgesammelt. Der Abbruch des Requests erfolgt erst nach Abarbeitung der `before.CREATE`-Implementierung. Somit ist es möglich, im Fehlerfall eine Liste aller Produkte zurückzugeben, für die der Bestand unzureichend ist.
4. Die Variable `outOfStock` wird hochgezählt, um im zweiten Teil zu detektieren, dass eine unzureichende Bestandssituation vorliegt.

Bestandsreduktion

Der zweite Teil der Implementierung reduziert den Bestand der einzelnen Produkte, wenn für alle Bestellpositionen genügen Bestand vorhanden ist. Dazu wird die UDPATE-Funktion des CDS API genutzt. Darin wird das Feld `stock` um die Bestellmenge reduziert (`set`-Anweisung), allerdings nur für Produkte, die Teil der Bestellung sind (`where`-Bedingung).

Testen der Bestandprüfung

Testen Sie nun Ihre Implementierung, indem Sie wie gewöhnlich `cds watch` starten und mittels des HTTP-Clients neue Bestellungen anlegen. Gehen Sie dabei wie in Abschnitt 3.6, »Testen mit einem HTTP-Client«, beschrieben vor. Legen Sie einen neuen Request an, analog zu demjenigen in Listing 3.5 zum Anlegen einer Bestellung. Beachten Sie aber, dass der Request an den Endpunkt */shop* geschickt werden muss, nicht an den Endpunkt */admin*, da Ihre Implementierung nur für den Service `CatalogService` registriert ist. Erzeugen Sie mehrere Bestellungen, bis die Bestandsprüfung einen Fehler liefert. Eine Antwort für einen Fall mit zwei ungenügenden Beständen zeigt Listing 5.8.

```
HTTP/1.1 400 Bad Request
X-Powered-By: Express
OData-Version: 4.0
content-type: application/json;odata.metadata=minimal
Connection: close
Content-Length: 259
{
  "error": {
    "code": "400",
    "message": "Multiple errors occurred. Please see the details for
      more information.",
    "details": [
      {
        "code": "400",
        "message": "Not enough stock for Marvelous Smartphone"
      },
      {
        "code": "400",
        "message": "Not enough stock for Flat Screen TV 32 inch"
      }
    ]
  }
}
```

Listing 5.8 Antwort auf einen Request zur Anlage einer Bestellung bei unzureichendem Bestand

Stand des Projekts als Download

Den aktuellen Stand des Beispielprojekts mit den in diesem Kapitel bisher gezeigten Erweiterungen finden Sie in den Downloadmaterialien zum Buch in der Datei **Kapitel_05.02.zip**. Wenn Sie mit diesem Archiv ein neues Projekt anlegen, denken Sie daran, für das neue Projekt das Kommando `npm install` auszuführen, um die Projektabhängigkeiten zu installieren.

5.3 Konfiguration

Konfiguration bezeichnet das Festlegen eines vorbestimmten Satzes von Parametern zur Anpassung eines Prozesses der Software-Entwicklung oder der Software selbst. Verschiedene Personen konfigurieren Prozesse oder Software mit unterschiedlichen Zielsetzungen. Konfigurationsdaten liegen oft in mehrfachen Ausprägungen vor, die unterschiedliche Szenarien und Varianten eines Prozesses oder einer Software repräsentieren.

Verschiedene Arten von Konfiguration

Abbildung 5.3 zeigt eine Klassifizierung von Konfigurationsparametern mit den verantwortlichen Rollen. Entwickler*innen werden ihre Entwicklungsumgebung und Build-Prozesse konfigurieren.

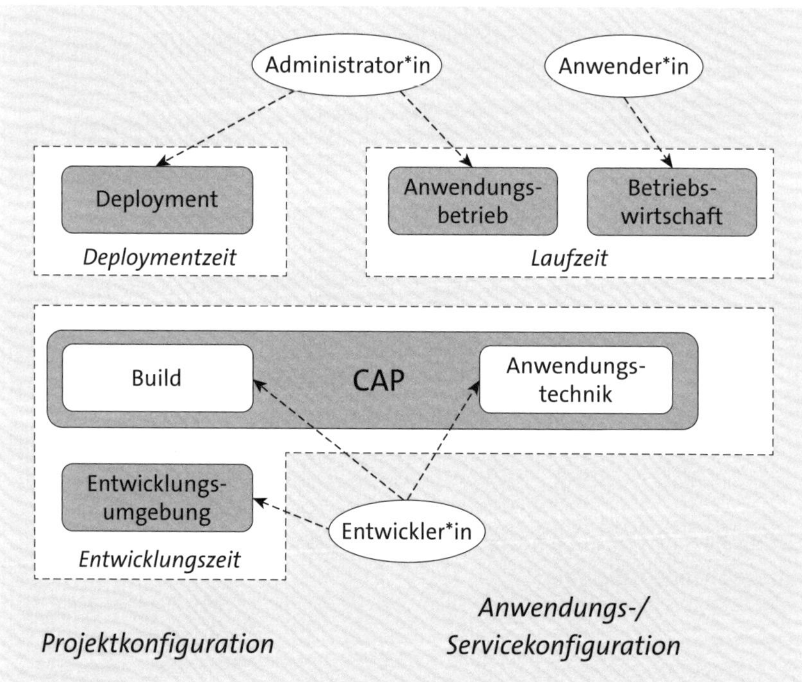

Abbildung 5.3 Verschiedene Arten von Konfiguration mit involvierten Rollen

Sie sind auch für die Festlegung technischer Konfigurationsparameter einer Applikation verantwortlich. Dabei kann unter Konfiguration der Anwendungstechnik alles verstanden werden, was die Eigenschaften der Anwendung beeinflusst und zur Entwicklungszeit vorgenommen wird. Dazu gehört z. B. das Festlegen der Versionen von Programmbibliotheken sowie Grundeinstellungen der Applikation und der darin benutzen Frameworks.

CAP adressiert keine betriebswirtschaftliche Konfiguration

Davon zu unterscheiden ist die Konfiguration, mit der Administratoren das Deployment und die Betriebsbedingungen der Anwendung verändern (z. B. Skalierung, Nutzerstatistiken, Verwalten von Subskriptionen und Tenants) sowie eine betriebswirtschaftliche Konfiguration (Customizing), die durch die Anwender vorgenommen wird. Konfigurationen im Rahmen von CAP richten sich naturgemäß hauptsächlich an die Entwickler, können aber auch Anwendungsadministratoren betreffen. Die Konfiguration einer Applikation durch die Anwender wird im Rahmen von CAP nicht betrachtet.

5.3.1 Ablage von Konfigurationsdaten

Adressiert werden hier im Besonderen Build-Prozesse sowie die Definition und Grundeinstellungen der technischen Parameter einer Anwendung. Zum einen bestimmen Sie Werte von durch CAP vorgegebenen Parametern, die CAP-Werkzeuge und das Verhalten der CAP-Laufzeitkomponenten festlegen. Zum anderen werden Sie einen eigenen Satz von anwendungsspezifischen Konfigurationsparametern einführen, die Sie in der Laufzeit Ihrer Anwendung abfragen und interpretieren.

Hierarchie von Konfigurationen

Grundsätzlich können Konfigurationsparameter in Dateien oder in Umgebungsvariablen definiert und mit Werten versehen werden. CAP bietet eine Hierarchie von Konfigurationsoptionen, in der sich die Stufen der Hierarchie durch unterschiedliche Prioritäten unterscheiden (siehe Abbildung 5.4). Auf der untersten Stufe stehen die von SAP ausgelieferten Grundeinstellungen. Beispielsweise ist dort konfiguriert, dass Ihr Domänenmodell standardmäßig im Projektverzeichnis **db/** zu hinterlegen ist und Servicedefinitionen im Projektverzeichnis **srv/**. Falls gute Gründe bestehen, könnten Sie solche Grundeinstellungen ändern, indem Sie die Konfigurationsdateien **.cdsrc.json** oder **package.json** benutzen.

Entwicklerkonfiguration

Mit niedriger Priorität fungiert die Datei **.cdsrc.json**. Wie an der Dateiendung erkennbar ist, erfassen Sie dort Parameter im JSON-Format. Sie können diese Datei entweder im **HOME**-Verzeichnis Ihres Benutzers auf Ihrem Computer ablegen oder im Wurzelverzeichnis eines Entwicklungsprojekts. Die Datei im Projekt hat dabei höhere Priorität.

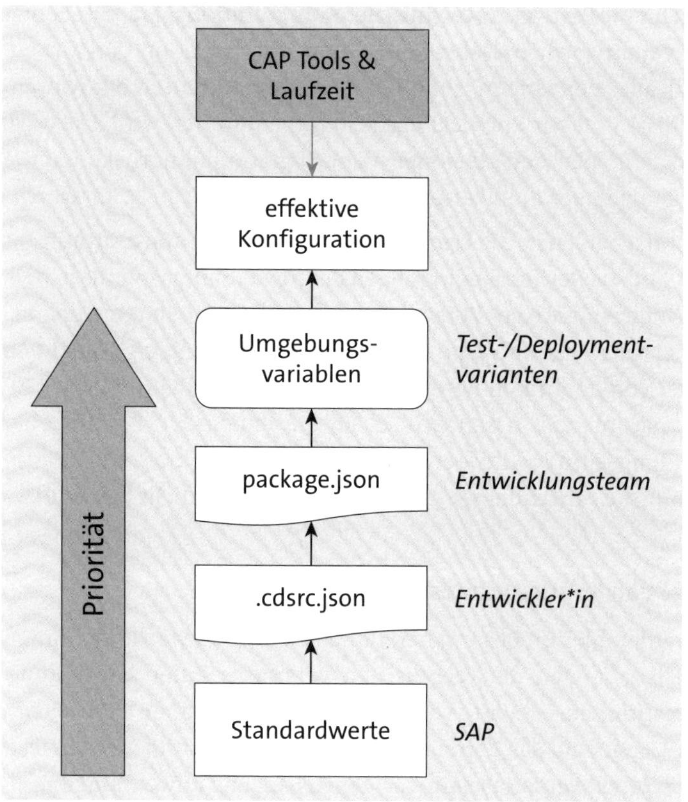

Abbildung 5.4 Hierarchie der Ermittlung von Konfigurationswerten

JSON-Format für Konfigurationsdateien

Abbildung 5.5 zeigt beispielhaft einen Inhalt der Konfigurationsdatei **.cdsrc.json**. Fügen Sie die Datei nicht zu Ihrem Beispielprojekt hinzu (zumindest nicht dauerhaft), es handelt sich nur um ein hypothetisches Beispiel. Mittels des JSON-Objekts `folders` werden die Namen der Verzeichnisse konfiguriert, in denen Domänenmodelle und Servicemodelle hinterlegt sind. Im gezeigten Beispiel weiche ich von den Voreinstellungen ab. Typischerweise können einzelne Werte (wie in `"db": "domain/"`) oder ein Array von Werten (wie in `"srv": ["services/", "srv"]`) gesetzt werden. Dabei gilt oft eine Priorität für Werte in einem Array, analog ihrer Position innerhalb des Arrays.

Mit dem JSON-Objekt `i18n` können Sie Einstellungen zur Lokalisierung vornehmen oder ändern. In dem gezeigten Beispiel wird die voreingestellte Sprache Englisch in Deutsch geändert. Außerdem wird die Liste der Verzeichnisse, in denen nach Sprachdateien gesucht wird, um den Ordner **_locales** erweitert.

Run Terminal Help .cdsrc.json - prod-cat - Visual Studio Code

{} .cdsrc.json ×

{} .cdsrc.json > {} folders

Set folders if you don't want to use the defaults 'app', 'db', 'srv'.

```
{
    "folders": {
        "db": "domain/",
        "srv": ["services/", "srv"]
    },
    "i18n": {
        "default_language": "de",
        "folders": ["_i18n", "i18n", "assets/i18n", "_locales"]
    }
}
```

Abbildung 5.5 Konfigurationsdatei mit CDS-Sprachunterstützung

Abbildung 5.5 zeigt auch, dass Ihnen die CDS-Sprachunterstützung im Editor Hinweise gibt, wenn Sie die Maus über einem Objekt positionieren.

Der Projektdeskriptor als Konfigurationsdatei

Die nächste Stufe in der Konfigurationshierarchie bildet der Projektdeskriptor **package.json**. Diese Datei enthält auch unabhängig von CAP Konfigurationsdaten für die npm-Paketverwaltung. Verschiedene Pakete legen dort ihre Konfigurationsdaten ab. Damit kann (und sollte) der Projektdeskriptor als zentrale Konfigurationsdatei genutzt werden. Es ist ein wenig Geschmackssache, welche Daten Sie in **package.json** und welche in **.cdsrc.json** ablegen. In einem Projektteam, das mit einem Versionsverwaltungssystem arbeitet, ist eine gängige Praxis, den Projektdeskriptor als gemeinsam verbindliche Konfigurationsdatei anzusehen. Die Datei **.cdsrc.json** kann von den einzelnen Teammitgliedern optional genutzt werden, ohne die Datei in das Versionskontrollsystem aufzunehmen.

Um im Projektdeskriptor nicht mit anderen Paketen in Konflikt zu geraten, werden alle CAP-Konfigurationen innerhalb des JSON-Objekts `cds` vorgenommen. Sie haben solch einen Eintrag schon einmal erzeugt, als Sie CDS-Modelle in eine persistente SQLite-Datenbankdatei deployt haben. Dazu nutzten Sie das Kommando `cds deploy --to sqlite` (siehe Abschnitt 2.3.6, »Projektdeskriptor ›package.json‹«).

```
{} package.json ×

{} package.json > {} cds
{
  "name": "prod-cat",
  "version": "1.0.0",
  "description": "A simple CAP project.",
  "repository": "<Add your repository here>",
  "license": "UNLICENSED",
  "private": true,
  "dependencies": {
    "@sap/cds": "^4",
    "express": "^4"
  },
  "devDependencies": {
    "sqlite3": "^4"
  },
  ▷ Debug
  "scripts": {
    "start": "npx cds run"
  },
  "cds": {
    "requires": {
      "db": {
        "kind": "sqlite"
      }
    }
  }
}
```

Abbildung 5.6 CAP-Konfiguration im Projektdeskriptor

Auswirkung eines Deployment-Kommandos

Den Projektdeskriptor für Ihr Beispielprojekt zeigt Abbildung 5.6 nach Ausführung des Kommandos `cds deploy --to sqlite`. Innerhalb des Knotens `"cds"` befinden sich die CAP-relevanten Daten. Der `requires`-Eintrag wurde durch das Deploy-Kommando hinzugefügt und gibt an, als Persistenz eine SQLite-Datenbank zu nutzen. Die genaue Bedeutung des `requires`-Eintrags werden Sie in Abschnitt 5.3.4, »Konfiguration benötigter Services«, kennenlernen.

Konfiguration mittels Umgebungsvariablen

An der Spitze der Hierarchie der Konfigurationsoptionen stehen die Umgebungsvariablen, wie sie jedes Betriebssystem anbietet. Sie können damit CAP-Konfigurationsparameter setzen, indem Sie eine Umgebungsvariable erzeugen, die mit dem Präfix `CDS_` beginnt. Anstelle der länglichen JSON-Notation notiere ich im Folgenden Konfigurationseinträge auch mittels einer Punktnotation. Damit entspricht beispielsweise der in Abbildung 5.6 gezeigte `requires`-Eintrag der Notation `cds.requires.db.kind = sqlite`. Wenn

Sie diesen Eintrag durch eine Umgebungsvariable setzen wollen, legen Sie die Variable `CDS_REQUIRES_DB_KIND` an und weisen ihr den Wert `sqlite` zu. Für verschiedene Betriebssysteme erfolgt das Anlegen und Anzeigen von Umgebungsvariablen unterschiedlich. Tabelle 5.1 zeigt für das obige Beispiel die Kommandos für eine Auswahl von Betriebssystemen. In der rechten Spalte ist jeweils das Kommando zum Anlegen einer Variable über dem Kommando zum Anzeigen aller Variablen aufgeführt.

Betriebssystem/Shell	Kommando (anlegen/anzeigen)
Linux und Mac OS (Bash-Shell)	`export CDS_REQUIRES_DB_KIND=sqlite` `printenv`
Windows PowerShell	`$env:CDS_REQUIRES_DB_KIND = "sqlite"` `ls env:`

Tabelle 5.1 Setzen und Auflisten von Umgebungsvariablen für verschiedene Betriebssysteme

Die Umgebungsvariable CDS_CONFIG

Wenn Sie viele Konfigurationsparameter mittels Umgebungsvariablen setzen möchten, wird es umständlich, diese Variablen zu verwalten. Außerdem können Parameter nicht gesetzt werden, wenn der Parametername einen Unterstrich enthält. Dies liegt daran, dass der Unterstrich im Namen einer Umgebungsvariable in einen Punkt zur Trennung der Strukturstufen bei strukturierten Parametern umgewandelt wird. Es besteht aber die Moglichkeit, alle Parameter, die Sie konfigurieren möchten, in einer Umgebungsvariable mit dem Namen `CDS_CONFIG` anzugeben. Der Inhalt von `CDS_CONFIG` muss dabei ein JSON-Dokument sein, analog zum Inhalt der Datei **.cdsrc.json**. Einzelne Umgebungsvariablen haben höhere Priorität als `CDS_CONFIG`.

Analyse der effektiven Konfiguration

Wie in Abbildung 5.4 dargestellt, entsteht aus der priorisierten Kombination der verschiedenen Quellen eine effektive Konfiguration, die CAP dynamisch generiert, zur Laufzeit nutzt sowie auch den Ereignisbehandlern zur Verfügung stellt. In der Kommandozeile können Sie jederzeit die effektive Konfiguration eines Projekts überprüfen. Dafür steht das Kommando `cds env` bereit. Nutzen Sie `cds help env`, um alle Optionen dieses Kommandos zu sehen.

Listing 5.9 zeigt eine beispielhafte Terminalausgabe von `cds env`. Im oberen Teil, unter `_sources`, werden die Quellen aufgelistet, die zur Bestimmung der effektiven Konfiguration genutzt wurden. An der Reihenfolge der Auflistung erkennen Sie die Hierarchie wieder, die zu der effektiven Konfiguration führt.

```
>> cds env
_context = cds
_home = C:\Local\test\prod-cat
_sources = [
  'C:\\Users\\AppData\\Roaming\\npm\\node_modules\\@sap\\cds-dk\\
node_modules\\@sap\\cds\\lib\\env\\defaults.js',
  'C:\\Local\\test\\prod-cat\\package.json',
  '{process.env}'
]
build.target = gen
env = development
features.fiori_preview = true
features.localized = true
features.one_model = true
features.skip_unused = true
features.snapi = true
folders.app = app/
folders.db = db/
folders.srv = srv/
i18n.default_language = en
i18n.folders = [ '_i18n', 'i18n', 'assets/i18n' ]
i18n.for_sqlite = [ 'de', 'fr' ]
i18n.languages = all
i18n.white_list = [
  'zh_CN',
  'zh_HK',
  'zh_TW',
  'en_GB',
  'fr_CA',
  'pt_PT',
  'es_CO',
  'es_MX',
  'en_US_x_saptrc',
  'en_US_x_sappsd'
]
log-level = warn
mtx.api.metadata = true
mtx.api.model = true
mtx.api.provisioning = true
mtx.domain = __default__
odata.format = flat
odata.version = v4
```

```
query.limit.max = 1000
requires.JWT-auth.strategy = JWT
requires.app-service.impl = @sap/cds-runtime/lib/cds-services/
services/Service.js
requires.auth.kind = mocked-auth
requires.auth.strategy = mock
requires.auth.users.* = true
requires.auth.users.alice.roles = [ 'admin' ]
requires.auth.users.bob.roles = [ 'builder' ]
requires.db.credentials.database = sqlite.db
requires.db.impl = @sap/cds-runtime/lib/sqlite/Service.js
requires.db.kind = sqlite
requires.db.use = sqlite
requires.dummy-auth.strategy = dummy
requires.enterprise-messaging.impl = @sap/cds-runtime/lib/messaging/
enterprise-messaging.js
requires.file-based-messaging.credentials.file = ~/.cds-msg-box
requires.file-based-messaging.impl = @sap/cds-runtime/lib/messaging/
file-based.js
requires.hana.impl = @sap/cds-runtime/lib/hana/Service.js
requires.hana.use = hana
requires.local-messaging.impl = @sap/cds-runtime/lib/messaging/
service.js
requires.messaging.impl = @sap/cds-runtime/lib/messaging/service.js
requires.messaging.kind = local-messaging
requires.mocked-auth.strategy = mock
requires.mocked-auth.users.* = true
requires.mocked-auth.users.alice.roles = [ 'admin' ]
requires.mocked-auth.users.bob.roles = [ 'builder' ]
requires.odata.impl = @sap/cds-runtime/lib/rest/service.js
requires.rest.impl = @sap/cds-runtime/lib/rest/service.js
requires.sql.credentials.database = :memory:
requires.sql.impl = @sap/cds-runtime/lib/sqlite/Service.js
requires.sql.kind = sqlite
requires.sql.use = sqlite
requires.sqlite.credentials.database = sqlite.db
requires.sqlite.impl = @sap/cds-runtime/lib/sqlite/Service.js
requires.sqlite.use = sqlite
sql.names = plain
```

Listing 5.9 Beispiel einer Terminalausgabe des Kommandos »cds env«

5.3.2 Zugriff auf Konfiguration zur Laufzeit

In Ihren Service-Implementierungen ist es möglich, auf die effektive Konfiguration zuzugreifen. Nutzen Sie dazu das JavaScript-Objekt `cds.env`, so wie beispielhaft in Listing 5.10 gezeigt. Der Konstante `dl` wird dort der Wert der Standardsprache und der Konstante `re` ein ganzes, strukturiertes JavaScript-Objekt aus der effektiven Konfiguration zugewiesen.

```
const dl = cds.env.i18n.default_language;  // ein Wert
const re = cds.env.requires;               // ein Objekt
// spezifischer Wert eine Applikation
const mypara1 = cds.env.for('myapp').para1;
```

Listing 5.10 Lesen der Konfiguration in Service-Implementierungen

Applikationsspezifische Konfiguration

Sie können mit dem CAP-Konfigurationsframework auch Ihre eigene, applikationsspezifische Konfiguration verwalten. Beispielsweise können Sie in die Datei **package.json** ein JSON-Objekt aufnehmen (siehe Listing 5.11). Die Konstante `mypara1` aus Listing 5.10 würde dann den Wert `value1` beinhalten. Ebenso können Sie auch hier Umgebungsvariablen nutzen, z. B. die Variable `MYAPP_PARA2`.

```
  "myapp": {
    "para1": "value1",
    "para2": "value2"
  }
```

Listing 5.11 Anwendungsspezifische Konfiguration in einem Projektdeskriptor

5.3.3 Profile

Konfigurationsprofile sind eine gängige Methode, um Applikationen unter verschiedenen Bedingungen zu starten. Ein Profil ist eine benannte Gruppierung von Konfigurationsparametern und Werten. Der typische Anwendungsfall ist die Unterscheidung in ein Entwicklungsprofil und ein produktives Profil.

Aktivierung eines Profils

CAP für Node.js interpretiert die Umgebungsvariable `NODE_ENV`, um das aktive Profil zu bestimmen. Besonders ausgezeichnet sind das Entwicklungsprofil `development` sowie das Profil `production` für den produktiven Einsatz. So aktiviert in der Windows PowerShell die Anweisung `$env:NODE_ENV = "production"` das entsprechende Profil (`NODE_ENV=production` in der Bash-Shell). Ist `NODE_ENV` nicht gesetzt, so gilt das Entwicklungsprofil als aktiv. Das Entwicklungsprofil wird automatisch zum Standardprofil einer CAP-Entwicklungsumgebung. Mit dem Kommando cds env ls profiles können Sie sich das aktive Profil anzeigen lassen. Viele Build- und Deployment-Server in automatisierten Pipelines setzen NODE_ENV automatisch auf production, da noch viele andere Bibliotheken aus dem Node.js-Umfeld auf diese Einstellung reagieren.

Profile in Konfigurationsdateien

In den Konfigurationsdateien können Sie anschließend den Inhalt der Profile definieren. Stellen Sie dazu den Profilnamen in eckige Klammern (siehe Listing 5.12). Dort werden für die Profile development und production verschiedene Konfigurationen eingetragen. Beachten Sie, dass der Eintrag "i18n": {"default_language": "fr"} keinem Profil zugeordnet ist. Er wird deswegen immer dann herangezogen, wenn im aktiven Profil keine abweichende Konfiguration gepflegt ist.

```
"cds": {
  "i18n": {"default_language": "fr"},
  "[development]": {
    "i18n": {"default_language": "de"},
    "requires": {
      "db": {"kind": "sqlite"}
    }
  },
  "[production]": {
    "requires": {
      "db": {"kind": "hana"}
    }
  }
}
```

Listing 5.12 Profile im CAP-Projektdeskriptor

Die effektive Konfiguration zu Listing 5.12 ergibt sich also für das aktive Entwicklungsprofil zu requires.db.kind = sqlite und i18n.default_language = de. Für das produktive Profil ergibt sie sich zu requires.db.kind = hana und i18n.default_language = fr.

Eigene Konfigurationsprofile

Neben den Profilen development und production können Sie durch Setzen der Umgebungsvariable ein eigenes Profil aktvieren. Dabei bleibt allerdings immer auch das Profil development aktiv, dem CAP-seitig eine Reihe von Voreinstellungen zugeordnet sind. Für ein produktives Deployment nutzen Sie immer das eindeutige Profil production. Etwaige Konfigurationsvarianten eines produktiven Deployments können Sie durch verschiedene Umgebungsvariablen abbilden.

5.3.4 Konfiguration benötigter Services

Im Projektdeskriptor der Beispielapplikation sind Sie schon dem Konfigurationseintrag `cds.requires` begegnet. Dies ist ein sehr zentraler Eintrag. Er konfiguriert den Zugriff auf benötigte Services, die nicht Services des eigenen Projekts sind. Listing 5.13 zeigt die Struktur des `requires`-Objekts im Projektdeskriptor. Jeder benötigte Service ist durch einen Namen gekennzeichnet, unter dem seine Konfiguration zur Laufzeit abgefragt werden kann. Die Art des benötigten Services wird durch den Eintrag `kind` bestimmt. Listing 5.13 zeigt nur eine Auswahl aus der Menge von vordefinierten Arten. Ein CDS-Modell des benötigten Services kann durch den `model`-Eintrag referenziert werden.

```
"requires": {
    "<serviceName1>": {
        "kind": "<sqlite || hana || rest || odata || ...> ",
        "model": "<path>",
        "credentials": {
            ...
        }
    },
    "<serviceName2>": {
        ...
    },
    ...
```

Listing 5.13 Struktur der Konfiguration zu benötigten Services

Credentials als Zugangsdaten für einen Service

Für den Zugriff auf einen benötigten Service sind sogenannte *Credentials* erforderlich. Dies bezeichnet die Sammlung von Informationen, die für den Zugriff auf den Service nötig sind. Im einfachsten Fall sind dies eine URL sowie ein Benutzername mit Passwort. Im produktiven Fall werden Credentials aus Sicherheits- und Flexibilitätsgründen nicht explizit in eine Konfigurationsdatei geschrieben. Stattdessen werden dafür Umgebungsvariablen der Deployment-Plattform genutzt, oder dedizierte und sichere Konfigurationsservices. Wie ich in Kapitel 13, »Integration mit SAP-Lösungen«, vorstellen werde, stellt die SAP Cloud Platform solche Konfigurationsservices bereit, die dann wiederum durch die CAP-Konfiguration und die CAP-basierte Anwendung angebunden werden.

Datenbanken als Services

CAP behandelt auch eine Datenbank wie einen Service, zu dem eine Verbindung aufgebaut werden muss und für den Credentials bereitgestellt werden müssen. Man spricht in diesem Kontext dann eher von *Datenquellen*. CAP reserviert den vorgegeben Servicenamen `db` für den Namen der primären

Datenbank einer Applikation. Im Zusammenhang mit der Testdatenbank SQLite sind Sie dem entsprechenden Konfigurationseintrag schon begegnet. In vollem Umfang ist dieser in Listing 5.14 gezeigt. Auch dort ist eine Credentials-Sektion vorhanden, in der nur der Name der Datenbankdatei eingetragen wird. Benutzer und Passwort sind für die Testdatenbank nicht erforderlich. Sie müssen Credentials für Ihre SQLite-Datenquelle nur angeben, wenn Sie den Namen der Datenbankdatei ändern möchten, da der Namen **sqlite.db** schon Teil der Grundkonfiguration von CAP ist, wie Sie durch Eingabe des Kommandos `cds env` leicht feststellen können.


```
"requires": {
      "db": {
        "kind": "sqlite",
        "credentials": {
          "database": "sqlite.db"
        }
      }
    }
```

Listing 5.14 Konfiguration der Testdatenbank SQLite

5.4 Authentifizierung und Autorisierung

Der Schutz von Anwendungen und Services vor unberechtigtem Zugriff ist angesichts der zunehmenden Auslagerung von Diensten in die Cloud von stetig wachsender Bedeutung. Zwei Prozesse sollen diesen Schutz sicherstellen:

- **Authentifizierung**

  Zur Bestätigung der Identität eines Benutzers (oder auch eines technischen Agenten), werden auf Cloud-Plattformen dedizierte Authentifizierungsservices angeboten, so wie sie auch die SAP Cloud Platform zur Verfügung stellt. Das Resultat dieser Bestätigung ist das Ausstellen eines »Ausweises«, mit dem der Benutzer sich gegenüber anderen Diensten (z. B. einem CAP-Service) identifizieren kann. Auf der SAP Cloud Platform ist dieser Ausweis in Form eines *JSON Web Token* (JWT) realisiert, der sich für den Transport in HTTP-Requests eignet. Der JWT wird in der Regel auch eine Liste von Berechtigungen enthalten, die dem Benutzer zugeordnet sind.

- **Berechtigungsprüfung (Autorisierung)**

  Die Berechtigungsprüfung basiert auf einem zuvor ausgestellten JWT und validiert, ob ein Request im Kontext eines *Berechtigungsmodells* auch ausgeführt werden darf. Das Berechtigungsmodell deklariert, welche Berechtigungen für die Operationen auf Ressourcen erforderlich sind. Die Prüfung vergleicht also das Modell mit den im JWT hinterlegten Berechtigungen und validiert damit, ob die angeforderten Request-Operationen ausgeführt werden dürfen.

CDS-Modelle enthalten Berechtigungsmodelle

Als Programmiermodell beinhaltet CAP Konzepte zur Berechtigungsprüfung, aber nicht zur Authentifizierung. Ein CAP-Service setzt voraus, dass ein Request schon einen JWT enthält. CAP wird nur den JWT auf Echtheit prüfen, unter Nutzung des Authentifizierungsservice der SAP Cloud Platform. Das Berechtigungsmodell, das anschließend zur Berechtigungsprüfung herangezogen wird, ist Teil der CDS-Modellierung. Abbildung 5.7 zeigt die Authentifizierung und Berechtigungsprüfung im Kontext eines CAP-Services.

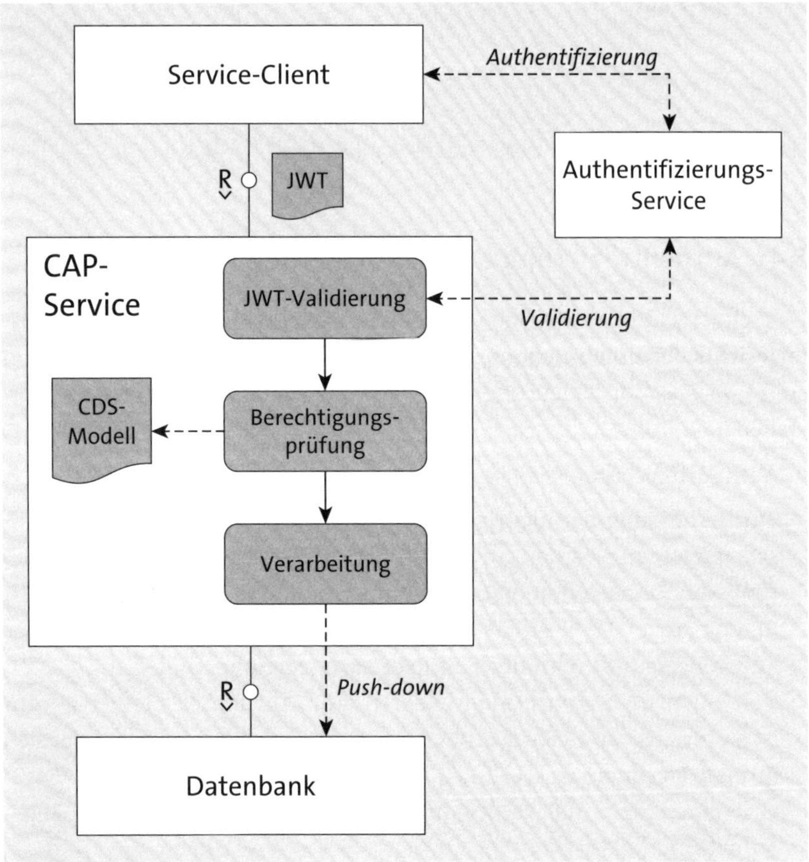

Abbildung 5.7 Authentifizierung und Berechtigungsprüfung im Kontext eines CAP-Services

Einschränkungen auf Datenebene

Das Berechtigungsmodell in CAP wird auch genutzt, um Einschränkungen auf Datenebene zu formulieren. Größere Resultatemengen von Datenabfragen werden basierend auf Einschränkungen gefiltert und nur die eingeschränkte Resultatemenge als Antwort zurückgegeben. Ein Beispiel ist die Anfrage eines Benutzers nach allen Bestellungen. Aufgrund modellierter Einschränkungen enthält die Antwort nur Bestellungen, die der Benutzer selbst angelegt hat. Diese Filterung wird soweit wie möglich als Teil der Abfrageoperationen an SAP HANA delegiert (Push-down in Abbildung 5.7), sodass die zwischen Datenbank und Applikationsserver zu transportierende Datenmenge minimiert wird.

5.4.1 Berechtigungen in CDS-Modellen

Rollen in CAP

Das Berechtigungsmodell im Rahmen von CAP basiert nicht auf nativen CDS-Sprachelementen, sondern wird über einen Satz von Annotationen abgebildet. Die einfachste Form zeigt Listing 5.15 am Beispiel des Administratorservices. Mit der Annotation `@requires` geben Sie eine oder mehrere Benutzerrollen an, die einem Benutzer zugewiesen sein muss, um berechtigt zu sein, Requests an den Service verarbeiten zu lassen. Werden mehrere Rollen angegeben, so reicht die Zuordnung des Benutzers zu mindestens einer Rolle für eine positive Prüfung. Es wird nicht auf Zugehörigkeit zu allen Rollen geprüft.

```
@requires: 'authenticated-user'
service AdminService {
  entity Products as projection on domain.Products;
  entity Suppliers as projection on domain.Suppliers;
  entity Orders as projection on domain.Orders;
}
```

Listing 5.15 Zuordnung der Rolle »authenticated-user« zum Administratorservice

Installation der Passport-Bibliothek

Unter Node.js nutzt CAP das populäre *Passport*-Paket (siehe *http://www.passportjs.org/*), um mit authentifizierten Requests umzugehen. Installieren Sie nun dieses Paket in Ihrem Projekt mit dem Kommando `npm add passport`. Die Abhängigkeiten in Ihrem Projektdeskriptor **package.json** sollten danach wie in Listing 5.16 aussehen (Versionsnummern können abweichen).

```
...
  "dependencies": {
    "@sap/cds": "^4",
    "express": "^4",
```

```
    "passport": "^0.4.1"
  },
  "devDependencies": {
    "sqlite3": "^4"
  },
...
```

Listing 5.16 Der Projektdeskriptor »package.json« mit der Abhängigkeit zum Passport-Paket

Authentifizierung des Administrators

Erweitern Sie anschließend die Definition des Administratorservices in Ihrem Projekt mit der Annotation `@requires` (siehe Listing 5.15). Starten Sie danach `cds watch` und öffnen Sie im Browser die URL *http://localhost:4004/*. Auf der Willkommensseite von CDS klicken Sie auf den Link **Products** des `admin`-Services. Sie sehen nun eine Aufforderung zur Anmeldung (siehe Abbildung 5.8).

Abbildung 5.8 Anmeldeaufforderung für den Administratorservice

Geben Sie einen beliebigen Namen im Feld **Username** und ein beliebiges Passwort im Feld **Password** ein und loggen Sie sich ein. Anschließend wird die Liste der Produkte angezeigt.

Die Annotation `@requires` hat bewirkt, dass ein Anmeldedialog angezeigt wird. Während der lokalen Entwicklung wird CAP jede Kombination von **Username** und **Password** authentifizieren. Das ist ein nützlicher Simulationsmodus, um Anmeldedaten zum Testen in der Laufzeit zur Verfügung zu haben. Beachten Sie, dass das Konfigurationsprofil `development` eingestellt sein muss (siehe Abschnitt 5.3.3, »Profile«), damit der Simulationsmodus aktiv ist.

»Pseudorollen« für spezielle Anwendungsfälle

Die Annotation besagt weiterhin, dass der Benutzer authentifiziert sein muss, um den Administratorservice benutzen zu können. Die Rolle `authenticated-user` ist eine von mehreren vordefinierten *Pseudorollen*, die immer vorhanden sind (siehe Tabelle 5.2).

Pseudorolle	Bedeutung
`authenticated-user`	ein benannter, authentifizierter Benutzer
`system-user`	Ein authentifizierter, technischer Benutzer. Trotzdem ist ein `system-user` kein `authenticated-user`.
`identified-user`	Der Benutzer ist nur schwach authentifiziert, z. B. durch Cookies.
`any`	ein beliebiger, auch unbekannter Nutzer

Tabelle 5.2 Pseudorollen in CAP

5.4.2 Konfiguration von Benutzern und Rollen zu Simulationszwecken

Pseudorollen sind nur für gewisse, sehr frei zugängliche Szenarien sinnvoll.

Betriebswirtschaftliche Rollen

Im Allgemeinen werden Rollen benutzt, die einem betriebswirtschaftlichen Kontext entsprechen. Für den Administratorservice benutzen Sie deswegen von nun an auch eine Administratorrolle, indem Sie den Service mit `@requires: 'admin'` statt mit `'authenticated-user'` annotieren. Ändern Sie die Datei **admin-service.cds** entsprechend. Einem Benutzer muss also die Rolle `admin` zugeordnet sein, um den Administratorservice nutzen zu können. In einem produktiven Szenario würde der JWT herangezogen, um diese Rollenzuordnung zu prüfen. Zum jetzigen Stand des Entwicklungsprojekts wird aber noch kein Authentifizierungsservice genutzt, der diesen JWT ausstellen könnte. Deswegen bietet CAP die Möglichkeit, Berechtigungen im Konfigurationsprofil `development` zu Testzwecken zu simulieren (*Mocking*). Erweitern Sie Ihre CDS-Konfiguration in der Datei **package.json**, indem Sie den `cds`-Eintrag wie in Listing 5.17 hinzufügen.

```
"cds": {
  "auth": {
    "passport": {
      "strategy": "mock",
      "users": {
        "Donald": {
           "roles": ["admin"]
        }
      }
```

```
        }
      }
    }
```

Listing 5.17 Konfiguration der Mock-Strategie zur Authentifizierung

Strategien der Authentifizierung

Mit dem CDS-Konfigurationsparameter `auth.passport.strategy` wird die Authentifizierungsstrategie festgelegt. CAP unterscheidet die Strategien `mock` (für Simulationszwecke), `JWT` und `dummy`. Die Strategie `JWT` ist für eine produktive Nutzung im Kontext des SAP-Cloud-Platform-Authentifizierungsservices nötig. Die Konfiguration in Listing 5.17 nutzt also die Mock-Strategie und definiert einen Benutzer `Donald`, dem die Rolle `admin` zugewiesen wird. Wenn Sie `cds watch` mit dieser Konfiguration starten, müssen Sie sich nun mit dem Benutzer Donald ohne Passwort anmelden, um die Produktliste über den Administratorservice abrufen zu können. Wenn Sie einen anderen Benutzer verwenden, werden Sie in Ihrem Browser mit einer Fehlermeldung abgewiesen.

Benutzerwechsel mit dem Webbrowser

Wenn Sie sich mit einem Benutzer über die Anmeldeaufforderung anmelden (erfolgreich oder nicht erfolgreich), wird Ihr Webbrowser normalerweise die Anmeldedaten speichern. Sie können sich deshalb mit dem gleichen Browser nicht nochmal mit einem anderen Benutzer anmelden oder auch nur eine falsche Anmeldung korrigieren. Öffnen Sie deshalb vor jeder Anmeldung ein neues Inkognito-Fenster Ihres Browsers. In diesem Fenster wird der Browser die Anmeldedaten nur für dieses Fenster speichern. Gängige Browser nutzen auch die Bezeichnung *privates Fenster*, *neue Sitzung* oder *InPrivate-Fenster*.

Die Konfiguration der Mock-Strategie können Sie ausweiten (siehe Listing 5.18). Wenn der Parameter `ID` gesetzt wird, ist diese als Benutzername zur Anmeldung einzugeben. Optional können Sie ein Passwort festlegen. Am besten gestalten Sie die Anmeldedaten nach Ihren Vorlieben. Ich arbeite zur Simulation z. B. ohne den Parameter `ID`.

```
"passport": {
  "strategy": "mock",
  "users": {
    "Donald": {
      "roles": ["admin"],
      "ID": "donald@ehausen.net",
      "password": "duck",
```

```
      "userAttributes": {"country": "US", "state": "AL"}
    },
    "Dagobert": {
      "roles": ["authenticated-user"],
      "ID": "dago@ehausen.net",
      "password": "trick",
      "userAttributes": {"currency": "EUR"}
    }
  }
}
```

Listing 5.18 Beispiele vollständiger Mock-Konfigurationen zur Authentifizierung

Benutzerattribute

Das Objekt `userAttributes` enthält beliebige Attribute, die einem Benutzer zugeordnet werden können. Im produktiven Umfeld werden diese Attribute vom Authentifizierungsservice aus den Benutzerstammdaten gelesen und als Teil des JWT in einem Request Header an die CAP-Laufzeit übergeben.

Wenn Sie temporär alle Berechtigungsprüfungen ausschalten wollen, tragen Sie die Strategie `dummy` ein.

5.4.3 Feingranulare Berechtigungsteuerung

Die »Restrict«-Annotation

Bisher haben Sie mittels der `@requires`-Annotation eine rollenbezogene Alles-oder-Nichts-Berechtigungsprüfung erreicht. Mithilfe der Annotation `@restrict` können Sie wesentlich feinere Prüfungen definieren. Auch die Umsetzung einer *Instanzbasierten Autorisierung*, d. h. einer Berechtigungsprüfung unter Berücksichtigung von Datenbankinhalten, wird dadurch ermöglich.

Sie definieren Einschränkungen durch folgende Parameter der `@restrict`-Annotation:

- `grant`: eine Zeichenkette oder ein Array von einer oder mehreren Operationen, für die Berechtigung erteilt werden soll
- `to` (optional): eine oder mehrere Rollen, die diese Berechtigung erhalten
- `where` (optional): eine einschränkende, logische Bedingung zwischen Benutzerattributen und Dateninhalten

Um mit einem konkreten Beispiel zu arbeiten, erweitern Sie Ihre Definition des Services `CatalogService` (siehe Listing 5.19).

```
using my.domain from '../db/schema';

@(path : '/shop', requires: 'authenticated-user')
service CatalogService {
   @readonly
   entity Products as projection on domain.Products {
      *, retail @(title: '{i18n>consumerPrice}') }
      excluding {
         createdBy, modifiedBy,
         createdAt, modifiedAt,
         price, margin, supplier
      };
   entity Orders @(restrict: [
      {grant: ['READ', 'WRITE'], to: 'admin'},
      {grant: 'READ', where: 'createdBy = $user'},
      {grant: 'WRITE', to: 'authenticated-user'}
      ])
      as projection on domain.Orders;
}
```

Listing 5.19 Modell des Services für den Katalognutzer mit Einschränkungen der Berechtigung

Für die Entität `CatalogService.Orders` sind nun folgende Zugriffsbeschränkungen definiert:

- Die Rolle `admin` darf alle Bestellungen lesen und schreiben.
- Benutzer in anderen Rollen dürfen nur solche Bestellungen lesen, die sie auch angelegt haben.
- Jeder authentifizierte Benutzer darf Bestellungen anlegen.

Beachten Sie, dass zum Zeitpunkt des Schreibens dieses Buches eine `where`-Klausel wie `where: 'createdBy = $user'` nicht in der Entwicklungsdatenbank SQLite ausgewertet werden kann. SAP HANA unterstützt diese Ausdrücke allerdings.

HTTP-Requests und Testen von Berechtigungen

Ein HTTP-Request beinhaltet Authentifizierungsinformation in einem Feld des Request Header mit dem Namen `Authorization`. Im Simulationsmodus von CAP bietet Ihnen Ihr Browser ein Anmeldefenster an. Die von Ihnen eingegeben Daten werden dann vom Browser als Teil des GET-Requests an den Service geschickt.

Zum Testen mit POST- oder PUT-Requests benutzen Sie wieder einen HTTP-Client. Dort müssen Sie selbst das Feld `Authorization` als Teil des Request Header setzen, wie folgendes Beispiel anhand des Anlegens einer Bestellung zeigt (der Request Body ist nicht ausgeführt):

```
POST http://localhost:4004/shop/Orders
Content-Type: application/json
Authorization: Basic dago@ehausen.net:trick
{
  <Request Body>
}
```

Benutzername und Passwort werden dabei durch einen Doppelpunkt getrennt aufgeführt. Achten Sie darauf, dass Sie Benutzer und Passwort auch im Projektdeskriptor definiert haben, so wie in Listing 5.18 gezeigt. Der Einfachheit halber wird die Zeichenkette `<Benutzer>:<Passwort>` meist mit einer sogenannten *Base64*-Kodierung übertragen (siehe z. B. *http://s-prs.de/v765115*). Die Zeichenkette `dago@ehausen.net:trick` würde damit nach `ZGFnbOBlaGF1c2VuLm5ldDpOcmljaw==` kodiert werden. Beachten Sie, dass eine Base64-Kodierung keine Verschlüsselung bewirkt. Allerdings sollte ein HTTP-Request immer als ein verschlüsselter HTTPS-Request übertragen werden, so wie es auch auf der SAP Cloud Platform erfolgt.

5.4.4 Schnittstelle zum Zugriff auf Benutzer- und Rolleninformation in einem Request

In Ereignisbehandlern der Service-Implementierungen können Sie über das CDS API auf berechtigungsrelevante Informationen zugreifen. Listing 5.20 zeigt einige beispielhafte Szenarien.

```
module.exports = (srv) => {

  srv.before('*', req =>
    req.user.is('identified') || req.reject(403) )

  srv.before('*', req =>
    req.user.is('authenticated') || req.reject(403) )

  srv.before(['READ', 'CREATE'], 'Orders', req =>
    req.user.is('admin') || req.reject(403) )

  srv.before('READ', 'Orders', req =>
    req.query.where('buyer =', req.user) )
```

```
    srv.before('READ', 'Products', (req) => {
        const is_admin = req.user.is('admin');  //true or false
        const country  = req.user.attr.country || 'N/A';
        const state    = req.user.attr.state    || 'N/A';
    })
}
```

Listing 5.20 Zugriffe auf berechtigungsrelevante Informationen in Ereignisbehandlerroutinen

Stand des Projekts als Download

Den aktuellen Stand des Beispielprojekts mit einigen in diesem Kapitel gezeigten Beispielen bezüglich der Authentifizierung und Autorisierung finden Sie in den Downloadmaterialien zum Buch in der Datei **Kapitel_05.04.zip**.

5.5 Entwurf eines UIs mit SAP Fiori Elements

SAP Fiori Elements besteht aus vielen vordefinierten Typen von Benutzeroberflächen, sogenannten *SAP Fiori Page Types*. Die zugrunde liegende Technologie ist SAPUI5, die HTML5-Bibliothek von SAP. Die Kernidee von SAP Fiori Elements ist die Generierung einer SAP-Fiori-Applikation basierend auf den Metadaten eines OData-Services. Diese Metadaten enthalten Annotationen, die das Aussehen und Verhalten der Benutzeroberfläche beschreiben. Für standardisierte Benutzeroberflächen im Sinne der unterstützten SAP Fiori Page Types können komplexe Dialoge und Aktionen ganz ohne UI-Programmierung entwickelt werden.

CAP generiert OData-Annotationen

Da CDS-Modelle dafür vorgesehen sind, auch OData-Annotationen zu tragen, sind CAP und SAP Fiori Elements ein perfektes Paar. CAP generiert OData-Metadaten, die von SAP Fiori Elements interpretiert werden. CAP wird damit zum idealen Service-Backend für SAP Fiori Elements.

Einen Vergleich der Lesbarkeit und damit auch der Pflegbarkeit von Annotationen in CDS-Modellen mit Annotationen in OData-Metadaten zeigen Listing 5.21 und Listing 5.22.

```
annotate Products with {
  ID     @title : 'ID';
  name   @title : '{i18n>productName}';
  price  @( title                : '{i18n>price}',
            Measures.ISOCurrency : currency_code );
```

```
  currency_code @title : '{i18n>c_code}';
}
annotate ProductService.ProductList with @(
  UI: { SelectionFields: [ name, currency_code],
        LineItem: [{Value: ID},{Value: name},{Value: price}]}
);
```

Listing 5.21 Annotationen zu einer CDS-Entität »Products« und einem darauf aufbauenden Service

Kompaktes Annotationsmodell

Das CDS-Modell geht von einer schon definierten Entität `Products` sowie von einem Service `ProductService` aus, der einen View `ProductList` über der Entität `Products` exponiert. Die Annotationen an `Products` werden deswegen bis zu dem Service propagiert. Der gezeigte Annotationsteil ist sehr kompakt und gut lesbar. Verschiedene Zwecke von Annotationen lassen sich getrennt darstellen und, wenn es sinnvoll ist, auch über mehrere Dateien hinweg verteilen. In Listing 5.21 sind aus Gründen der Übersichtlichkeit die Aspekte der Bezeichnung von Feldern (`@title`) und der Zuordnung von Währungseinheiten (`@Measures.ISOCurrency`) von der Beschreibung der Selektionsfelder und Spalten einer Liste (`SelectionFields`, `LineItems`) getrennt gehalten. Die zugehörigen OData-Metadaten hingegen sind als XML-Dokument monolithisch, sehr umfangreich und nicht gut geeignet, um von Menschen gelesen und erstellt zu werden (siehe Listing 5.22). Beachten Sie auch, dass ein von CAP generiertes OData-Metadatendokument sprachabhängige Texte automatisch ermittelt und in die OData-Metadaten einfügt.

```
<Annotations Target="ProductService.ProductList">
  <Annotation Term="UI.LineItem">
    <Collection>
      <Record Type="UI.DataField">
        <PropertyValue Property="Value" Path="ID"/>
      </Record>
      <Record Type="UI.DataField">
        <PropertyValue Property="Value" Path="name"/>
      </Record>
      <Record Type="UI.DataField">
        <PropertyValue Property="Value" Path="price"/>
      </Record>
    </Collection>
  </Annotation>
  <Annotation Term="UI.SelectionFields">
    <Collection>
      <PropertyPath>name</PropertyPath>
```

```
      <PropertyPath>currency_code</PropertyPath>
    </Collection>
  </Annotation>
</Annotations>
<Annotations Target="ProductService.ProductList/ID">
  <Annotation Term="Common.Label" String="ID"/>
</Annotations>
<Annotations Target="ProductService.ProductList/name">
  <Annotation Term="Common.Label" String="Product name"/>
</Annotations>
<Annotations Target="ProductService.ProductList/price">
  <Annotation Term="Common.Label" String="Purchasing price"/>
  <Annotation Term="Measures.ISOCurrency" Path="currency_code"/>
</Annotations>
<Annotations Target="ProductService.ProductList/currency_code">
  <Annotation Term="Common.Label" String="Currency Code "/>
</Annotations>
```

Listing 5.22 Annotationen in OData-Metadaten

[»]

SAP Fiori Elements und CAP mit OData v4

Die Einstiegsseite von SAP für alle Informationen zu den Themen SAPUI5 und SAP Fiori finden Sie unter *https://sapui5.hana.ondemand.com/*. Klicken Sie in der Toolbar oben auf der Seite auf das Thema **Documentation**. In der linken Navigationsleiste finden Sie das Thema **Developing Apps with SAP Fiori Elements**. Eine ähnliche Dokumentation finden Sie auch unter *http://s-prs.de/v765116*.

Die SAP-Community-Seite zu diesem Thema finden Sie auf *http://s-prs.de/v765117*. Alle Quellen beinhalten Links zu weiteren Materialien.

Die Spezifikation der OData-Annotationen finden Sie unter *http://s-prs.de/v765118* sowie unter *http://s-prs.de/v765119*.

CAP bietet standardmäßig OData-Services in der Version 4 der OData-Spezifikation (*OData v4*). Diese hat viele Vorteile und Neuerungen gegenüber der vorherigen produktiven Version *OData v2*. SAP Fiori Elements ist allerdings zum Zeitpunkt der Entstehung dieses Buches auf Basis von OData v4 noch nicht zur produktiven Verwendung freigegeben. SAP plant ein Beta-Programm zur Einführung von SAP Fiori Elements auf OData v4 gegen Ende des Jahres 2020 (siehe *http://s-prs.de/v765120*). Dennoch werden die in diesem Buch erarbeiteten Beispiele ein auf OData v4 basierendes SAP-Fiori-Templates-UI zeigen, um Sie mit der neusten Technologie vertraut zu machen.

Beachten Sie also, dass Sie das hier entwickelte Beispielprojekt in der OData-v4-Variante noch nicht produktiv nutzen können, solange SAP Fiori Templates für OData v4 noch nicht freigegeben ist. Alternativ können Sie aber CAP für Node.js auch mit OData v2 betreiben, um die existierende, produktive Version von SAP Fiori Templates basierend auf OData v2 zu nutzen. CAP bietet dazu einen *OData-v2-Adapter*. Eine gute Anleitung für dessen Installation und Nutzung mit weiterführenden Links finden Sie in einem Blog in der SAP-Community unter *http://s-prs.de/v765121*.

5.5.1 SAP Fiori Elements Page Types

Tabelle 5.3 zeigt eine Liste der wichtigsten Pages Types, die von SAP Fiori Elements unterstützt werden.

Page Type	Szenario
Overview Page	Auf einer Einstiegsseite werden alle wichtigen Informationen für einen Benutzer angezeigt. Jede Aufgabe oder jedes Thema sind in sogenannten *Karten* organisiert.
List Report Page	Mit diesem Seitentyp arbeiten Sie mit großen Mengen von Daten im Listenformat. Felder einer Entität werden angezeigt, zusammen mit Daten aus assoziierten Entitäten. Die Seite bietet Möglichkeiten der Sortierung und Filterung sowie zum Auslösen von Aktivitäten. Üblicherweise gelangen Sie durch Klicken auf eine Zeile zu einer Object Page, die Details zum ausgewählten Datensatz zeigt.
Object Page	Diese Art von Seite erlaubt das Anzeigen, Ändern oder Anlegen einzelner Objekte. Die Daten von umfangreichen Objekten können in Gruppen (sogenannten *Facets*) organisiert werden.
Worklist Page	Eine Worklist zeigt eine Menge von Positionen an, die ein Benutzer bearbeiten muss. Der Inhalt kann in verschiedene Register und Gruppen organisiert werden, die unterschiedlichen Sichten auf die Daten entsprechen.
Analytical List Page	Daten können mit verschiedenen Fragestellungen analysiert werden. Information kann grafisch angezeigt werden. Der Benutzer kann sich interaktiv verschiedene Detailstufen zu interessanten oder auffälligen Datenpunkten visualisieren lassen.

Tabelle 5.3 Page Types, die von SAP Fiori Elements angeboten werden

Im weiteren Verlauf dieses Buches werden Sie für die Produktentität des Beispielmodells eine List Report Page gestalten, sowie eine Object Page für die Anzeige der Produktdetails.

5.5.2 Der SAP Fiori Preview in CAP

Das CDS Development Kit bietet Ihnen eine Voransicht eines SAP-Fiori-UIs an, basierend auf den Annotationen in Ihren CDS-Modellen. Starten Sie wieder `cds watch` mit dem aktuellen Stand des Beispielprojekts und danach Ihren Browser mit der Willkommensseite von CDS unter *http://localhost:4004/*. Die Willkommensseite (siehe Rahmenmarkierung in Abbildung 5.9) zeigt neben jeder Service-Entität einen Hyperlink mit dem Text **... in Fiori**. Dieser führt zu einer Voransicht einer List Report Page für die jeweilige Entität.

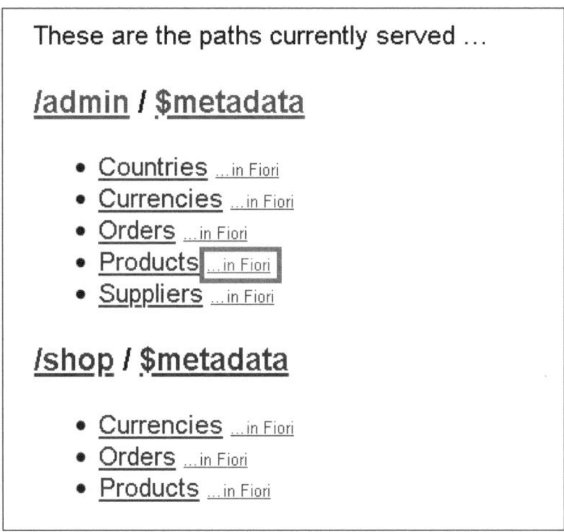

Abbildung 5.9 Hyperlink zur Voransicht einer List Report Page in SAP Fiori Elements

Voraussetzungen für die Voransicht eines UI

Um diese Voransicht sinnvoll zu nutzen, müssen Sie allerdings zuerst Ihr CDS-Modell mit Annotationen ausstatten, die SAP Fiori Elements dann zur Erstellung einer Benutzeroberfläche nutzen kann.

5.5.3 Annotationen für die List Report Page und die Object Page

Ihr Entwicklungsprojekt folgt den Konventionen zur Strukturierung eines CAP-Projekts. Das Domänenmodell wird im Verzeichnis **db/** abgelegt und die Servicemodelle im Verzeichnis **srv/**. Die Artefakte zur Festlegung der Benutzerschnittstelle befinden sich nach CAP-Konvention im Ordner **app/**. In diesem Abschnitt werden Sie in einem ersten Schritt UI-Annotationen an den vorhandenen CDS-Definitionen dort ablegen, um SAP Fiori Elements zu instruieren, wie die Benutzeroberfläche erstellt werden soll. Später wird das Verzeichnis **app/** zu einem echten Teilprojekt ausgebaut, das dann als Frontend-Server auf die SAP Cloud Platform deployt wird. Aus diesem Grund wird im Folgenden der Begriff *Frontend-Ordner* für das Verzeichnis **app/** verwendet.

Struktur und Inhalt des Frontend-Ordners

Genauso wie es eine Konvention für den Inhalt und die Struktur des Datenbankordners (**db/**) und des Serviceordners (**srv/**) gibt, sollten Sie sich auch für den Frontend-Ordner an die CAP-Konventionen halten. Sie können davon abweichen, was aber zusätzlichen Konfigurationsaufwand bedeutet. Abbildung 5.10 zeigt diese Struktur und Inhalte für das Beispielprojekt.

```
EXPLORER
PROD-CAT
  app
    admin
      fiori-service.cds
    catalog
      fiori-service.cds
    i18n
      i18n_de.properties
      i18n_en.properties
      i18n.properties
    common.cds
    index.cds
```

```
index.cds
app > index.cds
/*  This file controls what
    gets served to Fiori frontends
*/
using from './admin/fiori-service';
using from './catalog/fiori-service';
using from './common';
```

Abbildung 5.10 Struktur und Inhalt des Frontend-Ordners

Der Frontend-Ordner sollte jeweils ein Unterverzeichnis für jeden Service, an den eine Benutzeroberfläche angebunden werden soll, enthalten. In unserem Fall ist dies der Administratorservice und der Service für den Katalognutzer. Jedes dieser Verzeichnisse enthält eine Datei **fiori-services.cds**, die jeweils die UI-Annotationen für die Services definieren (siehe Listing 5.24). Optional kann ein i18n-Verzeichnis enthalten sein, wenn Textelemente zu definieren sind, die nicht dem Domänenmodell oder einem Servicemodell zugeordnet werden sollen. Weiterhin kann optional die Datei **common.cds** eingeführt werden, die solche UI-Annotationen enthält, die für alle Services gleichermaßen relevant sind (siehe Listing 5.23).

CDS-Schnittstelle des Frontend-Ordners

Obligatorisch ist das Anlegen der Datei **index.cds**. Diese definiert die CDS-Schnittstelle des Frontend-Ordners (siehe Abschnitt 4.8, »Referenzen auf Modelle«). Ein für das Beispielprojekt sinnvoller Inhalt dieser Datei ist in Abbildung 5.10 gezeigt. Es werden dort alle Modellerweiterungen im Frontend-Ordner importiert, um den gesamten Umfang der UI-Annotationen zu erhalten. Werkzeuge wie `cds watch` berücksichtigen diese Datei bei der Kompilierung zu einem Gesamtmodell. Dieses enthält dann alle CDS-Definitionen aus den Verzeichnissen **db/**, **srv/** und **app/** und damit auch alle UI-Annotationen.

Gemeinsame UI-Annotationen

Erstellen Sie nun zuerst den Inhalt der Datei **common.cds**, so wie ihn Listing 5.23 zeigt. Die Entität `Products` aus dem Domänenmodell wird um zwei Arten von UI-relevanten Annotationen erweitert. Im ersten Annotationsblock wird die Produkt-ID und die Lieferanten-ID mit Bezeichnungen versehen. Außerdem wird SAP Fiori Elements instruiert, dass das Feld `currency_code` die Währung enthält, auf die sich die Beträge in den drei Währungsfeldern beziehen. SAP Fiori Elements nutzt diese Information für eine kompakte Darstellung der Kombination aus Betrag und Währung.

Der zweite Annotationsblock spezifiziert Informationen, die in den Kopfsektionen einiger Seitentypen genutzt werden, z. B. auf der Object Page, die Details zu einem Produkt darstellt.

Achten Sie darauf, dass sich alle neu eingeführten Textelemente auch in von Ihnen anzulegenden i18n-Sprachendateien im Frontend-Ordner wiederfinden.

```
using my.domain from '../db/schema';

annotate domain.Products with {
    ID @( Common.Label: 'ID' );
    supplier @( Common.Label: '{i18n>SupplierID}' );
    price @( Measures.ISOCurrency: currency_code );
    retail @( Measures.ISOCurrency: currency_code );
    margin @( Measures.ISOCurrency: currency_code );
}
annotate domain.Products with @(
  UI: {
      HeaderInfo: {
      TypeName: '{i18n>Product}',
      TypeNamePlural: '{i18n>Products}',
      Title: {Value: name},
      Description: {Value: name}
      },
  }
);
```

Listing 5.23 Serviceunabhängige UI-Annotationen

Anschließend erstellen Sie die Datei **admin/fiori-service.cds** innerhalb des Frontend-Ordners mit dem in Listing 5.24 gezeigten Inhalt. Die Datei besteht wieder aus zwei Annotationsteilen: Die obere Annotationsanweisung definiert das Aussehen einer List Report Page für Produkte. Essenziell sind die Definition von Selektionsfeldern, die zur Filterung des Listeninhalts genutzt werden können sowie die Festlegung, welche Felder in den Spalten der tabellarischen Darstellung erscheinen sollen. Im zweiten Annotationsblock zur Object Page werden zwei Seitenbereiche (Facets) definiert, in denen die Felder aufgeführt werden, die dort jeweils präsentiert werden sollen.

UI-Annotationen des Administratorservices


```
using AdminService from '../../srv/admin-service';

// Products List Report Page
annotate AdminService.Products with @(
  UI: {
      Identification: [{Value:name}],
      SelectionFields: [ name, currency_code],
      LineItem: [
        {Value: ID},      {Value: name},
        {Value: stock}, {Value: retail},
        {Value: price}, {Value: margin},
        {Value: supplier.name}
      ],
  }
);
// Products Object Page
annotate AdminService.Products with @(
  UI: {
    Facets: [
      {$Type: 'UI.ReferenceFacet',
       Label: '{i18n>Details}',
       Target: '@UI.FieldGroup#Details'},
      {$Type: 'UI.ReferenceFacet',
       Label: '{i18n>Admin}',
       Target: '@UI.FieldGroup#Admin'},
    ],
    FieldGroup#Details: {
      Data: [
        {Value: name},  {Value: supplier_ID},
        {Value: price}, {Value: retail},
        {Value: margin}, {Value: stock}
      ]
    },
```

```
    FieldGroup#Admin: {
      Data: [
        {Value: createdBy},  {Value: createdAt},
        {Value: modifiedBy}, {Value: modifiedAt}
      ]
    }
});
```

Listing 5.24 Spezifische UI-Annotationen des Administratorservices

Als Letztes fehlt noch die Datei **index.cds** im **app/**-Verzeichnis mit dem in Listing 5.25 gezeigten Inhalt.

```
using from './admin/fiori-service';
using from './common';
```

Listing 5.25 Inhalt der Schnittstellendatei »index.cds«

[»]

UI-Annotationen für den Katalogservice

Dieser Abschnitt beschreibt, wie Sie UI-Annotationen für den Administratorservice definieren. Für den Katalogservice gehen Sie genauso vor: Legen Sie analog eine Datei **app/catalog/fiori-service.cds** an und erweitern Sie die Datei **app/index.cds** um den Eintrag `using from './catalog/fiori-service';`. Alternativ beziehen Sie diese zwei Dateien aus dem Archiv **Kapitel_05.zip**, das Sie in den Downloadmaterialien zu diesem Buch finden.

Voransicht des SAP-Fiori-UI aufrufen

Starten Sie nun erneut `cds watch`. Auf der CDS-Willkommensseite klicken Sie auf den Link **... in Fiori** neben der Entität **Products** des Administratorservice. Es öffnet sich die List Report Page (siehe Abbildung 5.11). Klicken Sie auf die Schaltfläche **Go**, um die Daten abzurufen. Wenn Sie in Ihrem Projektdeskriptor **package.json** eine Konfiguration zur Mock-Authentifizierung hinterlegt haben, werden Sie zuvor aufgefordert, sich anzumelden. Wenn Sie das nicht möchten, ändern Sie die Authentifizierungsstrategie im Projektdeskriptor von `mock` auf `dummy`. Dies schaltet allerdings alle Berechtigungsprüfungen aus.

Requests des SAP-Fiori-UI

Im Kopfbereich der Seite sehen Sie die zwei ausgewählten Selektionsfelder. Die Liste zeigt die Daten an, wie sie in Ihren **.csv**-Dateien definiert sind und wie sie `cds watch` in die SQLite-Datenbank deployt hat. Im Terminal von Visual Studio Code, in dem Sie `cds watch` gestartet haben, sehen Sie die Requests, welche die Benutzeroberfläche an den Administratorservice schickt. Abbildung 5.12 zeigt als Erstes den Request `GET admin/$metadata` ❶, mit dem SAP Fiori Elements die Beschreibung des Services anfordert. Diese Beschreibung enthält auch die UI-Annotationen, die für den Strukturaufbau der Oberfläche genutzt werden. Anschließend sehen Sie die Anforderung der eigentlichen Produktdaten ❷.

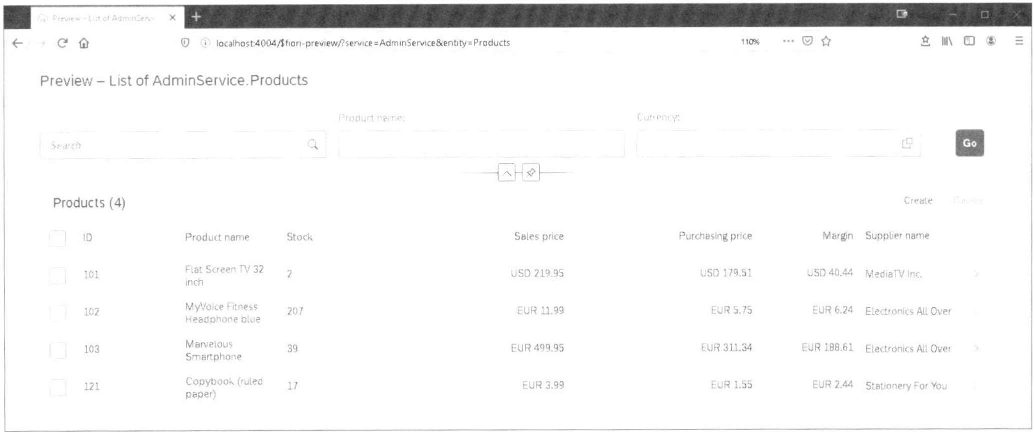

Abbildung 5.11 Voransicht der Produktliste gesteuert durch Annotationen

Datenschutz durch Batch Requests

Die Requests unterschieden sich von denen, die Sie zum Testen mithilfe des HTTP-Clients an den Service geschickt haben. Das SAP-Fiori-UI schickt jeden Request als sogenannten *Batch Request*. Dies ist eine Methode, um Informationen, die normalerweise als URL-Parameter verschickt werden, als Teil eines POST-Request-Bodys zu versenden. Dies erfüllt unter anderem Sicherheitsanforderungen, da der Request Body verschlüsselt übertragen werden kann. Damit werden keine eventuell vertraulichen Informationen sichtbar, wie z. B. Namen in Selektionskriterien einer Datenabfrage.

```
OUTPUT   TERMINAL   DEBUG CONSOLE   PROBLEMS 3          1: node

GET /appconfig/fioriSandboxConfig.json
GET /admin/$metadata ❶
HEAD /admin/
POST /admin/$batch ❷
> READ Products {
  '$count': 'true',
  '$select': 'ID,currency_code,margin,name,price,retail,stock',
  '$expand': 'supplier($select=ID,name)',
  '$skip': '0',
  '$top': '30'
}
POST /admin/$batch ❸
> READ Products(101) {
  '$select': 'ID,createdAt,createdBy,currency_code,margin,modifiedAt,modifiedBy,name,price,retail,stock,
supplier_ID'
}
```

Abbildung 5.12 Terminalausgabe in Visual Studio Code als Antwort auf Anfragen von SAP Fiori Elements

Navigation zur Object Page

Klicken Sie nun auf eine Produktzeile in der Liste, um zur Detailansicht zu navigieren, die als Object Page realisiert ist (siehe Abbildung 5.13). Beachten Sie auch hier wieder die zugehörige Terminalausgabe (❸ in Abbildung 5.12).

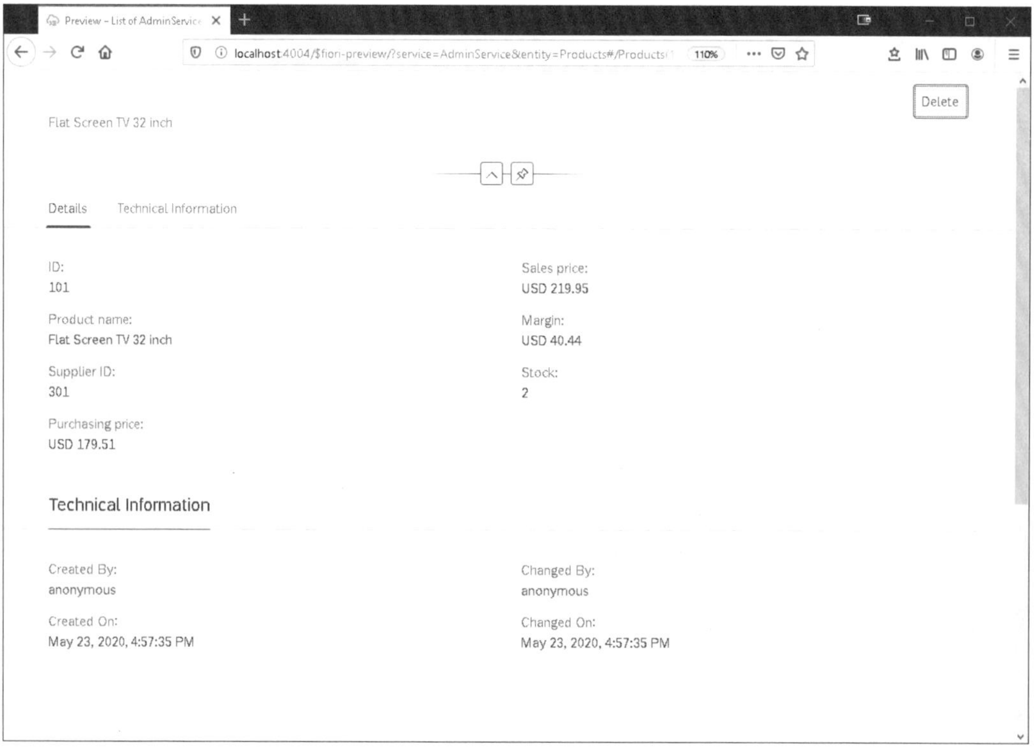

Abbildung 5.13 Voransicht der Produktdetails

SAP-Fiori-Draft

Ein *Draft* in SAP Fiori ist der Entwurf eines Objekts, das noch nicht explizit durch den Benutzer gespeichert wurde. Diese Entwürfe werden immer dann automatisch im Hintergrund mit einem besonderen Status gespeichert, wenn Sie Informationen im Änderungsmodus anpassen. SAP Fiori unterstützt Entwürfe in folgender Weise:

- Nicht explizit gespeicherte Daten bleiben erhalten, auch wenn die Änderungsaktivität unterbrochen wird. Sie können mit der vorgehaltenen Version der Daten zu einem späteren Zeitpunkt weiterarbeiten.
- Wenn die Anwendung durch eine Fehlersituation unerwartet beendet wird, bleiben die Entwürfe erhalten.
- Arbeiten mehrere Benutzer zur gleichen Zeit an selben Objekt, so werden alle darauf aufmerksam gemacht, dass evtl. Konflikte entstehen können.

Um die UI-Definitionsbeispiele und das CAP-Modell in diesem Buch nicht zu komplex werden zu lassen, nutzt das Beispielprojekt keine Draft-Funktionalität. Wenn Sie diese Funktionalität aktivieren möchten, sind drei Erweiterungen nötig:

- Sofern Entitäten für die Entwürfe verwaltet werden sollen, müssen sie einen einzelnen technischen Schlüssel vom Typ `UUID` besitzen. Sie müssten also z. B. die Definition der Entität `Products` in der Datei **db/schema.cds** entsprechend ändern.
- Draft-Entitäten müssen für SAP Fiori mit der Annotation `@fiori.draft.enabled` gekennzeichnet sein. Im Beispielprojekt wäre die Datei **app/common.cds** die geeignete Datei dafür. Sie würden dort die Zeile `annotate domain.Products with @fiori.draft.enabled;` aufnehmen.
- Services müssen für Bereitstellung von OData-Metadaten mit Draft-Bezug gekennzeichnet sein. Sie würden dazu in der Datei **app/admin/fiori-service.cds** die Zeile `annotate AdminService.Products with @odata.draft.enabled;` aufnehmen.

Weitere Informationen zum SAP-Fiori-Draft-Konzept finden Sie unter *http://s-prs.de/v765122* und im Kontext von CAP unter *http://s-prs.de/v765123*.

5.6 Was sollten Sie aus diesem Kapitel mitnehmen?

Der Produktkatalog ist schon eine richtige kleine Anwendung geworden, die Sie lokal auf Ihrem Rechner ausführen können. Sie besteht nun aus allen drei Schichten einer Anwendung: Persistenz, Serviceschicht und Frontend mit Benutzeroberfläche.

In diesem Kapitel hat Ihre Anwendung von einigen neuen und zentralen Funktion von CAP profitiert:

- **Wiederverwendung**

  Die von SAP ausgelieferte CDS-Common-Bibliothek stellt eine Reihe von Datentypen und Aspekten bereit, die einfach in eigene Anwendungen zu integrieren sind. Beispielsweise können Sie Ihre Entitäten mit Verwaltungsdaten ausstatten, die von den generischen Service-Implementierungen von CAP automatisch gefüllt werden. Auch stehen typische betriebswirtschaftliche Größen wie z. B. Währungen zur Wiederverwendung bereit. Sie haben in Ihre Anwendung auch eine eigene Common-Bibliothek zur Wiederverwendung von Adressdaten definiert.

- **Konfiguration**

  Das Verhalten einer Anwendung sollte niemals in allen Aspekten starr kodiert sein. CAP ist in vielen Aspekten konfigurierbar und wird mit vielen vordefinierten Konfigurationsdaten ausgeliefert. Diese bestimmen das Standardverhalten von CAP (auch *Convention over Configuration* genannt). CAP ermittelt immer eine effektive Konfiguration aus einer priorisierten Liste von Quellen von Konfigurationsdaten. Dies ermöglicht Ihnen, zu verschiedenen Zeitpunkten Einfluss zu nehmen, die zu den Phasen innerhalb eines Software-Lebenszyklus passen (z. B. Konfigurationsdateien zur Entwicklungszeit, aber Umgebungsvariablen zur Deployment-Zeit). Durch Profile lassen sich Entwicklungs- und Produktivkonfiguration voneinander trennen.

- **Authentifizierung und Berechtigungsprüfung**

  CAP besitzt kein eigenes Konzept zur Authentifizierung. Das ist von Vorteil, da solche Konzepte von einer Cloud-Plattform wie der SAP Cloud Platform zur Verfügung gestellt werden. Auf der SAP Cloud Platform kann CAP die Authentizität von Serviceanfragen sicherstellen. CAP benutzt ein Rollenkonzept, um Berechtigungen zuzuordnen. Berechtigungen können auf der Ebene von Entitäten und Services definiert werden, aber auch feingranular als Sichtbarkeitsbedingungen an Daten, abhängig von der Benutzerrolle.

  In der frühen Entwicklungsphase nutzen Sie die Konfigurationsmöglichkeiten von CAP, um Testnutzer anzulegen und ihnen Rollen zuzuordnen. Damit werden Sie während der Entwicklung unabhängig von aufwendig zu konfigurierenden Authentifizierungsservices einer Cloud-Plattform.

- **SAP Fiori Elements**

  CAP ist ein Backend-Programmiermodell und unterstützt deswegen an sich auch keine Programmierung von Benutzeroberflächen. SAP Fiori als Frontend-Programmiermodell bietet in der Variante SAP Fiori Elements trotzdem eine sehr enge Integration mit CAP. SAP Fiori Elements interpretiert Annotationen in OData-Metadaten, um eine Benutzerschnittelle zur Laufzeit zu erzeugen. Auf der anderen Seite sind Annotationen ein Kernkonzept von CAP. Zusammen mit der Fähigkeit, OData-Metadaten zur Laufzeit zu generieren, wird CAP damit zu einem idealen Backend für SAP Fiori Elements.

- **Voransicht von SAP-Fiori-UIs**

  Das CDS Development Kit bietet die Funktion einer Voransicht von SAP-Fiori-UIs auf Basis von SAP Fiori Elements. Diese Voransicht erleichtert den UI-Entwicklungsprozess, da die Auswirkungen von Annotationen schnell und iterativ in der lokalen Entwicklungsumgebung validiert werden können.

Wie geht es weiter?

In Kapitel 6 und Kapitel 7 werden Sie keine Erweiterungen an Ihrem Beispielprojekt vornehmen. Sie lernen allerdings wichtige theoretische Grundlagen für eine fortgeschrittene Nutzung des CDS API sowie zum Deployment von Anwendungen auf die SAP Cloud Platform. Wenn Sie sich möglichst schnell um die Weiterentwicklung der Beispielanwendung kümmern möchten, können Sie das folgende Kapitel 6, »Das CDS API für Node.js«, vorerst überspringen und mit Kapitel 7, »Deployment-Umgebung auf der SAP Cloud Platform anlegen«, fortfahren.

[«]

Projektdateien zum Download

Den aktuellen Stand des Beispielprojekts mit den in diesem Kapitel bisher gezeigten Erweiterungen finden Sie in den Downloadmaterialien zum Buch in der Datei **Kapitel_05.zip**.

Kapitel 6
Das CDS API für Node.js

Die Laufzeitrepräsentation einer CAP-basierten Anwendung besteht im Wesentlichen aus »Services« und ihnen zugeordneten »Events«. Der Ablauf einer Anwendung resultiert aus dem synchronen und asynchronen Verarbeiten und Emittieren von Ereignissen, basierend auf einem Phasenmodell und dem CDS API.

Dieses theoretisch gehaltene Kapitel gibt Ihnen weitere Hintergrundinformationen zu Techniken, die bereits im Rahmen der Beispielapplikation in einfacher Form zum Einsatz kamen. Dies geschieht in Form eines Überblicks über die CDS-Schnittstelle für Node.js. Weitere technische Referenzdokumentation dazu finden Sie unter *http://s-prs.de/v765124*.

CAP ist kein Framework

Die CAP-Laufzeitbibliotheken definieren kein Framework in dem Sinne, dass sie einen engen Ablaufrahmen vorgeben, in den sich Applikationslogiken einpassen müssen. CAP kann, wenn gewünscht, gewissermaßen die »Führung« übernehmen. Dies wird auch für die in diesem Buch vorgestellte Beispielapplikation so gehandhabt. Kommandos wie `cds run` oder `cds watch` starten komplette und orchestrierte Serverumgebungen, zu denen Sie in der Entwicklung nur gewisse Ereignisbehandler beisteuern. Das deckt viele Anwendungsfälle ausreichend ab. Sie können aber auch viel mehr Kontrolle über eine Anwendung ausüben und CAP gezielt durch Aufruf des *CDS API* benutzen. Sie bestimmen z. B. innerhalb der Anwendung den Zeitpunkt, wann welche Services anzubieten sind, welche Ereignisbehandler wann registriert werden, wann Ereignisse ausgelöst werden, oder Sie ändern sogar Servicemodelle dynamisch zur Laufzeit. Ebenso ist es denkbar, dass Sie die CAP-Bibliotheken in Kombination mit anderen Frameworks verwenden.

Das CDS API für Java

SAP bietet auch eine CDS-Schnittstelle für Java an, die allerdings zum Zeitpunkt der Entstehung dieses Buches weniger fortgeschritten war. Die Fähigkeiten und auch die Art der Nutzung sind in beiden Programmiersprachen ausgesprochen ähnlich. Das CDS API für Java nutzt neuste Java-Sprachtechniken, um einen *Fluent-API*-Stil anzubieten, genauso wie es das CDS API für Node.js macht. Dies führt zu einer Vergleichbarkeit zwischen Implementierungen in diesen beiden Sprachen. Eine technische Dokumentation zum CAP-Service-SDK für Java finden Sie auf *http://s-prs.de/v765125*.

Ziele dieses Kapitels

Wenn Sie sich lieber zuerst mit dem Thema des Deployments einer Geschäftsanwendung in die Cloud-Foundry-Umgebung der SAP Cloud Platform beschäftigen wollen, können Sie dieses theoretisch gehaltene Kapitel vorerst überspringen und es bei Bedarf als Referenz nutzen. Abschnitt 6.1 erklärt die Einbettung der CDS-Schnittstelle in einen Rahmen, der deutlich macht, dass der aktive Teil von CAP nur aus Services und der Behandlung ihrer Ereignisse besteht. Entsprechend strukturiert sich der Rest des Kapitels in die damit verbundenen Aufgaben. Das sind das Anbieten von Services (Abschnitt 6.2), das Behandeln von Ereignissen (Abschnitt 6.3), die Verbindung zu anderen Services (Abschnitt 6.4) und das Konsumieren von Services (Abschnitt 6.5, Abschnitt 6.6 und Abschnitt 6.7). Die Verarbeitung von CDS-Modellen zur Laufzeit behandelt Abschnitt 6.8.

6.1 CAP-Laufzeit = Services + Events

Von einem abstrakten Standpunkt aus betrachtet, behandeln die CAP-Bibliotheken zur Laufzeit nur Services und ihnen zugeordnete Ereignisse bzw. Events. Diese beiden Objekte sind zentral für die CDS-Schnittstelle. Wenn Sie das CDS API nutzen, dann erzeugen, extrahieren, verarbeiten oder beantworten Sie Service-Requests und behandeln Ereignisse mit den assoziierten Daten, die von anderen Services auslöst wurden. Ihre Anwendung kann auch selbst Ereignisse emittieren.

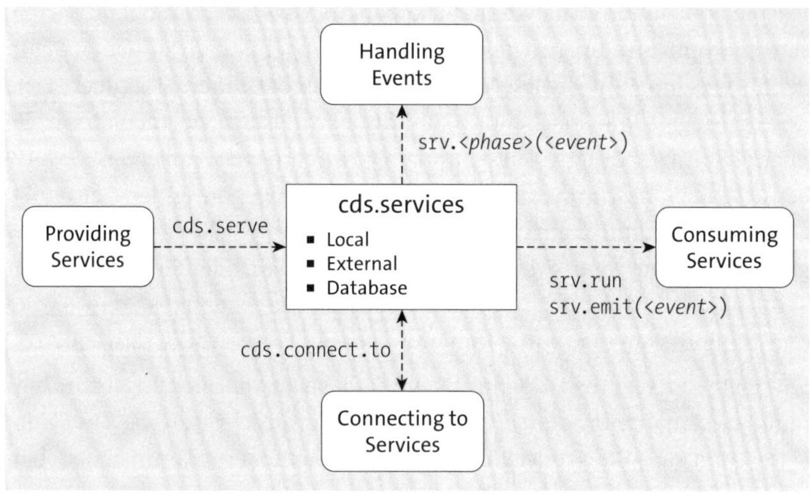

Abbildung 6.1 Struktur des CDS API

Abbildung 6.1 zeigt einige Objekte und Methoden des CDS API, gruppiert anhand der vier grundlegenden Szenarien, die Sie implementieren können.

Zentral ist das Objekt `cds.services`, das zur Laufzeit als Registratur aller erzeugten Services dient. Es bietet für alle Typen von Services einheitliche Methoden und Attribute an, die für das Arbeiten mit Services nötig sind. Drei Typen von Services werden unterschieden:

- **Lokale Services**

  Dies sind die Services, die durch Ihre Anwendung selbst bereitgestellt und exponiert werden. In Ihrem Projekt werden Sie diese Services durch CDS-Modelle definieren. Das für die Erzeugung lokaler Services relevante Szenario *Exponieren von Services* (*Providing Services* in Abbildung 6.1) wird in Abschnitt 6.2 behandelt. Wie für alle anderen Typen von Services auch, können für lokale Services Ereignisse in Ereignisbehandlern konsumiert werden (siehe Abschnitt 6.3, »Behandeln von Ereignissen«, und *Handling Events* in Abbildung 6.1).

- **Externe Services**

  Dies sind extern angebotene Services, die nicht zu Ihrem Projekt gehören, die Sie aber konsumieren wollen. Auch hierfür steht Ihnen idealerweise ein CDS-Modell zur Verfügung, das Sie aber nicht selbst erstellt haben, sondern in Ihr Projekt als Metadatendatei importieren. Externe Services werden zur Laufzeit durch sogenannte *Service Clients* repräsentiert. Synchrone Aufrufe externer Services sind möglich, wenn diese über das native REST- oder das OData-Protokoll kommunizieren können. Eine asynchrone, eventbasierte Kommunikation ist mithilfe des *SAP Cloud Platform Enterprise Messaging* möglich. Das für die Anbindung externer Services relevante Szenario *Konnektivität zu Services* (*Connecting to Services* in Abbildung 6.1) wird in Abschnitt 6.4 behandelt. Wie für alle anderen Typen von Services auch, können für externe Services Ereignisse, die diese Services aussenden, in Ereignisbehandlern konsumiert werden (siehe Abschnitt 6.3 und *Handing Events* in Abbildung 6.1).

- **Datenbankservices**

  Datenbankservices sind ein spezieller Fall externer Services, da eine Datenbank den Service bereitstellt. Allerdings erstellen Sie das Servicemodell als Teil Ihres Projekts. Durch einen Deployment-Schritt sorgen Sie dafür, dass die Datenbank den gewünschten Service bereitstellt.

Auf alle CDS-API-Methoden wird über das Singleton-`cds`-Objekt zugegriffen, das durch das npm-Paket `@sap/cds` bereitgestellt wird. Ein typisches Beispiel einer Initialisierung und Nutzung zeigt Listing 6.1.

```
const cds = require('@sap/cds')
async function Screwdriver() {
  const db = await cds.connect.to('db',{model:'./db/schema'})
```

```
  const { Products } = db.entities ('my.domain')
  db.run (
    INSERT.into(Products).entries( {ID: 401, name:'Screwdriver'})
  )
}
Screwdriver();
```

Listing 6.1 Initialisierung und Nutzung des CDS API

Die folgenden Abschnitte zeigen die Methoden des CDS API. Die Gliederung erfolgt analog der in Abbildung 6.1 gezeigten Szenarien.

6.2 Exponieren von Services

Benutzen Sie `cds.serve` zur Erzeugung von Serviceobjekten aus CDS-Modellen. Diese Services werden dann automatisch über das Webserver-Framework Express für Node.js bereitgestellt. Der allgemeine Aufruf hat die Form `cds.serve(`*`ServiceName`*`).`*`Methode`* und liefert ein JavaScript-Promise zurück, das zu einem Serviceobjekt oder einer Liste von Serviceobjekten aufgelöst wird. Es sind verschiedene Aufrufvarianten möglich, die ich Ihnen im Folgenden vorstelle.

cds.serve(ServiceName)

Serviceobjekt erzeugen

Erzeugt ein Serviceobjekt für den Service mit dem Namen *`ServiceName`*. Anstelle eines einzelnen Servicenamens können Sie alternativ den vordefinierten Wert `'all'` benutzen oder eine Pfadangabe zu einer CDS-Datei. Für den Wert `'all'` werden alle Services in dem Standardverzeichnis **srv/** herangezogen. Dieses Verzeichnis kann durch Projektkonfiguration geändert werden. Listing 6.2 zeigt typische Verwendungen.

```
cds.serve('AdminService')      // einzelner Service
cds.serve('all')               // alle gefundenen Services
cds.serve('./admin-service') // alle aus admin-service.cds
```

Listing 6.2 Verwendungen von »cds.serve«

Service in Express registrieren

Üblicherweise wird `cds.serve` von CAP in der Rolle eines Frameworks ausgeführt, wenn Sie in einem Terminal Kommandos wie `cds run` oder `cds watch` ausführen. Sie können aber auch die Node.js-Applikation durch ein eigenes Startskript **server.js** starten und darin `cds.serve` benutzen, um z. B. alle vorhandenen Services zu starten (siehe Listing 6.3).

```
const cds = require('@sap/cds')
const app = require('express')()
cds.serve('all').in(app)
app.listen(4004, () => {
   console.log('Example app listening on port 4004!');
});
```

Listing 6.3 Startskript für den Node.js-Server

Alle erzeugten Serviceobjekte werden als Singletons im zentralen Objekt `cds.services` registriert.

cds.serve(ServiceName).from(Model)

Serviceobjekt aus Modelldatei

Erzeugt ein Serviceobjekt aus CDS-Modellen. Der Parameter *Model* repräsentiert eine der folgenden Angaben:

- Name einer CDS-Datei, die Servicedefinitionen enthält
- Name eines Verzeichnisses mit einer Datei **index.cds** oder **index.csn**
- den Wert `'all'`
- ein mittels `cds.load` geladenes Modell im internen CSN-Format

cds.serve(ServiceName).to(Protocol)

Protokoll eines Services

Exponiert einen Service über das spezifizierte *Protocol*. Die unterstützten Protokolle sind:

- `'rest'`: natives HTTP REST
- `'odata'`: OData-Protokoll ohne SAP-Fiori-spezifische Erweiterungen
- `'fiori'`: OData-Protokoll mit SAP-Fiori-spezifischen Erweiterungen, wie Draft-Unterstützung

Ohne Protokollangabe wird das SAP-Fiori-Protokoll benutzt.

cds.serve(ServiceName).at(Path)

Service-Endpunkt setzen

Setzt den Pfad des URL-Endpunkts, unter dem ein Service per HTTP erreichbar ist. Ein Beispiel wäre `cds.serve('AdminService').at('/adm')`. Das programmatische Setzen des Pfades überschreibt eine eventuell vorhandene `@path`-Annotation im Servicemodell in der Form `service AdminService @(path: '/manage'){…}`. Wenn keine Festlegung des Pfades erfolgt, wird dieser aus dem Servicenamen abgeleitet (siehe Abschnitt 4.10, »Services«).

cds.serve(ServiceName).in(ExpressApp)

Fügt Serviceobjekte als sogenannte *Express-Router* zu einem Node.js-Express-Applikationsobjekt hinzu (siehe auch *http://s-prs.de/v765126*).

cds.serve(ServiceName).with(ImplemetationFunction)

Implementierungsfunktion festlegen

Ermöglicht die Festlegung einer Funktion, die Ereignisbehandler für den Service registriert. `ImplementationFunction` kann dabei eine Pfadangabe auf eine JavaScript-Datei sein oder eine echte Funktion, wie die Beispiele in Listing 6.4 zeigen.

```
// Implementierung innerhalb einer Datei
cds.serve('./admin-service.cds') .with ('./admin-service.js')
// Implementierung als Funktion
cds.serve('./admin-service') .with (srv => {
  srv.on ('READ','Products', (req) => req.reply([...]))
})
```

Listing 6.4 Festlegung einer Service-Implementierung

Das programmatische Festlegen einer Implementierung hat Vorrang vor einer eventuell vorhandenen `@impl`-Annotation an einer Servicedefinition in der Form `service AdminService @(impl : 'my-impl.js'){...}`. Erfolgt keine explizite Festlegung einer Implementierung, so wird eine eventuell vorhandene JavaScript-Datei herangezogen, die den gleichen Namen hat und im gleichen Verzeichnis liegt wie die CDS-Datei, die den Service definiert.

6.3 Behandeln von Ereignissen

Ereignisse werden konsumiert, indem Ereignisbehandler registriert und implementiert werden. Dies ist für Ereignisse von lokalen Services möglich, aber auch für externe Services, die Ereignisse senden und die mittels des SAP Cloud Platform Enterprise Messaging empfangen werden. Als Voraussetzung muss zu diesen externen Services eine Verbindung konfiguriert werden (siehe Abschnitt 6.4, »Konnektivität zu Services«).

6.3.1 Ereignisse und deren Behandlung

Registrierung von Ereignisbehandlern

Ereignisbehandler können auf verschiedene Weise registriert werden:

- auf Basis von Serviceobjekten, die mittels `cds.serve` oder `cds.connect.to` erzeugt wurden (siehe Listing 6.5):

```
const {AdminService} = await cds.serve('./admin-service')
AdminService.on ('READ','Books', req => {...})
const db = await cds.connect.to('db')
db.on ('INSERT','Products', req => {...})
```

Listing 6.5 Registrierung von Ereignisbehandlern über Serviceobjekte

- als Funktion, die `cds.serve().with()` übergeben wird (siehe Listing 6.6):

```
cds.serve('./admin-service') .with (srv=>{
 srv.on ('READ','Books', req => {...})
})
```

Listing 6.6 Registrierung von Ereignisbehandlern durch eine Inline-Funktion

- durch eine JavaScript-Datei, die `cds.serve().with()` übergeben wird, z. B. durch `cds.serve('./admin-service').with ('./myimpl.js')`
- durch eine JavaScript-Datei, die als Annotation am Servicemodell deklariert ist, wie z. B. in `service AdminService @(impl:'./myimpl.js') {...}`
- Über eine JavaScript-Datei, die neben der CDS-Datei platziert wird, welche die Servicedefinition enthält. Diese Option hat die geringste Priorität.

Zeitpunkte von Ereignissen

Eine Datei oder Funktion zur Ereignisbehandlung behandelt genau genommen Kombinationen aus einem Zeitpunkt und dem eigentlichen Ereignis. Die Zeitpunkte heißen `on`, `before` und `after` und beziehen sich auf die Ausführung der Implementierung zum jeweiligen Ereignis. CAP beinhaltet generische Ereignisbehandler für die `on`-Zeitpunkte. Dies ermöglicht die Entwicklung von rein modellbasierten Anwendungen. Spezifische Geschäftslogik für lokale Services wird üblicherweise durch Anwendungsentwickler für die Zeitpunkte `before` und `after` implementiert. Allerdings ist es im Prinzip möglich, eigene Implementierungen für die `on`-Zeitpunkte zu implementieren oder mehrere Implementierungen für einen Zeitpunkt zu registrieren. Für externe Services registrieren Sie Behandler nur für den `on`-Zeitpunkt eines Ereignisses. Diese Implementierung wird ausgeführt, sobald das Ereignis empfangen wird.

Vordefinierte Ereignisse

Es gibt eine Reihe von vordefinierten Ereignissen. Anwendungen und externe Services definieren zusätzlich spezifische Ereignisse. Zu unterscheiden sind:

- Ereignisse der synchronen Request-Verarbeitung, die durch Benutzeroberflächen oder andere Services initiiert werden, in diesem Kontext spielen folgende Ereignisse eine Rolle:
  - die vordefinierten Ereignisse `CREATE`, `READ`, `UPDATE`, und `DELETE`, die die jeweiligen Datenbankoperationen repräsentieren

  - die vordefinierten Ereignisse `POST`, `GET`, `PUT`, `PATCH` und `DELETE`, die die jeweiligen REST-Methoden repräsentieren
  - anwendungsdefinierte Ereignisse mit den Namen von modellierten *Actions* und *Functions* (siehe Abschnitt 4.10.1, »Serviceoperationen«)
- asynchrone Ereignisse, die über das SAP Cloud Platform Enterprise Messaging empfangen werden:
  - die vordefinierten Ereignisse `CREATED` und `CHANGED` auf der Ebene von Entitäten
  - Ereignisse, die spezifisch für den externen Service sind
- Ereignisse, die in Ereignisbehandlern von lokalen Services emittiert werden, können wiederum ebenfalls behandelt werden.

6.3.2 API-Methoden zur Registrierung und Behandlung von Ereignissen

Pro Zeitpunkt der Ereignisbehandlung wird jeweils eine Methode angeboten.

srv.on(event, entity, handler)

Der »on«-Zeitpunkt

Die Parameter haben folgende Bedeutung:

- *`event`* ist der Name eines Ereignisses oder ein Array von Ereignissen.
- *`entity`* ist der Name einer Entität, für die das Ereignis registriert werden soll. Dieser Parameter ist optional und fehlt z. B. für die Implementierung einer *Unbound Action* (siehe Abschnitt 4.10.1, »Serviceoperationen«).
- *`handler(req, next)`* ist die Behandlerfunktion. Als Argument erhält die Funktion den *Request-Kontext* `req`, der detaillierte Information über den Aufruf enthält. Der Parameter `next` ist optional und kann benutzt werden, um explizit den nächsten Behandler für dieses Ereignis aufzurufen.

Die Verarbeitung kann auf folgende Arten durchgeführt und beendet werden:

- Die Zurückweisung eines Requests erfolgt entweder durch Senden eines Fehlercodes oder durch Auslösen einer JavaScript-Ausnahme (siehe Listing 6.7).

```
// Reject with http error code
srv.on('READ','Products', (req)=> req.reject(409,'...'))
// throw an exception
srv.on('READ','Products', (req)=> { throw ... })
```

Listing 6.7 Möglichkeiten des Abbruchs einer Request-Verarbeitung

- Synchrones oder asynchrones Aufrufen von `req.reply` erfolgt zum Abschluss der Verarbeitung, wie in Listing 6.8 gezeigt.

```
// Synchronous
srv.on('READ','Products', (req)=> req.reply('End'))
// Asynchronous
srv.on('READ','Products', (req)=> cds.run(...).then(req.reply))
```

Listing 6.8 Beenden einer Request-Verarbeitung

- CAP führt automatisch ein `req.reply` aus, wenn die Funktion ein Resultat oder ein JavaScript-Promise zurückgibt.
- Gibt die Funktion ein `cds.ql`-Objekt zurück (siehe Abschnitt 6.8, »Modellverarbeitung«), führt CAP automatisch `cds.run` und `req.reply` aus.
- Gibt es keinen Rückgabewert, so wird der nächste Behandler für dieses Ereignis aufgerufen.
- Der Parameter `next` kann genutzt werden, um den nächsten Behandler für dieses Ereignis explizit aufzurufen (siehe Listing 6.9).

```
srv.on('READ','Products', (req,next)=>{
  if (...) return SELECT.from(Products)
  else return next()  //> next/default handler
})
```

Listing 6.9 Bedingter Aufruf des folgenden Ereignisbehandlers

Es existiert eine weitere Kurzform, in der das *handler*-Argument durch ein `cds.ql`-Objekt ersetzt werden kann. CAP wird dann automatisch `cds.reply` ausführen sowie `cds.run` auf dem `cds.ql`-Objekt. Damit sind sehr kompakte Notationen möglich, wie z. B. `srv.on('READ','Products', SELECT.from(Books))`.

srv.before(event, entity, handler)

Der »before«-Zeitpunkt

Die so registrierten Behandler laufen vor den `on`-Behandlern ab. Die Argumente sind identisch mit einer `on`-Registrierung, mit der Ausnahme, dass die Funktion *handler* nur das `req`-Argument besitzt.

srv.after(event, entity, handler)

Der »after«-Zeitpunkt

Die so registrierten Behandler laufen nach den `on`-Behandlern ab. Die Argumente sind identisch mit einer `on`-Registrierung, mit der Ausnahme, dass die Funktion *handler* die Argumente `data` und `req` besitzt. `data` ist die Resultatemenge, die der `on`-Behandler ermittelt hat. Dies ermöglicht die Modifikation dieser Resultatemenge (siehe Listing 6.10).

```
this.after('READ','Products', (products)=>{
  for (let each of products) each.stock > 111 && each.discount='11%'
})
```

Listing 6.10 Zugriff und Manipulation der Resultatemenge eines »on«-Behandlers innerhalb eines »after«-Behandlers

Optional kann der zweite req-Parameter benutzt werden, um auf den ursprünglichen Request-Kontext zurückzugreifen.

srv.reject(event, entity)

Ablehnen von Ereignissen

Diese Methode registriert einen speziellen Behandler, der eingehende Requests automatisch ablehnt. Beispielsweise würden mit der Anweisung `srv.reject(['CREATE', 'UPDATE', 'DELETE'], 'Products')` alle aufgelisteten Operationen für die Entität `Products` abgelehnt.

srv.impl((srv) => {...})

Ereignisbehandler übergeben

Dieser Methode übergeben Sie eine Funktion, die mehrere Behandler für das Serviceobjekt `srv` registrieren kann. Listing 6.11 zeigt eine beispielhafte Nutzung.

```
const {AdminService} = cds.serve('all')
AdminService.impl (srv => {
  srv.on ('READ','Products', (req) => req.reply([...]))
})
```

Listing 6.11 Programmatische Registrierung einer Behandlerfunktion

6.4 Konnektivität zu Services

Eine CAP-basierte Anwendung kann sich mit externen Services verbinden, wenn entsprechende Konfigurationsdaten im `cds.env.requires`-Objekt vorhanden sind. Diese Konfiguration kann z. B. im Projektdeskriptor **package.json** erfolgen, wie in Abschnitt 5.3.4, »Konfiguration benötigter Services«, dargestellt wurde. Dadurch werden Zugangsdaten für Datenbankservices sowie für externe synchrone OData- und REST-Services festgelegt. Auch die Parameter für das asynchrone Senden und Empfangen von Ereignissen werden dort konfiguriert.

Zur Herstellung der Verbindung zu externen Services nutzt CAP zwei Kommunikationskomponenten der SAP Cloud Platform. Für synchrone, HTTP-basierte Verbindungen werden die Services der *SAP Cloud Platform Connec-*

tivity genutzt. Asynchrone Kommunikation basiert auf dem SAP Cloud Platform Enterprise Messaging. Diese zwei Komponenten und deren Konfiguration für CAP werden in Kapitel 13, »Integration mit SAP-Lösungen«, vorgestellt.

6.4.1 Konfiguration von Datenbankservices

Datenbanken sind Services

Datenbankservices sind spezielle externe Services, da Sie selbst das Datenmodell entwerfen und die Datenbank in einem Deployment-Schritt vor dem Starten der Anwendung bestückt werden muss. Ein weiterer Unterschied zu anderen externen Services besteht in der Kommunikationstechnologie, die nicht HTTP-basiert ist, sondern z. B. das für Datenbanken übliche *JDBC-Protokoll* verwendet.

Wie alle anderen externen Services wird ein Datenbankservice über das `cds.env.requires`-Objekt bekannt gemacht und seine Zugangsdaten dort hinterlegt. Dies geschieht üblicherweise durch den Projektdeskriptors **package.json** (siehe Listing 6.12).

```
...
"cds": {
    "requires": {
      "db": {
        "model": "db/schema",
        "kind": "hana"
      },
      "db-test": {
        "model": "db/schema",
        "kind": "sqlite",
        "credentials": {
          "database": "sqlite.db"
        }
}   }  }
...
```

Listing 6.12 Ausschnitt aus der Datei »package.json« zur Konfiguration von Datenbankservices

Ein benötigter Service wird über einen Namen identifiziert (z. B. `db` in Listing 6.12). Dieser Name wird benutzt, um programmatisch eine Verbindung aufzubauen. Zum Zeitpunkt der Entstehung diese Buches unterscheidet CAP die zwei Datenbanken SAP HANA und SQLite durch Angabe des Parameter `kind`. Für SAP HANA werden üblicherweise die Zugangsdaten (`credentials`) nicht explizit konfiguriert, sondern aus der Umgebungsvariable

VCAP_SERVICES ermittelt, die durch das Binden an eine Instanz des Services *SAP HANA Schemas & HDI Containers* gefüllt wird (siehe Kapitel 9, »Anbindung an SAP HANA«). Der Name db ist der Standardname für den primären Datenbankservice. Sie sollten ihn für die Konfiguration verwenden, damit CAP automatisch eine Datenbankverbindung aufbauen kann.

6.4.2 Herstellen einer Verbindung zur Laufzeit

Sie können das CDS API nutzen, um Verbindungen zu externen Services aufzubauen.

cds.connect.to(ServiceName, Options)

Services konnektieren

Die Methode cds.connect.to(<*ServiceName*>, <*Options*>) liefert ein JavaScript-Promise zurück, das zu einem Serviceobjekt aufgelöst wird. *ServiceName* ist entweder ein in der Konfiguration hinterlegter Name eines externen Services oder der Name eines lokalen Services, der schon mittels cds.serve instanziiert wurde. Mehrfache Aufrufe für den gleichen Service liefern immer die gleiche Serviceobjektreferenz zurück. Insbesondere können Sie innerhalb eines Servers auf diese Art lokal mit den dort vorhandenen Services kommunizieren. Falls ein zu konsumierender Service später nur auf einem anderen Server verfügbar sein sollte, können Sie dieses Szenario durch eine Konfigurationsänderung herstellen. Ein Änderung des Programmcodes ist dann dazu nicht nötig.

Die Eigenschaften *Options* der Verbindung werden üblicherweise durch das aus der Konfiguration erzeugte cds.env.requires-Objekt festgelegt. Es ist aber möglich, diese Verbindungsdaten durch den *Options*-Parameter zu setzen oder zu überschreiben. Übergeben Sie dann ein JavaScript-Objekt analog zur Konfiguration im JSON-Format, z. B. cds.connect.to ('db', { kind:'sqlite', credentials: { database: 'my.db' } }).

6.5 Konsumieren von Services

Services können auf synchrone oder asynchrone Weise konsumiert werden. Für externe Services (keine Datenbankservices) entspricht der erste Fall einem synchronen HTTP-basierten Aufruf. Im zweiten Fall wird ein Ereignis über das SAP Cloud Platform Enterprise Messaging an einen Empfänger geschickt. Auch lokale Services können synchron oder asynchron konsumiert werden.

srv.run(Query, Args)

Auf Services zugreifen

Die Methode srv.run(*Query*, *Args*) akzeptiert ein CQN-Objekt (siehe Abschnitt 4.1, »CDS als Familie von Modellierungssprachen«) oder eine reine Query-Zeichenkette. Im Falle eines Datenbankservices können somit reine SQL-Querys als Zeichenkette übergeben werden. CQN-Objekte können einfach mithilfe von weiteren API-Methoden konstruiert werden (siehe Abschnitt 6.7, »Konstruktion von CQN-Objekten«). Zurückgegeben wird ein JavaScript-Promise, das zu dem Abfrageergebnis aufgelöst wird. Im Falle einer SELECT-Query ist dieses Ergebnis vom Typ eines Arrays von Datensätzen. Für INSERT-, UPDATE- oder DELETE-Operationen wird die Anzahl der betroffenen Datensätze zurückgegeben. Ein Beispiel ist in Listing 6.13 gezeigt.

```
const srv = await cds.connect.to('AdminService')
let query = SELECT.from(AdminService.Products).where({ID:13})
let products = await srv.run (query)
```

Listing 6.13 Ausführen einer SELECT-Query

Beachten Sie, dass für die Konstruktion einer Query die vollqualifizierten Namen von Entitäten benutzt werden müssen (z. B. AdminService.Products). Dies kann etwas vereinfacht werden, wenn die Service-Entität vorher wie in Listing 6.14 über das Reflexions-API extrahiert wird (siehe Abschnitt 6.8, »Modellverarbeitung«).

```
const srv = await cds.connect.to ('AdminService')
const {Products} = srv.entities // CSN definition of Products
let products = srv.run (SELECT.from(Products))
```

Listing 6.14 SELECT-Query mit vorhergehender Modellreflexion

Der Parameter *Args* ist ein optionales Array oder Objekt von Parametern, die entsprechende Platzhalter in der Query ersetzen (siehe Abschnitt 4.2.3, »Views mit Parametern«). Platzhalter haben die Form :*ParameterName*. Alternativ kann auch der Positionsplatzhalter ? benutzt werden, der die Parameter in der Reihenfolge innerhalb des Arrays *Args* abruft. So wird z. B. das zweite Auftreten von ? in der Query durch den zweiten Parameterwert ersetzt werden.

srv.transaction(Context)

Transaktionen

srv.transaction(*Context*) beginnt eine neue Transaktion oder verbindet eine schon existierende für den gegeben Kontext. *Context* ist ein beliebiges Objekt, dem die Transaktion zugeordnet wird. Gewöhnlich ist das Objekt das Request-Argument req in einem Ereignisbehandler. Der Rückgabewert ist ein Objekt, das die gleichen Methoden zum Lesen und Schreiben von Daten bereitstellt wie das Serviceobjekt, aus dem die Transaktion erzeugt wurde. Insbesondere wird die run-Methode zur Verfügung gestellt. Den typischen Anwendungsfall innerhalb eines Ereignisbehandlers zeigt Listing 6.15. Zuerst wird dort ein Serviceobjekt another durch Verbindung zu einem Service erzeugt. Danach wird ein Ereignisbehandler für das aktuelle Serviceobjekt srv registriert. Dieser Behandler leitet den READ-Request für srv an den Service another weiter und gibt das Ergebnis identisch zurück.

```
const another = await cds.connect.to('AnotherService')
srv.on ('READ','Products', (req)=>{
  const tx = another.transaction(req)
  return tx.run (SELECT.from ('AnotherService.Products'))
})
```

Listing 6.15 Erzeugung und Nutzung einer Transaktion innerhalb eines Ereignisbehandlers

Benutzen Sie Transaktionen immer dann, wenn Sie einen anderen Service aus einem Ereignisbehandler aufrufen. Dies hat folgende Vorteile:

- Vorhandene Authentifizierungsinformationen werden weitergleitet.
- Kontextinformationen, wie z. B. die aktuelle Anmeldesprache, werden weitergeleitet.
- Für Datenbankservices startet die Methode eine atomare Datenbanktransaktion. Bei erfolgreicher Abarbeitung des Requests wird die Transaktion bestätigt (auch *Commit* genannt). Im Fehlerfall werden Datenbankänderungen rückgängig gemacht (ein sogenannter *Rollback*).

srv.create/read/update/delete/insert

Kurzformen von »srv.run«

srv.create, srv.read, srv.update, srv.delete und srv.insert sind Kurzformen der Methode srv.run(*<Query>*), wobei die primäre Funktion der CQL-Query (z. B. SELECT) in dem Methodennamen kodiert ist. So sind z. B. die beiden Aufrufe in Listing 6.16 äquivalent. Die Konstruktion von Querys als CQL-Objekte wird in Abschnitt 6.7, »Konstruktion von CQN-Objekten«, behandelt.

```
const prod1 = srv.run(SELECT.from(Products).where({ID:13}))
const prod2 = srv.read(Products).where({ID:13})
```

Listing 6.16 Langform und Kurzform einer Select-Query

Die verfügbaren Kurzformen zeigt Tabelle 6.1, zusammen mit dem CQL-Äquivalent. Weitere Query-Optionen können im Fluent-API-Stil sowie an die äquivalenten CQL-Objekte angehängt werden (beispielsweise .where() in Listing 6.16). srv.update wird einen neuen Datensatz erzeugen, wenn der adressierte nicht vorhanden ist, d. h., diese Methode implementiert eigentlich einen sogenannten *Upsert*.

Kurzform	CQL-Äquivalent
srv.read(<*Entity*>, <*Key*>)	SELECT
srv.update(<*Entity*>, <*Key*>) .with(<*Data*>)	UPDATE
srv.delete(<*Entity*>, <*Key*>)	DELETE
srv.insert(<*Data*>).into(<*Entity*>)	INSERT
srv.create(<*Entity*>).entries(<*Data*>)	INSERT

Tabelle 6.1 Kurzformen für das Ausführen von Querys

srv.emit(Event, Payload)

Erzeugen von Ereignissen

Die API-Methode srv.emit(*Event*, *Payload*) zum Erzeugen von Ereignissen war zum Zeitpunkt der Entstehung dieses Buches noch nicht endgültig spezifiziert. In Abschnitt 13.4, »Ereignisse senden und verarbeiten mit CAP«, zeige ich Ihnen eine einfache Anwendung der Methode, mit der auch Ereignisdaten (die sogenannte *Payload*) versendet werden.

6.6 Das Request-Objekt

Ereignisbehandlern, die zu den Zeitpunkten before, on oder after registriert werden, kann ein Request-Objekt übergeben werden, das den Inhalt des Requests sowie Methoden seiner Behandlung bereitstellt.

req.data

req.data beinhaltet den Request-Body im Falle von CREATE- und UPDATE-Requests. Für DELETE- und READ-Requests auf eine einzelne Entität beinhaltet req.data die relevanten Schlüsselwerte.

req.error(Code, Message, Target)

req.error(*Code*, *Message*, *Target*) ermöglicht das Hinzufügen einer Fehlernachricht zu einem Nachrichtensammler. *Code* sollte einen gültigen HTTP-Antwortcode enthalten, sonst wird der Code 500 benutzt. Dies ist ebenso der

Fall, wenn verschiedene Fehlercodes aufgesammelt werden. Innerhalb eines Zeitpunkts der Ereignisbehandlung (`before`, `on` und `after`) können zwar mehrere Meldungen gesammelt werden, die nachfolgenden Zeitpunkte werden bei mindestens einer Fehlermeldung aber nicht mehr ausgeführt.

req.event

`req.event` ist der Name des auslösenden Ereignisses mit einer der folgenden Ausprägungen:

- Methode des Requests im CRUD-Format, wie z. B. `CREATE`
- Name des Ereignisses im CRUD-Format, wie z. B. `UPDATED`
- Name einer Serviceoperation, wie z. B. `createOrder`
- Name eines externen Serviceereignisses, wie z. B. `productCreated`

req.info(Code, Message, Target)

`req.info(`*`Code`*`, `*`Message`*`, `*`Target`*`)` bewirkt das Hinzufügen einer Informationsnachricht zu einem Nachrichtensammler. Die Nachrichten werden in der Antwort auf den Request im Response-Header `sap-messages` zurückgegeben.

req.method

`req.method` ist eine Zeichenkette mit der HTTP-Methode des Aufrufs (POST, GET, PUT, PATCH oder DELETE).

req.reject(Code, Message, Target)

`req.reject(`*`Code`*`, `*`Message`*`, `*`Target`*`)` lehnt den eingehenden Request mit einem HTTP-Antwortcode ab und sendet die angegebene Nachricht. Danach wird kein weiterer Ereignisbehandler ausgeführt.

req.reply(Data)

`req.reply(`*`Data`*`)` serialisiert das Objekt *`Data`* in protokollspezifischer Weise und sendet die Antwort auf den Request.

req.on(Event, Handler)

`req.on(`*`Event`*`, `*`Handler`*`)` ist die Registrierung einer Behandlerfunktion *`Handler`*, die ausgeführt wird, wenn die Request-Bearbeitung beendet ist. Ein Behandler kann für die in Listing 6.17 gezeigten Zeitpunkte registriert werden.

```
req.on('succeeded', () => {...}) // Erfolgreich
req.on('failed', () => {...})  // Fehlerhaft
req.on('done', () => {...})  //  Erfolgreich oder Fehlerhaft
```

Listing 6.17 Zeitpunkte für die Registrierung einer finalen Behandlerfunktion

Innerhalb der Behandler haben Sie keinen Zugriff auf Datenbankverbindungen.

req.query

`req.query` beinhaltet den eingehenden Request als CQL-Objekt.

req.target

`req.target` ist eine CSN-Repräsentation der Zielentität des Requests (falls diese existiert), sie liefert `undefined` für nicht gebundene Serviceoperationen und Ereignisse.

req.user

`req.user` beinhaltet Informationen zum aktuell authentifizierten Benutzer mit den Eigenschaften, die Sie in Tabelle 6.2 sehen.

`req.user.id`	ID des aktuell authentifizierten Benutzers. Hat den Wert `anonymous`, wenn kein Benutzer vorhanden ist.
`req.user.locale`	Anmeldesprache des Benutzers
`req.user.is(<role>)`	Methode zur Prüfung, ob der Benutzer die vorgegebene Rolle zugewiesen hat
`req.user.attr.<attr>`	Enthält das benutzerbezogene Attribut *attr* aus dem JWT-Token.
`req.user`	Abkürzung für `req.user.id`

Tabelle 6.2 Benutzerbezogene Attribute und Methoden des Request-Objekts

req._

Das Objekt `req._` erlaubt den Zugriff auf den originalen, protokollspezifischen Request. Im Falle eines HTTP-Requests werden dadurch die Objekte `req` und `res` des Node.js-Express-Frameworks zur Verfügung gestellt.

6.7 Konstruktion von CQN-Objekten

CAP bietet eine Reihe von Fluent-API-Funktionen, um Querys in der internen CQN-Repräsentation aufzubauen (siehe auch Abschnitt 4.1, »CDS als Familie von Modellierungssprachen«). Die resultierenden CQN-Objekte können dann mit `srv.run` oder `tx.run` zur Ausführung gebracht werden.

SELECT.from(Entity, Columns)

SELECT-Objekt

Das erste Argument in `SELECT.from(`*`Entity`*`, `*`Columns`*`)` ist entweder der Name einer Entität als Zeichenkette oder die CSN-Repräsentation der Entität, die mit der `.entities`-Methode erhalten werden kann (siehe Listing 6.18).

```
const admin =  await cds.connect.to('AdminService')
// Entity as String
let products1 = await admin.run ( SELECT.from
   ('AdminService.Products').where({ID: 101}))
let { Products } = admin.entities
// Entity as CSN
let products2 = await admin.run (SELECT.from (Products,
  [ 'ID', 'name' ] ).where({ID: 102}))
```

Listing 6.18 Varianten von »SELECT.from( )«

Als Fluent-API können Sie die weiteren Funktionen `.where`, `.having`, `.groupBy`. `.orderBy`, `.limit` in Kombinationen anhängen, die jeweils entweder SQL- oder CQL-Ausdrücke als Parameter erhalten.

SELECT.one(Entity, Columns)

`SELECT.one(`*`Entity`*`, `*`Columns`*`)` ist eine Variante von `SELECT.from`, die den ersten gefundenen Datensatz zurückliefert.

SELECT... .forUpdate({Wait})

`SELECT... .forUpdate( {`*`Wait`*`} )` bewirkt das Lesen von Daten mit Setzen einer Datenbanksperre, bis die Transaktion beendet ist. *`Wait`* ist die Zeitspanne, die angibt, wann ein Fehler erzeugt werden soll, wenn keine Sperre erzeugt werden kann. Wird dieser Parameter nicht angegeben, so gilt das Standardverhalten der Datenbank.

```
const lockData = await SELECT.from(Products).forUpdate()
const lockData = await SELECT.from(Products). forUpdate({wait:10})
```

Listing 6.19 Setzen einer Datenbanksperre

INSERT.into(Entity)

INSERT-Objekt

`INSERT.into(`*Entity*`)` erzeugt ein INSERT-CQL-Objekt. Die folgenden Fluent-API-Erweiterungen können an die Funktion angehängt werden:

- `.columns(…)` ist die Angabe der Spalten für folgenden `.values` oder `.rows`.
- `.values(…)` gibt die einzusetzenden Werte in der Reihenfolge an, wie sie von `.columns` vorgegeben wird, z. B.:

  ```
  INSERT.into (Products) .columns (
    'ID', 'name', 'stock'
  ) .values (
    201, 'Fluent API', 207
  )
  ```

  Alternativ kann sowohl die Liste der Spalten als auch die Liste der Werte als ein Array angegeben werden.
- Durch `.rows(…)` werden mehrere Zeilen an Datensätzen eingesetzt, wobei jeder Datensatz durch ein Array zu übergeben ist, dessen Werte sich in der Reihenfolge auf die Vorgabe in `.columns` beziehen, z. B.:

  ```
  INSERT.into (Products) .columns (
    'ID', 'name', 'stock'
  ) .rows (
    [ 201, 'Fluent API', 207 ],
    [ 202, 'CAP Book', 177 ]
  )
  ```
- Durch `.entries(…)` werden mehrere Zeilen an Datensätzen eingesetzt, wobei jede Zeile ein Datensatz von Name-Werte-Paaren ist, wie es das Einlesen aus einer Quelle im JSON-Format ergeben würde, z. B.:

  ```
  INSERT.into (Products) .entries (
    { ID:201, name: 'Fluent API', stock: 207 },
    { ID:202, name: 'CAP Book', stock: 177 }
  )
  ```
- `.as(<Query>)`nutzt als einzusetzende Datensätze das Ergebnis einer Query, wie z. B. in: `INSERT.into('Products').as(SELECT.from('Buffer'))`.

UPDATE(Entity)

UPDATE-Objekt

`UPDATE(`*Entity*`)` bewirkt die Änderung von Datensätzen zu einer Entität. Listing 6.20 zeigt ein Beispiel mit Nutzung der beiden verfügbaren Fluent-API-Methoden `.set` und `.where`.

```
UPDATE('Products') .set ({
  name: {New Name'},
  stock:{'-=':1}
}) .where ({ ID:01 })
```

Listing 6.20 Konstruktion eines UPDATE-CQL-Objekts

DELETE.from(Entity)

DELETE-Objekt

`DELETE.from(`*`Entity`*`)` löscht Daten zu einer Entität, z. B. `DELETE.from('Products').where ({stock:{'<':0}})`.

6.8 Modellverarbeitung

Das CDS API stellt Methoden zur Modellverarbeitung und Reflexion bereit.

cds.load(Files)

Laden von Modelldateien

Die Funktion `cds.load(`*`Files`*`)` ermöglicht das Laden von CDS-Modelldateien und die Überführung in das interne CSN-Format. *`Files`* bezieht sich auf einen einzelnen Dateinamen oder ein Array von Dateinamen einschließlich des Dateipfads. Pfade werden relativ zum aktuellen Arbeitsverzeichnis aufgelöst. Wird keine Dateiendung angegeben, so wird auf verschiedene Endungen in folgender Reihenfolge geprüft: **.csn**, **.cds**, **/index.csn**, **/index.cds**, **/*.csn** und **/*.cds**.

Der Rückgabewert ist ein JavaScript-Promise, das zu dem entsprechenden Modell im CSN-Format aufgelöst wird. Wenn eine Datei im CDL-Format (Dateiendung `.cds`) geladen wird, werden zur Konstruktion der CSN-Repräsentation alle `using`-Beziehungen nachverfolgt (siehe Abschnitt 4.8, »Referenzen auf Modelle«). Listing 6.21 zeigt die Varianten der Nutzung des Dateipfades.

```
const cds = require('@sap/cds')
// Aus einer Datei, .csn oder .cds
cds.load('./db/schema')
// Aus mehreren Verzeichnissen
cds.load(['db','srv'])
// Relativ zu dem aktuellen Node.js-Modul
cds.load(__dirname + '/db/schema')
```

Listing 6.21 Varianten der Adressierung für das Laden von Dateien

cds.parse(CDL)

Parsen von Modellen

Die Funktion `cds.parse(CDL)` transformiert ein Modell von CDL-Syntax in seine CSN-Repräsentation.

cds.parse.cdl/cql/expr(CDL/CQL/CXL)

Die drei Erweiterungen `cds.parse.cdl`, `cds.parse.cql` und `cds.parse.expr(CDL/CQL/CXL)` von `cds.parse` transformieren jeweils von CDL nach CSN, von CQL nach CQN und von CXL nach CXN. Zur Bedeutung der jeweiligen Sprachen siehe Abschnitt 4.1, »CDS als Familie von Modellierungssprachen«.

cds.reflect(CSN)

Analyse von Modellen

Mittels *Modellreflexion* (auch *Reflection* genannt) kann ein CSN-Modell analysiert und sein Inhalt gezielt abgefragt werden. Das Ergebnis ist wiederum ein CSN-Objekt. Die Methode `cds.reflect(CSN)` besitzt viele weitere und sehr spezielle Fluent-API-Methoden, von denen ich hier nur die gängigsten und nützlichsten behandeln werde. Ein vollständige, aktuelle Referenz finden Sie unter *http://s-prs.de/v765127*.

Die typische Nutzung zeigt Listing 6.22. Dort ist zu sehen, wie mittels `m.service` und `m.entities` Servicedefinitionen und Entitätendefinitionen ermittelt werden können.

```
const cds = require('@sap/cds')
let csn = await cds.load ('some-cds-model-file')
let m = cds.reflect (csn)
let [ CatalogService ] = m.services
let { Products, Suppliers } = m.entities ('my.domain')
```

Listing 6.22 Beispiel für die Nutzung des Reflection-API

cds.compile(CSN).to(Target)

Kompilieren von Modellen

Die Funktion `cds.compile(CSN).to(Target)` ist eine Prozessormethode, um CSN-Objekte in verschiedene Zielformate (*Target*) zu kompilieren. Für ein Ziel *Target* gibt es die äquivalente Form `cds.compile.to.Target`. Folgende Ziele sind verfügbar:

- `'json'` transformiert das CSN-Objekt in eine JSON-Zeichenkette.
- `'yaml'` transformiert das CSN-Objekt in eine YAML-Zeichenkette.
- `'sql'` generiert SQL DDL-Anweisungen aus dem Modell und liefert ein Array mit den Anweisungen zurück, es sei denn, der zusätzliche Parameter `as: 'str'` ist gesetzt, wie in `cds.compile.to.sql (csn, {as:'str'})`.

- `'hana'` generiert eine interne Repräsentation von **.hdbcds**-Dateien oder **.hdbtable**- und **.hdbview**-Dateien der SAP-HANA-Deployment-Infrastruktur (siehe Abschnitt 9.3, »SAP HANA Deployment Infrastructure«). Der Rückgabewert ist ein Generator, der für jede Datei den Eintrag `[src, {name,suffix}]` liefert. Dieser kann wie in Listing 6.23 genutzt werden.

  ```
  let all = cds.compile.to.hana (csn)
  for (let [src,{name,suffix}] of all)
      console.log (name+suffix,src)
  ```

  Listing 6.23 Nutzung des Dateigenerators

- `'edm'` generiert ein *Entity Data Model* (EDM) für OData v4. Das CSN-Argument der Methode muss mindestens eine Servicedefinition enthalten. Sind mehrere Servicedefinitionen enthalten, so kann die Option `{service:...}` genutzt werden, um einen Service auszuwählen oder EDM-Objekte für alle enthaltenen Services zu erzeugen. Listing 6.24 zeigt die beiden Varianten.

  ```
  // Ein Service
  let edm = cds.compile.to.edm (csn, {service:'CatalogService'})
  console.log (edm)
  // Alle Services
  let all = cds.compile.to.edm (csn, {service:'all'})
  for (let [edm,{name}] of all)  console.log (name,edm)
  ```

  Listing 6.24 Erzeugen von EDM-Objekten

- `'edmx'` generiert die XML-Repräsentationen von EDM-Modellen. Das CSN-Argument der Methode muss mindestens eine Servicedefinition enthalten. Sind mehrere Servicedefinitionen enthalten, so kann die Option `{service:...}` genutzt werden, um einen Service auszuwählen oder EDM-Objekte für alle enthaltenen Services zu erzeugen. Folgende weitere Optionen werden unterstützt:
  - `version: 'v2' | 'v4'` zur Festlegung der OData-Version
  - `annos: 'off'`, um die Generierung von Annotationen zu unterdrücken
  - `annos: 'only'` zur ausschließlichen Generierung von Annotationen
- `'annos'` ist die Kurzform für `cds.compile.to.edmx(<CSN>, {annos: 'only'}`.

TEIL III

Deployment auf die SAP Cloud Platform

Kapitel 7
Deployment-Umgebung auf der SAP Cloud Platform anlegen

Die SAP Cloud Platform stellt durch ihre Cloud-Foundry-Umgebung ein Deployment-Ziel für CAP-basierte Anwendungen bereit. Damit profitieren diese Anwendungen von dem einfachen Deployment- und Betriebsmodell der Cloud-Foundry-PaaS, sowie von den auf der SAP Cloud Platform bereitgestellten Services.

In Teil II dieses Buches haben Sie eine prinzipiell fertige CAP-basierte Anwendung gebaut, die lokal auf Ihrem Rechner lauffähig ist. Alle drei Architekturschichten – Datenbank, Serviceschicht und SAP-Fiori-Frontend – sind in der Anwendung vertreten. Natürlich kann dies nicht der finale Zustand einer produktiven Anwendung sein. Das Ziel ist ein Deployment auf die SAP Cloud Platform unter der Nutzung der dort vorhandenen Plattform-Services. Dies ist Gegenstand von Teil III dieses Buches.

Adaption an Zielplattform

Das SAP Cloud Application Programming Model ist im Kern unabhängig von der konkreten Plattform, auf der im produktiven Einsatz die Server instanziiert sind, die für CAP-Services, Datenbanken und Frontend-Komponenten die passenden Laufzeitumgebungen bereitstellen. Wie Abbildung 7.1 zeigt, wird dies durch eine klare Trennung von Kernfunktionalität und Adaptationsschicht erreicht. Dies ermöglicht es, mit minimalem Aufwand auf neue technologische Entwicklungen zu reagieren, die eventuell auch alternative Deployment-Ziele hervorbringen. Zum Zeitpunkt der Entstehung dieses Buches können Sie CAP-Anwendungen auf gängigen Rechnern mit Microsoft Windows oder Linux-basierten Betriebssystemen laufen lassen (*Deployment Platform Local* in Abbildung 7.1) sowie in der Cloud-Foundry-Umgebung der SAP Cloud Platform. Von der lokalen Variante haben Sie im bisherigen Verlauf des Buches intensiv Gebrauch gemacht.

Testzugang zur SAP Cloud Platform

Im weiteren Verlauf werden Sie Ihre bisher erstellte Anwendung in die Cloud-Foundry-Umgebung der SAP Cloud Platform deployen. Dazu müssen Sie über einen registrierten Zugang bzw. Account zur SAP Cloud Platform verfügen. Falls dies nicht schon im Rahmen eines Enterprise-Accounts für SAP-Kunden und -Partner der Fall ist, haben Sie die Möglichkeit, einen kostenlosen, zeitlich beschränkten Zugang (*Trial-Account*) anzulegen. Die notwendigen Schritte dazu stelle ich Ihnen in Abschnitt 7.1, »Anlegen eines Trial-Accounts«, vor.

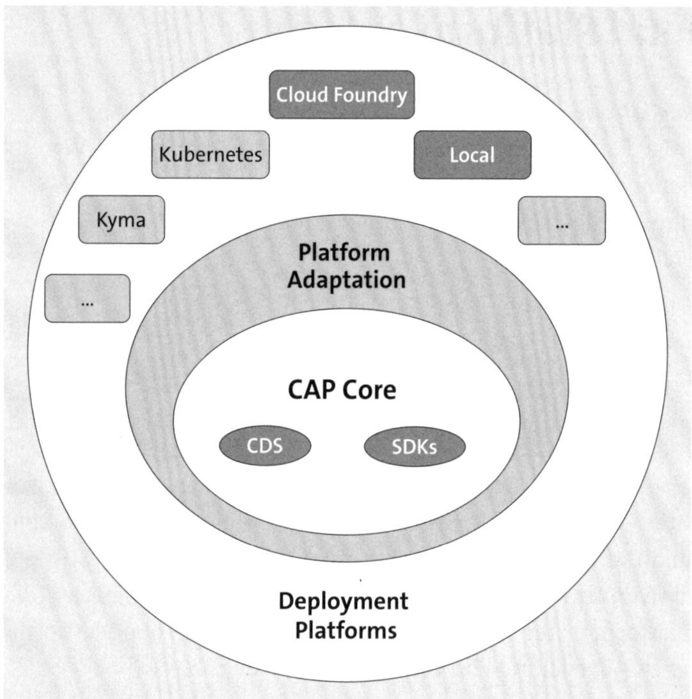

Abbildung 7.1 Die Kernfunktionalität von CAP wird über eine Plattform-Adaptionsschicht an die Deployment-Plattform angebunden.

Anschließend werden Sie in Abschnitt 7.2 mehr über die Organisationseinheiten der SAP Cloud Platform erfahren, die mit dem *SAP Cloud Platform Cockpit* zugänglich sind. Das Cockpit ist die zentrale Steuerungsumgebung zur Administration Ihres Accounts.

Cloud Foundry als Deploymentziel

Damit Sie Anwendungen in die Cloud-Foundry-Umgebung deployen und auch dort betreiben können, erhalten Sie in Abschnitt 7.3 eine Einführung in die Benutzung der Cloud-Foundry-PaaS aus der Sicht der Anwendungsentwicklung. Im Rahmen diese Buches sollen nur die notwendigen Konzepte und Begriffe vermittelt werden, die ausreichen, um die CAP-basierte Beispielanwendung zu deployen und zu betreiben. Grundsätzlich gibt es zur Cloud-Foundry-PaaS als quelloffenes Produkt eine große Menge an Literatur und Internetquellen, die sich als Lernmaterial anbieten. Den grundlegenden Einstieg, der von der Cloud-Foundry-Foundation angeboten wird, erreichen Sie unter *https://docs.cloudfoundry.org/*. Als Anwendungsentwickler*in werden Sie sich vor allem für die Dokumentation zum *Cloud*

Foundry Command Line Interface (Cloud Foundry CLI) (siehe *https://docs.cloudfoundry.org/cf-cli/*) sowie den Entwicklerleitfaden (siehe *https://docs.cloudfoundry.org/devguide/*) interessieren.

Im Praxisteil in Abschnitt 7.4, »Deployment einer Cloud-Foundry-Applikation«, haben Sie dann die Möglichkeit, konkret mit der Cloud-Foundry-PaaS zu arbeiten. Dazu entwickeln Sie eine kleine Applikation, die Sie mit dem Cloud Foundry CLI deployen. Sie werden diese Applikation an einen Service anbinden und mehrere Instanzen der Applikation erzeugen.

Mit der eigentlichen Beispielanwendung dieses Buches, dem Produktkatalog, werden wir uns in diesem Kapitel nicht beschäftigen. Sie erlernen hier aber die Grundlagen, die Sie für das spätere Deployment der kompletten Geschäftsanwendung benötigen.

7.1 Anlegen eines Trial-Accounts

Kostenloser Zugang

Wenn Sie noch nicht über einen Zugang zur SAP Cloud Platform verfügen, können Sie sich für einen kostenlosen Trial-Account registrieren. Im Folgenden werden die wichtigsten Einstiegspunkte und der Prozess dazu vorgestellt. Da wir im schnelllebigen Internetzeitalter leben, kann es passieren, dass sich die hier aufgeführten Internetlinks oder Abbildungen mit der Zeit ändern. Ein stabiler Einstiegspunkt wird ziemlich sicher die Seite *http://s-prs.de/v765128* bleiben. Einen noch direkteren Einstieg zum Anlegen des Trial-Accounts finden Sie unter *http://s-prs.de/v765129* (siehe Abbildung 7.2).

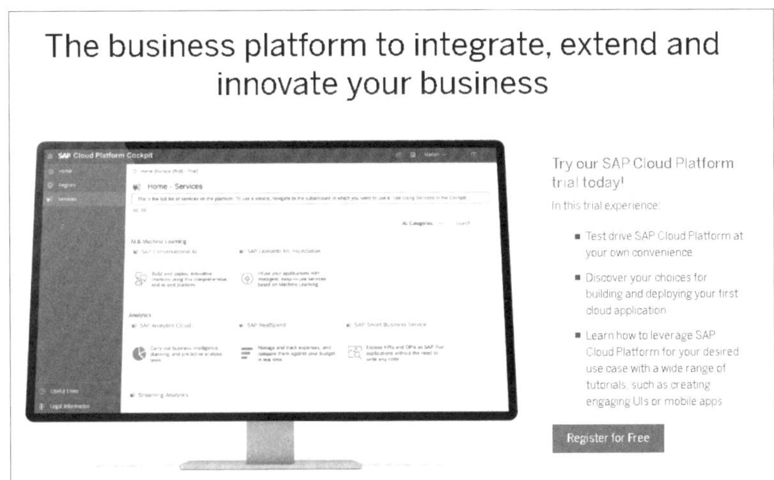

Abbildung 7.2 Einstieg zum Anlegen eines Trial-Accounts (Quelle: https://www.sap.com/cmp/td/sap-cloud-platform-trial.html)

Registrierung

Auf dieser Seite klicken Sie auf **Register for Free**. Eine neue Seite öffnet sich (siehe Abbildung 7.3), auf der Sie Ihre Daten eingeben müssen. Beachten Sie, dass Sie eine Telefonnummer angeben müssen, an die später per SMS ein Bestätigungscode geschickt werden kann.

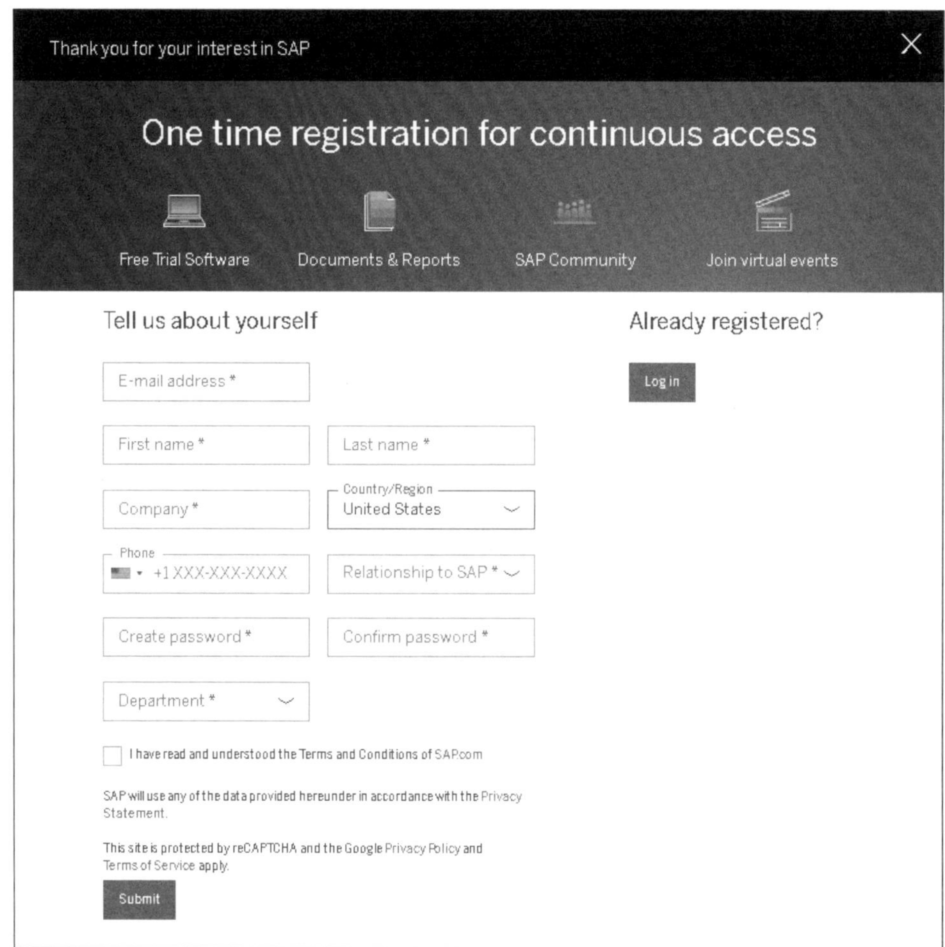

Abbildung 7.3 Maske zur Registrierung für einen Trial-Account

Nach der Eingabe aller erforderlichen Daten wird Ihnen ein Hinweis angezeigt, dass Sie Ihren E-Mail-Posteingang unter der eingegebenen Adresse kontrollieren sollen. Dort finden Sie einen Bestätigungslink, den Sie öffnen, um Ihren Trial-Account zu aktivieren. Nach erfolgreicher Aktivierung zeigt die Internetseite Abbildung 7.4. Beachten Sie, dass dort auch eine technische Benutzerkennung (*P-Nummer*) aufgeführt ist. Für zukünftige Anmeldungen an das SAP Cloud Platform Cockpit genügt aber Ihre E-Mail-Adresse und das von Ihnen vergebene Passwort.

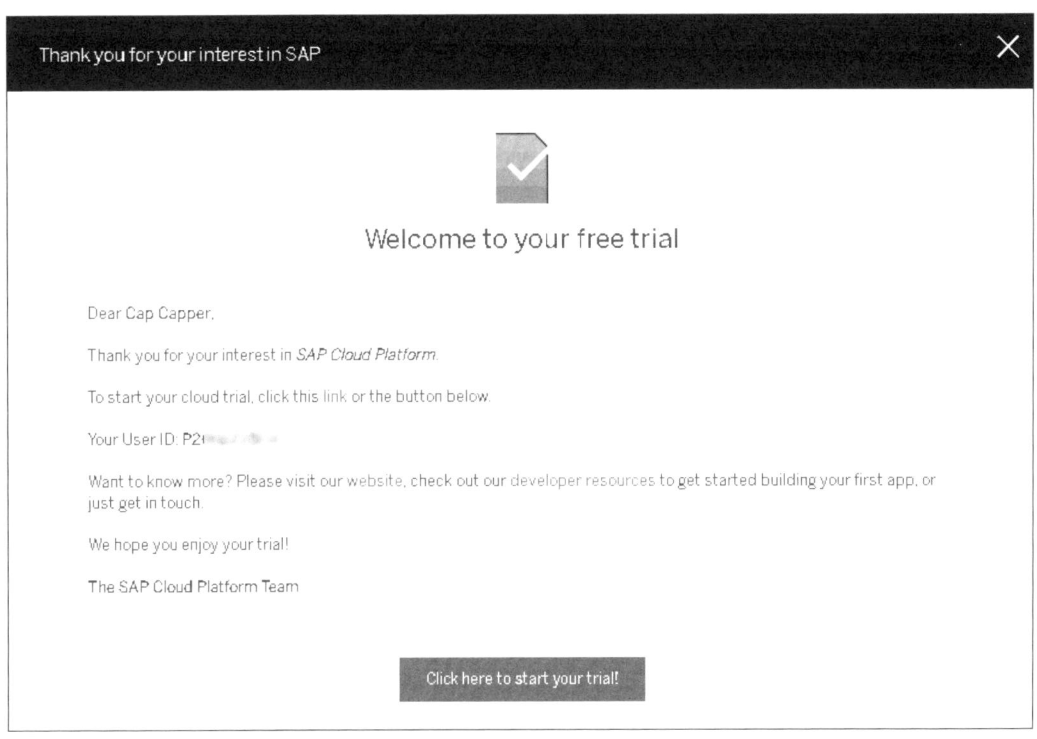

Abbildung 7.4 Erfolgreiche Aktivierung des Trial-Accounts

Erste Nutzung

Klicken Sie nun auf **Click here to start your free trial**. Nach einigen weiteren Akzeptanzbekundungen zu rechtlichen Rahmenbedingungen werden Sie mit einer Willkommensseite begrüßt. Klicken Sie dort auf **Enter Your Trial Account**, um zur Verifikationsseite des *SAP-ID-Service* zu gelangen. Dieser Service speichert Ihre Benutzerdaten, mit denen Sie sich registriert haben. Der SAP-ID-Service verlangt nun eine Validierung der Telefonnummer, die Sie auf der Registrierungsmaske eingegeben haben. Wenn Sie diesen Verifikationsschritt erfolgreich gemeistert haben, wird Ihr Trial-Account für Sie fertig konfiguriert (siehe Abbildung 7.5).

In einem Rechenzentrum in der ausgewählten Region werden einige Entitäten der SAP Cloud Platform für Sie erzeugt. Im folgenden Abschnitt werden diese Entitäten (**Region**, **Global Account**, **Subaccount**, **Organization** und **Space**) näher vorgestellt. Wenn die Erzeugung abgeschlossen ist, gelangen Sie über **Continue** auf die Startseite des SAP Cloud Platform Cockpit, wie sie in Abbildung 7.7 dargestellt ist. Setzen Sie sich ein Lesezeichen in Ihrem Browser, um das SAP Cloud Platform Cockpit direkt aufrufen zu können.

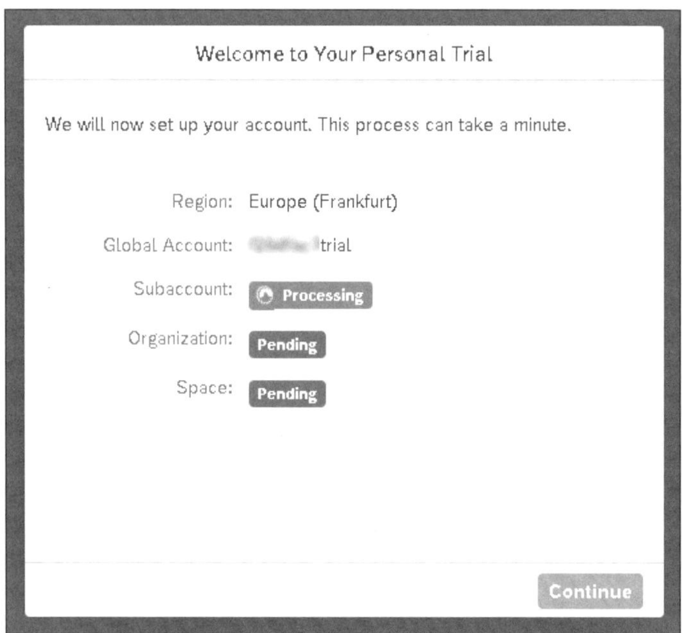

Abbildung 7.5 Automatische Konfiguration des Trial-Accounts

7.2 Subaccounts mit Cloud-Foundry-Umgebung

Um die strukturelle Einbettung der Cloud-Foundry-PaaS in die SAP Cloud Platform zu verstehen, ist es wichtig, die Semantik und Struktur eines Accounts zu verstehen (siehe Abbildung 7.6).

Global Account

Als globale Organisationseinheit fungiert der *Global Account*. Er repräsentiert Ihr Unternehmenskonto bei SAP. Er ist damit einem Unternehmen (SAP-Kunde oder -Partner) zugeordnet und spiegelt die erworbenen Rechte (sogenannte *Entitlements*) an der Nutzung von Services und anderer Ressourcen wider. Abbildung 7.7 zeigt das SAP Cloud Platform Cockpit mit der Ansicht eines globalen Trial-Accounts. Markiert sind dort der Name des globalen Accounts ❶, die verbliebene Gültigkeit des Trial-Accounts in Tagen ❷, sowie eine Kachel, die den einzig vorhandenen Subaccount anzeigt ❸. Nach Ablauf der Verfügbarkeit des Trial-Accounts werden Ihre bis dahin provisionierten Anwendungen gestoppt und Sie können sie nicht mehr aufrufen. Ihre Testdaten bleiben allerdings erhalten und es ist möglich, die Gültigkeit des Accounts zu verlängern. Beachten Sie aber, dass der Trial-Account nicht für eine produktive Nutzung geeignet ist.

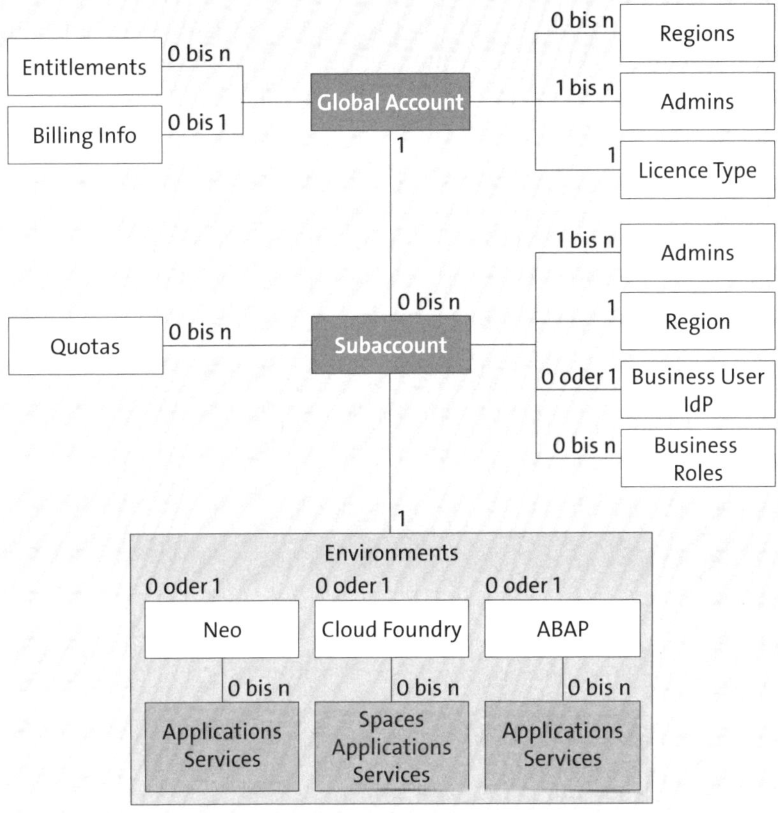

Abbildung 7.6 Organisationsstruktur der SAP Cloud Platform (Quelle: SAP)

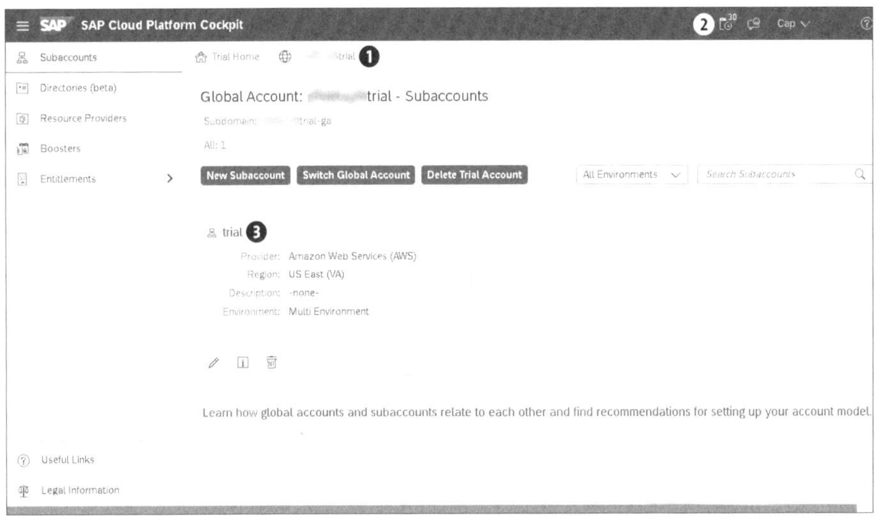

Abbildung 7.7 Ansicht eines Global Account im SAP Cloud Platform Cockpit

Subaccounts

Die operativ wichtigere Einheit auf der SAP Cloud Platform ist der *Subaccount*, der als Unterkonto eines Unternehmenskontos fungiert. Er dient der Strukturierung unter Berücksichtigung der Aspekte Regionalität, Art der SAP-Cloud-Platform-Umgebung, Projektteams, Berechtigungen und Nutzungsquoten von Ressourcen. Für Ihren Trial-Account wurde der Subaccount **trial** generiert, dem eine Cloud-Foundry-Umgebung zugeordnet ist. Um diesen Subaccount zu administrieren, klicken Sie auf dessen Namen (❸ in Abbildung 7.7), um die entsprechende Detailsicht zu öffnen (siehe Abbildung 7.8). Im Verlaufe des Buches werden Sie viele der dort gezeigten Funktionen und Objekte kennenlernen.

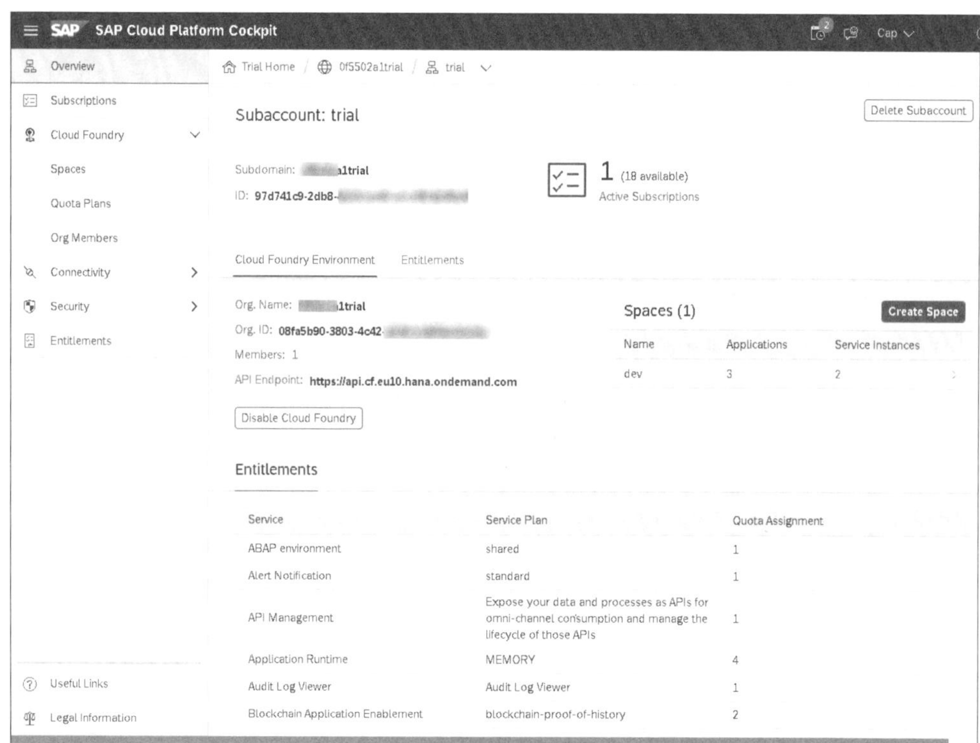

Abbildung 7.8 Ansicht eines Subaccounts im SAP Cloud Platform Cockpit

Entitlements

An dieser Stelle kann es interessant für Sie ein, den Bildschirmabschnitt **Entitlements** im Gesamten zu betrachten. Er enthält die Liste der Services, die Sie im Kontext dieses Subaccounts verwenden können. Die Spalte **Quota Assignment** zeigt an, wie viele gleichzeitige Verwendungen eines Services möglich sind.

Im nächsten Abschnitt werden Sie die quelloffene Cloud-Foundry-PaaS soweit kennenlernen, wie es für ein Deployment und den Betrieb Ihrer CAP-Anwendung notwendig ist.

7.3 Einführung in die Arbeit mit Cloud Foundry

Cloud Foundry zeichnet sich durch das Prinzip aus, dass Sie nur Ihren Applikationscode über ein API hochladen (*Push* einer Applikation). Die Plattform erledigt alles Weitere, damit der Code auf einem Webserver ausgeführt werden kann, der in einem Netzwerk (meistens das gesamte Internet) erreichbar ist. Dieser Abschnitt stellt vor, welche Konzepte Cloud Foundry anbietet, mit denen Entwicklungsprojekte den Lebenszyklus einer Applikation organisieren können. Des Weiteren gibt es eine Einführung in die Prinzipien der Applikationslaufzeit von Cloud Foundry, welche die Zustandsänderungen einer Applikation in Containern auf virtuellen Maschinen steuert. Dieser theoretisch gehaltene Abschnitt wird durch den Praxisteil in Abschnitt 7.4, »Deployment einer Cloud-Foundry-Applikation«, ergänzt.

7.3.1 Deployment und Lebenszyklus einer Applikation

Abbildung 7.9 zeigt die wichtigsten Schritte und involvierten Entitäten aus Ihrer Sicht als Entwickler*in.

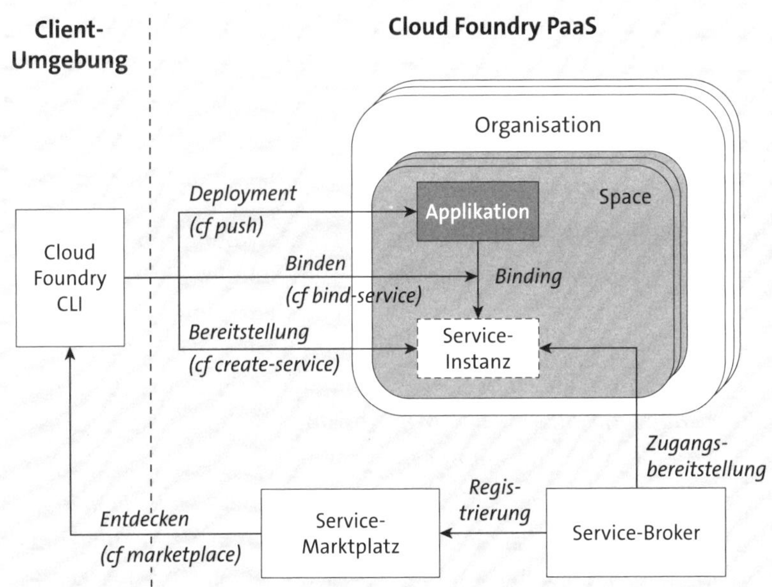

Abbildung 7.9 Deployment- und Lifecycle-Management-Aspekte auf der Cloud-Foundry-PaaS

Services auf Cloud Foundry

Cloud Foundry unterscheidet zwischen *Applikationen*, die Sie selbst deployen, und *Services* (oder auch *Managed Services*), die andere Personen zur Wiederverwendung bereitstellen. Den Begriff *Service* dürfen Sie hier nicht unbedingt mit dem Begriff CAP-Service gleichsetzen. Ein Service im Sinne von Cloud Foundry ist ein Dienst, der auf irgendeine Weise implementiert ist. Diese Implementierung muss nicht notwendigerweise auf der Cloud-Foundry-PaaS zur Ausführung gebracht werden. Es wird allerdings verlangt, dass der Service zum einen ein definiertes API implementiert (*Service-Broker-API*), um mit der PaaS zu kommunizieren, und sich zum anderen im sogenannten *Servicemarktplatz* von Cloud Foundry registriert. Über den Servicemarktplatz können Sie sich über das Angebot an Services informieren. Ein Service, der auf diese Weise für Sie sichtbar sein kann, ist z. B. der *SAP HANA Cloud Service*.

Eine Applikation im Sinne von Cloud Foundry ist eine Menge von Code, die zur Ausführung gebracht werden soll. Eine Applikation kann also einen oder mehrere CAP-Services beinhalten. Die Cloud-Foundry-Applikation ist eher mit dem Begriff des *Microservices* zu identifizieren (siehe Abschnitt 1.2.4, »CAP-Services«).

Binding

Die Nutzungsbeziehung zwischen Applikation und Service wird über das sogenannte *Binding* hergestellt. Sie erzeugen zuerst eine *Service-Instanz* auf der Cloud-Foundry-PaaS. Dies ist nichts anderes als eine Verwendungserlaubnis, die durch den Service-Broker des gewünschten Services ausgestellt wird. Dadurch, dass Sie anschließend ein Binding-Objekt erzeugen, wird diese Verwendungserlaubnis in den Umgebungsvariablen Ihrer Applikation sichtbar. Sie können damit eine URL und Authentifizierungsinformationen (z. B. Benutzername und Passwort) auslesen, mit denen Sie auf den Service zugreifen können. Cloud-Foundry-Services können über den Marktplatz verschiedene *Servicepläne* anbieten. Beim Anlegen einer Instanz müssen Sie einen Serviceplan auswählen. Typischerweise werden durch Servicepläne Abstufungen im Serviceangebot abgebildet. Ein Datenbankservice könnte z. B. unterschiedliche Speicherkapazitäten durch die Servicepläne *small*, *medium* und *large* abbilden. Oft wird durch Servicepläne eine kostenlose Nutzung von einer kostenpflichtigen unterschieden.

Cloud Foundry CLI

Sie interagieren mit der Cloud-Foundry-PaaS über das *Cloud Foundry CLI*. Dies installieren Sie in Ihrer lokalen Entwicklungsumgebung und können dadurch auf Ihrem Rechner mittels `cf`-Kommandos Instruktionen an die PaaS senden. In Abbildung 7.9 finden Sie beispielhaft die gängigen Kommandos `cf push`, `cf create-service`, `cf bind-service` und `cf marketplace`. In Abschnitt 7.4, »Deployment einer Cloud-Foundry-Applikation«, werden Sie das Cloud Foundry CLI anhand eines Beispiels näher kennenlernen.

Cloud Foundry kennt die zwei logischen Separierungseinheiten *Organization* und *Space*, die in einer hierarchischen Beziehung zueinander stehen. Eine Organisation steht für einen Bereich, der eine Entwicklungsorganisation eines Unternehmens oder auch nur ein größeres Entwicklungsprojekt repräsentiert. Wie Sie in der Ansicht des Subaccounts in Abbildung 7.8 sehen, ist dem Subaccount eine Cloud-Foundry-Organisation zugeordnet. Auf der Ebene der Organisation kann z. B. gesteuert werden, welche Einträge im Servicemarktplatz von Cloud Foundry für die Entwickler sichtbar sind. Die SAP Cloud Platform sorgt dafür, dass diese Einträge in Übereinstimmung mit den erworbenen Nutzungsrechten stehen. Um die Nutzungsrechte zu sehen, wählen Sie in der Übersicht Ihres Subaccounts in der linken Navigationsleiste des Cockpits **Entitlements** aus (siehe Abbildung 7.8).

Cloud Foundry Organizations und Subaccounts

Eine Organisation beinhaltet ein oder mehrere *Cloud Foundry Spaces*. Der Space repräsentiert das eigentliche Ziel für das Deployment einer Anwendung. Dies bedeutet, dass eine Applikation immer innerhalb eines Spaces erzeugt wird. Das Gleiche gilt für Service-Instanzen. Aus Sicht der Applikation und der Service-Instanz ist der Space im Wesentlichen ein Element, das einen Namensraum festlegt. Sie können daher eine Applikation mit dem gleichen Namen in verschiedenen Spaces anlegen.

Cloud Foundry Space als Deployment-Ziel

Die Organisation und Struktur eines Entwicklungsprojekts spiegelt sich in der Anzahl und Bedeutung der Spaces wider, da auf dieser Ebene Zugangsberechtigungen für Entwickler zur Cloud-Foundry-PaaS festgelegt werden. Ein Projekt könnte z. B. entscheiden, dass alle Entwickler »ihren« Space zugeordnet bekommen, in den sie, unabhängig von anderen Projektentwicklern, ihren aktuellen Entwicklungsstand deployen können. Ein weiterer gängiger Anwendungsfall ist die Separierung zwischen Entwicklungsversionen und der produktiven Version einer Anwendung.

Spaces als Element der Projektorganisation

Für Ihren Trial-Account wurde automatisch ein Space mit dem Namen **dev** erzeugt. Durch Auswählen von **Spaces** in der linken Navigationsleiste (siehe Abbildung 7.8) gelangen Sie zu einem Detailbild. Klicken Sie dort auf die Kachel für Ihren Space. Abbildung 7.10 zeigt die nun erscheinende Seite mit Sicht auf die Applikationen, die in den Space bereitgestellt wurden (die Navigationsebene **Services** wurde für die Abbildung schon expandiert). Da noch kein Deployment stattgefunden hat, ist die entsprechende Liste ❶ noch leer. Das Symbol zum automatischen Aktualisieren der Seite zeigt den entsprechenden Status an ❷. Durch Klicken auf das Symbol können Sie diesen Automatismus ein- und ausschalten. Mit der horizontalen Navigationsleiste ❸ können Sie schnell in der Hierarchie **Global Account**, **Subaccount** und **Space** navigieren. Durch Auswahl der nach unten gerichteten Pfeile in

Verwaltung von Spaces

dieser Navigationsleiste könne Sie auch schnell innerhalb einer Hierarchiestufe wechseln, z. B. vom momentan sichtbaren Space zu einem anderen.

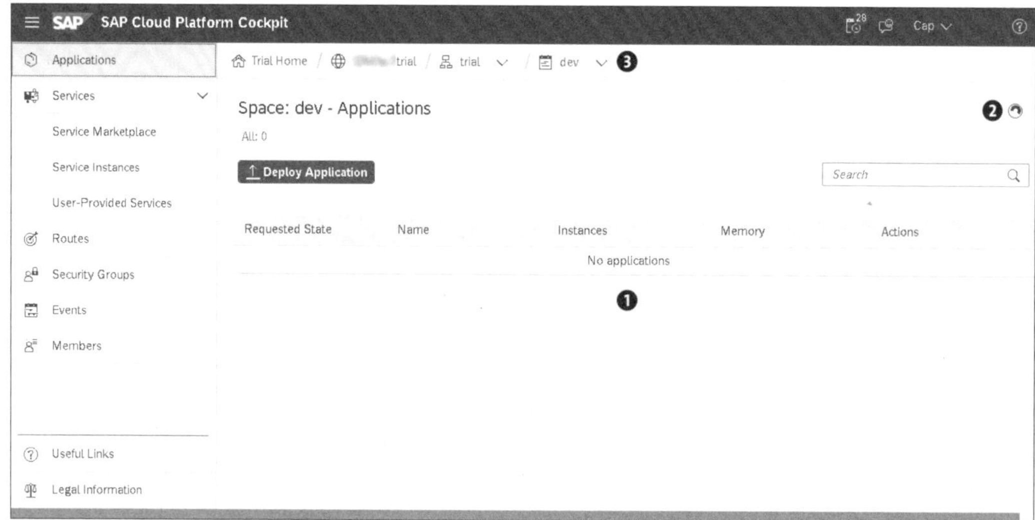

Abbildung 7.10 Detailansicht zu einem Space

7.3.2 Erzeugen und Starten einer Cloud-Foundry-Applikation

Organisation und Space sind Konzepte, um Entwicklungsprojekte, den Software-Lebenszyklus und Deployment-Berechtigungen zu steuern. Für die aktuelle Laufzeit einer Applikation haben diese Konzepte jedoch keine Bedeutung.

Starten der Applikation

Der Prozess der Erzeugung einer Laufzeitumgebung mit Webserver, Applikationsserver und Netzwerkkonfiguration ist in Abbildung 7.11 dargestellt.

Sie deployen Ihre Entwicklungsartefakte mit dem Kommando `cf push` des Cloud Foundry CLI. Das CLI kommuniziert mit dem *Cloud Controller* der PaaS und bewirkt verschiedene Dinge:

- die Erzeugung eines Applikationsobjekts als Metadaten im Cloud Controller
- das Hochladen der Entwicklungsartefakte
- das Starten der Applikation. Durch den Start der Applikation wird das sogenannte *Staging* initiiert. Dies ist ein Prozess, der basierend auf den Entwicklungsartefakten und den dort definierten Abhängigkeiten ein Abbild (*Droplet*) der kompletten Serverumgebung aufbaut, in der die Entwicklungsartefakte später ausgeführt werden können. Die Erzeugung des Droplets wird durch Routinen gesteuert, die in sogenannten *Buildpacks*

definiert sind. Beispielsweise wird zum Bauen einer Node.js-Applikation das Node.js-Buildpack herangezogen. Dies assembliert die Node.js-Serverumgebung sowie die im Projektdeskriptor hinterlegten Abhängigkeiten.

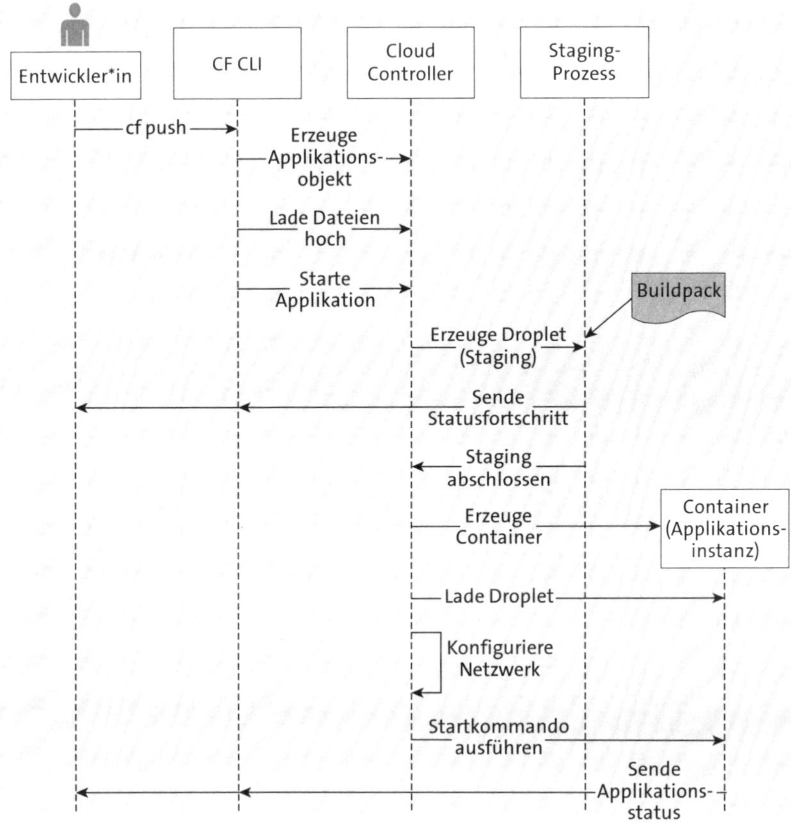

Abbildung 7.11 Sequenzdiagramm der Erzeugung einer laufenden Applikationsinstanz

Erzeugung eines Containers

Nach dem Abschluss des Stagings erzeugt der Cloud Controller einen *Container*. Dies ist eine isolierte Laufzeitumgebung auf einer virtuellen Maschine, die meistens mit einem Linux-Betriebssystem ausgestattet ist. Das erzeugte Droplet wird in den Container geladen und das im Buildpack definierte Startkommando ausgeführt. Damit läuft die Applikation nun in einer Serverumgebung. Gewöhnlich stellt der Server einen HTTP-Endpunkt bereit, der nun im Netzwerk der Cloud-Foundry-PaaS bekannt ist und auch »nach außen« in das Internet exponiert wird.

Wie funktioniert ein Buildpack?

Ein Buildpack ist eine Sammlung von Skripten, die in einer vorgegebenen Reihenfolge ausgeführt werden:

1. `bin/detect` stellt fest, ob das Buildpack zur Anwendung kommen soll oder nicht. Das Vorhandensein eines Projektdeskriptors **package.json** ist z. B. ein Indikator, dass das Buildpack für Node.js angewendet werden soll.
2. `bin/supply` installiert die Abhängigkeiten.
3. `bin/finalize` bereitet die Applikation zum Starten vor. Dies kann die Konfiguration von vorher installierten Abhängigkeiten beinhalten.
4. `bin/release` liefert Metadaten an den Cloud Controller, die aussagen, wie die Applikation gestartet werden soll.

Auf der Cloud-Foundry-PaaS sind eine Reihe von Buildpacks vorinstalliert, die gängige Technologien abdecken (z. B. Node.js, Java, Python, Ruby etc.). Wenn beim Deployment einer Applikation keine Information über ein spezifisches Buildpack mit übergeben wird, dann wendet die PaaS alle Buildpack in einer Reihenfolge an, bis das erste `bin/detect`-Skript einen positiven Test liefert. Dieses Buildpack wird dann vollständig ausgeführt.

So wie die Cloud-Foundry-PaaS quelloffen ist, gibt es auch eine Reihe von quelloffenen Buildpacks. Die Cloud-Foundry-Umgebung der SAP Cloud Platform beinhaltet zusätzlich ein spezielles Java-Buildpack, das ein Reihe von weiteren nützlichen Abhängigkeiten installiert.

Weitere Informationen und weiterführende Links finden Sie unter *https://docs.cloudfoundry.org/buildpacks/*.

7.3.3 Zugriff auf eine Applikation

Horizontale Skalierbarbeit

Nach dem Start einer Applikation ist diese in ein Netzwerk eingebunden und über das HTTP-Protokoll als Web-Applikation erreichbar. Um das Prinzip der *horizontalen Skalierbarkeit* zu realisieren, wird eine Applikation nicht direkt von einem Konsumenten angesprochen. Die Kommunikation wird stattdessen über den zentralen *Cloud Foundry Router* vermittelt (siehe Abbildung 7.12).

Dies hat den Vorteil, dass eine Applikation horizontal skaliert werden kann, indem identische Instanzen erzeugt werden (falls aus Lastgründen erforderlich). Einer Applikation wird beim Deployment eine *Route* zugeordnet. Die Route ist Teil der URL, unter der die Applikation zu erreichen ist. Jeder

HTTP-Request an die PaaS wird zuerst vom Cloud Foundry Router verarbeitet, der den Request zum Zweck der *Lastverteilung* (auch *Load Balancing* genannt) an eine Instanz der adressierten Applikation weiterleitet.

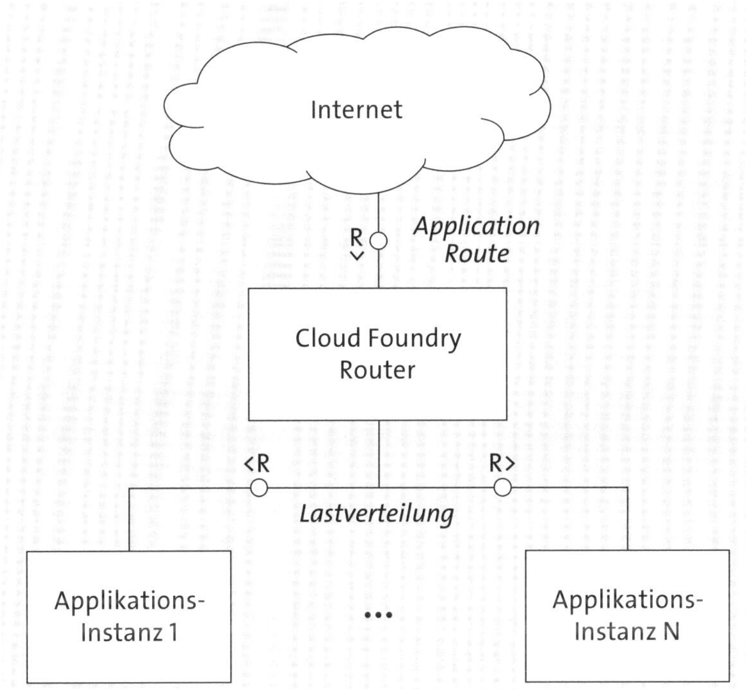

Abbildung 7.12 Kommunikation über den Cloud Foundry Router

Aufgrund des durchlaufenen Staging-Prozesses ist es für die PaaS einfach, auf Anforderung weitere Applikationsinstanzen zu erzeugen. Sie muss nur das schon vorhandene Droplet in einen weiteren Container laden, dort konfigurieren und die Instanz starten.

Zustandslose Applikationen

Damit das Prinzip der horizontalen Skalierung einfach umzusetzen ist, sollten Applikationen *zustandslos* (*stateless*) sein. Dies bedeutet, dass Instanzen einer Applikation (im Cloud-Foundry-Sinne) jederzeit gelöscht oder neu erzeugt werden können, ohne einen existierenden Kommunikationsfluss mit einem Konsumenten zu stören. Fällt eine Instanz aus, so wird eine weitere Instanz die Kommunikation nahtlos weiterführen können. Aus diesem Grund sollte der aktuelle Datenstand (der Zustand) nie alleine im Hauptspeicher einer Applikationsinstanz gehalten werden, sondern auch in einem zuverlässigen Persistenzservice, auf den alle Applikationsinstanzen Zugriff haben.

Die Zustandslosigkeit einer Applikation ist eine Idealisierung. Trotzdem sollten Sie im Applikationsdesign diesen Aspekt von vorneherein so weit wie möglich berücksichtigen. Die Cloud-Foundry-PaaS bietet außerdem Funktionen an, die helfen, benutzerspezifische Session-Daten auf der Applikationsinstanz zu halten (sogenannte *Sticky Sessions*).

7.3.4 Binden einer Service-Instanz

Binden liefert Zugangsdaten

Der Zustand einer Applikation sollte also möglichst in einen zuverlässigen, hochverfügbaren Service ausgelagert werden. Die SAP Cloud Platform bietet dafür den Zugriff auf SAP HANA über einen Service in Cloud Foundry an. Damit eine Applikation auf einen Service in Cloud Foundry zugreifen kann, müssen die Zugangsdaten des Services (die *Credentials*) der Applikation bekannt gemacht werden. Die Cloud-Foundry-PaaS bietet dafür die Operation des Binding an. Sie suchen dabei in einem Servicekatalog (dem Marktplatz der Cloud Foundry) nach dem benötigten Service. Im Space, in dem Ihre Applikation deployt werden soll, legen Sie eine Service-Instanz des gewünschten Services an. Diese Instanz binden Sie über die Binding-Operation an Ihre Applikation.

VCAP_SERVICES enthält Binding-Information

Dies bewirkt, dass vom Cloud Controller die Umgebungsvariable `VCAP_SERVICES` gesetzt wird, die dann die nötigen Zugangsdaten enthält, um auf den Service zugreifen zu können. In Abschnitt 7.4, »Deployment einer Cloud-Foundry-Applikation«, werden Sie eine Applikation auf die Cloud-Foundry-PaaS deployen und auch eine Service-Instanz binden und damit die Informationen in der Umgebungsvariable `VCAP_SERVICES` kennenlernen. Dieser Mechanismus ist auch für CAP-basierte Anwendungen zentral. In Kapitel 9, »Anbindung an SAP HANA«, werden Sie sehen, wie die Konfiguration einer CAP-Anwendung automatisch mit den Einträgen in `VCAP_SERVICES` in Verbindung gebracht wird.

7.4 Deployment einer Cloud-Foundry-Applikation

Nach der vielen Theorie werden Sie nun eine Applikation in die Cloud-Foundry-Umgebung der SAP Cloud Platform deployen. Auch das Binden einer Service-Instanz können Sie in der Praxis durchführen.

SAP Cloud Platform Cockpit vs. Cloud Foundry CLI

Sie können das Deployment und den Betrieb einer Cloud-Foundry-Applikation mittels zweier Werkzeuge durchführen: Zum einen bietet das SAP Cloud Platform Cockpit grundlegende Funktionen an. Für das Arbeiten mit realen und operativen Applikationen ist aber das Cloud Foundry CLI das Werkzeug der Wahl, da es einen wesentlich größeren Funktionsumfang abdeckt. Des Weiteren ist das CLI unbedingt erforderlich, wenn es um eine Automatisierung des Deployments in einer *Deployment Pipeline* geht. Beide Werkzeuge ergänzen sich allerdings sehr gut, da das SAP Cloud Platform Cockpit einen schnelleren Überblick über den Status vieler Applikationen und Service-Instanzen liefert, die sich über mehrere Subaccounts und Spaces verteilen. Daneben bietet das SAP Cloud Platform Cockpit viele SAP-spezifische Funktionen, die das Cloud Foundry CLI natürlich nicht abdeckt. Aus diesen Gründen werden Sie in der Folge mit einer Kombination beider Werkzeuge arbeiten.

7.4.1 Eine Beispielapplikation

Legen Sie ein neues Projekt in Ihrer Visual-Studio-Code-IDE an. Erzeugen Sie dazu mit dem Datei-Explorer Ihres Betriebssystems einen neuen Ordner an einer Stelle Ihrer Wahl. Starten Sie dann Visual Studio Code und wählen Sie über **File • Open Folder** den neuen Ordner aus, um das noch leere Projekt zu öffnen.

Mit nur zwei Dateien zur Applikation

Für eine einfache Demonstration reicht es aus, zwei Projektdateien anzulegen: Die Datei **package.json** repräsentiert wieder den Projektdeskriptor (die Applikation wird also eine Node.js-Applikation werden) und die Datei **server.js** enthält den eigentlichen Programmcode.

```
{
    "name": "cf-nodejs-sample",
    "version": "1.0.0",
    "description": "A very simple Node.js app",
    "dependencies": {
        "express": "^4"
    }
}
```

Listing 7.1 Projektdeskriptor für eine Cloud-Foundry-Applikation

Der Projektdeskriptor

Listing 7.1 zeigt den Inhalt des Projektdeskriptors. Neben Bezeichnungen und Version definiert er eine Abhängigkeit, nämlich das Express-Webserver-Framework, das Sie auch schon in Ihrer CAP-Anwendung einsetzen.

```
const express = require('express');
const app = express();

app.get('/', (req, res) => {
  res.send('Hello from Node.js Application - Instance '
           + (process.env.CF_INSTANCE_INDEX || 0));
```

```
});

const port = process.env.PORT || 4004;
app.listen(port, () => {
  console.log('App listening on port ' + port);
  console.log('Use CTRL+C to abort.');
});
```

Listing 7.2 Startskript der für den Express-Webserver

Das Startskript

Den Inhalt der Datei **server.js** zeigt Listing 7.2. Die Anweisung `app = express()` erzeugt eine Webserver-Instanz. Darauf wird über die Funktion `app.get()` ein Behandler für die Bearbeitung eines GET-Requests registriert, der an den Wurzel-Endpunkt / des Servers geschickt wird. Der Behandler konstruiert die Antwort auf den GET-Request mittels `res.send()`, indem er einen Text schreibt, der den Wert der Umgebungsvariable `CF_INSTANCE_INDEX` enthält. Diese Variable wird von der Cloud-Foundry-PaaS automatisch beim Erzeugen einer Applikationsinstanz gesetzt (beginnend mit `0`). Anschließend wird der HTTP-Port für den Server-Endpunkt bestimmt. Wenn die Umgebungsvariable `PORT` gesetzt ist, wird der Wert daraus entnommen, andernfalls wird der Wert `4004` gesetzt. Der Wert der Umgebungsvariablen `PORT` wird ebenfalls von der Cloud-Foundry-PaaS gesetzt und ist normalerweise auf `8080` festgelegt. Die Funktion `app.listen()` startet den Express-Webserver und gibt die Bestätigung im Terminal aus.

Lokaler Test

Testen Sie die kleine Applikation lokal auf Ihrem Rechner, indem Sie zuerst die Projektabhängigkeiten installieren. Öffnen Sie dazu in Visual Studio Code ein Terminal und geben Sie das Kommando `npm install` ein. Die Abhängigkeiten werden in den Ordner **node_modules/** geladen. Starten Sie dann die Anwendung durch Eingabe von `npm start` und öffnen Sie Ihren Browser mit der Adresse *http://localhost:4004/*. Die Ausgabezeile im Browser sollte nun **Hello from Node.js Application - Instance 0** lauten. Im Terminal sehen Sie die Bestätigung, dass der Server gestartet wurde und den Port 4004 nutzt.

Die Cloud-Foundry-Beispielapplikation finden Sie auch in den Download-Materialen zu diesem Kapitel.

npm-Skripte

Der Node Package Manager (npm) arbeitet mit einer Reihe von vordefinierten Skripten und mit Skripten, die Sie in der Datei **package.json** selbst definieren. Sie haben z. B. schon die vordefinierten Skripte `install` und `start` kennengelernt.

Das vordefinierte Startskript wird mit `npm start` aufgerufen und führt das Kommando `node server.js` aus, d. h., es startet die Node.js-Umgebung mit der Datei **server.js**. Sie können dieses Standardverhalten ändern, indem Sie durch einen `scripts`-Eintrag in der Datei **package.json** ein eigenes Startskript definieren, z. B., `"scripts": {"start": "node init.js"}`. Durch Eingabe des Kommandos `npm start` würde nun die Datei **init.js** in der Node.js-Umgebung ausgeführt werden. In Ihrem CAP-Beispielprojekt, das Sie mit `cds init` initialisiert haben, finden Sie die Startskript-Definition `"scripts": {"start": "npx cds run"}`. Dies startet eine CAP-Applikation, ohne dass eine Datei **server.js** vorhanden sein muss.

Zum Starten eines beliebigen Skripts benutzen Sie das Kommando `npm run <Skriptname>`. Sie können z. B. die Skriptdefinition `"scripts": {"admin": "cds serve ./srv/admin-service.cds"}` einfügen und mittels `npm run admin` ausführen.

7

7.4.2 Das Cloud Foundry CLI

Installation des Cloud Foundry CLI

Bevor Sie sich nun mit der Cloud-Foundry-Umgebung auf der SAP Cloud Platform verbinden, müssen Sie das Cloud Foundry CLI installieren. Für die Beispiele in diesem Buch nutze ich die Version 6 des Cloud Foundry CLI. Besuchen Sie die Internetseite *http://s-prs.de/v765130* und folgen Sie den dortigen Installationsanweisungen für Ihr Betriebssystem. Für Microsoft Windows gibt es dort das fertige Installationsprogramm (den Installer). Dieses wird als ZIP-Archiv heruntergeladen. Entpacken Sie das Archiv und starten Sie die Datei **cf_installer.exe**. Nach Beendigung der Installation starten Sie Visual Studio Code neu. Geben Sie dann im Visual Studio Code Terminal das Kommando `cf` ein. Als resultierende Ausgabe erhalten Sie ein Liste von Kommandos, die das Cloud Foundry CLI unterstützt. Falls in Ihrem Terminal diese Ausgabe in deutscher Sprache erscheint, empfehle ich, die Ausgabesprache in Englisch zu ändern. Dokumentation und Lernressourcen zu Cloud Foundry werden im Internet fast ausschließlich unter Nutzung englischer Terminologie angeboten, sodass die deutschen Texte der Cloud Foundry CLI oft schwer zuzuordnen sind. Falls Sie der Empfehlung folgen möchten, geben Sie in Ihrem Terminal das Kommando `cf config --locale en-US` ein.

Anmeldung an der SAP Cloud Platform

Das Cloud Foundry CLI kommuniziert mit dem Cloud Controller von Cloud Foundry, dessen URL Sie im SAP Cloud Cockpit in der Subaccount-Sicht im Bereich **Cloud Foundry Environment** als **API Endpoint** finden (siehe Abbildung 7.8). Wenn die Cloud-Foundry-Umgebung in einem europäischen Rechenzentrum installiert ist, finden Sie z. B. **API Endpoint: https://api.cf.eu10.hana.ondemand.com**.

Um den Endpunkt dem Cloud Foundry CLI bekannt zu machen, nutzen Sie das Kommando `cf api https://api.cf.eu10.hana.ondemand.com`. Anschließend melden Sie sich mit dem Kommando `cf login` an der SAP Cloud Platform an. Benutzen Sie dabei die gleich E-Mail-Adresse und das Passwort, die Sie bei der Anlage des Trial-Accounts vergeben haben. Der komplette Anmeldedialog ist in der Terminalausgabe in Abbildung 7.13 gezeigt.

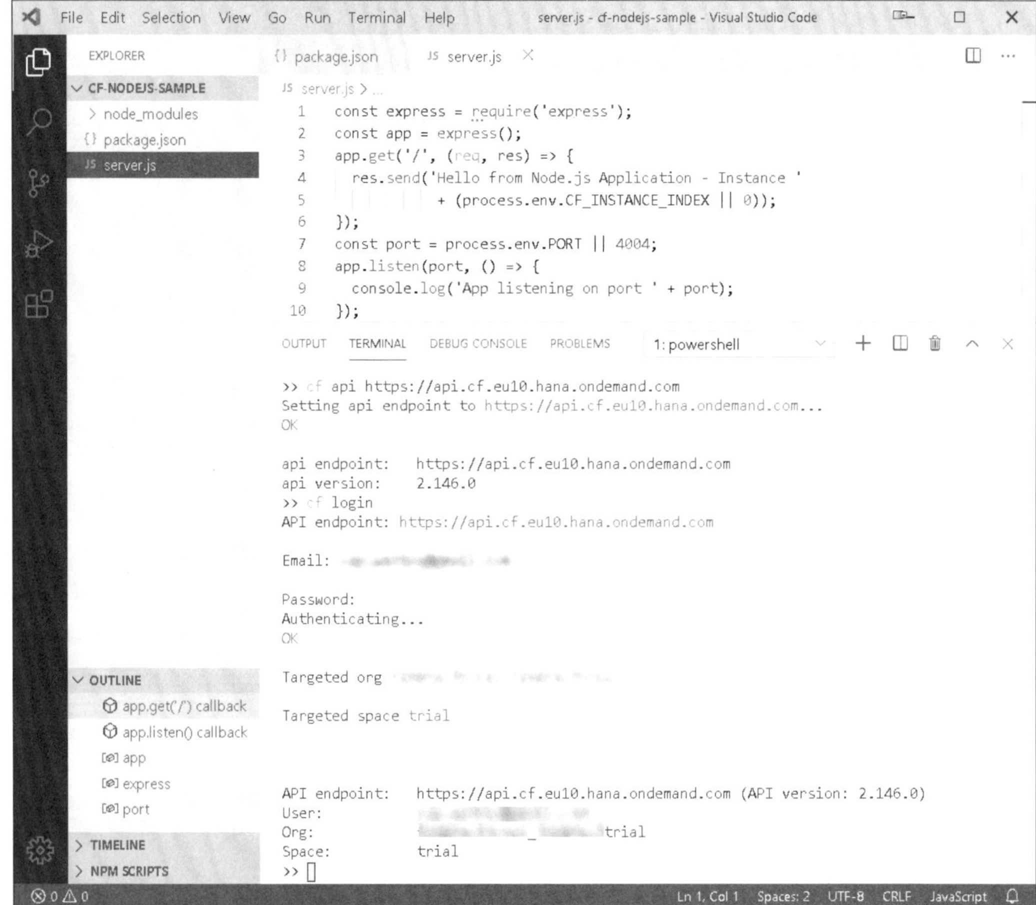

Abbildung 7.13 Anmeldedialog und Projektdateien eines Beispielprojekts für Cloud Foundry

Space als Deployment-Ziel

Wenn Sie mit einem neu angelegten Trial-Account starten, ist Ihnen nur eine Organisation und ein Space zugeordnet. Dieser Space wird nach der Anmeldung automatisch als Deployment-Ziel festgelegt. Sollten Ihnen mehrere Spaces zugeordnet sein, werden Sie nach der Anmeldung durch einen Auswahldialog geführt.

Sie müssen die Anmeldung nicht bei jeder Interaktion mit der Plattform wiederholen. Das Cloud Foundry CLI speichert einen Authentifizierungs-Token auf Ihrem Rechner, der eine gewisse Gültigkeitsdauer hat. Sie können sich aber jederzeit mit dem Kommando `cf logout` explizit abmelden. Eine aktuelle Dokumentation des Cloud Foundry CLI finden Sie unter *https://docs.cloudfoundry.org/cf-cli/*.

7.4.3 Deployment der Applikation

Sie haben nun alle Vorbereitungen abgeschlossen, um die Applikation deployen zu können. Bevor Sie das Kommando `cf push` absetzen, empfehle ich Ihnen, das SAP Cloud Platform Cockpit zu öffnen und in die Detailansicht Ihres Space zu wechseln (siehe Abbildung 7.10). Sobald Sie das Deployment starten, werden Sie dort den Applikationseintrag sehen sowie den aktuellen Status der Applikation in der Spalte **Requested State** beobachten können. Achten Sie darauf, dass das Cockpit im automatischen Aktualisierungsmodus arbeitet, was Sie am Symbol [Symbol] rechts oben im Cockpit erkennen (siehe auch ❷ in Abbildung 7.10). Beachten Sie außerdem während des Deployment-Prozesses (oder auch danach) die Ausgabe in Ihrem Terminal.

Deployment starten

Geben Sie nun das Kommando `cf push hallo --random-route` in das Visual-Studio-Code-Terminal ein. Den Applikationsnamen setzen Sie damit auf `hallo`. Die Option `random-route` legt eine zufällig bestimmte Route für die Applikation fest. Da die Route Teil der URL wird, unter der die Applikation zu erreichen ist, muss sie in der Cloud-Foundry-Landschaft eindeutig sein. Deswegen ist eine zufällige Wahl für Test-Deployments sehr nützlich, um einen Konflikt mit bestehenden Routen anderer Entwicklungsteams oder auch des eigenen Teams zu vermeiden. Für ein produktives Deployment werden Sie sich auf eine stabile Route festlegen.

Verfolgen Sie die Terminalausgaben, um den Deployment-Prozess nachzuvollziehen. Nach dem erfolgten Deployment werden Sie den Eintrag für die Applikation **hallo** im SAP Cloud Platform Cockpit sehen. Klicken Sie auf diesen Namen, um zu der Detailansicht für die Applikation zu gelangen (siehe Abbildung 7.14).

Starten der Applikation

In der Kachel **Application Routes** sehen Sie die zufällig vergebene Route. Klicken Sie auf die angezeigte Route, um die Applikation im Browser aufzurufen. In Ihrem Browserfenster sehen nun erneut die Ausgabe **Hello from Node.js Application - Instance 0**.

Herzlichen Glückwunsch! Sie haben eine Node.js-Applikation erfolgreich in die Cloud-Foundry-Umgebung der SAP Cloud Platform deployt.

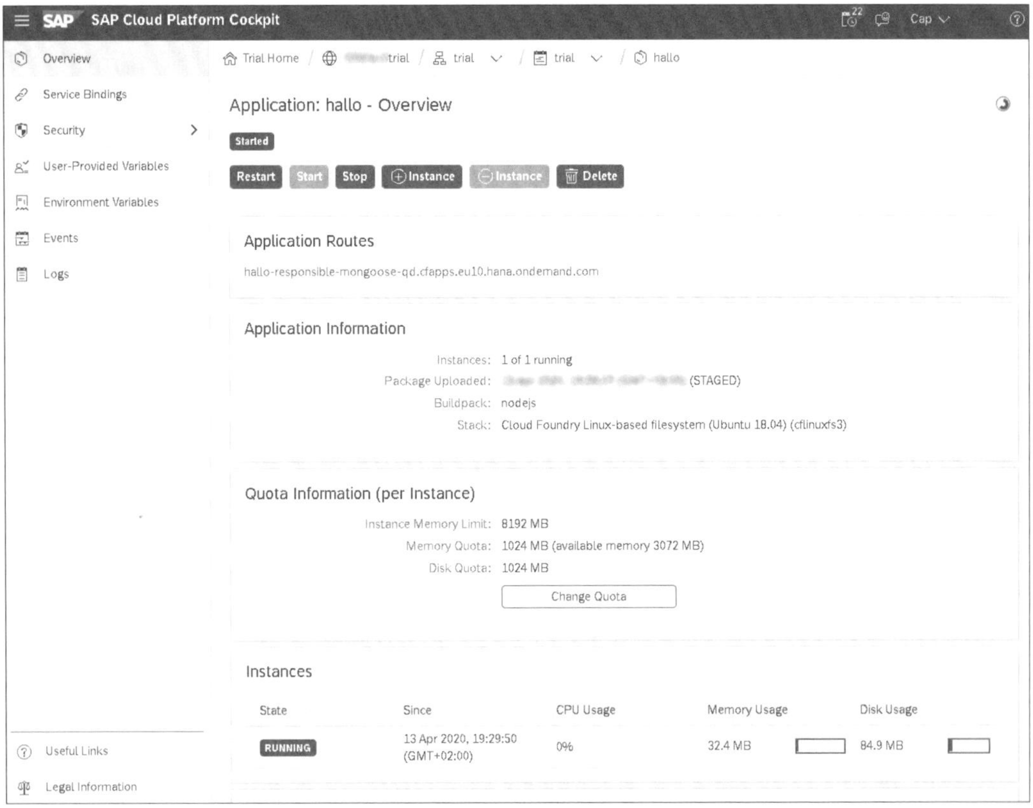

Abbildung 7.14 Detailansicht einer Applikation im SAP Cloud Platform Cockpit

Deployment der Abhängigkeiten eines Projekts

Für lokale Tests oder für Tests in einer Deployment-Pipeline muss das Kommando `npm install` ausgeführt werden, damit die Abhängigkeiten installiert werden, die im Projektdeskriptor **package.json** definiert sind. Während des Deployments einer Applikation nach Cloud Foundry wird das Node.js-Buildpack ebenfalls versuchen, diese Abhängigkeiten zu installieren. Die Interaktion dieser beiden Arten der Installation ist nicht trivial und es ist wichtig, die Konsequenzen zu verstehen.

Die übliche Empfehlung ist, Abhängigkeiten mit »offenen« Versionsbeschreibungen zu versehen, wie z. B. `"express": "^4.17.1"`. Diese Versionsangabe steht für »die größte verfügbare Version von Express mit der Major-Ziffer 4, aber minimal 4.17.1«. Offenbar hängt die tatsächlich installierte Version davon ab, wann die Installation oder die Aktualisierung ausgeführt wird und welche Version zu diesem Zeitpunkt verfügbar ist. Diese Unbestimmtheit wird noch verschärft, wenn das zu installierende Paket weitere, transitive Abhängigkeiten besitzt, die wiederum mit offenen Versionsbereichen deklariert sind.

Diese Unbestimmtheit spiegelt sich auch in der Beziehung zwischen lokalen Projektabhängigkeiten und den aktuellen Abhängigkeiten nach einem Deployment auf Cloud Foundry wider. Da das Node.js-Buildpack eine neue Installation durchführt, können Sie nicht garantieren, dass die deployte Applikation mit den gleichen Abhängigkeiten arbeitet wie Ihre lokale Version. Dies mag während früher Entwicklungsphasen in Ordnung sein (dort ist es gut, immer die aktuellsten Versionen zu nutzen), für ein produktives Deployment ist dies aber inakzeptabel.

Es besteht deswegen die Möglichkeit, die Versionen von Abhängigkeiten »einzufrieren«. Dies bedeutet, dass Sie lokal (oder in einer Pipeline) installieren, dann testen und danach dafür sorgen, dass sich die Versionen auch durch eine erneute Installation nicht mehr ändern können. Nach dem Deployment wird deswegen auf der Cloud-Foundry-PaaS der gleiche Software-Stand vorliegen wie in den vorherigen Tests.

In der Tat erzeugt das Kommando `npm install` standardmäßig die Datei **package-lock.json**, in die aktuelle Versionen festgeschrieben werden. In Abschnitt 3.2, »Entwicklungsprojekt anlegen«, habe ich Ihnen gezeigt, wie die Generierung dieser Datei zu verhindern ist, damit Sie bei jeder erneuten Installation von den aktuellsten Versionen profitieren. Für ein produktives Deployment sollten Sie eine analoge Datei explizit generieren lassen. Dafür gibt es das Kommando `npm shrinkwrap`, das die Datei **npm-shrinkwrap.json** generiert. Wenn Sie Ihr Projekt mit dieser Datei deployen, wird das Node.js-Buildpack genau die dort dokumentierten Abhängigkeiten installieren, bzw. keine Änderungen vornehmen, wenn die Abhängigkeiten mit deployt wurden.

Skalierung einer Applikation

Das SAP Cloud Platform Cockpit ermöglicht einen einfachen Überblick über den Status und die Eigenschaften einer Applikation. Applikationen lassen sich leicht stoppen, starten, neu starten, oder löschen. Zusätzlich lassen sich neue Instanzen einer Applikation erzeugen. Betätigen Sie dafür zweimal die Schaltfläche **+Instance** (siehe Abbildung 7.14) und erhöhen Sie damit die Anzahl der Instanzen auf drei. Den gleichen Effekt erreichen Sie mit dem Cloud Foundry CLI, wenn Sie das Kommando `cf scale hallo -i 3` eingeben.

Kehren Sie nach der Skalierung zu Ihrem Browserfenster zurück, mit dem Sie die Applikation aufrufen. Drücken Sie mehrfach die Schaltfläche zum Aktualisieren der Browserseite, oder die Funktionstaste [F5]. Sie sehen, wie die Instanznummer in der Ausgabe des Browsers zwischen 0, 1 und 2 wechselt. Dies visualisiert die Arbeitsweise des Cloud Foundry Routers, der eine Lastverteilung zwischen den drei Instanzen der Applikation erreichen will und bei jedem Request die tatsächlich angesprochene Instanz rundum wechselt (auch *Round Robin Routing* genannt). Neben dem Round-Robin-Routing-Algorithmus unterstützt Cloud Foundry auch das *Least Connection Load Balancing*, das die Instanzen mit den wenigsten offenen Verbindungen bevorzugt.

7.4.4 Binden einer Service-Instanz

Binden eines Application-Logging-Service

Neben den Applikationen sind Service-Instanzen die zweiten grundlegenden Objekte auf der Cloud-Foundry-PaaS. Um im Folgenden beispielhaft eine Instanz des Application-Logging-Service anzulegen und an Ihre Applikation zu binden, wechseln Sie wieder auf die Detailansicht Ihres Cloud Foundry Space (siehe Abbildung 7.10). Expandieren Sie dort in der linken Navigationsleiste den Eintrag **Services** und wählen Sie den Unterpunkt **Service Marketplace**. Sie sehen eine Reihe von Kacheln (siehe Abbildung 7.15), die jene Services repräsentieren, die Ihrem Trial-Account zugeordnet sind (die gleiche Information erhalten Sie über Ihr Terminal, wenn Sie das Kommando `cf marketplace` eingeben).

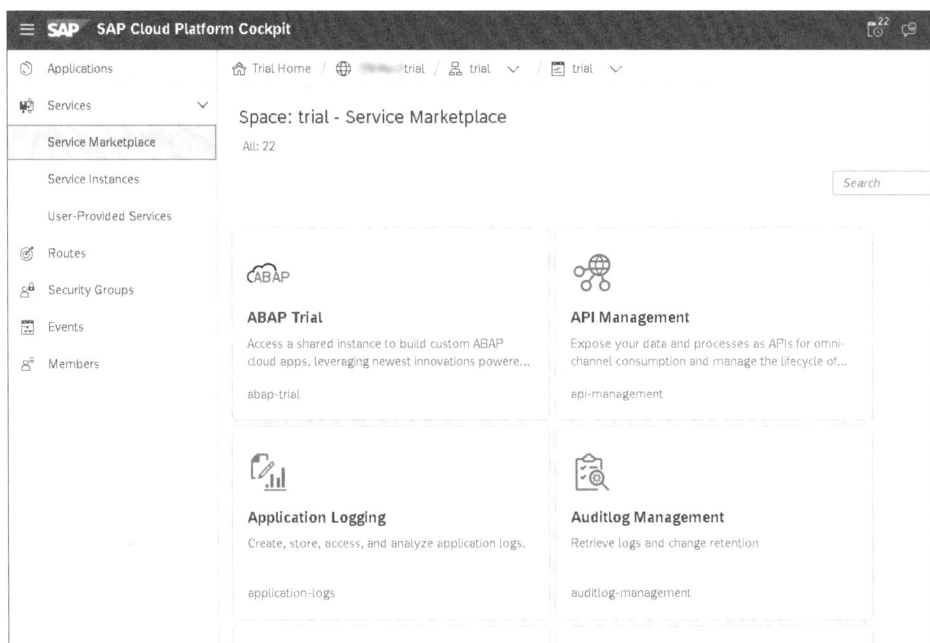

Abbildung 7.15 Servicemarktplatz des Trial-Accounts

Klicken Sie auf die Kachel **Application Logging**. In dem erscheinenden Detailbild (siehe Abbildung 7.16) klicken Sie auf die Schaltfläche **Create Instance**.

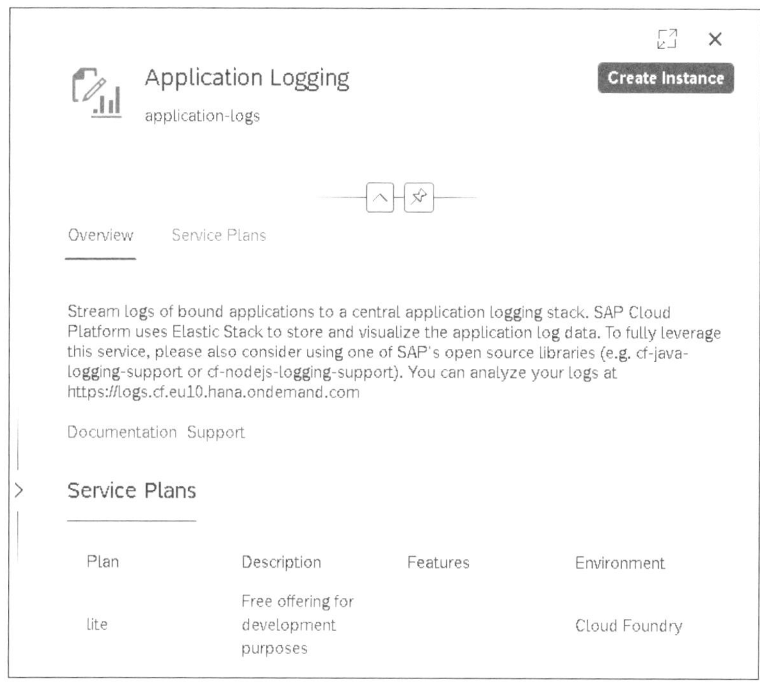

Abbildung 7.16 Detailbild zum Application Logging Service

Wie in Abbildung 7.17 dargestellt, erscheint ein geführter Dialog, mit dem Sie die Details zur Service-Instanz eingeben können. Wechseln Sie jeweils mit **Next** rechts unten im Dialogfenster zum nächsten Dialogschritt.

Abbildung 7.17 Dialog zur Erzeugung einer Service-Instanz

Tragen Sie im ersten Schritt nur im Feld **Instance Name** den Wert *logging* ein. Drücken Sie **Next** und überspringen Sie den folgenden Schritt durch erneutes Drücken von **Next**. Wählen Sie anschließend **Create Instance**. In dem erscheinenden Fenster mit einer Erfolgsmeldung drücken Sie **View Instance**, um den Prozess abzuschließen.

Das Binden der soeben angelegten Service-Instanz an Ihre Applikation führen Sie ausgehend vom Detailbild zur Applikation durch (siehe Abbildung 7.14). Wählen Sie dazu dort in der linken Navigationsleiste den Eintrag **Service Bindings**.

Binden mit dem Cloud Foundry CLI

Wesentlich schneller und einfacher binden Sie die Service-Instanz allerdings mit dem Cloud Foundry CLI. Abbildung 7.18 zeigt die Kommandos zum Anlegen (`cf create-service application-logs lite logging`) und Binden (`cf bind-service hallo logging`) der Service-Instanz.

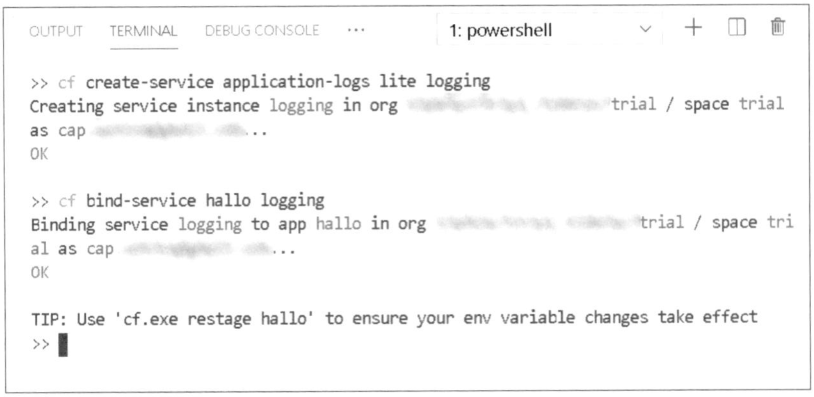

```
OUTPUT   TERMINAL   DEBUG CONSOLE   ...        1: powershell

>> cf create-service application-logs lite logging
Creating service instance logging in org                trial / space trial
as cap           ...
OK

>> cf bind-service hallo logging
Binding service logging to app hallo in org                trial / space tri
al as cap           ...
OK

TIP: Use 'cf.exe restage hallo' to ensure your env variable changes take effect
>>
```

Abbildung 7.18 Anlage und Binden einer Service-Instanz mit dem Cloud Foundry CLI

Ablage der Binding-Information

Sie haben nun eine Instanz des Application-Logging-Service angelegt und an Ihre Applikation gebunden. Was dies genau bedeutet, sehen Sie, wenn Sie auf die Detailsicht zu Ihrer Applikation zurückwechseln (siehe Abbildung 7.14). Klicken Sie dort auf den Eintrag **Environment Variables** in der linken Navigationsleiste. In dieser Sicht sehen Sie alle Umgebungsvariablen Ihrer Applikation mit ihrem Inhalt, die von der Cloud-Foundry-PaaS verwaltet werden. Variablen und Inhalte sind als JSON-Dokument dargestellt.

```
{
"VCAP_SERVICES": {
    "application-logs": [{
        "label": "application-logs",
        "provider": null,
        "plan": "lite",
```

```
        "name": "logging",
        "tags": [],
        "instance_name": "logging",
        "binding_name": null,
        "credentials": {
            "metrics_collector_url": "https://metrics-collector.
              cf.eu10.hana.ondemand.com/",
            "metrics_collector_client_id": "f5985bc4-5022-4fb9-
              aecc25f8d",
            "metrics_collector_client_secret":
              "YzNjYjI3ODMtOGRlZi00ZThimMzU3MTRkL2hhbGxvLzNiNGU4OD
              UmlhbC9hMDBlZTRkYy02jOGIzOWMwOTNiNGY"
        },
        "syslog_drain_url": null,
        "volume_mounts": []
    }]
}
}
```

Listing 7.3 Binding-Information als Inhalt der Umgebungsvariable »VCAP_SERVICES«

Binding-Information in »VCAP_SERVICES«

Alle Binding-Informationen für eine Applikation werden in der Umgebungsvariable `VCAP_SERVICES` gesammelt, deren Inhalt in Listing 7.3 gezeigt ist. Neben dem technischen Namen des Services (`application-logs`) ist vor allem der Serviceplan (`lite`) und der Namen der Service-Instanz (`logging`) hinterlegt. Die wichtigste Information ist aber im Feld `credentials` abgelegt. Die Applikation, die die Umgebungsvariable einliest, findet darin die Zugangsdaten zur Nutzung des Services. Diese wurden vom Service-Broker des Application-Logging-Service bei der Anlage des Bindings erzeugt.

7.4.5 Deployment mit Manifest

Wenn Sie einen ganzen Satz von verbundenen Applikationen deployen müssen, benötigen Sie eine Sequenz von Kommandos des Cloud Foundry CLI. Wahrscheinlich werden Sie dann Skripte verwalten, die diese Kommandosequenzen speichern und ausführen.

Sammlung von Deployment-Kommandos

Eine Alternative zu Skripten ist das *Deployment-Manifest* von Cloud Foundry. Das Manifest ist eine Datei im YAML-Format, die beschreibt, wie eine oder mehrere Applikationen deployt und welche Services gebunden werden sollen. Als Beispiel erweitern Sie Ihr Projekt, das Sie in Abschnitt 7.4.3, »Deployment der Applikation«, deployt haben, um die Datei

manifest.yml mit dem Inhalt aus Listing 7.4. Geben Sie danach das Kommando `cf push` ein. Diesmal wird das Cloud Foundry CLI die Vorgaben des Manifests berücksichtigen. Beachten Sie, dass in YAML-Dateien die Einrückung der Zeilen entscheidend ist. Halten Sie sich deswegen genau an die Einrückungen, wie sie Listing 7.4 vorgibt.

Der Zielzustand, der nun erreicht wird, ist der gleiche, den Sie vorher mit den Kommandos `cf push` und `cf bind-service` erreicht haben. Zusätzlich haben Sie durch die Angabe `memory` im Manifest noch den Hauptspeicher des erzeugten Containers auf 128 Megabyte festgelegt.

```
applications:
- name: hallo
  instances: 3
  memory: 128M
  random-route: true
services:
- logging
```

Listing 7.4 Cloud-Foundry-Manifest zum Deployen einer Applikation

Das YAML-Format

YAML (rekursives Akronym zu *YAML Ain't Markup Language*) ist wie JSON ein Format, um beliebige Datenstrukturen abzubilden. Per Design ist YAML einfach für Menschen zu lesen und zu erstellen, während JSON sich besser für die maschinelle Verarbeitung eignet (so wie auch XML). Formal ist JSON eine echte Untermenge von YAML. Das wesentliche Strukturierungselement von YAML ist die Einrückung als Maß für die Strukturtiefe.

Gerade im Umfeld der Cloud Plattformen ist YAML als Inhalteformat für Deskriptordateien sehr populär geworden. So wird dieses Format z. B. zur Beschreibung von Cloud-Foundry-Deployment-Manifesten, Kubernetes-Ressourcen, Amazon-CodeDeploy-Spezifikationen und vielen mehr genutzt.

Die offizielle Ressourcensammlung zu YAML finden Sie unter *https://yaml.org/*.

Ich empfehle Ihnen, keine Tabulatoren im Editor zu nutzen, um die nötigen Einrückungen in einer YAML-Datei herzustellen. Nutzen Sie immer Leerzeichen dafür, da Tabulatorsteuerzeichen von manchen Programmen nicht interpretiert werden. Bei gängige Editoren können Sie in den Einstellungen festlegen, dass die Tabulatortaste immer automatisch in eine Sequenz von Leerzeichen umgesetzt wird. Außerdem ist es hilfreich, eine Erweiterung für Visual Studio Code zu nutzen, welche die YAML-Syntax überprüft.

7.5 Was sollten Sie aus diesem Kapitel mitnehmen?

Die SAP Cloud Platform bietet Ihnen in Form eines Trial-Accounts einen kostenlosen Zugang. Das SAP Cloud Platform Cockpit ist die Anwendung, mit der Sie Accounts und Subaccounts verwalten. Auf der Ebene des Subaccounts erfolgt die Zuordnung zu einer Organisation der Cloud-Foundry-PaaS.

Cloud Foundry erlaubt Ihnen ein einfaches Deployment Ihrer Projektartefakte. Die PaaS detektiert die Art des Projekts und assembliert mithilfe vorhandener Buildpacks eine Serverumgebung, die zusammen mit dem deployten Code in einem Container auf virtuellen Maschinen gestartet wird.

Die SAP Cloud Platform bietet eine Reihe von Services, die im Servicemarktplatz von Cloud Foundry publiziert sind. Durch das Binden an Instanzen dieser Services kann jede Applikation diese Dienste konsumieren. Die nötigen Zugangsdaten werden durch das Binden in der Umgebungsvariable `VCAP_SERVICES` für die Applikation sichtbar.

Diese Einführung in die Cloud-Foundry-PaaS ist für Sie relevant, denn im weiteren Verlauf werden Sie die von Ihnen bisher entwickelten CAP-Services, analog zu dem Beispiel dieses Kapitels, als Teil einer Node.js-Cloud-Foundry-Applikation deployen. Der Zugriff auf SAP HANA wird über eine geeignete Service-Instanz erfolgen. Die SAP-Fiori-Benutzeroberfläche wird auf einem separaten Frontend-Server deployt, der mit den CAP-Services kommuniziert. Als zweiter Service wird der *Authorization and Trust Management Service* der SAP Cloud Platform genutzt, um Anfragen an CAP-Services zu authentifizieren und Berechtigungen zuzuordnen. Das folgende Kapitel behandelt die Details dieser Architektur von Geschäftsanwendungen auf der SAP Cloud Platform.

Kapitel 8
SAP-Anwendungsarchitektur in der Cloud-Foundry-Umgebung

Monolithische Anwendungen nutzen nicht die spezifischen Vorteile von Cloud-Plattformen. Gleichzeitig bringen verteilte Anwendungen auf Cloud-Plattformen ihre eigenen Herausforderungen an Design, Architektur und Betrieb mit sich. Mit den vorhandenen Komponenten und Services auf der SAP Cloud Platform definiert SAP eine Blaupause für eine Architektur für verteilte Geschäftsanwendungen.

Die Cloud-Foundry-PaaS favorisiert durch ihr Design einen Anwendungsbegriff, der sich als eine Menge zustandsloser Services darstellt. Diese Services haben wiederum Zugriff auf zustandstragende Services, die Teil der Plattform sind und durch die Plattform vermittelt werden. Die Terminologie der Cloud-Foundry-PaaS identifiziert die zustandslosen Elemente mit *Applikationen* und die zustandsbehafteten mit *Managed Services* oder auch *Backing Services*. In Abschnitt 7.3, »Einführung in die Arbeit mit Cloud Foundry«, haben Sie diese Begriffe in der Praxis kennengelernt. Beispielsweise sind zustandslose Applikationen horizontal skalierbar.

Geschäftsanwendungen als verteilte Anwendungen

Der Begriff der Geschäftsanwendung ist natürlich wesentlich grob-granularer, da er horizontal skalierbare Cloud-Foundry-Applikationen und Managed Services einschließt. Zusammen mit dem Architekturprinzip der Microservices wird die Geschäftsanwendung zu einer wesentlich *verteilten Anwendung*. Die Komplexitäten einer verteilten Anwendung werden in der Forschung und Literatur schon seit den 1960er Jahren beschrieben und analysiert. Das Beste an diesem relativ neuen Trend der Microservicearchitekturen ist wahrscheinlich, dass Methodiken zur Bestimmung der »richtigen« Granularität von Services in verteilten Anwendungen mehr Beachtung finden. Die prominenteste Methode ist die des Domain-driven Design, die heute als Standardmethode zum Aufsetzen von Microservicearchitekturen gilt. Die Beziehung von CAP-Services zu Microservices wurde im Abschnitt 1.2.4, »CAP-Services«, diskutiert.

Ziel dieses Kapitels

Dieses Kapitel gibt einen Überblick über die prototypische Architektur einer Geschäftsanwendung in der Cloud-Foundry-Umgebung der SAP Cloud Platform. Abschnitt 8.1 stellt dazu eine Blaupause vor, die Sie Schritt für Schritt auf Ihre Beispielanwendung anwenden werden. Entwickler sind nicht gezwungen, nach dieser Vorlage zu implementieren, da die SAP Cloud Platform eine offene Umgebung anbietet. Trotzdem sind einige Prinzipien, Komponenten und Services mit dieser Vorlage verbunden, die gerade die Arbeit und die Integration mit SAP-Technologien einfach machen.

Ein zentraler Integrationspunkt ist die Handhabung von Benutzerstammdaten und Authentifizierung. Dazu dient der SAP Cloud Platform *Authorization and Trust Management Service*, den ich in Abschnitt 8.2 näher vorstelle.

Eine Komponente der verteilten Geschäftsanwendung ist der *SAP Application Router*, den Sie Ihrem Entwicklungsprojekt in Abschnitt 8.3 hinzufügen werden. In diesem Zusammenhang wird die Rolle des *Authorization and Trust Management Services*, vor allem im Zusammenspiel mit dem SAP Application Router, dargestellt. Die Details der produktiven Konfiguration und Anbindung des SAP Authorization and Trust Management Services werden allerdings erst Gegenstand von Kapitel 10, »Hybride Entwicklung«, sein.

Weiterentwicklung der Beispielanwendung

In diesem Kapitel zeige ich Ihnen abschließend in Abschnitt 8.4, wie Sie den neu hinzugefügten Application Router als Webserver für Ihre SAP-Fiori-Benutzerschnittstelle nutzen.

In der Blaupause für Geschäftsanwendungen spielt SAP HANA als Persistenz, aber auch als Maschine zur Ausführung von datenintensiven Operationen in der Datenbank, eine zentrale Rolle. Die Details der Anbindung von SAP HANA werde ich im speziell dafür reservierten Kapitel 9, »Anbindung an SAP HANA«, behandeln.

8.1 Geschäftsanwendung als Summe spezialisierter Services

Die in Abbildung 8.1 gezeigte Blaupause für Geschäftsanwendungen sieht eine Reihe von Komponenten mit dedizierten Aufgaben vor.

Backend-Services implementieren Geschäftslogik

Die Abbildung zeigt nicht alle involvierten Netzwerkkomponenten. So wird beispielsweise jede Anfrage an eine Cloud-Foundry-Applikationen durch den Cloud Foundry Router vermittelt (siehe auch Abschnitt 7.3.3, »Zugriff auf eine Applikation«). Der Einfachheit halber sind die zugehörigen Kommunikationspfade nicht dargestellt.

Die betriebswirtschaftliche Logik der Geschäftsanwendung wird von einer Reihe von Backend-Services bereitgestellt. In der Cloud-Foundry-Umgebung sind dies jeweils Cloud-Foundry-Applikationen. Wenn CAP genutzt wird, dann beinhalten diese Applikationen jeweils einen oder mehrere CAP-Services. Eine Mischung zwischen CAP-basierten und nicht-CAP-basierten Cloud-Foundry-Applikationen ist durchaus möglich.

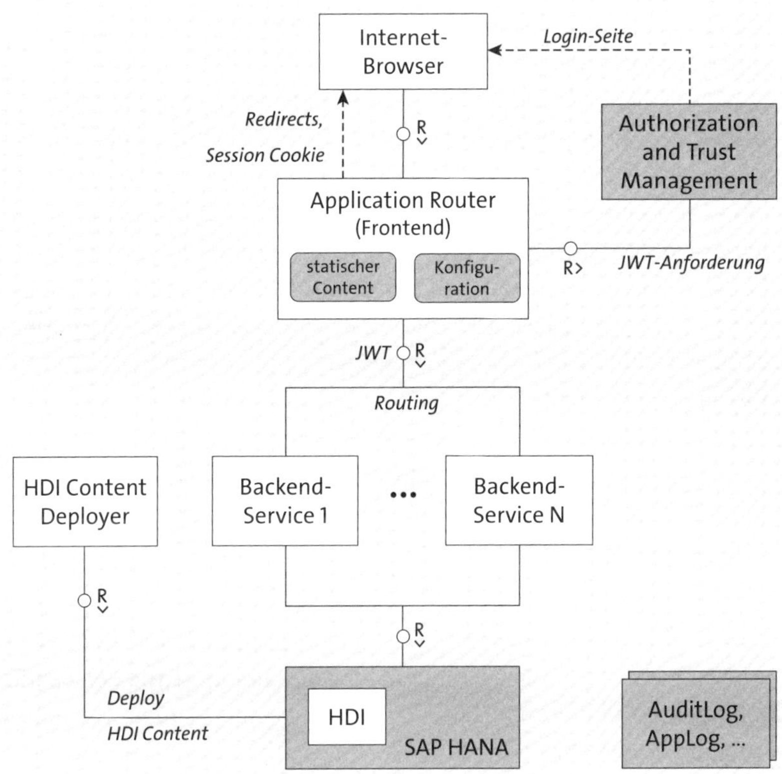

Abbildung 8.1 Blaupause einer Architektur für Geschäftsanwendungen

Application Router als Frontend der Anwendung

Eine Grundannahme der Architektur ist, dass Benutzer über einen Internetbrowser auf die Anwendung zugreifen. Die Browseranfragen erreichen nicht direkt die einzelnen Backend-Services, sondern zuerst eine spezielle Frontend-Komponente, den *SAP Application Router*. Dieser wird pro Geschäftsanwendung als Node.js-Applikation in einen Cloud Foundry Space deployt. Der Application Router besitzt eine Reihe von Zuständigkeiten:

- Er exponiert einen einzelnen und eindeutigen Einstiegspunkt für alle Funktionen der Geschäftsanwendung und agiert als sogenannter *Reverse Proxy*, da er Ressourcen von mehreren Servern für einen Konsumenten bereitstellt.

- Ein initialer Browser-Request wird zur Authentifizierung an die Anmeldeseite des *SAP Authorization and Trust Management Service* weitergeleitet. Hat sich der Benutzer erfolgreich authentifiziert, fordert der Application Router einen JWT vom SAP Authorization and Trust Management Service an. Dieser Token enthält unter anderem eine Liste der Berechtigungen des Benutzers. Der Application Router kann zu diesem Zeitpunkt schon einfache Berechtigungsprüfungen durchführen, bevor der Request an einen Backend-Service weitergeleitet wird. Der JWT wird aus Sicherheitsgründen zu keinem Zeitpunkt an den Browser zurückgegeben. Stattdessen verwaltet der Application Router eine Benutzersitzung, die der Browser als *Session Cookie* speichert.
- Basierend auf Routing-Regeln, wird ein Request an den erforderlichen Backend-Service weitergeleitet. Der JWT wird dabei als Teil des Request Headers mit übertragen. Die Routing-Regeln werden in Konfigurationsdateien des Application Routers abgelegt.
- Der Application Router fungiert auch als statischer Webserver. HTML-Seiten und andere Ressourcen, wie etwa Bilder und JavaScript-Dateien, können gespeichert und in den Browser geladen werden. Insbesondere werden SAP-Fiori-relevante Dateien im Application Router abgelegt und in den Browser geladen.

JWT-Validierung

Ein Backend-Service kann die Echtheit des JWT überprüfen (er soll dies aus Sicherheitserwägungen auch tun), da er an die gleiche Instanz des SAP Authorization and Trust Management Service gebunden ist wie der Application Router. Die zugrunde liegende Mechanismen werden Sie im Abschnitt 10.3, »Authorization and Trust Management Service konfigurieren und anbinden«, in der Praxis kennenlernen.

Im Verlaufe dieses Kapitels werden Sie den Application Router nur soweit konfigurieren, wie es für den Betrieb der CAP-Beispielanwendung nötig ist. Darüber hinaus kann der Application Router aber viele weitere nützliche Funktionen ausführen und Services anbieten. Auf den SAP-Community-Seiten gibt es einen empfehlenswerten Blog, der die SAP-Application-Router-Funktionen und -Konfiguration im Detail erklärt (siehe *http://s-prs.de/v765131*).

SAP HANA als Datenbank

Backend-Services greifen auf SAP HANA zu. Im Rahmen von CAP werden diese Zugriffe durch das CDS API gekapselt. Eine beliebige Anwendung kann aber über die native SQL-Schnittstelle von SAP HANA SQL-Kommandos an die Datenbank schicken. Die Credentials für den Zugriff werden wieder durch das Binden einer Service-Instanz vermittelt. In diesem Fall ist dies eine Instanz des Services *SAP HANA Schemas & HDI Containers*, der in Kapitel 9, »Anbindung an SAP HANA«, vorgestellt wird.

SAP HANA Deployment Infrastructure und CAP

Das Deployment der Schemadefinitionen (Tabellen, Views, Prozeduren etc.) geschieht über eine spezielle Komponente in SAP HANA, die *SAP HANA Deployment Infrastructure* (HDI). HDI definiert ein deklaratives Format von Schemadefinitionen, das eine automatische Evolution eines Schemas erlaubt (*Schemaevolution*). Der deklarative Ansatz erlaubt es Ihnen, sich auf das Zielbild Ihrer neuen Schemaversion zu konzentrieren. Sie sind von der Aufgabe befreit, den Weg zur neuen Version durch Änderungsskripte zu beschreiben. Dieser deklarative Ansatz passt sehr gut zu der CDS-Modellierung von CAP. Deswegen generiert CAP, in einem Kompilierungsprozess für SAP HANA, HDI-Beschreibungen aus CDS-Modellen.

Die HDI-Artefakte selbst werden durch eine spezielle Cloud-Foundry-Applikation nach SAP HANA deployt (HDI-Content-Deployer in Abbildung 8.1). Ein Entwicklungsteam nimmt diese Node.js-basierte, von SAP zur Verfügung gestellte Applikation als Teil des Entwicklungsprojekts mit auf (analog zur Application-Router-Applikation). Durch den initialen oder erneuten Start dieser *HDI-Content-Deployer-Applikation* (oder kurz *HDI-Deployer*) werden die HDI-Artefakte nach SAP HANA deployt. Auch HDI werden Sie in Kapitel 9 detaillierter kennenlernen.

Neben den Services zur Authentifizierung und Autorisierung sowie SAP HANA werden die einzelnen Cloud-Foundry-Applikationen der Geschäftsanwendung je nach Bedarf noch auf weitere Services der SAP Cloud Platform zugreifen, wie z. B. einen Auditlog-Service oder einen Application-Logging-Service.

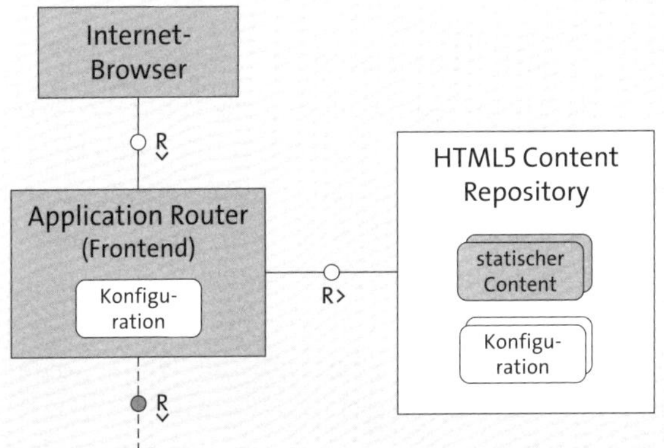

Abbildung 8.2 Das HTML5 Content Repository als zentraler Content-Server

HTML5 Content Repository

Eine Verallgemeinerung der in Abbildung 8.1 gezeigten Architektur wird durch das *SAP HTML5 Content Repository* erreicht. Dieses Repositorium wird in der Cloud-Foundry-Umgebung wiederum über einen Managed Service exponiert. Der Application Router einer Geschäftsanwendung bezieht den statischen Web-Content nun aus dem Repositorium und nicht aus seinem eigenen Dateisystem (siehe Abbildung 8.2).

Vorteile des HTML5 Content Repository

Mit dieser erweiterten Architektur kann jede Geschäftsanwendung von den Qualitäten eines zentral verwalteten Services profitieren:

- **Zero Downtime**

  Das Repositorium ist vom konsumierenden Application Router entkoppelt. Damit kann der Content im Repositorium erneuert werden, ohne den Application Router neu zu starten.
- **Versionierung und Autorisierung**

  Mehrere Versionen des Web-Contents können vorgehalten werden. Öffentlicher Content kann über viele Application Router zugreifbar gemacht werden.
- **Verfügbarkeit und Performance**

  Der zentrale Service bietet Caching und optimierte Ablagen, um einen optimierten Zugriff zu ermöglichen.

Aus Sicht von CAP macht es keinen Unterschied, ob ein zusätzliches HTML5 Content Repository eingesetzt wird oder nicht. Im Rahmen der CAP-Beispielapplikation in diesem Buch wird es nicht zum Einsatz kommen, damit das Deployment der Anwendung so einfach wie möglich bleibt.

8.2 Authorization and Trust Management

Ein zentraler Aspekt einer Applikationsplattform ist natürlich die Unterstützung von Applikationen bei der Implementierung einer Benutzerauthentifizierung und des Berechtigungsmodells. Die SAP Cloud Platform bietet dazu ein Konzept, das von allen Applikationen wiederverwendet werden kann und das auf offenen Standards basiert. Letzteres ist entscheidend dafür, dass Kunden der SAP Cloud Platform ihre eigenen, schon existierenden IT-Komponenten aus diesem Bereich wiederverwenden können. Vornehmlich geht es um die Wiederverwendung existierender Benutzerdatenbanken und eigener Authentifizierungsserver.

Abbildung 8.3 visualisiert den Ansatz der SAP Cloud Platform. Als zentrale Komponente dient der SAP Authorization and Trust Management Service. Der Subaccount ist die zentrale Konfigurationsebene dieses Services.

Herstellen einer Trust-Beziehung

In einem initialen Konfigurationsschritt wird ein Subaccount-Administrator eine Vertrauensbeziehung (*Trust*) zwischen dem Subaccount und einem *Identity Provider* (IDP) herstellen. Größere Unternehmen besitzen üblicherweise eigene IDPs in ihren IT-Infrastrukturen, die neben der Benutzerdatenbank des Unternehmens auch die eigentliche Authentifizierungskomponente enthalten. SAP betreibt den *SAP ID Service*, der als IDP auch die Benutzer enthält, die ein Konto bei der SAP Cloud Platform oder der SAP Community angemeldet haben. Wenn Sie sich für einen Trial-Account der SAP Cloud Platform registriert haben oder auch für die aktive Teilnahme an der SAP Community, sind Ihre Stammdaten dem SAP ID Service bekannt. Wenn Sie sich erneut am SAP Cloud Platform Cockpit anmelden müssen, so werden Sie als Erstes zur Anmeldeseite des SAP ID Service umgeleitet.

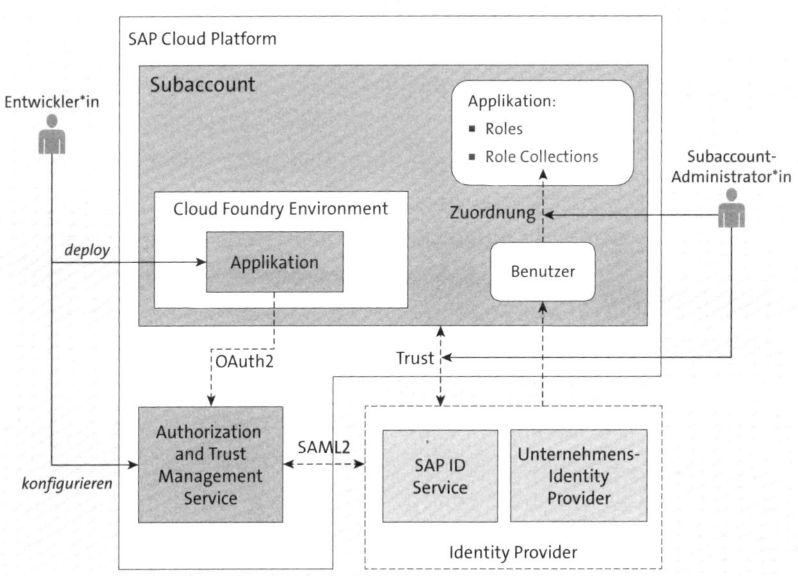

Abbildung 8.3 Authorization and Trust Management auf der SAP Cloud Platform

Subaccount als Konfigurationsebene

Subaccount-Administratoren stellen die Trust-Beziehung im SAP Cloud Platform Cockpit auf der Ebene des Subaccounts her. Dort öffnen Sie die Sicht **Security • Trust Configuration**, die eine Liste der konfigurierten IDPs zeigt. In Ihrem Trial-Account gibt es dort einen voreingestellten Eintrag, der den SAP ID Service repräsentiert (siehe Abbildung 8.4).

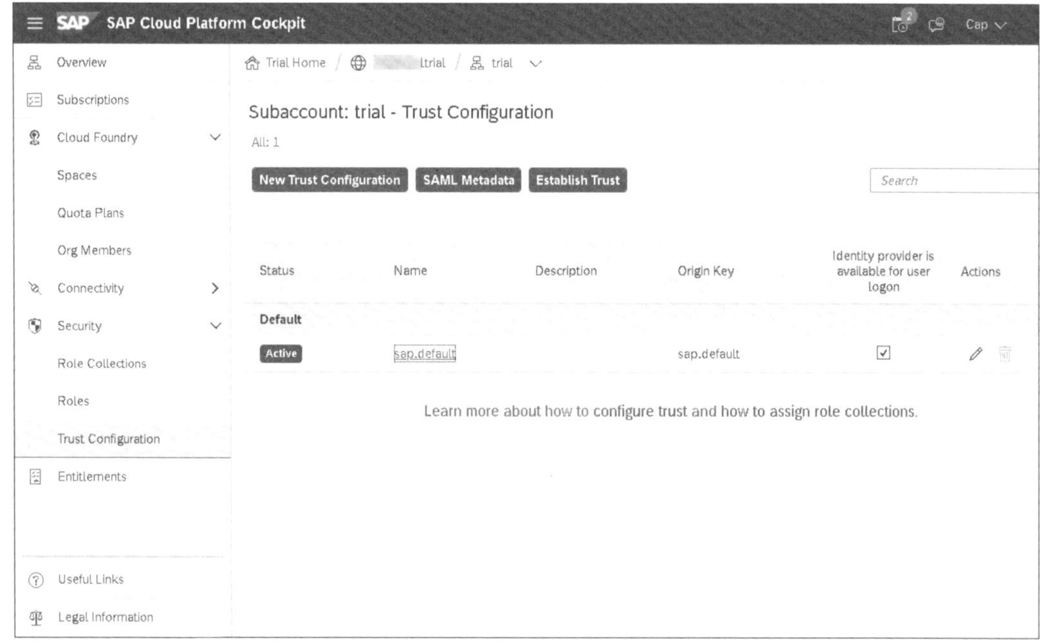

Abbildung 8.4 Zuordnung des SAP IDP zu einem Subaccount

Security Assertion Markup Language

Die Trust-Beziehung selbst wird mithilfe der *Security Assertion Markup Language* (SAML) hergestellt. SAML ist ein OASIS-Standard und dient dem Austausch von Authentifizierungs- und Autorisierungsinformationen. Die IDP-Produkte aller relevanten IT-Komponentenhersteller unterstützen diesen Standard. Ist die Trust-Beziehung hergestellt, so kann der SAP Authorization and Trust Management Service eine Authentifizierungsanfrage an den jeweiligen IDP delegieren.

Role Templates

Wie in Abbildung 8.3 dargestellt, führen Sie zwei Funktionen aus: Zum einen deployen Sie Ihre Applikationen in die Cloud-Foundry-Umgebung, zum anderen konfigurieren Sie für Ihre Applikationen den Service des SAP Authorization and Trust Management. Der wesentliche Teil dieser Konfiguration besteht darin, sogenannte *Role Templates* festzulegen, die jeweils eine Sammlung von Berechtigungen, sogenannte *Scopes*, beinhalten. Subaccount-Administratoren sehen diese Konfiguration im SAP Cloud Platform Cockpit und werden daraus Sammlungen von Rollen erstellen (*Role Collections*), als Vereinigung mehrerer Rollen aus verschiedenen Applikationen. Diesen Rollensammlungen werden dann von den Subaccount-Administratoren Benutzer zugewiesen, die in der Benutzerdatenbank des mit dem Subaccount verbundenen IDPs vorhanden sind. Auf diese Weise gruppieren Sie effektiv eine Menge von Berechtigungen in einer Rollensammlung über viele Applikationen hinweg und können diese Menge einzelnen Benutzern zuweisen.

Berechtigungen für Geschäftsprozessebenen

So ist eine Berechtigungszuordnung auf Geschäftsprozessebene möglich, da ein Geschäftsprozess viele Applikationen involvieren kann.

In Abschnitt 10.3, »Authorization and Trust Management Service konfigurieren und anbinden«, werden Sie die Konfiguration des SAP Authorization and Trust Management Services vornehmen. Da Sie auf Ihrem Trial-Account alle Rollen in Ihrer Person vereinen, werden Sie auch in der Rolle als Subaccount-Administrator*in für sich selbst die passende Rollensammlung anlegen und zuweisen.

8.3 Application Router

Die Struktur eines Entwicklungsprojekts mit CAP spiegelt das typische Dreischichtenmodell einer Anwendung mit Frontend, Backend und Persistenzschicht wider. Per Konvention werden dazu standardmäßig die Verzeichnisse **app/**, **srv/** und **db/** benutzt. Wie Abbildung 8.5 zeigt, korrespondieren diese Verzeichnisse mit den Typen von Cloud-Foundry-Applikationen, wie sie die Architektur für Geschäftsanwendungen laut Abbildung 8.1 zeigt.

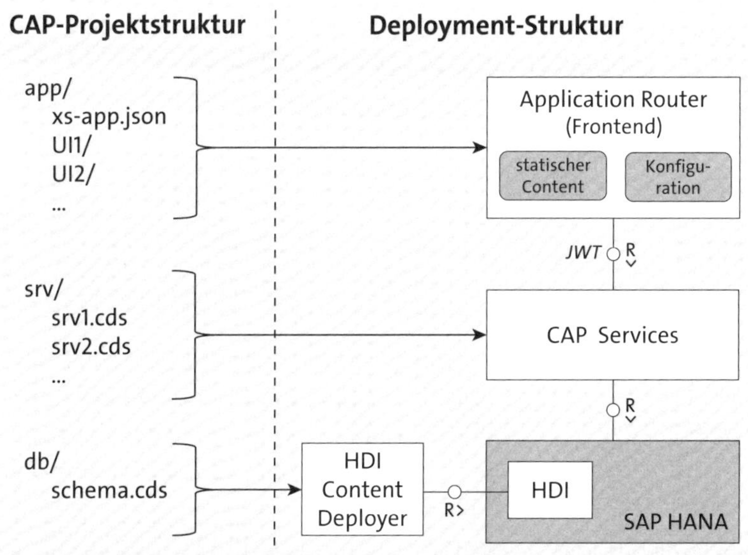

Abbildung 8.5 Korrespondenz der CAP-Projektstruktur zur Deployment-Struktur einer Geschäftsanwendung in der Cloud-Foundry-Umgebung

Application Router hinzufügen

In diesem Abschnitt werden Sie das Frontend-Verzeichnis **app/** Ihres CAP-Projekts weiter ausbauen, sodass es als Cloud-Foundry-Applikation deployt werden kann. Diese Applikation wird den SAP Application Router starten und als Webserver für die statischen Ressourcen des SAP-Fiori-UIs dienen. Beginnen Sie dazu in Ihrer IDE mit dem Projektstand, den Sie am Ende von Kapitel 5, »Weiterentwicklung zur produktiven Anwendung«, erreicht haben. Alternativ können Sie diesen Projektstand aus dem Archiv **Kapitel_05.zip** entnehmen, das Sie in den Downloadmaterialen zu diesem Buch finden.

8.3.1 Application Router als Node.js-Anwendung

SAP stellt die Application-Router-Komponente als npm-Paket zur Verfügung. Die Abhängigkeit zu diesem npm-Paket wird wie üblich im Projektdeskriptor **package.json** definiert. Der Inhalt des **app/**-Verzeichnisses wird damit zu einem eigenen Node.js-Projekt innerhalb des umfassenden CAP-Projekts.

Application Router als npm-Paket

Legen Sie in Ihrem **app/**-Verzeichnis die Datei **package.json** mit dem Inhalt aus Listing 8.1 an.

```
{
  "name": "approuter",
  "version": "1.0.0",
  "dependencies": {
     "@sap/approuter": "^8"
  },
  "scripts": {
    "start": "node node_modules/@sap/approuter/approuter.js"
  }
}
```

Listing 8.1 Die Datei »package.json« für den Application Router

Der Deskriptor definiert die Abhängigkeit zum Paket `@sap/approuter`, das in der npm-Registry auf *registry.npmjs.org* hinterlegt ist. Außerdem wird das Startskript für den Application Router definiert, das durch das Kommando `npm start` ausgeführt wird. Die Cloud-Foundry-PaaS wird dieses Kommando zum Starten der Applikation aufrufen.

Um das Application-Router-Paket in Ihrem Projekt zu installieren, nutzen Sie ein Terminal in Visual Studio Code, um dort mittels `cd app` in das Verzeichnis **app/** zu wechseln. Führen Sie dann das Kommando `npm install` aus.

Der Installationsprozess legt einen Ordner **node_modules/** innerhalb des **app/**-Verzeichnisses an, der die benötigten Pakete enthält.

8.3.2 Konfiguration des Application Routers

Noch können Sie den Application Router nicht starten, da er auf ein Minimum an Konfiguration angewiesen ist, die er in einer Datei **xs-app.json** erwartet. Legen Sie nun diese Datei im **app/**-Verzeichnis an, mit dem Inhalt wie ihn Listing 8.2.


```
{
    "welcomeFile": "index.html",
    "authenticationMethod": "none",
    "routes": [
        {
            "source": "^(.*)$",
            "localDir": "."
        }
    ]
}
```

Listing 8.2 Konfiguration des Application Routers in der Datei »xs-app.json«

Willkommensdatei des Application Routers

Als Erstes definiert die Konfiguration eine »Willkommensdatei«, also eine HTML-Datei, die in den Browser geladen wird, wenn eine Anfrage an die Wurzel-URL des Application Routers erfolgt. Den Parameter `authenticationMethod` setzen Sie für den Moment auf den Wert `none`. Andernfalls würde der Application Router versuchen, mit dem Service des SAP Authorization and Trust Management Kontakt aufzunehmen, um einen Anmeldevorgang zu starten. Das würde im jetzigen Zustand Ihres Projekts noch nicht funktionieren, da Sie diesen Service noch nicht entsprechend eingerichtet und an den Application Router gebunden haben. Kapitel 10, »Hybride Entwicklung«, wird sich damit beschäftigen.

Definition von Routen

Neben der Steuerung der Authentifizierung ist eine weitere Aufgabe des Application Routers das regelbasierte Weiterleiten von Browseranfragen an die Backend-Services, hier am Ende also Ihre CAP-Services. Diese Regeln werden als Routen (*Routes*) konfiguriert. Eine Route muss einen `source`-Eintrag besitzen. Dieser deklariert einen regulären Ausdruck (eine sogenannte *regular Expression*), der auf die URL nach dem Serveranteil angewendet wird, mit dem die Anfrage an den Application Router erfolgt.

Ein regulärer Ausdruck ist eine Suchvorschrift zur Anwendung auf Zeichenketten (siehe *http://s-prs.de/v765132*). Zur Formulierung eigener regulärer Ausdrücke sollten Sie unbedingt ein Simulationswerkzeug zur Vorabprüfung benutzen, wie es z. B. unter *https://regexr.com/* angeboten wird. Der hier benutzte reguläre Ausdruck wird immer positiv geprüft werden, da der Ausdruck `(.*)` für eine beliebige Kombination von Zeichen steht.

Struktur der Server-URL

Der Serveranteil einer URL ist die Kombination aus Protokoll, Servername und Port, also z. B. *http://localhost:4004*. Die Prüfung des regulären Ausdrucks erfolgt nur gegen den Teil der URL, der auf den Serveranteil folgt. Mit der URL *http://localhost:4004/admin/Products* wird deswegen nur der Pfad */admin/Products* zur Prüfung herangezogen. Ist die Prüfung auf den regulären Ausdruck erfolgreich, so wird die Route angewendet, d. h. der Request wird umgeleitet. Im Beispiel aus Listing 8.2 erfolgt die Umleitung nicht an einen anderen Server, sondern die angeforderte Ressource wird auf dem lokalen Dateisystem des Application Routers gesucht.

Nun müssen Sie noch die konfigurierte Willkommensdatei anlegen. Erzeugen Sie dazu im **app/**-Verzeichnis die Datei **index.html** mit dem Inhalt aus Listing 8.3.

```
<html>
    <h1>Hello from Approuter</h1>
</html>
```

Listing 8.3 Willkommensdatei für den Application Router

Abbildung 8.6 zeigt zur Kontrolle die Struktur und den Inhalt des **app/**-Verzeichnisses, wie Sie es bis hierhin erstellt haben sollten. Die Dateien **index.html**, **package.json** und **xs-app.json** haben Sie in diesem Abschnitt neu angelegt. Das Verzeichnis **node_modules** wurde durch das Kommando `npm install` erzeugt.

Starten des Application Routers

Starten Sie nun den Application Router durch Eingabe des Kommandos `npm start` im Terminal. Achten Sie darauf, dass das aktuelle Arbeitsverzeichnis des Terminals Ihr **app/**-Verzeichnis sein muss. Im Terminal wird sich der Application Router mit der Zeile **Application router is listening on port: 5000** melden. Dies zeigt, dass der Application Router als Web-Server auf Ihrem Rechner gestartet ist und Anfragen auf dem Port 5000 erwartet. Bei Bedarf können Sie den Application Router mit [Strg] + [C] bzw. [Ctrl] + [C] wieder stoppen.

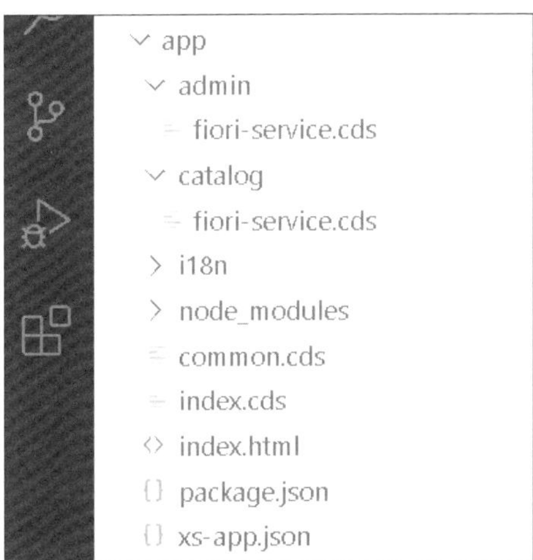

Abbildung 8.6 Struktur und Inhalt des app/-Verzeichnisses mit Konfigurationsdateien für den Application Router

Öffnen Sie nun ein Browserfenster und geben Sie die URL *http://localhost:5000* in die Adresszeile ein. Sie werden sehen, dass der Browser auf die Adresse *http://localhost:5000/index.html* umgeleitet wird und dass die Ausgabe **Hello from Approuter** erscheint.

8.3.3 Application Router mit CAP-Services verbinden

Bisher haben Sie den Application Router so konfiguriert, dass er eine statische Webseite ausliefern kann. Im Realbetrieb soll er zusätzlich einen HTTP-Request an einen CAP-Service weiterleiten können, der auf einem anderen Server läuft als der Application Router. In der Cloud-Foundry-Umgebung entspricht dies einer anderen Cloud-Foundry-Applikation.

Lokales Szenario

In einem ersten Schritt verbinden Sie nun den lokal laufenden Application Router mit dem ebenfalls lokal laufenden Administratorservice Ihrer CAP-Anwendung. Fügen Sie dazu in der Konfigurationsdatei **xs-app.json** des Application Routers eine weitere Routendefinition hinzu, die eine bestimmte Art von Request an den CAP-Service weiterleitet. Die neue Version der Konfigurationsdatei zeigt Listing 8.4.

```
{
    "welcomeFile": "index.html",
    "authenticationMethod": "none",
    "routes": [
        {
            "source": "^/cap/(.*)$",
```

```
                "target": "/$1",
                "destination": "backend"
            },
            {
                "source": "^(.*)$",
                "localDir": "."
            }
        ]
    }
```

Listing 8.4 Konfiguration des Application Routers mit Weiterleitung an eine Backend-Destination

Route zum CAP-Service

Der reguläre Ausdruck der neuen Route wird immer dann als gültig getestet, wenn die URL nach dem Serveranteil mit dem Fragment */cap/* beginnt und danach beliebige Zeichen enthält. In dieser Situation soll der Request an den CAP-Server weitergeleitet werden. Vor der Weiterleitung erfolgt ein »Umschreiben« des Eingangspfades nach der Vorschrift im `target`-Element. Dort steht die Variable `$1` für die erste zum Muster `(.*)` passende Zeichenkette. Dies bedeutet, dass z. B. der URL-Pfad */cap/admin/Products* in den Pfad */admin/Products* umgeschrieben wird. Über den Application Router werden also alle CAP-Services durch das Voranstellen des Segments */cap* erreicht.

Die Reihenfolge der Routendefinitionen spielt eine entscheidende Rolle, da die erste als gültig getestete Route zur Weiterleitung verwendet wird. Weitere Routen spielen dann für den Request keine Rolle mehr. Mit der Konfiguration in Listing 8.4 wird der Application Router deswegen nicht auf sein lokales Dateisystem zugreifen, wenn eine Weiterleitung an den CAP-Server erfolgt.

Destinationen als konfigurierbare Serveradressen

Das Ziel dieser Weiterleitung kann nicht explizit in der entsprechenden Routendefinition eingetragen werden, da Serveradressen sich von Deployment zu Deployment unterscheiden können. So ist die Serveradresse des Administratorservices in Ihrer lokalen Umgebung *http://localhost:4004*. Das produktive Deployment des Services wird aber natürlich eine ganz andere Serveradresse erzeugen, die durch die Netzwerkkonfiguration der Cloud-Foundry-Umgebung vorgeben ist. Es wäre eine sehr ungünstige Vorgehensweise, wenn Sie vor jedem Deployment potenziell die Konfigurationsdatei **xs-app.json** anpassen müssten. Eine solidere und flexiblere Vorgehensweise ist, die Serveradresse über eine Umgebungsvariable konfigurierbar zu machen. Umgebungsvariablen können per Hand oder auch von einem Automatismus einfach angepasst werden, da sie eine standardisierte, technologieunabhängige Möglichkeit der Konfiguration bieten. Der Application Router liest die Umgebungsvariable destinations, um konkrete Serveradressen zu bestimmen. Der Inhalt dieser Variable ist ein JSON-Array von Objekten, die jeweils eine Destination festlegen. In unserem Fall des lokal laufenden CAP-Services ist der Inhalt der Umgebungsvariable wie in Listing 8.5 zu wählen. Er definiert eine *Destination* mit dem Namen backend und die zugehörige Server-URL und setzt den forwardAuthToken-Indikator. Dieser legt fest, dass der JWT, den der Application Router vom Authorization and Trust Management Service erhalten hat, an den Backend-Service weitergeleitet wird.


```
[ {
    "name" : "backend",
    "url" : "http://localhost:4004",
    "forwardAuthToken" : true
} ]
```

Listing 8.5 Inhalt der Umgebungsvariable »destinations«

Der Name der Destination backend ist der Name, auf den in der Routendefinition in Listing 8.4 Bezug genommen wird. Es ist also möglich, die Serveradresse anzupassen, ohne die Konfigurationsdatei **xs-app.json** ändern zu müssen.

Simulation von Umgebungsvariablen

Sie könnten nun die Umgebungsvariable destinations entsprechend setzen, den CAP-Server mittels cds watch starten, dann parallel den Application Router starten und anschließend über den Application Router auf den CAP-Server zugreifen. Das Setzen einer Umgebungsvariable mit einem strukturierten Inhalt, wie ihn Listing 8.5 zeigt, ist allerdings umständlich und variiert von Betriebssystem zu Betriebssystem. Für Testzwecke unterstützt der Application Router deswegen eine Simulation von Umgebungsvariablen durch die Datei **default-env.json**. Alle Einträge in dieser Datei werden vom Application Router als vorhandene Umgebungsvariablen mit den in der Datei hinterlegten Werten interpretiert, es sei denn, die jeweilige Umgebungsvariable ist tatsächlich gesetzt worden (deswegen der Zusatz **default**).

Simulationsdatei

Um diese Methode anzuwenden, legen Sie die Datei **default-env.json** im **app/**-Verzeichnis mit dem in Listing 8.6 gezeigten Inhalt an.

```
{
    "destinations":
    [ {
        "name" : "backend",
        "url" : "http://localhost:4004",
```

```
            "forwardAuthToken" : true
        } ]
}
```

Listing 8.6 Inhalt der Datei »default-env.json«

Der Application Router wird den Inhalt der Datei so interpretieren, als sei die Umgebungsvariable `destinations` entsprechend gesetzt worden.

»default-env.json« und CAP

Die Datei **default-env.json** kann eine beliebige Anzahl von Einträgen für simulierte Umgebungsvariablen enthalten. Diese nützliche Funktion der Simulation von Umgebungsvariablen wird nicht nur vom SAP Application Router angeboten, sondern auch von CAP selbst. In Abschnitt 5.3, »Konfiguration«, habe ich Ihnen erläutert, wie Sie verschiedene Hierarchieebenen der Konfiguration eines CAP-Projekts und einer CAP-basierten Anwendung nutzen. Umgebungsvariablen repräsentieren darin die höchst-priorisierte Ebene bei der Berechnung der effektiven Konfiguration. Genauso wie der SAP Application Router interpretiert CAP eine eventuell vorhandene Datei **default-env.json**, um damit das Vorhandensein von Umgebungsvariablen zu simulieren. In diesem Sinne repräsentiert diese Datei eine weiter Ebene in der Konfigurationshierarchie, die direkt unter der Ebene der echten Umgebungsvariablen steht. Diese Fähigkeit der Simulation wird für CAP vor allem für das Szenario der *hybriden Entwicklung* zum Einsatz kommen, wie in Kapitel 10, »Hybride Entwicklung«, im Detail dargestellt wird.

8.3.4 Starten und Testen mehrerer Serverprozesse

Sie haben nun den Application Router so konfiguriert, dass er Anfragen an die URL *http://localhost:5000/cap/admin* an den CAP-Server mit der URL *http://localhost:4004/admin* weiterleiten wird.

Zwei lokale Server

Zum Testen dieses Szenarios müssen Sie in Ihrer lokalen Umgebung zwei Server starten: zum einen den Application Router, zum anderen den CAP-Server. Dies ist möglich, indem Sie in Visual Studio Code zwei Terminals gleichzeitig öffnen. Eine übersichtliche Möglichkeit dazu ist die *Split-Terminal-Funktion* von Visual Studio Code. Abbildung 8.7 zeigt, wie Sie damit eine parallele Sicht zweier Terminals erzeugen, in denen Sie jeweils einen Serverprozess starten können. Klicken Sie auf das Symbol [◫] rechts oben im Terminalfenster, um ein zweites sichtbares Terminal zu erzeugen (siehe Abbildung 8.7).

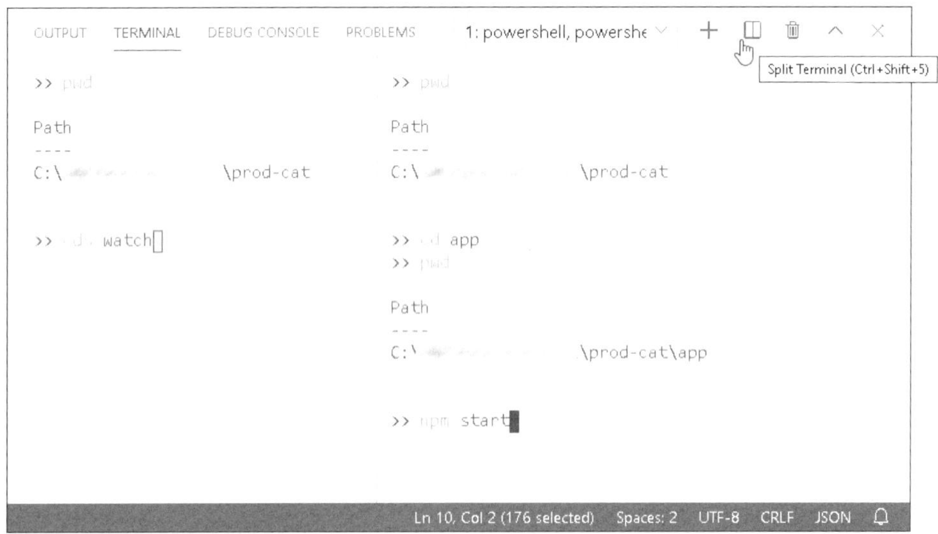

Abbildung 8.7 Erzeugung eines Split-Terminal in Visual Studio Code

Starten zweier Prozesse

Nutzen Sie das linke Terminalfenster, um den CAP-Server mittels `cds watch` zu starten. Stellen Sie sicher, dass das Arbeitsverzeichnis des Terminals das Wurzelverzeichnis Ihres Projekts ist. Im rechten Terminalfenster starten Sie den Application Router mittels `npm start`. Stellen Sie dafür sicher, dass Sie in diesem Terminal vorher in das **app/**-Verzeichnis gewechselt sind (Kommando `cd app`).

Öffnen Sie wieder ein Browserfenster mit der Adresse des Application Routers *http://localhost:5000*. Sie sehen die Willkommensseite des Application Routers. Geben Sie dort nun in der Adresszeile die URL *http://localhost:5000/cap/admin/Products* ein. Dieser Request wird aufgrund der Routing-Regeln an den CAP-Server weitergeleitet, wie Sie an der entsprechenden Ausgabe `GET /admin/Products` im Terminal des CAP-Servers sehen. Ihr Browserfenster zeigt Ihnen als Antwort die bekannte Liste der vorhandenen Produkte an. Vorher müssen Sie sich allerdings mit dem in der CAP-Konfiguration im Projektdeskriptor **package.json** hinterlegten Benutzer und Passwort anmelden.

8.4 Webserver für das SAP-Fiori-UI

Bisher hat Ihre Nutzung des SAP Application Routers nur eine seiner Fähigkeiten demonstriert, nämlich die des eigentlichen Routings zu anderen Servern oder auf das lokale Dateisystem. Die zweite Fähigkeit, die Orchestrierung des Anmeldeprozesses, werden Sie in Kapitel 10, »Hybride Entwicklung«, nutzen. Im jetzigen Abschnitt werden Sie die Eigenschaft des Application Routers als statischen Webserver nutzen, insbesondere zum Verwalten der SAP-Fiori-Benutzerschnittstelle. Basierend auf dem CAP-Administratorservice werden Sie dem Projekt eine Benutzerschnittstelle mittels SAP Fiori Elements hinzufügen. Diese besteht aus einer List Report Page für eine Produktliste, sowie einer Object Page für die Detailansicht einzelner Produkte.

Nutzen der vorhandenen Annotationen

Aus CAP-Sicht haben Sie diese Benutzeroberfläche schon vorbereitet, als Sie in Abschnitt 5.5, »Entwurf eines UIs mit SAP Fiori Elements«, die nötigen Annotationen Ihren CDS-Modellen hinzugefügt haben. Ein CAP-Service für OData übernimmt diese Annotationen in die OData-Metadaten des Services, sodass SAP Fiori Elements die Annotationen interpretieren und daraus die Benutzeroberfläche zur Laufzeit generieren kann. Das CDS Development Kit hat Ihnen dann ermöglicht, eine Voransicht der Benutzeroberfläche zu erhalten. Diese Voransicht ist nicht geeignet, auf einem Frontend-Server wie dem SAP Application Router in einer Cloud-Foundry-Umgebung ausgeführt zu werden. Auch können Sie basierend auf der Voransicht keine eigenen SAPUI5-Erweiterungen vornehmen. Aus diesem Grund werden Sie nun die nötigen SAP-Fiori-Artefakte erstellen und dem Application Router als statischen Web-Content hinzufügen.

8.4.1 Einstiegsseite erzeugen

Sie beginnen damit, dass Sie die Einstiegsseite **index.html** des Application Routers so erweitern, dass die benötigten SAPUI5-Bibliotheken in den Browser geladen werden und eine Einstiegseite für den Zugriff auf Ihre SAP-Fiori-Applikationen generieren. Übernehmen Sie dazu den Inhalt von Listing 8.7 in die Datei **index.html** im **app/**-Verzeichnis.

```
<html>
<head>
    <meta http-equiv="X-UA-Compatible" content="IE=edge" />
    <meta http-equiv="Content-Type"
      content="text/html;charset=UTF-8" />
    <meta name="viewport" content="width=device-width,
      initial-scale=1.0" />
    <script>
      window["sap-ushell-config"] = {
        defaultRenderer: "fiori2",
        applications: {
          "manage-products": {
             title: 'Product Catalog',
```

```
            description: 'For Administrators',
            additionalInformation: 'SAPUI5.Component=admin',
            applicationType: 'URL',
            url: '/admin/webapp',
            navigationMode: 'embedded'
    } } };
  </script>
  <script src="https://sapui5.hana.ondemand.com/test-resources/
    sap/ushell/bootstrap/sandbox.js"></script>
  <script src="https://sapui5.hana.ondemand.com/resources/
    sap-ui-core.js"
      data-sap-ui-libs="sap.m, sap.ushell, sap.collaboration,
        sap.ui.layout"
      data-sap-ui-compatVersion="edge"
      data-sap-ui-theme="sap_fiori_3"
      data-sap-ui-frameOptions="allow"></script>
  <script>
      sap.ui.getCore().attachInit(() => sap.ushell.Container.
        createRenderer().placeAt("content"))
  </script>
</head>
<body class="sapUiBody" id="content"></body>
</html>
```

Listing 8.7 Erzeugung der Einstiegsseite für SAP-Fiori-Applikationen in der Datei »index.html«

SAP-Fiori-Applikation deklarieren

Die wichtigsten Aufgaben dieser Datei sind zum einen die Deklaration einer Kachel auf der Einstiegseite im Bereich `applications: {...}` (siehe Listing 8.7). Von dieser Kachel aus soll eine Navigation zu der eigentlichen SAP-Fiori-Applikation erfolgen. Das Navigationsziel ist durch die Eigenschaft `url: '/admin/webapp'` festgelegt. Unter diesem URL-Pfad werden Sie weitere SAP-Fiori-Dateien anlegen, die die gewünschten List Report Page und Object Page beschreiben.

SAPUI5-Bibliotheken laden

Des Weiteren werden von dem Server *https://sapui5.hana.ondemand.com/* die benötigten SAPUI5 Bibliotheken in den Browser geladen. Aus diesem Grund kann ein initialer Aufruf der Seite länger dauern als die nachfolgenden Aufrufe. Die hier benutzten URLs beziehen sich auf die aktuellste freigegebene Version von SAPUI5. Diese Methode ist nur für Testzwecke zu empfehlen: Für produktive Anwendungen sollten Sie eine definierte Version referenzieren. Nutzen Sie dann eine URL der Form *https://*

sapui5.hana.ondemand.com/1.79.0/... (als Beispiel für die Version 1.79.0). Eine Übersicht zu den verfügbaren Versionen finden Sie auf: *https://sapui5.hana.ondemand.com/versionoverview.html*

Testen der Einstiegsseite

Starten Sie nun Ihren Application Router erneut und öffnen Sie wieder die Einstiegseite im Browser unter *http://localhost:5000*. Sie sehen die deklarierte SAP-Fiori-Applikation als Kachel (siehe Abbildung 8.8).

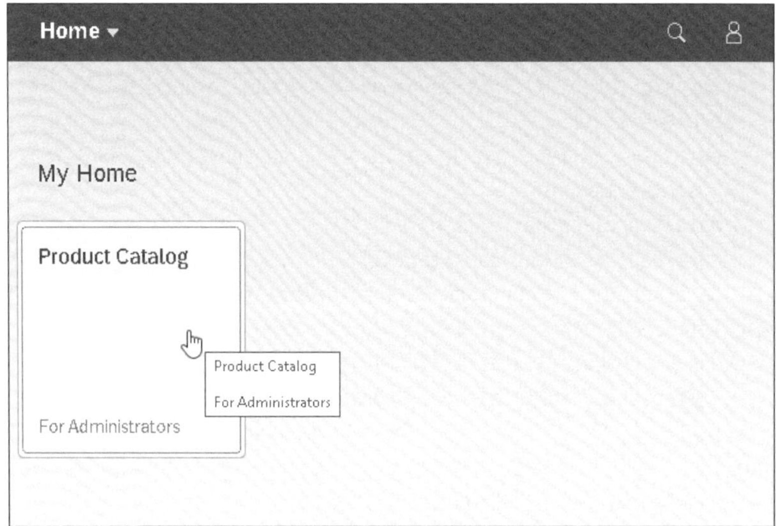

Abbildung 8.8 Einstiegsseite für SAP-Fiori-Applikationen

8.4.2 List Report und Object Page definieren

Wenn Sie auf die Kachel klicken, erhalten Sie allerdings noch eine Fehlermeldung, da am Navigationsziel */admin/webapp/* noch keine Deklaration der eigentlichen Benutzeroberfläche (List Report Page und Object Page) vorliegt. Erzeugen Sie dazu in dem vorhandenen Projektordner **app/admin/** ein neues Unterverzeichnis **webapp/** und legen Sie dort die zwei Dateien **Component.js** und **manifest.json** an. Den Inhalt entnehmen Sie aus Listing 8.8 und Listing 8.9.

```
sap.ui.define(['sap/fe/core/AppComponent'], function(AppComponent) {
    'use strict';
    return AppComponent.extend('admin.Component', {
        metadata: {  manifest: 'json'  }
    });
});
```

Listing 8.8 Inhalt der Datei »Component.js«

Die Datei **Component.js** wird vom SAPUI5-Framework in einem Initialisierungsschritt geladen. Sie hat einen sehr unspezifischen Inhalt, der nicht von der Struktur und den Datenquellen der Benutzerschnittstelle abhängt.

Initialisierung von SAPUI5

Diese wichtigeren Details bestimmt die Datei **manifest.json** (siehe Listing 8.9). Dort bestimmt das Element `dataSources` den URL-Pfad `uri` zu der Datenquelle, die in unserem Beispiel der Administratorservice ist, der unter dem URL-Pfad */cap/admin/* zu erreichen ist. Beachten Sie, dass dieser Pfad sich auf die Adresse des Application-Router-Servers bezieht. Im lokalen Testszenario definiert deswegen die Angabe `"uri": "/cap/admin/"` die Datenquelle als *http://localhost:5000/cap/admin/*. Durch Ihre Routenkonfiguration in der Datei **xs-app.json** wird dieser Request aber auf Ihren CAP-Server nach *http://localhost:4004/admin/* umgeleitet. Die Datenquelle wird als OData-v4-Quelle deklariert und im Weiteren wird SAP Fiori Elements für OData v4 spezifiziert. Beachten Sie dazu die Freigabeeinschränkungen von SAP, die in Abschnitt 5.5, »Entwurf eines UIs mit SAP Fiori Elements«, erläutert wurden.

Strukturbeschreibung des UIs

```
{   "_version": "1.15.0",
    "sap.app": {
        "id": "admin",
        "type": "application",
        "title": "Product Catalog",
        "description": "For Administators",
        "i18n": "i18n/i18n.properties",
        "dataSources": {
            "AdminService": {
                "uri": "/cap/admin/",
                "type": "OData",
                "settings": {"odataVersion": "4.0"}
        } },
        "sourceTemplate": {
            "id": "ui5template.fiorielements.v4.lrop",
            "version": "1.0.0"
    } },
    "sap.ui5": {
        "dependencies": {"libs": {"sap.fe.templates": {}}
    } },
        "models": {
            "i18n": {
                "type": "sap.ui.model.resource.ResourceModel",
                "uri": "i18n/i18n.properties"
            },
```

```
        "": {
            "dataSource": "AdminService",
            "settings": {
                "synchronizationMode": "None",
                "operationMode": "Server",
                "autoExpandSelect" : true,
                "earlyRequests": true
    } } },
    "routing": {
        "routes": [
            {
                "pattern": "",
                "name": "ProductsList",
                "target": "ProductsList"
            },{
                "pattern": "Products({key})",
                "name": "ProductsDetails",
                "target": "ProductsDetails"
            } ],
        "targets": {
            "ProductsList": {
                "type": "Component",
                "id": "ProductsList",
                "name": "sap.fe.templates.ListReport",
                "options": { "settings" : {
                    "entitySet" : "Products",
                    "navigation" : {
                    "Products" : {
                        "detail" : {
                            "route" : "ProductsDetails"
            } } } } } },
            "ProductsDetails": {
                "type": "Component",
                "id": "ProductsDetails",
                "name": "sap.fe.templates.ObjectPage",
                "options": {  "settings" : {
                    "entitySet" : "Products",
                    "editableHeaderContent": false
    } } } } },
    "contentDensities": {"compact": true, "cozy": true} },
"sap.ui": { "technology": "UI5" },
"sap.fiori": {
```

```
        "registrationIds": [],
        "archeType": "transactional"
    }
}
```

Listing 8.9 Inhalt der Datei »manifest.json«

SAP Fiori Page Types deklarieren

Die weiteren entscheidenden Einträge in der Datei **manifest.json** finden sich im Abschnitt `routing`. Dort werden die beiden UI-Komponenten `sap.fe.templates.ListReport` und `sap.fe.templates.ObjectPage` deklariert und angegeben, mit welchem Anfragemuster diese zur Anzeige gebracht werden sollen. So wird z. B. für die Object Page das Muster "`pattern`": "`Products({key})`" hinterlegt, sodass eine Anfrage an den Administratorservice mit dem Zusatz `/Products(101)` die Object Page für das Produkt mit der ID 101 anzeigen wird. Des Weiteren wird im `routing`-Abschnitt auch die Möglichkeit der Navigation, ausgehend von der List Report Page zur Object Page, deklariert. Dazu dient der `navigation`-Eintrag.

Zur Kontrolle zeigt Ihnen Abbildung 8.9 den finalen Inhalt und die endgültige Struktur des **app**-Verzeichnisses nach der Anlage aller Dateien, die für die SAP-Fiori-Benutzerschnittstelle benötigt werden.

Abbildung 8.9 Finale Struktur und Inhalt des Frontend-Verzeichnisses

8.4.3 Lokales Starten der CAP-Services mit SAP-Fiori-UI

Nun haben Sie alle Komponenten des Frontends (Application Router mit SAP-Fiori-UI) und des Backends (CAP-Services und SQLite-Datenbank) in Ihrem Projekt erstellt. Damit können Sie zumindest lokal auf Ihrem Rechner eine komplette Anwendung starten.

Starten der kompletten Anwendung

Nutzen Sie dazu wieder zwei Visual-Studio-Code-Terminals, so wie in Abschnitt 8.3.4, »Starten und Testen mehrerer Serverprozesse«, beschrieben, um den CAP-Server mittels `cds watch` sowie den Application Router durch `npm start` zu starten. Öffnen Sie dann ein Browserfenster mit der Adresse *http://localhost:5000*, um die Einstiegsseite der Anwendung zu sehen. Klicken Sie anschließend auf die Kachel **Product Catalog**, um in die List-Report-Sicht zu wechseln. Ein Mausklick auf eine Produktzeile bringt Sie zu der Object Page mit den Details zum ausgewählten Produkt. Falls Sie stattdessen eine Fehlermeldung **Unauthorized** erhalten, sind Sie noch nicht mit einem der Benutzer angemeldet, die Sie im Projektdeskriptor **package.json** zu Simulationszwecken hinterlegt haben.

Varianten der Authentifizierung

Sie haben dann zwei Möglichkeiten: Entweder Sie melden sich zuvor im gleichen Browserfenster durch Anwahl einer Adresse wie *http://localhost:4004/admin/Products* an (beachten Sie dann, sich mit einem Benutzer anzumelden, der die Rolle `admin` zugewiesen bekommen hat), oder Sie ändern die Authentifizierungsstrategie im Projektdeskriptor von `mock` auf `dummy`. Dies schaltet allerdings alle Berechtigungsprüfungen aus.

Lokalisierung mit SAP Fiori

Alle Textelemente, die Sie in CDS-Modellen deklariert haben und für die Sie Übersetzungen in Properties-Dateien hinterlegt haben, werden vom SAP-Fiori-UI in der entsprechenden aktiven Sprache angezeigt (siehe auch Abschnitt 4.12, »Lokalisierung«). SAP Fiori implementiert dazu keine eigene Logik, da das CAP-Backend die OData-Metadaten schon in der angeforderten Sprache an SAP Fiori liefert.

Anders ist die Situation mit Texten, die nur SAP Fiori bekannt sind. Ein Beispiel sind Texte in der UI-Definitionsdatei **manifest.json**. Auch in diesem Fall können Sie Textelemente definieren und Texte in mehreren Sprachen in Properties-Dateien pflegen.

Ersetzen Sie dazu z. B. in der Datei **manifest.json** das Element `"title": "Product Catalog"` durch `"title": "{{productCatalog}}"`. Die doppelt geschweiften Klammern deklarieren Textelemente, die Sie in Properties-Dateien nutzen können. Erzeugen Sie dazu einen neuen Ordner **i18n/** innerhalb des Verzeichnisses **app/admin/webapp/** und legen Sie dort die Properties-Dateien an.

8.5 Was haben Sie in diesem Kapitel erreicht?

Die SAP Cloud Platform definiert eine Blaupause für die Architektur von Geschäftsanwendungen in der Cloud-Foundry-Umgebung. Diese Architektur berücksichtigt Anforderungen an den Umgang mit verteilten Anwendungen, die aus Microservices bestehen. In diesem Umfeld spielen CAP-Services die Rolle von Backend-Komponenten, die die Geschäftslogik implementieren, Anfragen von Frontend-Komponenten (z. B. Benutzeroberflächen) beantworten und mit Datenbanken kommunizieren.

Der SAP Application Router ist eine Frontend-Komponente, die einen zentralen Einstiegspunkt einer Geschäftsanwendung implementiert. In diesem Kapitel haben Sie Ihr Beispielprojekt um diese Frontend-Komponente erweitert und deren Rolle als Routing-Komponente und als Träger des statischen SAP-Fiori-Web-Contents genutzt. Die SAP-Fiori-Benutzeroberfläche wurde auf der Basis des CAP-Administratorservices für Produkte aufgebaut, die aus einer List Report Page mit Navigation zu einer Object Page bestehen. CAP-Server und Application Router können unabhängig voneinander auf Ihrem Rechner gestartet werden.

8

Eine komplette, lokal lauffähige Anwendung

Somit haben Sie bis hierhin eine komplette, lokal laufende Anwendung implementiert, die die Komponenten Webbrowser-Content, Application Router, CAP-Services und SQLite-Datenbank in einem Entwicklungsprojekt vereint.

In den nächsten beiden Kapiteln beschäftigen Sie sich mit den zwei ausstehenden Bausteinen der Architektur für Geschäftsanwendungen auf der SAP Cloud Platform. Dies ist zum einen SAP HANA als produktive Datenbank, die Ihre bisherige Testdatenbank SQLite ersetzen wird. Zum anderen soll Ihre Anwendung in vollem Umfang mit dem SAP Authorization and Trust Management Service integriert werden. Beide Bausteine verlangen die enge Kommunikation mit der SAP Cloud Platform, sodass Sie Ihre rein lokale Testumgebung nun verlassen werden.

Downloadmaterial zum Kapitel

Wie immer finden Sie den Projektstand zum Ende dieses Kapitels auf dem Downloadserver im Archiv **Kapitel_08.zip**. Wenn Sie dieses Material übernehmen, müssen Sie auch dieses Mal die abhängigen npm-Pakete mittels `npm install` in den **node_modules/**-Ordner des Projekts installieren. Beachten Sie, dass nun zwei Deskriptordateien **package.json** im Projekt vorhanden sind. Die erste befindet sich im Wurzelverzeichnis des Projekts und definiert die CAP-relevanten Abhängigkeiten. Neu ist die Datei **package.json** im **app/**-Verzeichnis, zuständig für die Abhängigkeiten, die den Application Router betreffen. Sie müssen deswegen das Kommando `npm install` zweimal ausführen: einmal im Wurzelverzeichnis und ein weiteres Mal im **app/**-Verzeichnis.

Kapitel 9
Anbindung an SAP HANA

Das SAP Cloud Application Programming Model bietet einen offenen Rahmen zur Unterstützung von SQL- und dokumentenbasierten Datenbanken. Die Interaktion mit SAP HANA wird standardmäßig durch die CAP-Bibliotheken und CAP-Entwicklungswerkzeuge unterstützt. Dabei wird berücksichtigt, auf welche Weise SAP HANA in der Cloud-Foundry-Umgebung der SAP Cloud Platform konsumiert werden kann.

In der Cloud-Foundry-Umgebung der SAP Cloud Platform wird SAP HANA über den Service *SAP HANA Cloud* verfügbar gemacht. Im Cloud Foundry Marketplace eines regulären Kundenkontos ist dieser Service unter dem technischen Namen `hana-cloud` auffindbar. In einem Trial-Account wird dagegen der technische Name `hana-cloud-trial` verwendet. Dieser Service kann Ihnen eine Instanz einer SAP-HANA-Datenbank zur Verfügung stellen. Eine solche Instanz kann von vielen Cloud-Foundry-Applikationen gleichzeitig genutzt werden. Aus Applikationssicht geschieht dies über einen weiteren Managed Service in der Cloud-Foundry-Umgebung mit der Bezeichnung *SAP HANA Schemas & HDI Containers*. Der technische Name im Cloud Foundry Marketplace lautet `hana`. Es ist wichtig, zu verstehen, dass der Service `hana-cloud` eine SAP-HANA-Datenbank bereitstellt, der Service `hana` hingegen vielen Applikationen die Nutzung einer solchen Datenbank ermöglicht. Diese Nutzung wird, wie auf der Cloud-Foundry-PaaS üblich, durch die Vermittlung der Zugangsdaten über das Binden einer Applikation an eine Instanz des Services `hana` erreicht. Dieser Umweg über den Service SAP HANA Schemas & HDI Containers stellt sicher, dass die verschiedenen Applikationen zwar eine Datenbank teilen, aber dennoch isoliert voneinander auf verschiedene Datenbankschemas zugreifen. Ein Datenaustausch zwischen verschiedenen Schemas ist nur in kontrollierten Ausnahmefällen möglich.

Instance Mapping

Abbildung 9.1 zeigt die Beziehungen zwischen Cloud-Foundry-Applikationen und den zwei SAP-HANA-bezogenen Services. Sie werden zuallererst in einem Cloud Foundry Space eine Instanz des Services SAP HANA Cloud anlegen. Dieser Vorgang generiert eine Instanz einer SAP-HANA-Datenbank auf der SAP Cloud Platform. Diese Instanz kann von Cloud-Foundry-Applikationen genutzt werden, ist aber im Prinzip über gesicherte Zugänge auch von anderen Konsumenten nutzbar. Soll diese SAP-HANA-Datenbankinstanz von einer Cloud-Foundry-Applikation in einem anderen Space als dem der SAP-HANA-Datenbankinstanz genutzt werden, so muss dies durch das sogenannte *Instance Mapping* konfiguriert werden (siehe Abbildung 9.1).

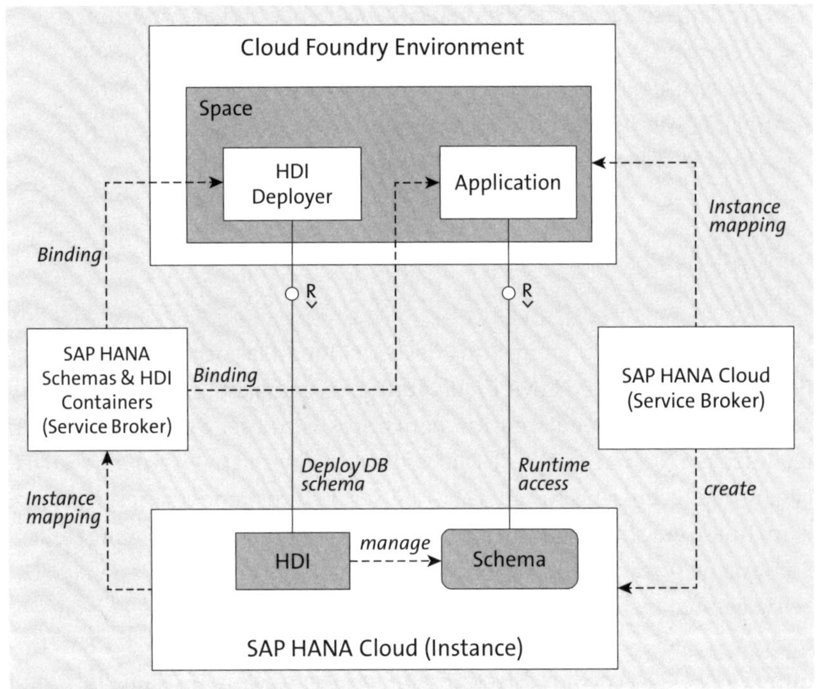

Abbildung 9.1 Anbindung einer Cloud-Foundry-Applikation an eine Instanz einer SAP-HANA-Datenbank

Zugangsdaten für die Datenbankinstanz

Zur Nutzung der SAP-HANA-Datenbankinstanz legen Sie eine Instanz des Services SAP HANA Schemas & HDI Containers an und binden sie an die Applikation (siehe auch Abschnitt 8.1, »Geschäftsanwendung als Summe spezialisierter Services«). Die Bindungsinformation enthält dann die passenden Zugangsdaten für die Datenbankinstanz. Genauso wird durch das Binden an die HDI-Deployer-Applikation ermöglicht, dass Sie ein Schema mit Tabellen, Views usw. in der Datenbankinstanz füllen können.

[»]

Der Service »hanatrial«

In einem Trial-Account bietet die SAP (zumindest zum Zeitpunkt des Schreibens dieses Buches) noch die Vorgängervariante des SAP HANA Cloud Services an. Diese als *SAP HANA as a Service* bezeichnete Variante stellt eine für

Sie »unsichtbare« Datenbankinstanz für alle Nutzer eines Trial-Accounts bereit. Es ist also nicht nötig, dass Sie selbst eine Datenbankinstanz anlegen müssen, so wie es für den SAP HANA Cloud Service nötig ist. Auch für diese ältere Variante erfolgt der Zugriff auf die Datenbankinstanz mittels einer Instanz des Services SAP HANA Schemas & HDI Containers. Wenn Sie den Service Marketplace zu einem Space Ihres Trial-Accounts anschauen, so werden Sie zwei Services mit dieser Bezeichnung finden, allerdings mit unterschiedlichen technischen Namen. `hanatrial` nutzen Sie, wenn Sie die ältere Variante HANA as a Service verwenden wollen. `hana` nutzen Sie im Zusammenhang mit einer von Ihnen angelegten Instanz des SAP HANA Cloud Service.

In diesem Buch werde ich nur die Nutzung des SAP-HANA-Cloud-Service beschreiben. Damit gilt die Vorgehensweise gleichermaßen für Trial-Accounts und reguläre Kundenkonten. Außerdem stellt Ihnen SAP HANA über den moderneren SAP HANA Cloud Service mehr Funktionalität zur Verfügung. Wenn Sie dennoch SAP HANA as a Service im Trial-Account nutzen wollen, so müssen Sie an den jeweiligen Stellen in den Listings und Beschreibung den Service `hana` durch `hanatrial` ersetzen.

Ziele dieses Kapitels

Im folgenden Abschnitt 9.1 lernen Sie, wie Sie eine Instanz einer SAP-HANA-Datenbank auf der SAP Cloud Platform anlegen und administrieren.

In Abschnitt 9.2 zeige ich Ihnen, wie Sie Ihre Entwicklungsumgebung an eine SAP-HANA-Datenbank anbinden können. Darauf aufbauend werden Sie die Testdaten Ihres Entwicklungsprojekts in die durch CAP generierten Tabellen in der SAP-HANA-Datenbank deployen können.

Abschnitt 9.3 liefert abschließend Hintergrundinformationen zu der von CAP genutzten *SAP HANA Deployment Infrastructure*. Diesen Abschnitt können Sie vorerst überspringen, wenn Ihnen der schnelle, weitere Ausbau der Beispielanwendung wichtiger ist.

9.1 SAP-HANA-Datenbankinstanz anlegen

Wenn Sie ein reguläres Kundenkonto der SAP Cloud Platform nutzen, so benötigen Sie Zugang zu einem Space der Cloud-Foundry-Umgebung. Sie müssen über ein Entitlement, das im regulären Kundenkonto vergeben wurde, die Möglichkeit haben, eine Instanz des SAP HANA Cloud Service in Ihrem Space anzulegen (siehe Abschnitt 7.2, »Subaccounts mit Cloud-Foundry-Umgebung«). Beachten Sie, dass durch die Nutzung einer SAP-HANA-Datenbankinstanz in einem regulären Konto Kosten entstehen.

Anlegen mit dem SAP Cloud Platform Cockpit

Navigieren Sie im SAP Cloud Platform Cockpit in die Detailansicht zu einem Space, zu dem Sie Zugang haben. Wählen Sie dann in der linken Navigationsleiste **SAP HANA Cloud** aus. Sie gelangen zur Sicht der vorhandenen Instanzen des SAP HANA Cloud Services in Ihrem Space. Initial ist die angezeigte Liste leer. Wählen Sie die Schaltfläche **Create Instance** (siehe Abbildung 9.2).

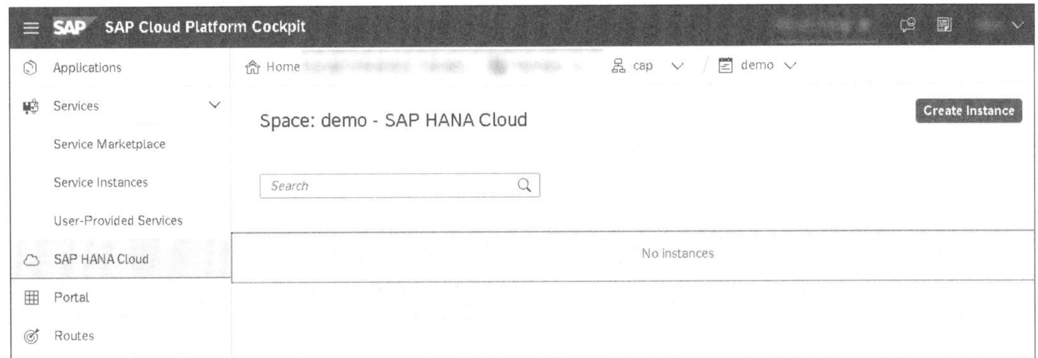

Abbildung 9.2 Sicht der Instanzen des SAP HANA Cloud Service

Im erscheinenden Dialogfenster vergeben Sie einen Namen sowie ein Administrationspasswort für die Instanz. Dieses Passwort wird unbedingt benötigt, wenn Sie später die zu generierende Datenbankinstanz konfigurieren und analysieren wollen. Wählen Sie anschließend die Schaltfläche **Step 2**.

Im folgenden Dialogfenster bestimmen Sie die Größe der zu generierenden Datenbankinstanz. Ihr Spielraum hängt davon ab, welche Ressourcen Ihrem Subaccount zugewiesen wurden. Für einen Testlauf sind die Voreinstellungen ausreichend. Wählen Sie die Schaltfläche **Step 3**. Überspringen Sie die Konfiguration eines »Data Lake« durch wählen der Schaltfläche **Step 4**.

Im folgenden Dialog legen Sie fest, von welchen IP-Adressen aus auf Ihre Datenbankinstanz zugegriffen werden darf. Für einen Testlauf belassen Sie die Voreinstellung, die einen Zugriff nur von IP-Adressen innerhalb der SAP Cloud Platform erlaubt. Dies ist das typische Szenario, in dem Ihre Cloud-Foundry-Applikationen auf die Datenbank zugreifen. Wählen Sie Schaltfläche **Create Instance**. Sie sehen eine Kachel, die Ihre Instanz im Modus **Creating** zeigt (siehe Abbildung 9.3).

Nach einigen Minuten wechselt die Statusanzeige auf den grünen Status **Running**. Mit den Schaltflächen auf der Kachel können Sie die Instanz bearbeiten, löschen oder stoppen.

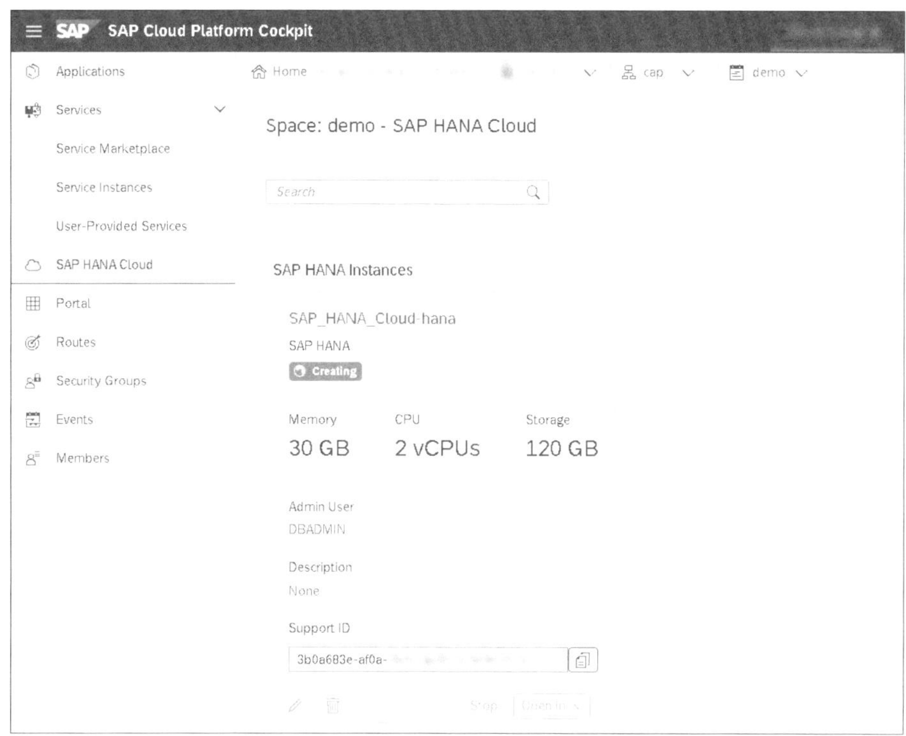

Abbildung 9.3 Ansicht einer SAP-HANA-Cloud-Instanz im Status »Creating«

Zugang als Datenbankadministrator

Beachten Sie die Angabe **Admin User** auf der Kachel. Dort ist der Benutzername eingetragen (**DBADMIN** in Abbildung 9.3), den Sie neben dem vorher vergebenen Passwort zum Administrieren der Datenbank benötigen. Zum Administrieren oder Analysieren der Datenbank wählen Sie die Schaltfläche **Open in** unten rechts auf der Kachel. Dies gibt Ihnen die Option zum Absprung in zwei Werkzeuge, die sich, nach Anmeldung, jeweils in einem neuen Browserfenster öffnen:

- *SAP HANA Database Explorer*

  Mit diesem Werkzeug können Sie einfach auf den Datenbankkatalog sowie auf Diagnosedateien der Datenbank zugreifen.

- *SAP HANA Cockpit*

  Dies ist eine umfangreiche Webanwendung, mit der Sie detaillierte Statusinformationen erhalten und die Systemkonfiguration der Datenbank verändern können. Einen Ausschnitt des Übersichtsbilds zeigt Abbildung 9.4. Die dort gezeigten Kacheln können angeklickt werden, um zu weiteren Detailansichten zu gelangen.

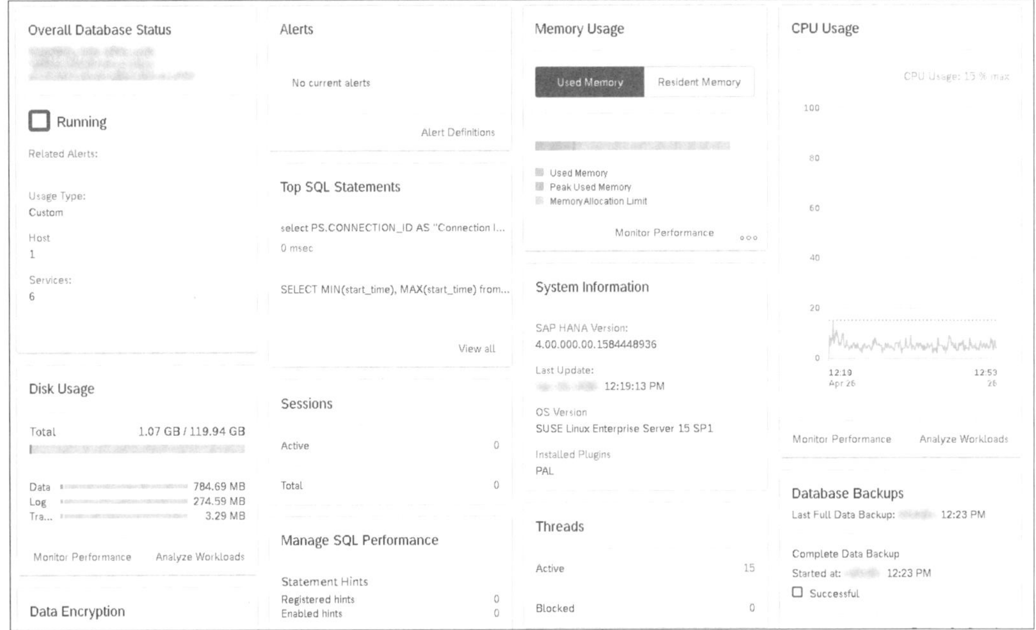

Abbildung 9.4 Ausschnitt aus dem SAP HANA Cockpit

Verwaltung mehrerer Datenbankinstanzen

Auf die SAP-HANA-Datenbankinstanz können Sie nun von solchen Cloud-Foundry-Applikationen aus zugreifen, die in Spaces deployt wurden, die Teil des Subaccounts sind, unter dem die SAP-HANA-Datenbankinstanz erzeugt wurde. Sollten Sie mehrere SAP-HANA-Datenbankinstanzen innerhalb eines Subaccounts angelegt haben, so müssen Sie ein Instance Mapping durchführen, mit dem Sie einem Space eine Datenbankinstanz zuordnen können. Alle Applikationen innerhalb eines Spaces greifen dann standardmäßig auf diese Datenbankinstanz zu. Den Dialog für die Durchführung des Instance Mappings erreichen Sie durch einen Klick auf die Kachel für die SAP-HANA-Datenbankinstanz (siehe Abbildung 9.3).

9.2 Anbindung von SAP HANA an die lokale Entwicklungsumgebung

Wenn Sie eine SAP-HANA-Datenbankinstanz für Ihren Cloud Foundry Space zur Verfügung haben, können Sie die Entwicklungsdatenbank SQLite durch SAP HANA ersetzen. Sie können dann Ihre CAP-Services weiterhin auf dem lokalen Server Ihres Rechners starten, aber dennoch mit der SAP-HANA-Datenbankinstanz in der Cloud-Foundry-Umgebung verbinden.

Da das Datenbankschema aus den CDS-Modellen abgeleitet werden soll, müssen ein Build- und ein Deployment-Schritt durchgeführt werden. Im Build-Schritt wird das CDS-Modell in ein Format kompiliert, das in die SAP-HANA-Datenbank deployt werden kann. Wie die Referenzarchitektur für Geschäftsanwendungen auf der SAP Cloud Platform zeigt, ist für das Deployment eine spezielle Cloud-Foundry-Applikation, der HDI-Deployer, zuständig (siehe Kapitel 8, »SAP-Anwendungsarchitektur in der Cloud-Foundry-Umgebung«). Dieser enthält die Resultate dieses *Datenbank-Builds* in einem Format, das von der SAP-HANA-HDI-Komponente im Deployment-Schritt entgegengenommen werden kann. HDI wiederum erzeugt die nativen SAP-HANA-Artefakte (Tabellen, Views, Prozeduren etc.). Die HDI-Komponente von SAP HANA wird detailliert in Abschnitt 9.3, »SAP HANA Deployment Infrastructure«, besprochen.

CDS-Modelle bestimmen das Datenbankschema

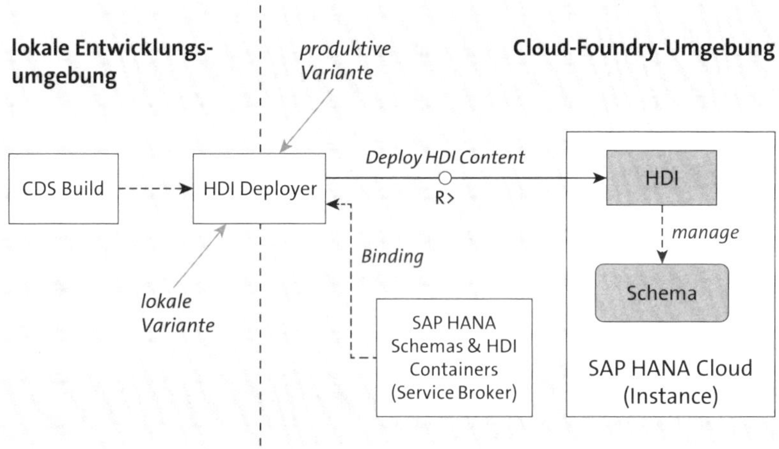

Abbildung 9.5 Build und Deployment für SAP HANA

Abbildung 9.5 zeigt diesen Prozess in der Übersicht. Der Prozess findet teilweise in der Entwicklungsumgebung und teilweise in der Cloud-Foundry-Umgebung statt. Mit dem Kommando `cds build` erzeugen Sie die HDI-Artefakte aus den CDS-Modellen und übergeben sie an den HDI-Deployer. Dieser startet entweder in der Entwicklungsumgebung (lokale Variante) oder in der Cloud-Foundry-Umgebung (produktive Variante). Ein Instanz des Services SAP HANA Schemas & HDI Containers muss an die HDI-Deployer-Applikation gebunden werden, damit diese die Zugangsdaten zur SAP-HANA-Datenbankinstanz in ihren Umgebungsvariablen zur Verfügung hat. Beide Varianten werden im Folgenden anhand Ihres Beispielprojekts vorgestellt.

Build und Deployment für SAP HANA

Wenn Sie Microsoft Windows nutzen, können Sie die lokale Variante nur ausführen, wenn Sie auf Ihrem Rechner die *SAP CommonCryptoLib* instal-

SAP CommonCryptoLib

liert haben (zur Installation siehe Abschnitt 9.2.3, »HDI-Deployer als lokaler Prozess (lokale Variante)«). Dazu sind Sie allerdings nur in der Lage, wenn Sie im Rahmen eines regulären Kundenkontos bei SAP über einen sogenannten *S-User* verfügen. Als Benutzer eines Trial-Accounts wird Ihnen dagegen ein sogenannter *P-User* zugewiesen.

9.2.1 Projektkonfiguration für SAP HANA

Bereiten Sie nun Ihre Anwendung für das Arbeiten mit SAP HANA vor, indem Sie die Konfiguration im Projektdeskriptor **package.json** auf den in Listing 9.1 gezeigten Stand anpassen. Die Konfiguration des Mockings zur Authentifizierung und Autorisierung (`auth`-Sektion) ist in Listing 9.1 nicht nochmal wiedergegeben. Belassen Sie dort Ihre bisherigen Einstellungen. Führen Sie mit diesem Projektdeskriptor das Kommando `npm install` erneut aus.

```
{
  "name": "prod-cat",
  "version": "1.0.0",
  "description": "A simple CAP project.",
  "repository": "<Add your repository here>",
  "license": "ISC",
  "dependencies": {
    "@sap/cds": "^4",
    "express": "^4",
    "passport": "^0.4.1",
    "@sap/hana-client": "^2.5.101"
  },
  "scripts": {
    "start": "npx cds run"
  },
  "devDependencies": {
    "sqlite3": "^4"
  },
  "cds": {
    "auth": {
    ...
    },
    "requires": {
      "db": {
        "kind": "hana"
      }
```

```
    },
    "hana": {
      "deploy-format": "hdbtable"
    }
  }
}
```

Listing 9.1 Projektdeskriptor für die Anbindung an SAP HANA

SAP-HANA-Client als npm-Paket

Drei wesentliche Neuerungen sind in Listing 9.1 berücksichtigt: Zum einen gibt es eine neue Abhängigkeit zum npm-Paket `@sap/hana-client`, das im `dependencies`-Bereich einzutragen ist. Dieses Paket enthält den SAP-HANA-Datenbanktreiber, den die CAP-Laufzeit nutzt. Zum anderen ist die SAP-HANA-Datenbank als benötigter Service im Bereich `cds.requires` eingetragen.

Deployment-Format für SAP HANA Cloud Service

Als dritte Neuerung ist das Format der Deployment-Artefakte für SAP HANA auf `hdbtable` gesetzt. Wie ich in Abschnitt 9.3 näher erläutern werde, erzeugt CAP Datenbankartefakte (Tabellen, Views etc.) nicht direkt über SQL-DDL, sondern über das deklarative Zwischenformat der SAP HANA Deployment Infrastructure HDI. HDI unterstützt wiederum zwei grundlegende Wege, diese Artefakte zu erzeugen: zum einen durch Definitionsdateien mit der Endung **.hdbcds** (für SAP HANA CDS), zum anderen durch artefaktspezische Definitionen mit Endungen wie **.hdbtable**, **.hdbview** etc. SAP bietet die relativ neue Variante des SAP HANA Cloud Service auf der SAP Cloud Platform an, die das Format für SAP HANA CDS nicht mehr unterstützt. Dieses Format ist allerdings noch (zum Zeitpunkt der Entstehung dieses Buches) das Standardformat, das CAP bei der Generierung von Datenbankartefakten erzeugt. Aus diesem Grund muss das Format `hdbtable` noch explizit konfiguriert werden.

9.2.2 HDI-Deployer als Cloud-Foundry-Applikation (produktive Variante)

Service-Instanz anlegen

Rufen Sie das SAP Cloud Platform Cockpit in Ihrem Browser auf und wechseln Sie in die Detailansicht zu Ihrem Space. In der linken Navigationsleiste wählen Sie **Services • Service Marketplace**. In der Liste der verfügbaren Services wählen Sie die Kachel **SAP HANA Schemas & HDI Containers**. Wählen Sie anschließend die Schaltfläche **Create Instance**. Sie werden aufgefordert, einen Serviceplan auszuwählen. Wählen Sie den Wert **hdi-shared** und vergeben Sie den Namen *prod-cat-db-hdi-container* im Feld **Instance Name**. Klicken Sie abschließend auf die Schaltfläche **Create Instance**. Es erscheint die in Abbildung 9.6 dargestellte Erfolgsmeldung, die Sie mit **OK** bestätigen. Anschließend sehen Sie die Service-Instanz in der Liste aller Service-Instanzen.

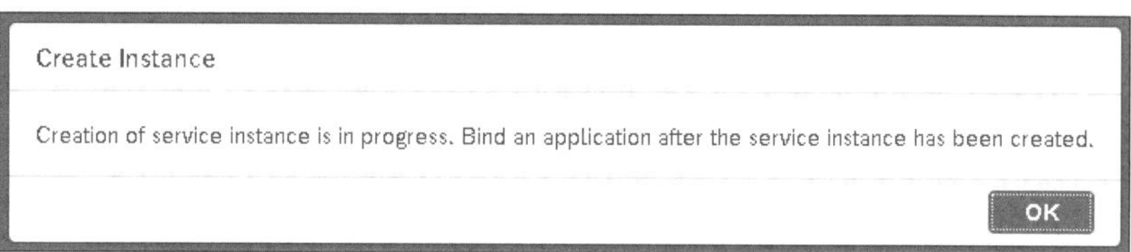

Abbildung 9.6 Erfolgsmeldung beim Anlegen einer Service-Instanz

Nach einiger Zeit wird der Status **Created** in der Liste angezeigt. Die Instanz kann jetzt an eine Applikation gebunden werden, um die Zugangsdaten zur SAP-HANA-Datenbankinstanz in den Umgebungsvariablen verfügbar zu haben.

Als Alternative zum SAP Cloud Platform Cockpit können Sie die Service-Instanz auch mit dem Cloud Foundry CLI anlegen. Nutzen Sie dafür das Kommando `cf create-service hana hdi-shared prod-cat-db-hdi-container`. Der technische Name des Services ist `hana` und der gewählte Serviceplan ist `hdi-shared`.

Datenbank-Build

Im nächsten Schritt führen Sie den Datenbank-Build aus und starten den HDI-Deployer als Cloud-Foundry-Applikation. Öffnen Sie dazu Ihr Beispielprojekt mit der Visual-Studio-Code-IDE und geben Sie im Terminal das Kommando `cds build --for hana` ein. Der CAP-Build-Prozess erzeugt einen Ordner **gen/db/** in Ihrem Projekt, der die Build-Resultate enthält.

Generierte Dateien und Verzeichnisse

Der markierte Bereich in Abbildung 9.7 zeigt die Struktur und den Inhalt dieses generierten Verzeichnisses, zusammen mit der Editoransicht des darin erzeugten Deskriptors **package.json**. Dieser definiert eine Node.js-basierte Applikation mit einer Abhängigkeit zum HDI-Deployer-npm-Paket von SAP. Der Inhalt des generierten Ordners **gen/db/** kann deswegen direkt in die Cloud-Umgebung deployt werden. Dort wird das Node.js-Buildpack die Abhängigkeiten installieren und den HDI-Deployer als Node.js-Applikation mit dem in der Datei **package.json** definierten Startkommando starten.

Das Deployment-Manifest

Der Deployment-Prozess des HDI-Deployers (gestartet durch das Kommando `cf push`) in die Cloud-Foundry-Umgebung wird durch die ebenfalls generierte Datei **manifest.yaml** (mit dem Inhalt wie in Listing 9.2) im Detail festgelegt.

```
---
applications:
  - name: prod-cat-db
    path: .
```

```
    no-route: true
    health-check-type: process
    memory: 128M
    buildpacks:
      - nodejs_buildpack
    services:
      - prod-cat-db-hdi-container
```

Listing 9.2 Inhalt der Datei »manifest.yaml« zur Interpretation durch das Kommando »cf push«

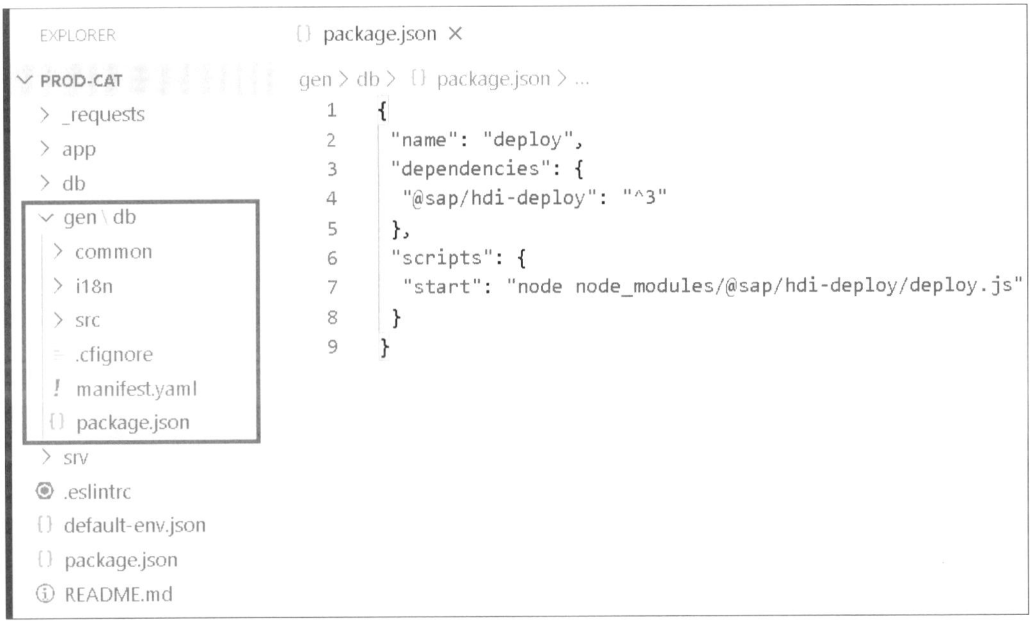

```
EXPLORER
PROD-CAT
  _requests
  app
  db
  gen \ db
    common
    i18n
    src
    .cfignore
    manifest.yaml
    package.json
  srv
  .eslintrc
  default-env.json
  package.json
  README.md
```

```
package.json
gen > db > package.json > ...
{
  "name": "deploy",
  "dependencies": {
   "@sap/hdi-deploy": "^3"
  },
  "scripts": {
   "start": "node node_modules/@sap/hdi-deploy/deploy.js"
  }
}
```

Abbildung 9.7 Verzeichnis mit den Resultaten des Datenbank-Builds

Dieses Deployment-Manifest im YAML-Format definiert den Namen der Cloud-Foundry-Applikation als `prod-cat-db` und den relativen Pfad zu den zu deployenden Artefakten auf Ihrem Rechner. Außerdem soll die Cloud-Foundry-PaaS keine Route zur Applikation anlegen, da die nicht über HTTP erreicht werden muss. Des Weiteren legt die Datei fest, wie die Cloud-Foundry-PaaS die Verfügbarkeit der Applikation testen soll (über `health-check-type`), sowie die Menge des zu allokierenden Speichers. Mit der Direktive `buildpacks` wird das zu nutzende Buildpack für den Staging-Prozess festgelegt. Dies ist streng genommen nicht nötig, da die Cloud-Foundry-PaaS das richtige Buildpack automatisch detektieren würde. Die Vorabfestlegung bringt aber Performancegewinne für den Deployment-Prozess.

Anschließend instruiert die Datei die PaaS, dass die Applikation an die Service-Instanz `prod-cat-db-hdi-container` gebunden werden soll. Diese Service-Instanz haben Sie in diesem Abschnitt schon angelegt, um die Zugangsdaten zur SAP-HANA-Datenbankinstanz in die Umgebungsvariablen der HDI-Deployer-Applikation injizieren zu können. Genau dies wird durch die Binding-Operation erreicht.

Die weiteren Unterverzeichnisse des generierten Ordners **gen/db/** enthalten im Wesentlichen die Artefakte für HDI, die der Build-Prozess aus den CDS-Modellen generiert (siehe Abbildung 9.7). Auf diese werde ich in Abschnitt 9.3 näher eingehen.

Deployment des HDI-Deployers

Sie können den HDI-Deployer nun in die Cloud-Foundry-Umgebung deployen. Nutzen Sie dazu das Kommando `cf push -f ./gen/db` vom Wurzelverzeichnis Ihres Projekts. Damit Sie die ablaufenden Prozesse verfolgen können, empfehle ich Ihnen zwei Arten des Monitorings: Nutzen Sie wieder die Technik der Split-Terminals (siehe Abschnitt 8.3.4, »Starten und Testen mehrerer Serverprozesse«). In einem Terminal geben Sie das Kommando `cf push -f ./gen/db` ein, im zweiten Terminal das Kommando `cf logs prod-cat-db`. Letzteres wird die Applikationsprotokolle, die der HDI-Deployer erzeugt, in Ihr Terminal zurückspiegeln. Dadurch können Sie die Aktionen, die der HDI-Deployer protokolliert, genau verfolgen. Das Kommando `cf logs` wird erst nach einiger Zeit erfolgreich sein, da der `cf push`-Prozess zuerst die zu verfolgende Applikation erzeugen muss. Starten Sie also zuerst den `push`-Prozess und wiederholen Sie die Eingabe des `cf logs`-Kommandos so lange, bis es erfolgreich ausgeführt wird.

Eine zweite, eingeschränktere Möglichkeit des Monitorings kann über die Applikationssicht im SAP Cloud Platform Cockpit erfolgen. Wählen Sie dort auf der Ebene des Space den Eintrag **Applications** im linken Navigationsbereich. Klicken Sie dann auf den Namen der zu untersuchenden Applikation und wählen Sie anschließend im linken Navigationsbereich den Eintrag **Logs**.

Monitoring des Deployments

Nach Eingabe beider Kommandos in die jeweiligen Terminals wird der jeweilige Prozessfortschritt dort protokolliert. Im Terminal des Applikationsprotokolls können Sie die Erzeugung von Datenbanktabellen in der Ausgabe verfolgen. Einen verkürzten Ausschnitt aus dem Protokoll zeigt Listing 9.3.

```
...
Deploying "src/gen/localized.AdminService.Suppliers.
  hdbview$LOCALIZED_ADMINSERVICE_SUPPLIERS.validate"... ok  (0s 7ms)
```

```
Deploying "src/gen/localized.AdminService.Orders.hdbview$LOCALIZED_
  ADMINSERVICE_ORDERS.validate"...
Expanded from "src/gen/localized.AdminService.Orders.hdbview"
Deploying "src/gen/localized.CatalogService.Orders.hdbview$LOCALIZED_
  CATALOGSERVICE_ORDERS.validate"... ok  (0s 7ms)
Deploying "src/gen/localized.AdminService.Orders.hdbview$LOCALIZED_
  ADMINSERVICE_ORDERS.validate"... ok  (0s 7ms)
Deploying "src/gen/localized.AdminService.OrderItems.
  hdbview$LOCALIZED_ADMINSERVICE_ORDERITEMS.validate"...
   2020-06-03T11:33:56.74+0200 [APP/PROC/WEB/0] OUT
Expanded from "src/gen/localized.AdminService.OrderItems.hdbview"
   2020-06-03T11:33:56.74+0200 [APP/PROC/WEB/0] OUT
Make succeeded (0 warnings): 60 files deployed (effective 101), 0
  files undeployed (effective 0), 0 dependent files redeployed
   2020-06-03T11:33:57.43+0200 [APP/PROC/WEB/0] OUT
     Making... ok  (3s 826ms)
Deploying to the container "2A793736CECF4DD5A2B97640815540E5"... ok
  (4s 760ms)
Unlocking the container "2A793736CECF4DD5A2B97640815540E5"... ok
  (0s 0ms)
Deployment to container 2A793736CECF4DD5A2B97640815540E5 done
  [Deployment ID: none].Application can be stopped.
```

Listing 9.3 Ausschnitt aus dem Applikationsprotokoll des HDI-Deployers

Binding-Information einsehen

Die Auswirkungen des Bindens der Applikation prod-cat-db (der HDI-Deployer) an die Service-Instanz prod-cat-db-hdi-container können Sie am Inhalt der Umgebungsvariablen VCAP_SERVICES sehen. Navigieren Sie im SAP Cloud Platform Cockpit zur Detailsicht der Applikation prod-cat-db. Diese erreichen Sie, indem Sie in der Liste aller Applikation auf den Namen der gewünschten Applikation klicken. In der linken Navigationsleiste wählen Sie anschließend **Environment Variables**. Die resultierende Ansicht zeigt Abbildung 9.8.

Im Bildbereich **System-Provided** sehen Sie den Inhalt der Umgebungsvariable VCAP_SERVICES. Diese Variable enthält die Informationen zu allen gebundenen Service-Instanzen im JSON-Format. Pro Service (hier hana) werden in einem Array alle gebundenen Instanzen dieses Services als JSON-Objekte aufgeführt. In diesem Fall ist nur die Instanz mit dem Namen prod-cat-db-container aufgeführt. Die wesentliche Information befindet sich im credentials-Objekt. Hier findet der HDI-Deployer die Zugangsdaten zu der SAP-HANA-Datenbankinstanz mit einem Zertifikat.

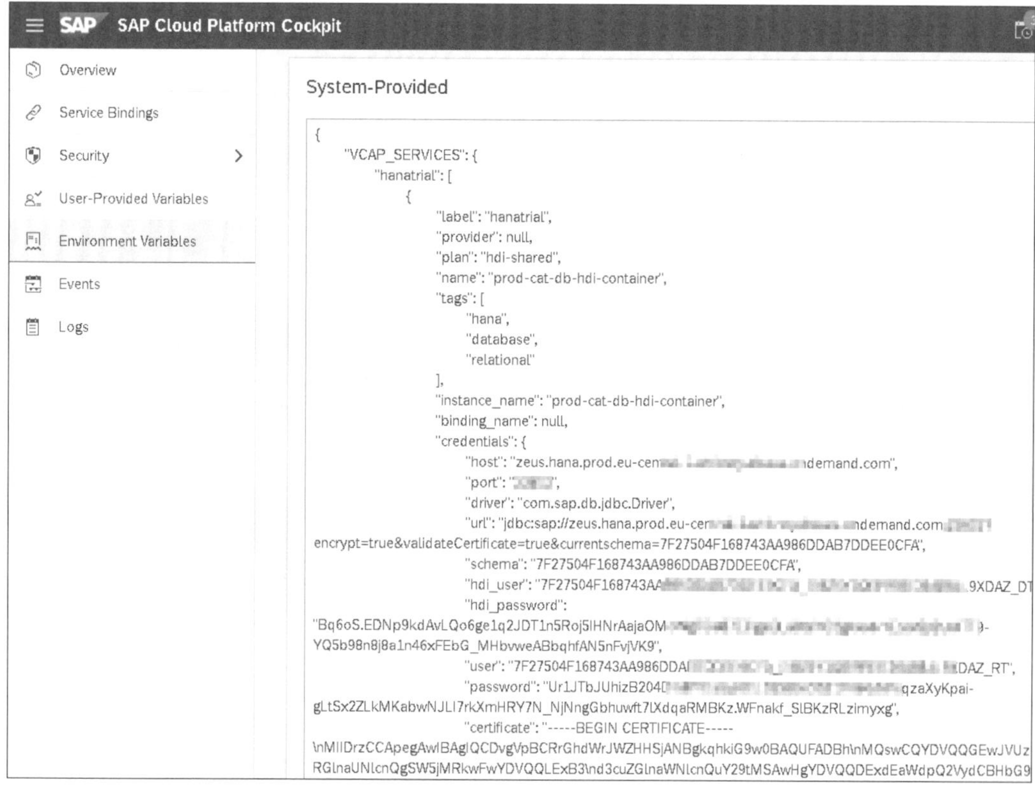

Abbildung 9.8 Inhalt der Umgebungsvariable »VCAP_SERVICES«

Die Umgebungsvariablen einer Cloud-Foundry-Applikation können Sie auch über das Cloud Foundry CLI einsehen. Benutzen Sie dazu das Kommando `cf env` *`Applikationsname`*, also hier `cf env prod-cat-db`.

9.2.3 HDI-Deployer als lokaler Prozess (lokale Variante)

Das CDS Development Kit bietet das Werkzeug `cds deploy --to hana` an, das Datenbankinhalte in eine Instanz der SAP-HANA-Datenbank in der Cloud-Foundry-Umgebung deployt, ohne manuell eine Service-Instanz anzulegen und ohne den HDI-Deployer in der Cloud-Foundry-Umgebung starten zu müssen. Diese Vorgehensweise ist geeignet, wenn Sie den CAP-Server weiterhin lokal auf Ihrem Rechner starten wollen, um von dort die SAP-HANA-Datenbank zu kontaktieren. Ein produktives Deployment wird die Vorgehensweise wählen, die in Abschnitt 9.2.2 beschrieben wurde.

SAP CommonCryptoLib

Um dieses direkte Datenbank-Deployment durchführen zu können, müssen Sie unter Microsoft Windows allerdings die *SAP CommonCryptoLib* auf

Ihrem Rechner installieren. Um diese Bibliothek vom SAP-Download-Center herunterladen zu können, benötigen Sie einen S-User, den Sie nur über ein reguläres Kundenkonto bei SAP erhalten. Sollten Sie nur im Besitz eines P-Users sein, so bleibt Ihnen für Microsoft Windows nur die in Abschnitt 9.2.2 beschriebene produktive Variante. Sind Sie im Besitz eines S-Users, so können Sie den Informationen auf *https://help.sap.com* folgen, um die kryptographische Bibliothek zu installieren. Rufen Sie dazu die Seite *http://s-prs.de/v765133* auf und geben Sie in das Suchfeld den Begriff *SAP CommonCryptoLib* ein. Klicken Sie anschließend auf das Suchresultat **Obtaining the SAP CommonCryptoLib file in Windows and Unix** und folgen Sie den dortigen Anweisungen.

Bevor Sie das Kommando `cds deploy --to hana` ausführen, sollten Sie die eventuell vorher angelegte Service-Instanz `prod-cat-db-hdi-container` und die Applikation `prod-cat-db` in der Cloud-Foundry-Umgebung löschen. Nutzen Sie das SAP Cloud Platform Cockpit dafür. So können Sie die Auswirkungen mit einem »frischen« System besser nachvollziehen.

Deployment nach SAP HANA

Führen Sie nun das Kommando `cds deploy --to hana` aus. Es wird folgende Schritte für Sie vollautomatisiert ausführen, wie Sie auch in der Terminalausgabe verfolgen können:

1. Ein Datenbank-Build wird durchgeführt. Als Resultat entsteht das Verzeichnis **gen/db/** in Ihrem Projekt.
2. Die Service-Instanz `prod-cat-db-hdi-container` wird angelegt, um Zugangsdaten für die SAP-HANA-Datenbankinstanz zu erhalten.
3. Im Verzeichnis **gen/db/** und auch im Wurzelverzeichnis des Projekts wird jeweils eine Datei **default-env.json** angelegt (zur Funktion dieser Datei, siehe Abschnitt 8.3.3, »Application Router mit CAP-Services verbinden«). Diese enthalten die Binding-Informationen mit den Zugangsdaten zur SAP-HANA-Datenbankinstanz.
4. Im Verzeichnis **gen/db/** wird das Kommando `npm install` ausgeführt. Dadurch wird das HDI-Deployer-Paket installiert.
5. Der HDI-Deployer wird lokal auf Ihrem Rechner gestartet und führt das Deployment in die SAP-HANA-Datenbank aus. Die nötigen Zugangsdaten entnimmt er der Datei **default-env.json**.
6. Der Projektdeskriptor **package.json** im Wurzelverzeichnis Ihres Projekts wird erweitert bzw. angepasst. Sie werden dort innerhalb des Bereichs der `dependencies` einen neuen Eintrag für `"@sap/hana-client"` finden. Dieses Paket wird von den CAP-Services benutzt, um auf die SAP-HANA-Datenbank zuzugreifen.

»cds deploy« ändert den Projektdeskriptor

Das Kommando `cds deploy` mit seinen Optionen kann zu einem schwer nachvollziehbaren Systemverhalten führen. Bei bestimmten bestehenden Konfigurationseinstellungen wird der Deskriptor **package.json** automatisch geändert, bei anderen nicht. Beispielsweise haben Sie die explizite Einstellung `"kind": "hana"` vorgenommen. Das Kommando `cds deploy --to hana` wird daran keine Änderungen vornehmen. Benutzen Sie allerdings die Variante `cds deploy --to sqlite`, so wird der Eintrag `"kind": "hana"` durch `"kind": "sqlite"` ersetzt. Wenn Sie solche automatischen Änderungen vermeiden wollen, benutzen Sie immer die Option `--no-save`, also z. B. `cds deploy --to sqlite --no-save`.

Wenn Sie das Deployment-Ziel zwischen SAP HANA und SQLite von Zeit zu Zeit wechseln wollen, arbeiten Sie mit den Konfigurationsprofilen `production` und `development`, wie es Listing 9.4 zeigt (siehe auch Abschnitt 5.3.3, »Profile«).

```
"requires": {
      "db": {
        "[production]":  {"kind": "hana"},
        "[development]": {"kind": "sqlite"}
      }
}
```

Listing 9.4 Auswahl des Datenbanktyps abhängig von den Konfigurationsprofilen

Setzen Sie das von Ihnen gewünschte Konfigurationsprofil mittels der Umgebungsvariable `NODE_ENV`. Führen Sie dann für jedes Deployment immer das Kommando `cds deploy --no-save` aus. Je nach gewähltem Profil wird dann in die entsprechende Datenbank deployt, ohne dass der Projektdeskriptor verändert wird.

Eine Alternative ist die Nutzung des abstrakten Datenbanktyps `"kind": "sql"`. Er wird im Entwicklungsprofil als `sqlite` interpretiert und im Produktionsprofil als `hana`.

9.3 SAP HANA Deployment Infrastructure

Dieser Abschnitt gibt als begleitende Hintergrundinformation einen Überblick über die SAP HANA Deployment Infrastructure. HDI ist kein Bestandteil des SAP Cloud Application Programming Models, wird aber von CAP als

Deployment-Schnittstelle für Datenbankobjekte in SAP HANA genutzt. Weiterhin ist HDI eine wichtige Komponente in der Referenzarchitektur von Geschäftsanwendungen in der Cloud-Foundry-Umgebung der SAP Cloud Platform (siehe Kapitel 8, »SAP-Anwendungsarchitektur in der Cloud-Foundry-Umgebung«).

9.3.1 Deklaratives, transaktionales Deployment

HDI ist eine Komponente in SAP HANA, die das Deployment von Datenbankobjekten (Tabellen, Views, Prozeduren etc.) vereinfacht, basierend auf einer deklarativen Beschreibung. HDI stellt einen konsistenten Datenbankzustand durch zwei Eigenschaften sicher. Zum einen werden Objekte in der nötigen Reihenfolge unter Berücksichtigung von Abhängigkeiten deployt. Zum anderen ist das Deployment ein transaktionaler Prozess, d. h., fehlgeschlagene Deployments führen weder zu inkonsistenten Zuständen auf der Datenbank noch zu Datenverlust.

Deklarativ vs. imperativ

In allen SQL-Datenbanken werden Datenbankobjekte oder deren Änderungen durch die imperative *Data Definition Language* (DDL) beschrieben. Der Zustand einer Datenbank ist damit das Resultat einer Sequenz von imperativen Anweisungen wie `CREATE TABLE` oder `ALTER TABLE`. Mit HDI beschreiben Sie dagegen deklarativ den gewünschten Zielzustand der Datenbank in Form von Entwicklungsartefakten mittels gewöhnlicher Dateien. Wenn diese Dateien über HDI deployt werden, wird HDI sie in eine passende Sequenz von DDL-Anweisungen umsetzen, sodass der gewünschte Zielzustand erreicht wird. Auch schon existierende Objekte werden in den Zielzustand migriert, dieser Vorgang wird *Schema Evolution* genannt.

Die Kodierung von Zielzuständen in gewöhnlichen Textdateien erlaubt eine einfache Integration in einen Anwendungsentwicklungsprozess, z. B. durch die Versionierung von Datenbankobjekten mittels eines Versionskontrollsystems, zusammen mit den Quellcodedateien einer Anwendung.

Listing 9.5, Listing 9.6 und Listing 9.7 zeigen Beispiele einer Tabellendefinition, einer View-Definition und der Definition einer Datenbankprozedur. Jeder dieser Inhalte muss in einer Datei mit einer spezifischen Dateiendung abgelegt werden. Für Tabellen ist dies die Endung **.hdbtable**, für Views **.hdbview** und für Prozeduren **.hdbprocedure**.

```
COLUMN TABLE "com.example::PRODUCTS" (
   "ID" INTEGER, "NAME" NVARCHAR(256),
   "ACTIVE" TINYINT,
```

```
    "NAME" NVARCHAR(256),
    PRIMARY KEY ("ID")
)
```

Listing 9.5 Beispiel einer Tabellendefinition für HDI

```
VIEW "com.example::ACTIVE_PRODUCTS"
AS SELECT ID, NAME
FROM "com.example::PRODUCTS"
WHERE ACTIVE = '1'
```

Listing 9.6 Beispiel einer View-Definition für HDI

```
PROCEDURE "com.example::SELECT_PRODUCTS" (
    IN ID INTEGER,
    OUT NAME NVARCHAR(1024)
)
LANGUAGE SQLSCRIPT
SQL SECURITY INVOKER
AS
BEGIN
    SELECT NAME INTO NAME FROM "com.example::PRODUCTS"
    WHERE ID = ID;
END
```

Listing 9.7 Beispiel einer Prozedurdefinition für HDI

Daneben existieren Formate für weitere Objekte in einer SAP-HANA-Datenbank, wie z. B. Indizes, Rollen, Sequenzen, Textanalyse und mehr.

Der CAP-Build-Prozess erzeugt Dateien für HDI

Die deklarative Natur von HDI passt sehr gut zu den deklarativen CDS-Modellen von CAP. Die Transformation von CDS-Modellen in HDI-Dateien wird durch den Datenbank-Build durchgeführt. In Abschnitt 9.2 haben Sie den Datenbank-Build für Ihr Projekt ausgeführt. Sie haben dafür entweder `cds build --for hana` oder `cds deploy --to hana` genutzt. Beide Kommandos erzeugen das Build-Verzeichnis **gen/db/**. Innerhalb dieses Verzeichnisses werden die generierten HDI-Dateien im Unterordner **src/gen/** abgelegt. Wenn Sie diesen Unterordner expandieren, werden die generierten Dateien für Sie sichtbar. Auch Ihre **.csv**-Dateien werden dorthin übernommen, sodass HDI auch diese Daten initial in die HANA-Datenbank einspielen wird.

Native HDI-Artefakte in CAP-Projekten

CDS-Modelle erfüllen die allermeisten Anforderungen, die durch eine Datenverarbeitung in Geschäftsanwendungen entstehen. SAP HANA zeichnet sich allerdings durch sehr spezielle und mächtige Verarbeitungsmöglichkeiten aus: beispielsweise eine analytische, mehrdimensionale Datenverarbeitung in *Calculation Views*, Textanalyse durch *Text Mining* oder datenbanknahe Programmierung mit *SQLScript*. Dies führt zu der Anforderung, in CAP-Projekten auch diese Art von nativen HDI-Artefakten parallel zu CDS-Modellen zu verwalten, da sie nicht aus CDS-Modellen generierbar sind. Dies wird dadurch möglich, dass der CAP-Datenbank-Build einen von Ihnen angelegten **src/**-Ordner innerhalb des **db/**-Verzeichnisses berücksichtigt und mit in die Build-Resultate übernimmt. Jegliche von Ihnen manuell erstellten HDI-Dateien innerhalb des **db/src/**-Verzeichnisses werden dadurch ebenfalls an HDI übergeben.

9.3.2 Schema-Isolation

HDI-Container

Als weiterer wichtige Eigenschaft erlaubt HDI die gemeinsame Nutzung einer Datenbank durch viele unabhängige Anwendungen. Dazu führt es das Konzept des *HDI-Containers* als einen von HDI verwalteten Satz von Datenbankschemas ein (siehe Abbildung 9.9).

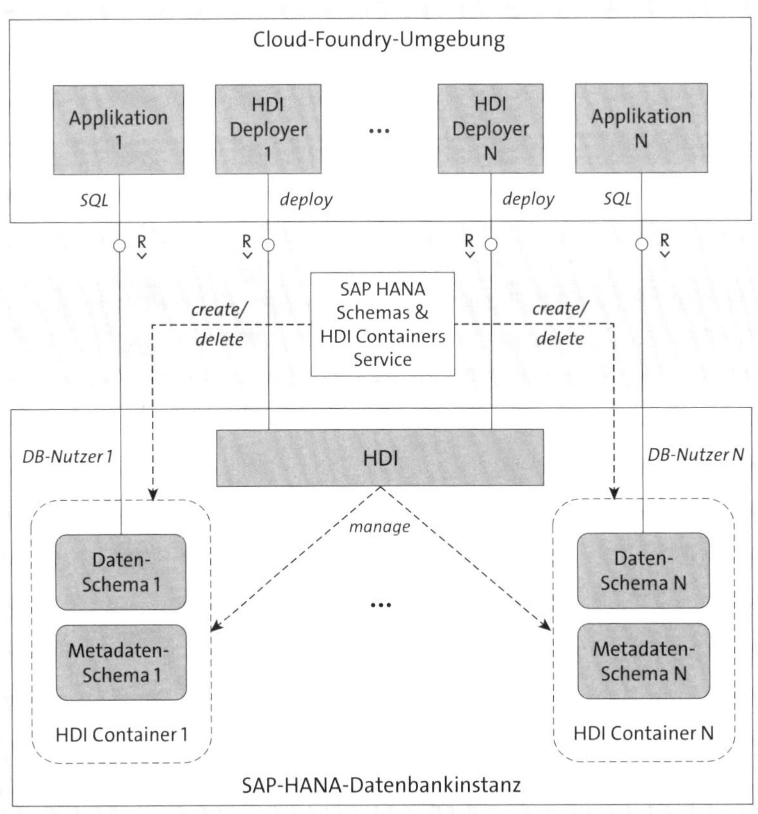

Abbildung 9.9 HDI-Container als isolierte Datenbankschemas in einer SAP-HANA-Datenbankinstanz

Durch die Erzeugung einer Instanz des SAP HANA Schemas & HDI Containers Service wird auch ein Container erzeugt. Ein Bestandteil des Containers ist das eigentliche Datenschema, auf das die Anwendung später zugreift. Durch Binden der Service-Instanz erhält die Anwendung die entsprechenden Zugangsdaten. Eine zweite Anwendung wird an eine zweite Service-Instanz binden und somit eine eigenes Datenschema zugewiesen bekommen.

Isolation durch Berechtigungen

Für jeden HDI-Container wird auch ein eindeutiger, technischer Datenbanknutzer (mit Passwort) generiert, mit dem die Anwendung sich bei Zugriffen authentifizieren muss. Da jede Anwendung nur die Zugangsdaten für »ihren« Container kennt, sind die Schemas vor Zugriffen von fremden Applikationen geschützt. Daher rührt der Name »Container«, in Anlegung an die Laufzeitcontainer, die in Microservices-Architekturen eine Rolle spielen. HDI ermöglicht, dass jeder Microservice seine isolierte Persistenz erhält, obwohl die Microservices sich eine Datenbankinstanz teilen. Somit können verbundene Microservices, die zusammen z. B. eine Geschäftsanwendung bilden, sehr kostengünstig eine gemeinsame Datenbankinstanz verwenden, die gleichzeitig die Administrationseinheit darstellt.

9.3.3 Weiterführende Informationen

HDI ermöglicht viele weitere Anwendungsszenarien. Beispielsweise können HDI-Container kontrolliert miteinander kommunizieren und so auch analytische Szenarien abbilden, um Daten von mehreren Microservices zu aggregieren. Um weitergehende Informationen zu HDI zu erhalten, besuchen Sie *https://help.sap.com/* und geben Sie in das Suchfeld den Begriff »SAP HANA Deployment Infrastructure« ein.

9.3.4 Nächste Schritte

In diesem Kapitel haben Sie gelernt, wie Sie in der Cloud-Foundry-Umgebung der SAP Cloud Platform eine SAP-HANA-Datenbankinstanz erzeugen und wie Sie auf sie zugreifen. Als Ergebnis haben Sie die CDS-Modelle der Beispielapplikation nach SAP HANA deployt. Sie haben dazu Ihren Projektdeskriptor **package.json** um die nötige Konfiguration für SAP HANA erweitert. Wie immer finden Sie den Projektstand zum Ende dieses Kapitels auf dem Downloadserver im Archiv **Kapitel_09.zip**. Wenn Sie dieses Material übernehmen, müssen Sie auch dieses Mal die abhängigen npm-Pakete mit dem Kommando `npm install` in den Ordner **node_modules/** des Projekts installieren.

Im nächsten Schritt werden Sie Ihren Applikationscode (CAP-Server und SAP-Fiori-UI) lokal auf Ihrem Rechner starten und mit der SAP-HANA-Datenbank und dem SAP Cloud Platform Authorization and Trust Management Service kommunizieren lassen. Dafür haben Sie in diesem Kapitel schon teilweise Vorbereitungen getroffen, z. B. durch die Erzeugung der Datei **default-env.json** mit den Zugangsdaten zur Datenbank. Dieses Szenario mit Laufzeiten, die zwischen lokalem Rechner und Cloud-Foundry-Umgebung verteilt sind, wird *hybride Entwicklung* genannt und ist Gegenstand des folgenden Kapitel 10.

Kapitel 10
Hybride Entwicklung

Cloud-Plattformen bieten Laufzeitumgebungen für Anwendungscodes in der Cloud. Für einen agilen Entwicklungsprozess mit seinen schnellen Änderungs- und Testzyklen sowie seinen Debugging-Anforderungen ist dies eine signifikante Einschränkung, da das Deployment des Codes in die Cloud ein zeitaufwendiger Prozess ist. CAP und die SAP Cloud Platform unterstützen einen Entwicklungsmodus, der Agilität durch lokale Codeausführung mit dem Serviceangebot einer Cloud-Plattform vereint.

Die Dauer des Code-Deployment-Prozesses in einer Cloud-Foundry-Umgebung wird von zwei Faktoren dominiert: zum einen von der Bandbreite der Netzwerkverbindung zwischen lokaler Entwicklungsumgebung und der Cloud-Foundry-PaaS, zum anderen durch den Staging-Prozess, der eine lauffähige Serverumgebung für den Code bereitstellt (siehe Abschnitt 7.3, »Einführung in die Arbeit mit Cloud Foundry«). Selbst bei einer hypothetisch beliebig schnellen Netzwerkverbindung bleibt der Staging-Prozess, mit seiner typischen Dauer von 30 Sekunden bis weit über eine Minute, ein beschränkender Faktor. Auch die Bandbreite ist in der Praxis bemerkbar, wenn z. B. **.war**-Archive von vielen Dutzend Megabyte übertragen werden müssen.

Cloud-Applikationen benötigen Plattformservices

Auf der anderen Seite sind Cloud-Applikationen von den Services einer Cloud-Plattform abhängig. Das ist gerade der beworbene Mehrwert einer Cloud-Plattform. In einem produktiven Szenario ist dieser Mehrwert natürlich auch vorhanden. Für den integrativen Testprozess innerhalb einer Entwicklungsphase entsteht daraus eine widersprüchliche Situation. Auf der einen Seite wollen Sie Ihre Serverprozesse schnell stoppen und starten, um den Effekt von Codeänderungen zu testen, auf der anderen Seite benötigen Sie Services, die nur die Cloud-Plattform zur Verfügung stellt. Die Verzögerungen durch das Code-Deployment behindern Sie aber in einer nicht zu vertretenden Weise. Dazu kommt, dass Debugging und Fehleranalysen aufwendiger werden und spezielle Werkzeuge erfordern. Neben diesem hauptsächlich zeitlichen Aspekt bedeutet die Nutzung der Plattformservices oft auch einen hohen Konfigurationsaufwand und ihre Konsumierung ist mit Kosten verbunden.

Hybride Entwicklung als Lösung eines Dilemmas

Einige Lösungen dieses Dilemmas wurden von der Cloud Foundry Community vorgeschlagen. Sie verfolgt den Ansatz, entweder den Staging-Prozess in die lokale Umgebung zu verlagern (siehe *http://s-prs.de/v765134*), oder wesentliche Teile der Cloud Foundry Platform in der lokalen Umgebung zu installieren (siehe *http://s-prs.de/v765135*). Obwohl CAP mit diesen Lösungen kombinierbar ist, unterstützt SAP mit CAP für die Entwicklungsphase eine Variante, die den Applikationsserver in der lokalen Umgebung belässt, während Services der SAP Cloud Platform schon über die Cloud-Foundry-Umgebung zur Verfügung gestellt werden. Dieses Szenario der *Hybriden Entwicklung* liegt deswegen im Sinne von Vollständigkeit und Komplexität zwischen der rein lokalen Entwicklung (wie sie CAP mit der Datenbank SQLite auch unterstützt) und einem produktiven, vollständigem Deployment auf der SAP Cloud Platform.

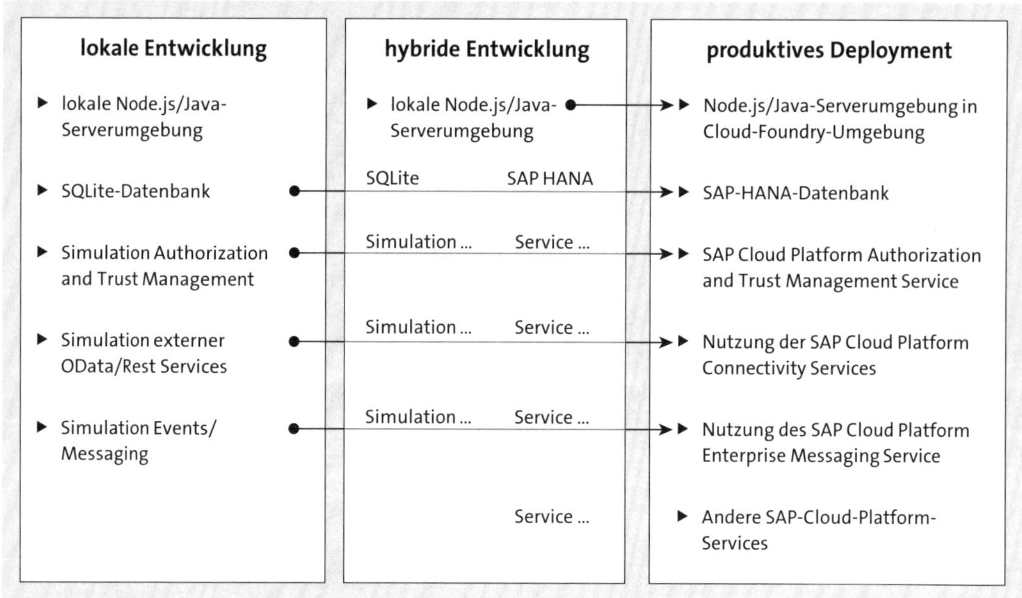

Abbildung 10.1 Hybride Entwicklung ist als Szenario angesiedelt zwischen lokaler Entwicklung und produktivem Deployment.

Abbildung 10.1 zeigt die Eigenschaften der beiden Extreme »lokale Entwicklung« und »produktives Deployment«. In beiden Szenarien werden Serverumgebungen für den Anwendungscode bereitgestellt. Der Hauptunterschied besteht in der Bereitstellung der Plattformservices. Hier bietet CAP zum einen die leichtgewichtige Entwicklungsdatenbank SQLite sowie eine Reihe von Simulationsmöglichkeiten (das sogenannte *Mocking*) für kritische Services. Die Simulation eines Authentication Services haben Sie schon in Abschnitt 5.4.2, »Konfiguration von Benutzern und Rollen zu Simulationszwecken«, kennengelernt. Darüber hinaus bestehen analoge Möglichkeiten bezüglich der Konnektivität zu anderen OData- oder REST-Services sowie der ereignisbasierten Kommunikation.

Lokale Server und Plattformservices

Die hybride Entwicklung realisiert einen Zwischenzustand. Die Serverumgebung läuft wie gewünscht immer noch in der lokalen Umgebung. Pro Plattformservice, für den CAP ein Mocking anbietet, besteht nun die Wahl, ob der Service simuliert oder ob der echte Service auf der SAP Cloud Platform angebunden werden soll. Für andere nötige Plattformservices muss natürlich eine Instanz auf der SAP Cloud Platform genutzt werden. CAP wird aber über die Zeit wahrscheinlich immer mehr Plattformservices für einen Testbestrieb simulieren können. In diesem Sinne haben Sie in Abschnitt 9.2, »Anbindung von SAP HANA an die lokale Entwicklungsumgebung«, schon eine einfache Variante der hybriden Entwicklung kennengelernt.

Ziele dieses Kapitels

In diesem Kapitel werden Sie Ihr Beispielprojekt für ein hybrides Entwicklungsszenario erweitern, indem Sie SAP HANA und den SAP Cloud Platform Authorization and Trust Management Service an Ihre lokale Umgebung anbinden. Die grundlegende Technik dazu behandelt Abschnitt 10.1, bevor Sie als erste Anwendung der Technik in Abschnitt 10.2 den lokalen CAP-Server an SAP HANA anbinden. Abschnitt 10.3 stellt die Kommunikation mit dem SAP Cloud Platform Authorization and Trust Management Service her. Dieser erfordert nicht nur ein Anbinden an den CAP-Server, sondern auch an den Application Router. Gerade der Einsatz dieses Services erfordert einen großen Konfigurationsaufwand. Zum einen seitens der Entwickler, zum anderen aber auch seitens der Anwendungsadministratoren, die mit dem SAP Cloud Platform Cockpit arbeiten. Auch dieser Aspekt wird in Abschnitt 10.3 behandelt.

Am Ende dieses Kapitels liefert Ihr Entwicklungsprojekt wieder eine komplette, lauffähige Geschäftsanwendung. Diesmal nutzen Sie allerdings schon zwei wesentliche Services der SAP Cloud Platform. Ihre Applikationsserver verbleiben noch in der lokalen Entwicklungsumgebung.

10.1 Die Technik der hybriden Entwicklung

Lösungskomponente Binding

In der Cloud-Foundry-Umgebung werden Services, die von der Plattform bereitgestellt werden, durch die Binding-Operation an eine Applikation angebunden. Als Resultat erhält eine Applikation die Zugangsdaten zu dem Service in die Umgebungsvariable `VCAP_SERVICES` injiziert. Da dies nur funktioniert, wenn die Applikation in die Cloud-Foundry-Umgebung deployt wurde, ist diese Technik für die hybride Entwicklung nicht anwendbar und muss ersetzt werden. Dieser Ersatz besteht in der Nutzung einer simulierten Umgebung mittels der Datei **default-env.json** (zur detaillieren Rolle dieser Datei beachten Sie den Hinweiskasten in Abschnitt 8.3.3, »Application Router mit CAP-Services verbinden«).

Lösungskomponente Service Key

Als zweite Ersatztechnik kommen Cloud Foundry *Service Keys* zum Einsatz. Für jede Instanz eines Services auf Cloud Foundry können Zugangsdaten in Gestalt des Service Keys erzeugt werden, ohne eine Binding-Operation durchführen zu müssen. Wie Abbildung 10.2 zeigt, müssen Sie den Service Key erzeugen und die Zugangsdaten in der Datei **default-env.json** für die Variable `VCAP_SERVICES` in den `credentials`-Abschnitt eintragen. Dieser Vorgang lässt sich natürlich durch entsprechende Werkzeuge automatisieren, so wie es z. B. das Kommando `cds deploy --to hana` realisiert.

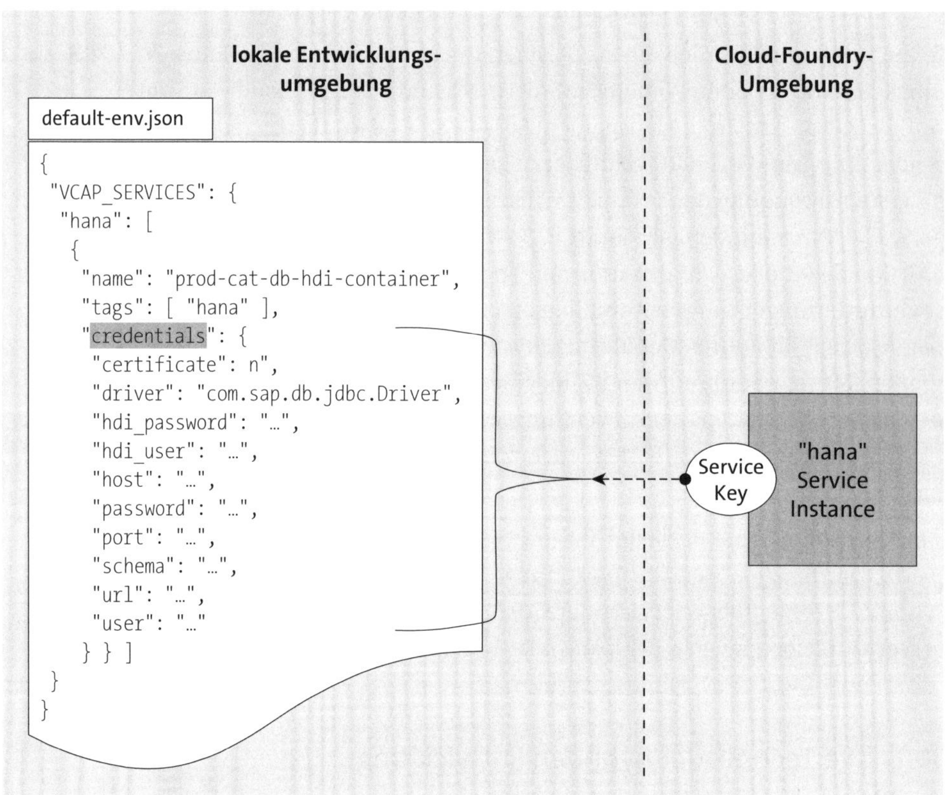

Abbildung 10.2 Korrespondenz eines Service Keys zu einem »credentials«-Eintrag in »VCAP_SERVICES«

Wie Abbildung 10.3 zeigt, können Sie damit für jede der drei Schichten Ihrer Applikation eine Datei **default-env.json** mit dem Inhalt von `VCAP_SERVICES` erzeugen. Die SAP-Bibliotheken für den Application Router, den CAP-Server sowie den HDI-Deployer werden diese Datei berücksichtigen, so als wäre die Umgebungsvariable VCAP_SERVICES tatsächlich vorhanden.

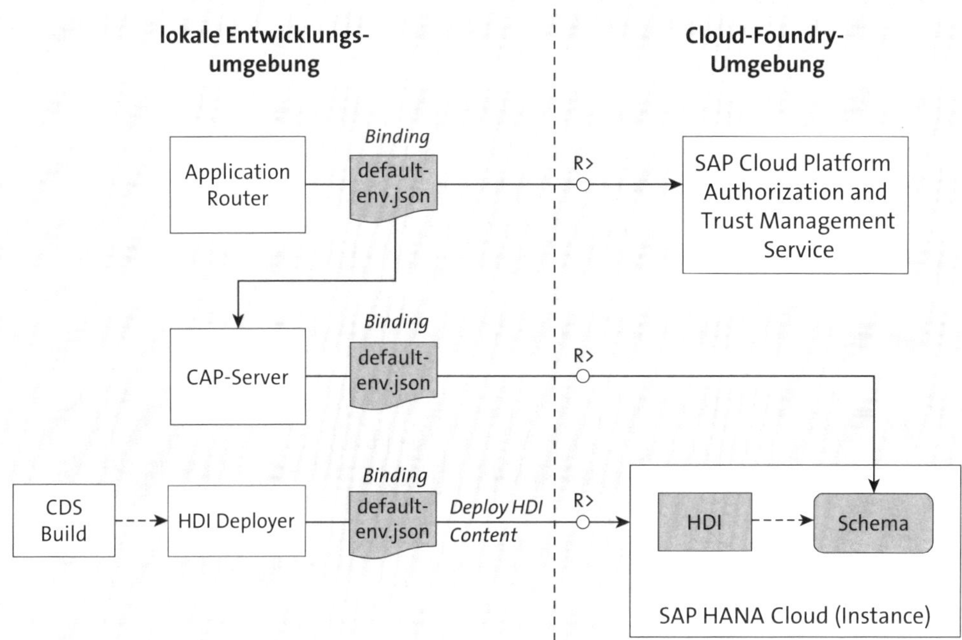

Abbildung 10.3 Anbindung aller drei Applikationsschichten an SAP Cloud Platform Services

Service Key erzeugen

Voraussetzung für das Erzeugen eines Service Keys ist die Existenz einer Service-Instanz. Stellen Sie für die folgende Anleitung deswegen sicher, dass Sie die Instanz prod-cat-db-hdi-container des SAP HANA Schemas & HDI Container Services erzeugt haben (siehe Abschnitt 9.2, »Anbindung von SAP HANA an die lokale Entwicklungsumgebung«). Das Cloud Foundry CLI bietet Kommandos, um Service Keys anzulegen und aufzulisten. Das SAP Cloud Platform Cockpit bietet jedoch einfache Dialoge dazu an, weswegen diese Methode im Folgenden beschrieben wird.

Navigieren Sie im SAP Cloud Platform Cockpit für Ihren Cloud Foundry Space in die Ansicht der Service-Instanzen. Klicken Sie auf den Namen der SAP-HANA-bezogenen Service-Instanz **prod-cat-db-hdi-container**. Sie gelangen in die entsprechende Detailsicht, wo Sie in der linken Navigationsleiste den Eintrag **Service Keys** auswählen (siehe Abbildung 10.4). Je nachdem, welche Variante aus Abschnitt 9.2 Sie für das Deployment des SAP-HANA-Datenbankinhalts benutzt haben, sehen Sie im Cockpit schon einen vorhandenen Service Key oder nur eine leere Liste. Ein Service Key wurde schon erzeugt, wenn Sie das Kommando `cds deploy --to hana` benutzt haben.

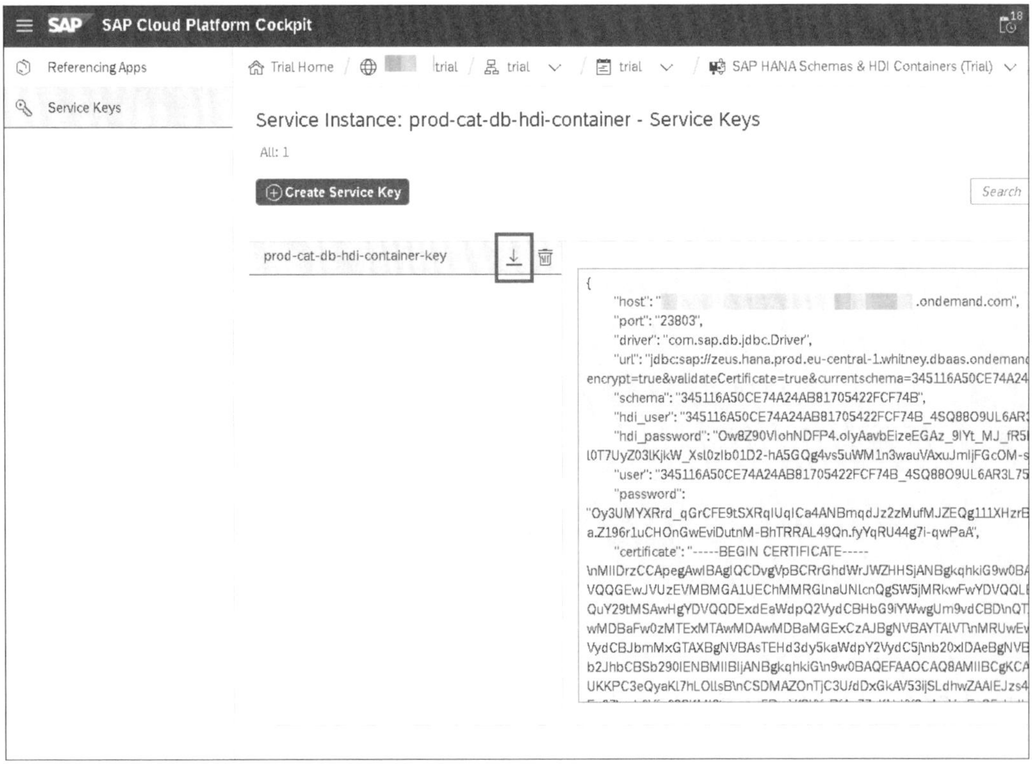

SAP Cloud Platform Cockpit

Referencing Apps
Service Keys

Trial Home / trial / trial / trial / SAP HANA Schemas & HDI Containers (Trial)

Service Instance: prod-cat-db-hdi-container - Service Keys

All: 1

Create Service Key

Search

prod-cat-db-hdi-container-key

{
"host": " .ondemand.com",
"port": "23803",
"driver": "com.sap.db.jdbc.Driver",
"url": "jdbc:sap://zeus.hana.prod.eu-central-1.whitney.dbaas.ondeman
encrypt=true&validateCertificate=true¤tschema=345116A50CE74A24
"schema": "345116A50CE74A24AB81705422FCF74B",
"hdi_user": "345116A50CE74A24AB81705422FCF74B_4SQ88O9UL6AR
"hdi_password": "Ow8Z90VlohNDFP4.olyAavbEizeEGAz_9lYt_MJ_fR5
l0T7UyZ03lKjkW_Xsl0zlb01D2-hA5GQg4vs5uWM1n3wauVAxuJmljFGcOM-s
"user": "345116A50CE74A24AB81705422FCF74B_4SQ88O9UL6AR3L75
"password":
"Oy3UMYXRrd_qGrCFE9tSXRqlUqlCa4ANBmqdJz2zMufMJZEQg111XHzrB
a.Z196r1uCHOnGwEviDutnM-BhTRRAL49Qn.fyYqRU44g7i-qwPaA",
"certificate": "-----BEGIN CERTIFICATE-----
\nMIIDrzCCApegAwIBAgIQCDvgVpBCRrGhdWrJWZHHSjANBgkqhkiG9w0BA
VQQGEwJVUzEVMBMGA1UEChMMRGlnaUNlcnQgSW5jMRkwFwYDVQQL
QuY29tMSAwHgYDVQQDExdEaWdpQ2VydCBHbG9iYWwgUm9vdCBD\nQT
wMDBaFw0zMTExMTAwMDAwMDBaMGExCzAJBgNVBAYTAlVT\nMRUwE
VydCBJbmMxGTAXBgNVBAsTEHd3dy5kaWdpY2VydC5j\nb20xIDAeBgNVB
b2JhbCBSb290IENBMIIBIjANBgkqhkiG\n9w0BAQEFAAOCAQ8AMIIBCgKCA
UKKPC3eQyaKl7hLOllsB\nCSDMAZOnTjC3U/dDxGkAV53ijSLdhwZAAIEJzs4

Abbildung 10.4 Service Keys im SAP Cloud Platform Cockpit

Ist dies nicht der Fall, so erzeugen Sie nun einen Key über die Schaltfläche **Create Service Key**. Im folgenden Dialogfenster vergeben Sie den Namen `prod-cat-db-hdi-container-key` und betätigen die Schaltfläche **Save**. Ihre Ansicht sollte danach mit Abbildung 10.4 übereinstimmen.

Service Key herunterladen

Das SAP Cloud Platform Cockpit bietet eine einfache Möglichkeit, die im Service Key enthaltenen Zugangsdaten auf Ihren Rechner herunterzuladen. Wählen Sie dazu das in Abbildung 10.4 markierte Download-Symbol, um die Zugangsdaten im JSON-Format zu speichern. Alternativ können Sie auch die im Cockpit angezeigten Zugangsdaten durch Kopieren und Einfügen übernehmen.

Service Keys und Schutz der Anwendung

Service Keys enthalten Zugangsdaten, um Services auf der SAP Cloud Platform zu steuern oder Daten an sie zu schicken oder zu lesen. In Bezug auf Anwendungssicherheit sind dies sehr sensitive Informationen, die Sie nicht leichtfertig auf Ihrem Rechner speichern sollten. Der Zugriff auf Ihren Rechner sollte in jedem Fall entsprechend geschützt sein. Insbesondere sollten Sie niemals Service Keys aus einem produktiven Deployment auf Ihren Rechner herunterladen oder in irgendeiner Art und Weise verteilen. Die Beispiele in diesem Buch beziehen sich explizit auf einen Entwicklungsprozess, in dem nur Testinstanzen von Services mit nicht-sensitiven Testdaten genutzt werden. Das Speichern eines Service Keys auf Ihrem Rechner im Entwicklungsprozess ist in diesem Fall zu vertreten, wenn Ihr Rechner einen ausreichenden Zugangsschutz bietet.

10.2 Anbindung des lokalen CAP-Servers an SAP HANA

Sie werden im Folgenden Ihren lokalen CAP-Server an die SAP-HANA-Datenbank anschließen. Nehmen Sie als Ausgangspunkt den Stand des Entwicklungsprojekts am Ende von Kapitel 9, »Anbindung an SAP HANA«. In den Downloadmaterialen zu diesem Buch finden Sie diesen Stand im Archiv **Kapitel_09.zip**. Wenn Sie diese Vorlage nutzen, vergessen Sie nicht, die npm-Abhängigkeiten im Wurzelverzeichnis und im **app/**-Verzeichnis jeweils mittels `npm install` zu installieren. Zusätzlich sollten Sie das Deployment in die SAP-HANA-Datenbankinstanz durchgeführt haben, wie in Abschnitt 9.2, »Anbindung von SAP HANA an die lokale Entwicklungsumgebung«, beschrieben ist.

Binding aus dem Service Key erzeugen

Im nächsten Schritt tragen Sie die Zugangsdaten aus dem Service Key in die Datei **default.env-json** ein. Wenn Sie das Kommando `cds deploy --to hana` genutzt haben, um die Datenbank zu bestücken, dann wurde diese Datei schon im Wurzelverzeichnis des Projekts generiert und gefüllt (siehe Abschnitt 9.2.3, »HDI-Deployer als lokaler Prozess (lokale Variante)«). Kontrollieren Sie in diesem Fall dennoch, ob die Zugangsdaten aktuell sind. Sollte die Datei **default-env.json** im Wurzelverzeichnis noch nicht existieren, so legen Sie diese neu an und speichern darin den Inhalt, den Listing 10.1 zeigt. Kopieren Sie den Service Key aus dem SAP Cloud Platform Cockpit und fügen Sie ihn an der in Listing 10.1 mit `<<SERVICE KEY>>` markierten Stelle ein. Achten Sie darauf, die erste öffnende und die letzte schließende geschweifte Klammer des JSON-Dokuments für den Service Key mit zu kopieren.

```
{
  "VCAP_SERVICES": {
    "hana": [
      {
        "name": "prod-cat-db-hdi-container",
```

```
        "tags": [
          "hana"
        ],
        "credentials":
          <<SERVICE KEY>>
      }
    ]
  }
}
```

Listing 10.1 Inhalt der Datei »default-env.json« mit der Binding-Information für den SAP HANA Cloud Service

Starten Sie nun den Application Router und den CAP-Server auf Ihrem Rechner. Gehen Sie dazu wie in Abschnitt 8.3.4, »Starten und Testen mehrerer Serverprozesse«, beschrieben vor. Verbinden Sie dann wieder Ihren Browser mit dem Application Router, indem Sie die Adresse *http://localhost:5000/* in die Adresszeile eingeben. Abhängig von Ihrer Konfiguration zur Authentifizierung im Projektdeskriptor müssen Sie sich gegebenenfalls anmelden. Die Daten Ihrer Anwendung werden nun aus der SAP-HANA-Datenbank gelesen.

Ihr Projekt haben Sie nun so eingerichtet, dass Application Router und CAP-Server lokal laufen. Der Application Router kommuniziert weiterhin lokal mit dem CAP-Server, der nun aber über das Internet mit einer SAP-HANA-Datenbankinstanz verbunden ist. In dieser Konstellation können Sie natürlich auch weiterhin ohne das SAP-Fiori-UI mit einem HTTP-Client auf den lokalen CAP-Server zugreifen, um Daten aus der SAP-HANA-Datenbank zu lesen oder zu manipulieren.

10.3 Authorization and Trust Management Service konfigurieren und anbinden

Das Konzept des Authorization and Trust Management Service der SAP Cloud Platform wurde im Abschnitt 8.2 erläutert. In diesem Abschnitt werden Sie folgende Schritte ausführen:

- **Instanz eines xsuaa-Service anlegen**

  Sie erzeugen und konfigurieren eine Instanz des SAP Cloud Platform Authorization and Trust Management Service (mit dem technischen Namen `xsuaa`) in der Cloud-Foundry-Umgebung.

- **Rollenzuweisung an die Benutzer**
  Sie weisen Ihrem Benutzer auf der SAP Cloud Platform die nötigen Applikationsrollen zu.
- **Binding herstellen**
  Sowohl der lokale Application Router als auch der lokale CAP-Server werden an die `xsuaa`-Instanz gebunden. Dafür nutzen Sie wieder die Technik des Service Keys zusammen mit der Datei **default-env.json**.
- **Entwicklungsprojekt umkonfigurieren**
  Die Projektkonfiguration bezüglich der Authentifizierungsmethoden wird angepasst.

10.3.1 Instanz eines Authorization and Trust Management Service anlegen

Bei der Erzeugung einer Instanz des `xsuaa`-Services müssen Sie diesmal Konfigurationsdaten in Form eines JSON-Dokuments mitgeben. Dieses Dokument enthält unter anderem die Informationen über Rollen und Berechtigungen, die der Service für die Erstellung des JWT-Tokens nach einer erfolgreichen Authentifizierung berücksichtigen soll. Es ist üblich, diese Konfiguration in einer Datei **xs-security.json** in Ihrem Projekt abzulegen. Der Name dieser Datei ist allerdings im Prinzip beliebig. Legen Sie die Datei im Wurzelverzeichnis Ihres Projekts an und speichern Sie darin den Inhalt, wie ihn Listing 10.2 zeigt.

```
{
    "xsappname": "prod-cat",
    "tenant-mode": "dedicated",
    "scopes": [
        {
            "name": "$XSAPPNAME.admin",
            "description": "Administration"
        },
        {
            "name": "$XSAPPNAME.shop",
            "description": "Shopping"
        }
    ],
    "role-templates": [
        {
            "name": "Administrator",
            "description": "Manage all data",
```

```
            "default-role-name": "Administrator",
            "scope-references": [
                "$XSAPPNAME.admin"
            ]
        },
        {
            "name": "Shopper",
            "description": "Browse and buy",
            "default-role-name": "Shopper",
            "scope-references": [
                "$XSAPPNAME.shop"
            ]
        }
    ],
    "role-collections": [
        {
            "name": "Manager",
            "description": "All functions",
            "role-template-references": [
                "$XSAPPNAME.Administrator",
                "$XSAPPNAME.Shopper"
            ]
        }
    ],
    "oauth2-configuration": {
        "token-validity": 900,
        "refresh-token-validity": 1800
    }
}
```

Listing 10.2 Konfiguration einer Instanz des SAP Cloud Platform Authorization and Trust Management Services

Konfigurationselemente einer »xsuaa«-Instanz

Die Konfigurationselemente sind in Tabelle 10.1 erläutert. Es existieren wesentlich mehr Möglichkeiten der Konfiguration, die aber für Ihr Projektbeispiel nicht erforderlich sind. Die relevante Dokumentation von SAP finden Sie unter *http://s-prs.de/v765136*. Alternativ besuchen Sie *http://s-prs.de/v765137* und geben dort in das Suchfeld den Begriff »Developing Security Artifacts« ein.

Element	Bedeutung
xsappname	Name eines *OAuth Clients*, der mit der Service-Instanz erzeugt wird. Der OAuth Client ist die technische Instanz, die für die Autorisierungsprozesse auf Basis des *OAuth2-Standards* genutzt wird (siehe *https://oauth.net/2/*). Ein bestimmter Wert für xsappname kann innerhalb eines Subaccounts nur einmal vergeben werden. Innerhalb der Datei **xs-security.json** referenzieren Sie den Wert von xsappname mit dem Platzhalter $XSAPPNAME.
tenant-mode	Besitzt für Multi-Tenant-SaaS-Applikationen den Wert shared, ansonsten dedicated oder external.
scopes	Array von *OAuth Scopes*. Ein OAuth Scope entspricht in CAP einer Rolle, die Sie mit der @requires-Annotation zuordnen (siehe Abschnitt 5.4, »Authentifizierung und Autorisierung«). Der Scope $XSAPPNAME.admin wird entsprechend der Annotation @requires: 'admin' an der Definition des CAP-Administratorservice deklariert. Beachten Sie, dass in der CDS-Annotation der Platzhalter $XSAPPNAME nicht verwendet werden darf.
role-templates	Array von Vorlagen für eine Rollengenerierung durch die Anwendungsadministratoren. Eine Vorlage kann schon mehrere Scopes beinhalten.
role-collections	Sammlung von Rollen. Dies ist das Objekt, das im SAP Cloud Platform Cockpit den Benutzern zugewiesen wird.
oauth2-configuration	verschiedene Parameter, die den OAuth2-Prozess beeinflussen, hier z. B. die Gültigkeitsdauer des auszustellenden JWT in Sekunden

Tabelle 10.1 Elemente der »xsuaa«-Konfiguration

»xsuaa«-Instanz anlegen

Öffnen Sie ein Browserfenster mit dem SAP Cloud Platform Cockpit und navigieren Sie für Ihren Cloud Foundry Space zur Sicht **Services • Service Marketplace**. Wählen Sie dort die Kachel **Authorization & Trust Management** und navigieren Sie weiter auf die Sicht **Instances**. Wählen Sie dort die Schaltfläche **New Instance**, sodass sich der geführte Dialog **Create Instance** öffnet.

Wählen Sie im ersten Schritt den Serviceplan **application** aus (siehe Abbildung 10.5) und klicken Sie danach auf die Schaltfläche **Next** rechts unten.

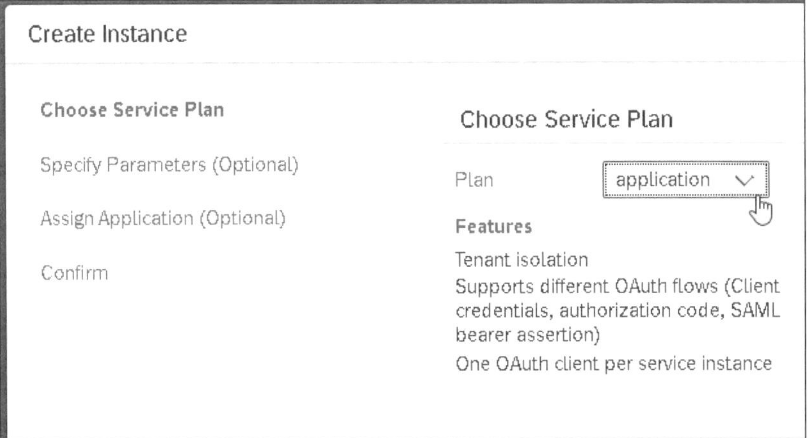

Abbildung 10.5 Auswahl des Serviceplans für den »xsuaa«-Service

Im nächsten Schritt laden Sie die zuvor erstellte Datei **xs-security.json** hoch. Wählen Sie dazu die Schaltfläche **Browse** und selektieren Sie die Datei auf Ihrem Dateisystem. Der Inhalt der Datei erscheint darauf in dem Fenster, wie es Abbildung 10.6 zeigt.

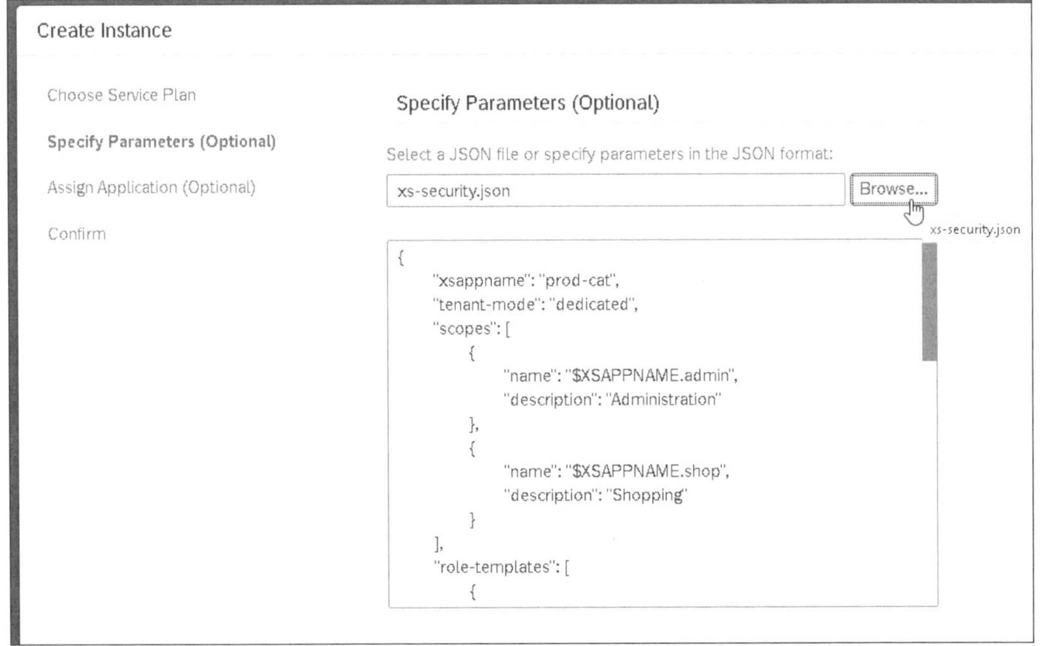

Abbildung 10.6 Upload der Konfigurationsdatei »xs-security.json«

Überspringen Sie den nächsten Dialogschritt **Assign Application**, indem Sie zweimal auf die Schaltfläche **Next** rechts unten drücken. Im folgenden Dialog vergeben Sie den Instanznamen `prod-cat-xsuaa` und betätigen die Schaltfläche **Finish**. Sie sehen nun die neue Service-Instanz in der Listenansicht.

10.3.2 Rollenzuweisung an die Benutzer

Auf Basis der erzeugten `xsuaa`-Instanz können Sie nun Benutzern verschiedene Anwendungsrollen zuweisen. Im SAP Cloud Platform Cockpit geschieht dies in der Sicht **Security** auf der Ebene des Subaccounts. Wählen Sie dort die Unterebene **Role Collections** (siehe Abbildung 10.7). Dort finden Sie die Rollensammlung **Manager**, die Sie in der Datei **xs-security.json** deklariert haben.

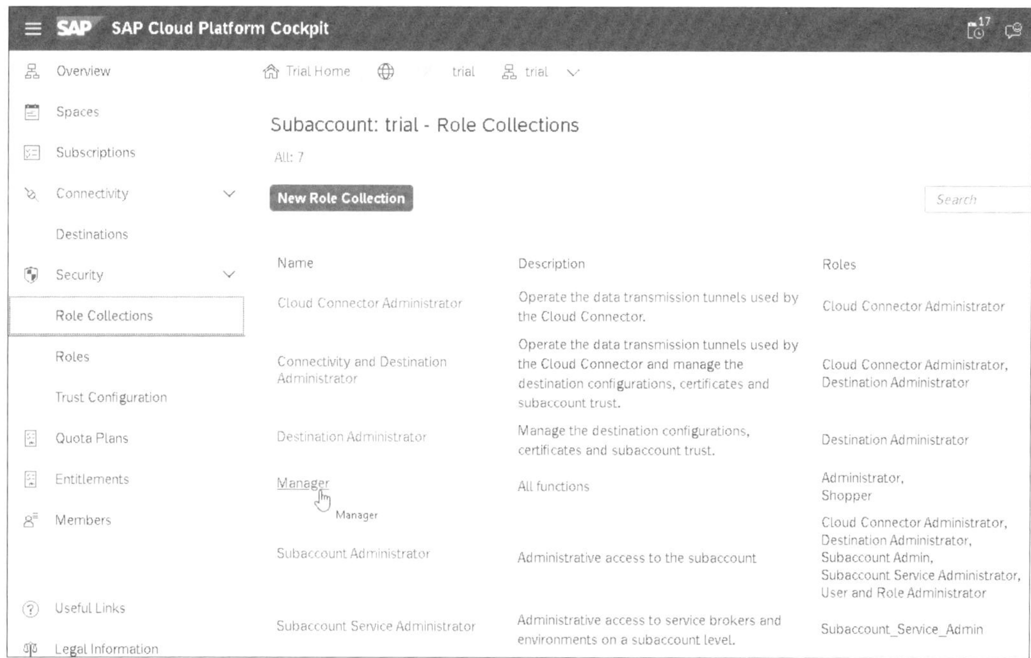

Abbildung 10.7 Rollensammlungen im SAP Cloud Platform Cockpit

Rollenzuweisung an Benutzer

Die eigentliche Zuweisung von Rollen an die Benutzer erfolgt in der Sicht **Trust Configuration** (siehe Abbildung 10.8). Dort wählen Sie den relevanten Identity Provider aus, der die Liste der registrierten Benutzer enthält. In einem Trial-Account sehen Sie dort den Eintrag **sap.default**, der zum SAP-ID-Service gehört, bei dem Sie sich bei der Anlage des Trial-Accounts registriert haben. Reguläre Kunden der SAP Cloud Platform haben eventuell auf der

Ebene des Subaccounts weitere Identity Provider registriert, die dann in der Liste sichtbar sind.

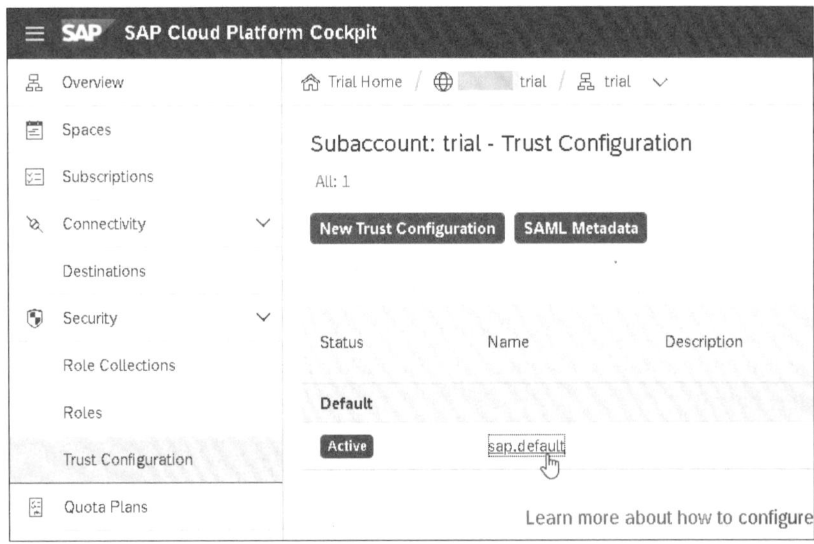

Abbildung 10.8 Auswahl des Identity Providers

Klicken Sie auf den Namen des für Sie relevanten Identity Providers (**sap.default** im Trial-Account), um in die Sicht **Role Collection Assignment** zu gelangen (siehe Abbildung 10.9).

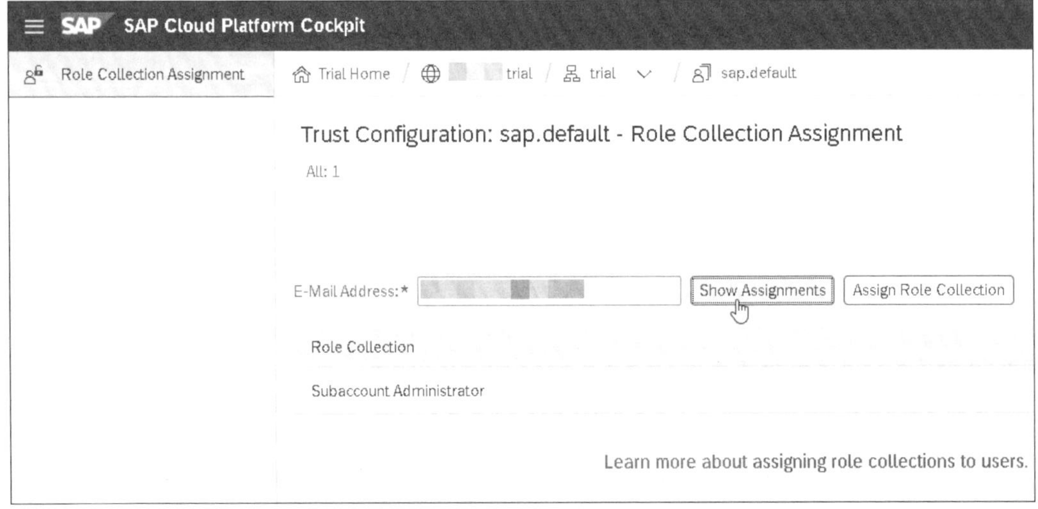

Abbildung 10.9 Anzeige zugeordneter Rollensammlungen

Geben Sie dort die E-Mail-Adresse ein, die Sie bei der Registrierung des Trial-Accounts benutzt haben, und betätigen Sie die Schaltfläche **Show Assignments**. Sie sehen, dass Ihnen schon die Rollensammlung für einen **Subaccount Administrator** zugeordnet ist.

Betätigen Sie die Schaltfläche **Assign Role Collection**, und selektieren Sie die Sammlung **Manager**, die Sie mittels der Datei **xs-security.json** zuvor erzeugt haben (siehe Abbildung 10.10). Betätigen Sie die die Schaltfläche **Assign Role Collection**. Die Liste der Ihnen zugeordneten Rollensammlungen aktualisiert sich daraufhin.

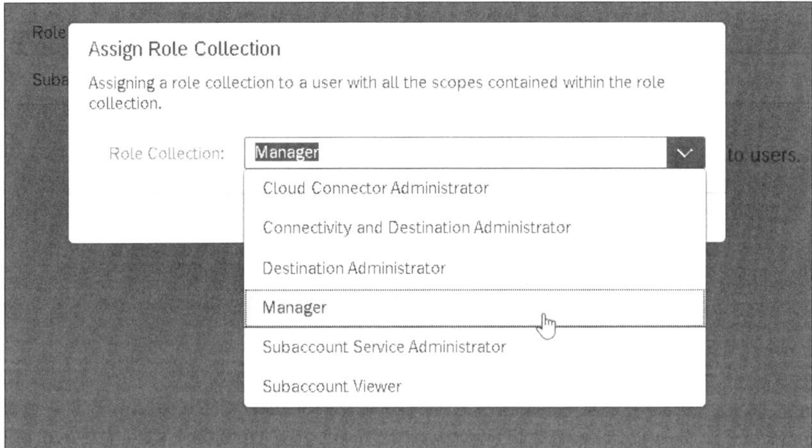

Abbildung 10.10 Zuordnung einer Rollensammlung

Als Resultat sind Ihnen nun die in der Rollensammlung **Manager** enthaltenen Rollen zugeordnet. Insbesondere beinhaltet dies den OAuth Scope `admin`, der Sie berechtigt, den CAP-Administratorservice zu benutzen.

Betrachten Sie auch die Sicht **Security • Roles** auf der Ebene des Subaccounts. Dort finden Sie einen Eintrag für Ihre xsuaa-Applikation **prod-cat** mit den zugehörigen Rollen. Navigieren Sie von dort durch Anklicken des Rollennamens zu den jeweiligen Rollensichten.

[«]

Vorsicht beim Löschen einer »xsuaa«-Instanz

Um Ihre Deployment-Tests zu wiederholen, werden Sie wahrscheinlich von Zeit zu Zeit Ihre xsuaa-Instanz löschen wollen, um die Tests mit einem »leeren« Space zu beginnen. Sie sollten dabei beachten, dass mit der xsuaa-Instanz auch jegliche zugehörige Konfiguration gelöscht wird. Dazu gehört primär die in der Datei **xs-security.json** hinterlegte Konfiguration, aber auch die Zuweisung von Benutzern zu Rollensammlungen. In Falle der Beispielapplikation wird mit der xsuaa-Instanz auch die Rollensammlung

Manager gelöscht. Bei der erneuten Erzeugung der xsuaa-Instanz müssen Sie deshalb die Zuweisung der Rollensammlung an die Benutzer erneut durchführen.

Eine Alternative ist, die Rollensammlung Manager nicht innerhalb der Datei **xs-security.json** zu deklarieren, sondern manuell im SAP Cloud Platform Cockpit anzulegen und vorab Benutzer zuzuweisen. Rollensammlung und Benutzerweisung bleiben dann beim Löschen der xsuaa-Instanz erhalten. Bei der erneuten Erzeugung der xsuaa-Instanz müssen Sie dann allerdings die betroffenen Applikationsrollen erneut der Rollansammlung zuweisen.

10.3.3 Binding herstellen

Weiterleitung des JWT-Tokens

Der SAP Cloud Platform Authorization and Trust Management Service ist nun so eingerichtet, dass Ihr Application Router eine Authentifizierung anfordern kann, um als Resultat einen JWT-Token zu erhalten, der die zugeordneten OAuth Scopes enthält. Der JWT wird dann an den CAP-Service weitergleitet, der basierend auf der Liste der Scopes eine Berechtigungsprüfung durchführt. Beide Komponenten (Application Router und CAP-Server) müssen dazu an die gleiche xsuaa-Instanz gebunden sein. Der Application Router nutzt die Binding-Information zur Kommunikation mit dem xsuaa-Service. Der CAP-Server nutzt die Binding-Information zur Validierung des weitergeleiteten JWT. Dazu enthält die Binding-Information einen Schlüssel zur Verifizierung der Echtheit des JWT. Im nächsten Schritt binden Sie deshalb die xsuaa-Instanz an den Application Router und an den CAP-Server. Dies geschieht wieder durch die Übertragung eines Service Keys in die jeweilige Datei **default-env.json**.

Application Router anbinden

Erzeugen des Service Keys

Legen Sie für die in Abschnitt 10.3.1 erzeugte xsuaa-Instanz einen neuen Service Key an. Wählen Sie dazu in der Sicht **Services • Service Instances** die Instanz aus. Wechseln Sie dann zur Sicht **Service Keys** und führen Sie dort **Create Service Key** aus. Listing 10.3 zeigt ein Beispiel eines solchen Service Keys mit den Zugangsdaten zum xsuaa-Service. Ihr Service Key wird in den Werteausprägungen davon abweichen.

```
{
    "tenantmode": "dedicated",
    "sburl": "https://internal-xsuaa.authentication.eu10.hana.
      ondemand.com",
    "clientid": "sb-prod-cat!t4951",
    "xsappname": "prod-cat!t446751",
```

```
    "clientsecret": "CJDXeay9muflöeqeP+eJgUm/PI=",
    "url": "https://s3f45ftrial. authentication.xyz.ondemand.com",
    "uaadomain": " authentication.xyz.ondemand.com",
    "verificationkey": "-----BEGIN PUBLIC KEY-----
      MIICIjANBgkqhkiG9w0BAQEFAAOCAg8AMIICCgKCAgEAwThn6009kj0bchk0Gkq
      YBnpL9d0ECAwEAAQ==-----END PUBLIC KEY-----",
    "apiurl": "https://abc.authentication.xyz.ondemand.com",
    "identityzone": "fsdfwqeqc7trial",
    "identityzoneid": "741d-36490f5dz4fd5",
    "tenantid": "741d-36490f5dz4fd5"
}
```

Listing 10.3 Beispiel eines Service Keys für eine »xsuaa«-Service-Instanz

10

Absicherung Ihrer Anwendung

Beachten Sie auch bei diesem Service Key, dass er sensitive, sicherheitsrelevante Daten enthält. Insbesondere die Informationen in clientid und clientsecret könnten genutzt werden, um einen JWT-Token zu erzeugen, mit dem mittels eines HTTP-Clients auf Ihren CAP-Service zugegriffen werden kann. Um dies zu verhindern, sichern Sie Ihre CAP-Services mindestens durch die Annotation @requires: 'authenticated-user', besser noch durch die Angabe einer konkreten Rolle, die einem Benutzer zugeordnet werden muss. Benutzen Sie die Pseudorollen identified-user, system-user und any nur, wenn die damit verbundenen, wenig restriktiven Sicherheitseinschränkungen gewünscht und von Ihnen kontrollierbar sind (siehe auch *http://s-prs.de/v765138*).

Übertragen der Binding-Information

Öffnen Sie nun in Ihrem Projekt die Datei **default-env.json**, die sich im Verzeichnis **app/** befindet. Dort finden Sie die Definition der Umgebungsvariable destinations, die Sie im Rahmen von Abschnitt 8.3.3, »Application Router mit CAP-Services verbinden«, eingefügt hatten. In dieser Datei müssen Sie nun die Binding-Variable VCAP_SERVICES hinzufügen, mit der Binding-Information für die xsuaa-Instanz. Kopieren Sie dazu den neuen Service Key und fügen Sie ihn wieder in die credentials-Sektion eines neuen xsuaa-Eintrags innerhalb von VCAP_SERVICES ein. Listing 10.4 zeigt den nötigen Inhalt der Datei. Ersetzen Sie dort die Angabe <<SERVICE KEY>> durch den echten Service Key. Achten Sie darauf, die erste öffnende und die letzte schließende geschweifte Klammer des JSON-Dokuments für den Service Key mit zu kopieren.

```
{
  "destinations": [
    {
      "name": "backend",
      "url": "http://localhost:4004",
      "forwardAuthToken": true
    }
  ],
  "VCAP_SERVICES": {
    "xsuaa": [
      {
        "label": "xsuaa",
        "name": "prod-cat-xsuaa",
        "tags": [
          "xsuaa"
        ],
        "credentials":
              <<SERVICE KEY>>
      }
    ]
  }
}
```

Listing 10.4 Inhalt der Datei »app/default-env.json«

Anpassen der Konfiguration des Application Routers

Ihr lokaler Application Router ist nun im Prinzip an den SAP Cloud Platform Authorization and Trust Management Service angebunden. Die Konfiguration des Application Routers muss noch dahingehend geändert werden, dass er diesen Service zur Authentifizierung kontaktiert. Die Konfigurationsdaten sind in der Datei **xs-app.json** abgelegt, der relevante Parameter hat im Moment den Wert `"authenticationMethod": "none"` (siehe Abschnitt 8.3.2, »Konfiguration des Application Routers«). Öffnen Sie die Datei **xs-app.json** im **app/**-Verzeichnis Ihres Projekts und ändern Sie diesen Wert auf `"route"` (siehe Listing 10.5).

```
{
    "welcomeFile": "index.html",
    "authenticationMethod": "route",
    "routes": [
        {
            "source": "^/cap/(.*)$",
            "target": "/$1",
            "destination": "backend"
```

```
        },
        {
            "source": "^(.*)$",
            "localDir": "."
        }
    ]
}
```

Listing 10.5 Konfiguration des Application Routers zur Kommunikation mit dem »xsuaa«-Service

Diese Änderung führt dazu, dass die Art der Authentifizierung jeweils pro Routendefinition durch den optionalen Parameter `authenticationType` gesteuert werden kann. Die Standardeinstellung ist dabei `"authenticationType": "xsuaa"`, was zur Nutzung des `xsuaa`-Service führt.

10

Testen der Authentifizierung durch den SAP-ID-Service

Mit dieser Änderung der Konfiguration können Sie nun testen, ob sich der Application Router mit dem SAP-ID-Service verbindet, um die Authentifizierung durchzuführen. Starten Sie dazu den Application Router wie in Abschnitt 8.3.4, »Starten und Testen mehrerer Serverprozesse«, beschrieben. Öffnen Sie dann ein Browserfenster mit der Adresse *http://localhost:5000/*. Sie werden daraufhin vom Application Router zum Anmeldebildschirm des SAP-ID-Service weitergeleitet (siehe Abbildung 10.11).

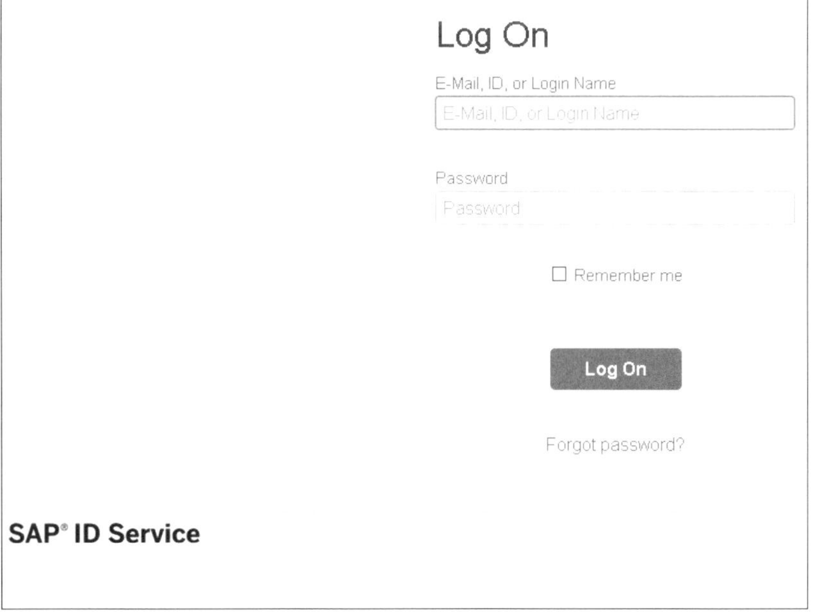

Abbildung 10.11 Anmeldebildschirm des SAP-ID-Service

Geben Sie dort die Anmeldedaten ein, mit denen Sie sich bei der Einrichtung des Trial-Accounts registriert haben. Anschließend werden Sie zu Ihrer Anwendung zurückgeführt, sodass die Einstiegsseite Ihres SAP-Fiori-UIs erscheint.

Sollte der Anmeldebildschirm nicht erscheinen (sondern gleich das SAP-Fiori-UI), so benutzen Sie wahrscheinlich einen Browser, mit dem Sie aktuell schon am SAP Cloud Platform Cockpit angemeldet sind. In diesem Fall haben Sie sich schon für diese Browserinstanz authentifiziert. Um den Anmeldebildschirm zu erreichen, öffnen Sie dann ein privates Browserfenster (oder ein Incognito Tab) und geben dort die Adresse *http://localhost:5000/* ein.

CAP-Service anbinden

Zusätzlich zum Application Router muss auch der CAP-Service die Binding-Information der xsuaa-Instanz kennen. Er wird zwar normalerweise nicht mit dem xsuaa-Service kommunizieren, benötigt die Binding-Information aber, um den im Request enthaltenen JWT-Token zu validieren.

Öffnen Sie die Datei **default-env.json** im Wurzelverzeichnis Ihres Projekts. Dort haben Sie in einem vorhergehenden Schritt die Zugangsdaten zur SAP-HANA-Datenbank eingetragen. Die Information innerhalb des VCAP_SERVICES-Eintrags muss nun um die Zugangsdaten zum xsuaa-Service erweitert werden. Erweitern Sie den Dateiinhalt wie in Listing 10.6 dargestellt. Dort ist der schon existierende Eintrag für den Service hana nicht vollständig dargestellt. Ersetzen Sie die Angabe **<<SERVICE KEY>>** durch den echten xsuaa-Service-Key. Achten Sie darauf, die erste öffnende und die letzte schließende geschweifte Klammer des JSON-Dokuments für den Service Key mit zu kopieren.

```
{
  "VCAP_SERVICES": {
    "xsuaa": [
      {
        "label": "xsuaa",
        "name": "prod-cat-xsuaa",
        "tags": [
          "xsuaa"
        ],
        "credentials":
          <<SERVICE KEY>>
      }
    ],
```

```
"hana": [
  {
    "name": "prod-cat-db-hdi-container",
    "tags": [
      "hana"
    ],
...
```

Listing 10.6 Einfügen des »xsuaa«-Service-Keys für den lokalen CAP-Server

10.3.4 Entwicklungsprojekt umkonfigurieren

Der Application Router besitzt nun einen validen JWT-Token, der unter anderem die Ihnen zugeordneten Berechtigungen enthält. Ein Klick auf die Einstiegskachel des SAP-Fiori-UIs führt zu einer Weiterleitung des Requests mit dem JWT an den CAP-Service. Dieser ist allerdings noch nicht auf die Prüfung des JWT vorbereitet. Der Projektdeskriptor ist auf die Simulation des Authentifizierungsprozesses eingestellt, aber noch nicht auf die Zusammenarbeit mit dem `xsuaa`-Service.

Die SAP Security Library

Um dies zu erreichen, sind folgende Änderungen am Projektdeskriptor **package.json** im Wurzelverzeichnis Ihre Projekts nötig:

- Das Projekt benötigt die npm-Pakete `@sap/xsenv` und `@sap/xssec` für den Umgang mit dem `xsuaa`-Service. Erweitern Sie die `dependencies`-Sektion der Datei **package.json** entsprechend. Der neue Stand der `dependencies`-Sektion ist in Listing 10.7 dargestellt.

  ```
  "dependencies": {
    "@sap/cds": "^4",
    "@sap/hana-client": "^2.5.101",
    "@sap/xsenv": "^2.2.0",
    "@sap/xssec": "^2",
    "express": "^4",
    "passport": "^0.4.1"
  },
  ```

  Listing 10.7 Vollständiger Satz von Projektabhängigkeiten

  Das Paket `@sap/xssec` (die *SAP Security Library*) liefert SAP bereits in der Version 3 aus. Zum Zeitpunkt der Entstehung dieses Buches benötigt CAP allerdings noch die Version 2 des Pakets.

  Nach der Änderung des Projektdeskriptors führen Sie erneut das Kommando `npm install` aus, um die neuen Pakete zu installieren.

- Ändern Sie die Authentifizierungsstrategie von `mock` oder `dummy` auf `JWT`. Dadurch wird die Validierung des JWT-Tokens durchgeführt. Der entsprechend angepasste Ausschnitt des Projektdeskriptors ist in Listing 10.8 gezeigt. Die Benutzer und Passwörter, die Sie zu Simulationszwecken konfiguriert hatten, können Sie für ein eventuelles späteres Zurückschalten in den Simulationsmodus im Deskriptor belassen. Sie werden für die Strategie `JWT` ignoriert.

```
...
"cds": {
    "auth": {
      "passport": {
        "strategy": "JWT",
        "users": {
...
```

Listing 10.8 Konfiguration der Authentifizierungsstrategie »JWT«

- Der `xsuaa`-Service muss als benötigter Service bekannt gemacht werden. Erweitern Sie dazu die `requires`-Sektion des Deskriptors um einen weiteren Eintrag vom Typ `xsuaa`, wie Listing 10.9 zeigt.

```
...
"requires": {
  "db": {
    "kind": "hana"
  },
  "uaa": {
    "kind": "xsuaa"
  }
}
...
```

Listing 10.9 Erweiterung der benötigten Services um den Typ »xsuaa«

10.3.5 Hybriden Modus testen

Sie können nun Ihre komplette Anwendung im hybriden Modus testen. Starten Sie dazu lokal den Application Router und gleichzeitig den lokalen CAP-Server wie in Abschnitt 8.3.4, »Starten und Testen mehrerer Serverprozesse«, beschrieben. Ihre lokale Anwendung kontaktieren Sie wieder im Browser unter der Adresse *http://localhost:5000/*.

10.4 Was Sie in diesem Kapitel erreicht haben

Hybrider Betriebsmodus

Das Ziel dieses Kapitels ist es, ein hybrides Entwicklungsszenario anhand Ihres Beispielprojekts zu realisieren. Die Serverprozesse Ihrer Geschäftsanwendung laufen dabei auf Ihrem lokalen Rechner. Dies sind der Application Router, der CAP-Server und der HDI-Deployer. Alle Server sind verbunden mit Services, die die SAP Cloud Platform anbietet. In diesem Fall sind dies eine SAP-HANA-Datenbankinstanz und der SAP Cloud Platform Authorization and Trust Management Service. Mit der beschriebenen Technik der hybriden Entwicklung können beliebige weitere Services angebunden werden, die in der Cloud-Foundry-Umgebung der SAP Cloud Platform angeboten werden.

Agiler Entwicklungsmodus

Durch die Nutzung einer lokalen Serverumgebung ersparen Sie sich lange Wartezeiten, die mit einem Deployment einer Applikation nach Cloud Foundry verbunden sind. Durch die lokalen Laufzeiten werden Debugging-Prozesse sehr effektiv. Insgesamt erreichen Sie einen agilen Entwicklungs- und Testprozess, ohne auf reale Services verzichten zu müssen.

Für den produktiven Betrieb der Geschäftsanwendung müssen am Ende alle Komponenten auf der SAP Cloud Platform zur Verfügung gestellt werden. Dies bedeutet, dass auch alle Serverprozesse durch Cloud-Foundry-Applikationen realisiert werden müssen. Die nötigen letzten Schritte zum produktiven Deployment behandelt das folgende Kapitel 11.

Downloadmaterial zum Kapitel

In diesem Kapitel haben Sie umfangreiche Erweiterungen an Ihrem Projekt vorgenommen. Wie immer finden Sie den Projektstand zum Ende dieses Kapitels auf dem Downloadserver im Archiv **Kapitel_10.zip**. Wenn Sie dieses Material übernehmen, müssen Sie auch dieses Mal die abhängigen npm-Pakete über `npm install` in den **node_modules/**-Ordner des Projekts installieren. Beachten Sie, dass nun zwei Deskriptordateien **package.json** im Projekt vorhanden sind. Die erste befindet sich im Wurzelverzeichnis des Projekts und definiert die CAP-relevanten Abhängigkeiten. Die zweite **package.json**-Datei im **app/**-Verzeichnis ist für die Abhängigkeiten zuständig, die den Application Router betreffen. Sie müssen deswegen das Kommando `npm install` zweimal ausführen: einmal im Wurzelverzeichnis und ein weiteres Mal im **app/**-Verzeichnis.

Beachten Sie auch, dass die Dateien **default-env.json** und **app/default-env.json** in den Downloadmaterialien nicht vollständig sind. Beiden fehlen die Inhalte der `credentials`-Abschnitte für die `VCAP_SERVICES`-Einträge. Diese müssen durch die von Ihnen generierten Service Keys gefüllt werden.

Eine weitere Voraussetzung zum Starten der Geschäftsanwendung im hybriden Modus ist, dass Sie das Deployment in die SAP-HANA-Datenbankinstanz durchgeführt haben, wie in Abschnitt 9.2, »Anbindung von SAP HANA an die lokale Entwicklungsumgebung«, beschrieben wurde.

Kapitel 11
Deployment der Geschäftsanwendung

Die Cloud-Foundry-Umgebung der SAP Cloud Platform bietet als PaaS einen einfachen Zugang zur Erzeugung von Serverumgebungen in Containern. Dennoch bleibt das koordinierte Deployment und die Verwaltung des Lebenszyklus mehrerer abhängiger Microservices eine aufwendige Tätigkeit, die in der Praxis nur mit zusätzlichen Werkzeugen zu bewältigen ist.

Mit Abschluss des Kapitel 10, »Hybride Entwicklung«, nutzt Ihr Entwicklungsprojekt zur Beispielanwendung Services auf der SAP Cloud Platform. Der SAP HANA Cloud Service übernimmt die Speicherung der Anwendungsdaten und führt Datenabfragen aus. Der SAP Cloud Platform Authorization and Trust Management Service übernimmt nach erfolgreicher Anmeldung die Ausstellung des JWT-Tokens, der die Liste der Anwendungsberechtigungen des authentifizierten Benutzers enthält. Diese Liste ergibt sich aus der Zuordnung einer Rollensammlung zu einem Benutzer, die Sie in Ihrer Rolle als Anwendungsadministrator*in mithilfe des SAP Cloud Platform Cockpit vorgenommen haben. Der JWT wiederum ist die Grundlage für die Berechtigungsprüfungen durch die CAP-Laufzeit.

Im Prinzip ist Ihre Anwendung damit voll funktional. Mit der Technik der hybriden Entwicklung können Sie jeden Service der SAP Cloud Platform anschließen, wenn er in der Cloud-Foundry-Umgebung verfügbar ist. Ihr Anwendung ist aber noch nicht produktiv nutzbar, da die Applikationsserver noch in Ihrer lokalen Entwicklungsumgebung laufen. Dies ist auch in einer gewissen Entwicklungsphase so gewollt, da schnelle Test- und Korrekturzyklen möglich sind. Das zeitaufwendige Deployment nach Cloud Foundry und der dortige Aufbau der Serverumgebung entfällt.

Ziele dieses Kapitels

Dieses Kapitel behandelt den letzten nötigen Schritt des produktiven Deployments der gesamten Geschäftsanwendung. Natürlich werden Sie diese Art von Deployment auch für abschließende Integrationstests zur Entwicklungszeit durchführen. Ich nutze trotzdem den Begriff »produktiv«, da technisch kein Unterschied zu einem Deployment besteht, das wirklich produktiv eingesetzt wird.

Abschnitt 11.1 dieses Kapitels zeigt, wie Sie der CAP-Build-Prozess unterstützt, eine in die Cloud-Foundry-Umgebung deploybare Repräsentation Ihrer Anwendung zu erhalten. Anschließend werde ich zwei Alternativen vorstellen, wie das Deployment konkret durchgeführt werden kann. Die erste Alternative behandelt Abschnitt 11.2, in dem Sie die grundlegenden Möglichkeiten des Cloud Foundry CLI nutzen. Abschnitt 11.3 beschäftigt sich dann mit einer Erweiterung des Cloud Foundry CLI, die einen deklarativen Zugang zum Deployment bietet. Dieses Deployment als *Multitarget Application* liefert Qualitäten, die in großen Softwareentwicklungsprojekten von Vorteil sein können.

11.1 Der CAP-Build-Prozess

Ein Build-Prozess transformiert Softwareartefakte in einer Weise, dass sie für ein Deployment auf einer Laufzeitplattform geeignet sind. So kann das Resultat eines Maven-Build-Prozesses für Java z. B. ein Web-Application-Archiv (**.war**-Datei) sein, das auf einen Applikationsserver deployt wird. Analog erzeugt CAP durch einen Build-Prozess Dateien, die als Applikationen in die Cloud-Foundry-Umgebung deployt werden können. Sie haben den Aspekt des Datenbank-Builds durch CAP schon in Kapitel 9, »Anbindung an SAP HANA«, kennengelernt. Dort war die wesentliche Aufgabe des Build-Prozesses, CDS-Definitionen in die entsprechenden Beschreibungen der SAP HANA Deployment Infrastructure (HDI) zu transformieren und als deploybare Applikation bereitzustellen. Analog bietet CAP auch einen Build-Prozess zur Erzeugung der CAP-Serverapplikation an.

Projektbuild ausführen

Mit dem Kommando `cds build` bauen Sie das gesamte Projekt, d. h. für die Datenbank und für den CAP-Server. Für den Frontend-Server (mit dem Application Router und dem SAP-Fiori-UI) stellt CAP kein sofort deploybares Build-Resultat her. Hierzu werden Sie nochmal Hand anlegen müssen.

Öffnen Sie Ihr Projekt in der Visual-Studio-Code-IDE mit dem Stand vom Ende des Kapitel 10, »Hybride Entwicklung«. Führen Sie in einem Terminal das Kommando `cds build` aus. Die ersten Zeilen der Terminalausgabe zeigt Ihnen Abbildung 11.1. Die Ausgabe protokolliert die Schritte, aus denen der Build-Prozess besteht. Der Dateiexplorer zur Linken zeigt die Struktur und Inhalt des Ordners **gen/**, den der Build-Prozess generiert. Im Folgenden werde ich Sie durch die Schritte des Build-Prozesses führen, da Sie seine Resultate verstehen sollten. Schließlich sind dies die Artefakte, die Sie anschließend in die Cloud-Foundry-Umgebung deployen werden. Treten Fehler in dieser Umgebung auf, müssen Sie das Build-Resultat bezüglich möglicher Ursachen analysieren können. Die Terminalausgabe ist in Abbildung 11.1 nicht vollständig wiedergegeben. Die weiteren, nicht gezeigten Meldungen beziehen sich darauf, welche Dateien an welcher Stelle innerhalb des **gen/**-Ordners erzeugt wurden.

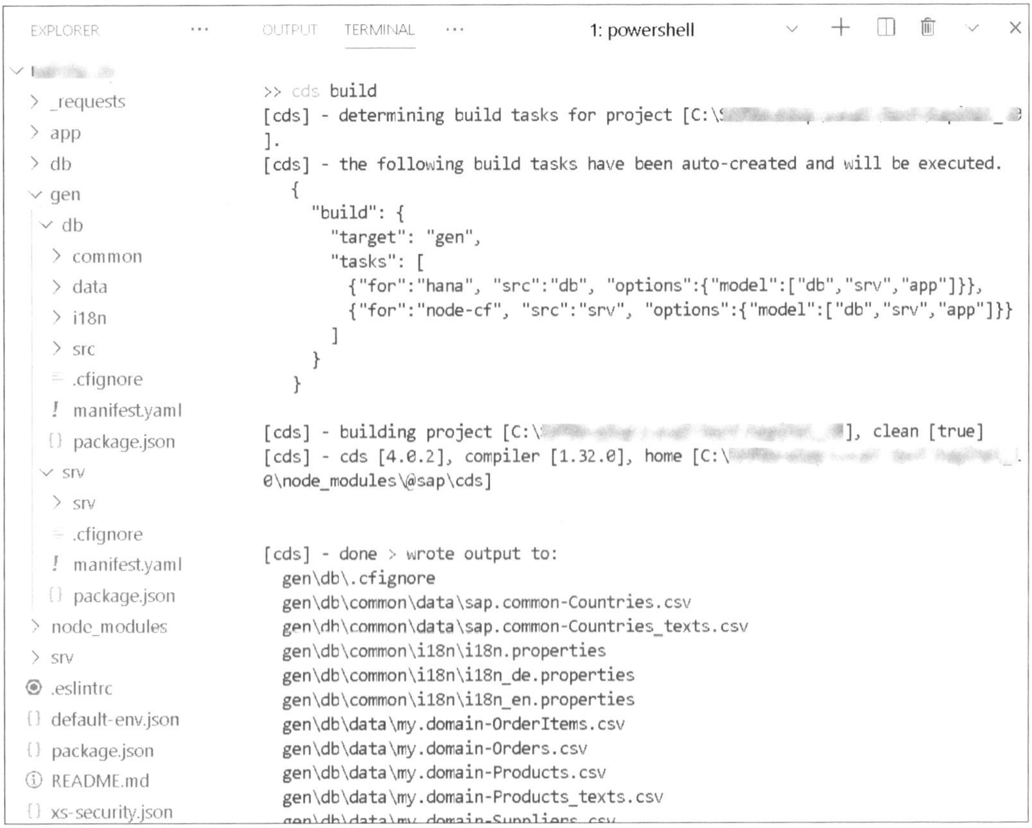

EXPLORER ··· OUTPUT TERMINAL ··· 1: powershell

```
> _requests
> app
> db
v gen
  v db
    > common
    > data
    > i18n
    > src
    .cfignore
    manifest.yaml
    package.json
  v srv
    > srv
    .cfignore
    manifest.yaml
    package.json
> node_modules
> srv
.eslintrc
default-env.json
package.json
README.md
xs-security.json
```

```
>> cds build
[cds] - determining build tasks for project [C:\
].
[cds] - the following build tasks have been auto-created and will be executed.
  {
    "build": {
      "target": "gen",
      "tasks": [
        {"for":"hana", "src":"db", "options":{"model":["db","srv","app"]}},
        {"for":"node-cf", "src":"srv", "options":{"model":["db","srv","app"]}}
      ]
    }
  }

[cds] - building project [C:\], clean [true]
[cds] - cds [4.0.2], compiler [1.32.0], home [C:\
0\node_modules\@sap\cds]


[cds] - done > wrote output to:
  gen\db\.cfignore
  gen\db\common\data\sap.common-Countries.csv
  gen\db\common\data\sap.common-Countries_texts.csv
  gen\db\common\i18n\i18n.properties
  gen\db\common\i18n\i18n_de.properties
  gen\db\common\i18n\i18n_en.properties
  gen\db\data\my.domain-OrderItems.csv
  gen\db\data\my.domain-Orders.csv
  gen\db\data\my.domain-Products.csv
  gen\db\data\my.domain-Products_texts.csv
```

Abbildung 11.1 Resultat des Build-Prozesses in der Visual-Studio-Code-IDE

[«]

Build-Resultate und Versionskontrollsysteme

In Entwicklungsprojekten werden Sie üblicherweise mit einem Versionskontrollsystem (z. B. Git oder Perforce) für den Quellcode arbeiten. Das Verzeichnis, in dem die Build-Resultate erzeugt werden, sollten Sie von einer Synchronisation mit dem Versionskontrollsystem ausnehmen. Build-Resultate werden immer auf Basis der aktuellen Quellen erzeugt, sei es auf Ihrem Rechner oder in einer automatisierten Build oder Deployment Pipeline.

Build-Aufgaben ableiten

Die Terminalausgabe in Abbildung 11.1 zeigt, dass CAP Ihr Projekt analysiert und die nötigen Build-Aufgaben ableitet. In diesem Fall haben Sie keine explizite eigene Konfiguration solcher Aufgaben (auch *Build Tasks* genannt) vorgenommen. Deswegen wendet CAP eine Standardstrategie an. Dazu wird zuerst der Typ der Datenbank ermittelt, so wie er in Ihrem Projektdeskriptor **package.json** festgelegt wurde. Das Resultat ist in diesem Fall SAP HANA. Im nächsten Schritt wird die Implementierungstechnologie für Ihr Projekt bestimmt, hier also Node.js. Als weitere Möglichkeit könnte Ihr Projekt ein Java-Projekt sein. Anhand dieser Analysen werden zwei Build-Aufgaben erzeugt. Die zugehörige Konfiguration wird als JSON-Dokument angezeigt (siehe Listing 11.1).

```
"build": {
  "target": "gen",
  "tasks": [
     {"for":"hana", "src":"db",
          "options":{"model":["db","srv","app"]}},
     {"for":"node-cf", "src":"srv",
          "options":{"model":["db","srv","app"]}}
  ]
}
```

Listing 11.1 Automatisch erzeugte Build-Konfiguration

Sie könnten diese Konfiguration in Ihren Projektdeskriptor innerhalb des Objekts `"cds": { … }` aufnehmen, wenn Sie immer genau diese Build-Aufgaben ausführen möchten und auf eine automatische Ableitung dieser Aufgaben verzichten wollen. Auf der anderen Seite wird die Eigenkonfiguration relevant, wenn Sie von den CAP-Konventionen abweichen wollen, was aber nicht zu empfehlen ist. Beispielsweise ist es eine Konvention, dass die Build-Resultate in einem Verzeichnis **gen/** abgelegt werden. Sie könnten dies durch die Konfiguration `"build":{"target": "out"}` ändern, um den Ordner **out/** festzulegen.

Spezifikation einer Build-Aufgabe

Wie Listing 11.1 zeigt, werden Build-Aufgaben (`tasks`) durch drei Angaben spezifiziert:

- `for` legt die Art der auszuführenden Build-Aufgabe fest.
- `src` bestimmt den Quellordner, in dem sich die Dateien befinden, die für die Aufgabe berücksichtigt werden.
- `model` listet zusätzlich zum Quellordner weitere Verzeichnisse oder Dateien auf, in denen sich für diese Aufgabe relevante CDS-Dateien befinden.

Sie erkennen die Konventionen von CAP in den generierten Build-Aufgaben wieder, vor allem die Aufteilung des Projekts in die Verzeichnisse **db/** und **srv/**.

Vorläufiges Konzept der Build-Aufgaben

Beachten Sie, dass das Konzept, auf welche Weise Build-Aufgaben in CAP abgebildet werden, zum Zeitpunkt der Entstehung diese Buches nicht endgültig von SAP spezifiziert und dokumentiert ist. Deswegen empfehle ich Ihnen, vorerst keine eigene Build-Konfiguration im Ihrem Projektdeskriptor zu hinterlegen, sondern sich auf das Standardverhalten von CAP zu verlassen. Ich zeige Ihnen die von CAP automatisch generierten Build-Aufgaben trotzdem, um die Logik des Build-Prozesses zu veranschaulichen.

Struktur der Build-Resultate

Abbildung 11.1 zeigt auch die Dateiexplorersicht der Struktur und Inhalte des erzeugten **gen/**-Ordners. Analog zu den zwei erzeugten Build-Aufgaben werden zwei Ergebnisverzeichnisse erzeugt, die analog zu den zwei Cloud-Foundry-Applikationen sind, die durch den Deployment-Schritt erzeugt werden sollen. Wenn ein Verzeichnis einer deploybaren Einheit entspricht (z. B. einer Cloud-Foundry-Applikation), dann nutze ich im Folgenden auch den Begriff *Modul*.

Datenbankmodul

Das Verzeichnis **gen/db/** enthält die Ergebnisse des Datenbank-Builds. Die Datei **package.json** macht dieses Verzeichnis zu einer deploybaren, Node.js-basierten Anwendung für die Cloud-Foundry-Umgebung der SAP Cloud Platform. Es wird damit zu dem *Datenbankmodul* der Geschäftsanwendung. Die in dieser Datei definierte Abhängigkeit vom HDI-Deployer von SAP wird durch das Staging in der Cloud-Foundry-Umgebung installiert. Der anschließend startende HDI-Deployer wird den im Verzeichnis **gen/db/src/** liegenden Datenbankinhalt in eine gebundene SAP-HANA-Datenbankinstanz deployen. Im Verzeichnis **gen/db/src/** finden Sie deswegen die durch den Build-Prozess erzeugten Definitionsdateien für HDI. Lesen Sie bei Bedarf dazu nochmal im Abschnitt 9.2.2, »HDI-Deployer als Cloud-Foundry-Applikation (produktive Variante)«, nach.

Servermodul

Das Verzeichnis **gen/srv/** enthält die Ergebnisse der Build-Aufgabe vom Typ `node-cf`. Diese führt ein Build für einen Node-js-basierten CAP-Server mit dem Deployment-Ziel Cloud Foundry durch. Auch hier enthält der Ordner **gen/srv/** eine deploybare Einheit, was ihn zum *Servermodul* der Geschäftsanwendung macht. Da ein npm-Deskriptor **package.json** enthalten ist, wird dieses Modul zu einer Node.js-Applikation auf Cloud Foundry. Wenn Sie sich diesen Deskriptor anschauen, erkennen Sie, dass er die Kopie Ihres ursprünglichen Projektdeskriptors ist. Darin ist innerhalb des `scripts`-Objekts das Startkommando `npx cds run` deklariert. Dieses wird entsprechend ausgeführt, wenn die Cloud-Foundry-PaaS die Node.js-Applikation mittels `npm start` startet.

Kompilierung aller CDS-Definitionen in eine Datei

Das Servermodul enthält ein weiteres Unterverzeichnis **srv/** (in Ihrem Projekt gibt es also das Verzeichnis **gen/srv/srv/**), in dem die Sprachdateien, die CDS-Modelldateien und die JavaScript-Service-Implementierungen abgelegt sind. Die wichtigste Datei in diesem Unterverzeichnis ist jedoch die Datei **csn.json**, aus der der CAP-Server alle CDS-Modellinformationen bezieht. Sie enthält alle CDS-Definitionen im internen CSN-Format. Zur Erstellung dieser Datei hat die Build-Aufgabe alle konfigurierten Verzeichnisse nach CDS-Dateien durchsucht und für eine Kompilierung berücksichtigt. Die entsprechende Konfiguration sehen Sie in Listing 11.1 als `model`-Objekt für die Aufgabe vom Type `node-cf`. CAP erzeugt auch ein kompiliertes, kompaktes Format für Sprachdateien, das Sie in der Datei **gen/srv/srv/_i18/i18n.json** vorfinden.

Einschränkung der Sprachen in Sprachdateien

Der Server-Build von CAP erzeugt die Datei **gen/srv/srv/_i18n/i18n.json**, in der alle Textelemente der Anwendung in allen vorhandenen Sprachen abgelegt sind. Dies beinhaltet unter Umständen nicht nur die von Ihnen eingeführten Textelemente in den von Ihnen gewünschten Übersetzungen. Wenn Sie CDS-Modelle von anderen Projekten wiederverwenden, werden auch die dort vorhandenen Textelemente mit einbezogen. So konsumiert das Beispielprojekt Definitionen aus der SAP-Common-Bibliothek, die Übersetzungen in sehr viele Sprachen enthält. Aus diesem Grund kann die generierte Datei **i18n.json** sehr groß werden und Sprachen enthalten, die für Ihre Anwendung nicht relevant sind.

Es ist möglich, die Menge der zu berücksichtigen Sprachen einzuschränken, indem Sie im Projektdeskriptor **package.json** eine Konfiguration aufnehmen, wie sie beispielhaft in Listing 11.2 gezeigt ist.

```
"cds": {
  "i18n":{
    "languages": ["de", "en", "fr"]
  }
}
```

Listing 11.2 Einschränkung der Anwendungssprachen auf Deutsch, Englisch und Französisch

Keine Build-Aufgabe für das Frontend-Modul

Als drittes Modul der Geschäftsanwendung spielt noch das *Frontend-Modul* eine Rolle, das den Application Router zusammen mit den Ressourcen für die SAP-Fiori-Benutzerschnittstelle enthalten soll. Das Build-Protokoll in Listing 11.1 zeigt keine Aufgabe zum Bau eines Frontend-Moduls. Dieses wird vom CAP-Build-Prozess nicht automatisch erzeugt. Um Ihre SAP-Fiori-Benutzerschnittstelle und den Application Router mit zu deployen, müssen Sie das Frontend-Modul deswegen manuell erstellen. Glücklicherweise haben Sie genau das im Zuge des Kapitel 10, »Hybride Entwicklung«, schon getan. Als Resultat erhielten Sie einen Application Router, der lokal auf Ihrem Rechner gestartet werden kann. Er verbindet sich trotzdem gegen den Authorization and Trust Management Service auf der SAP Cloud Platform und leitet eingehende Anfragen an den lokalen CAP-Server weiter. Tatsächlich können Sie den vorhandenen `app/`-Ordner in diesem Zustand in die Cloud-Foundry-Umgebung deployen. Der Ordner repräsentiert schon das fertige Frontend-Modul. Sie sind dafür nicht auf den CDS-Build angewiesen.

In den folgenden Abschnitten werde ich Ihnen zwei Möglichkeiten beschreiben, wie Sie die nun vorhandenen Module für Datenbank, CAP-Server und Application Router Frontend in die Cloud-Foundry-Umgebung der SAP Cloud Platform übertragen. Zum Verständnis dieser Abschnitte sollten Sie Grundkenntnisse über die Cloud-Foundry-PaaS mitbringen, wie ich sie im Abschnitt 7.3, »Einführung in die Arbeit mit Cloud Foundry«, vermittelt habe.

11.2 Deployment mittels Cloud-Foundry-Manifest

Das Cloud Foundry Command Line Interface ist das Kommandozeilenwerkzeug, mit dem Sie mit einer Cloud-Foundry-PaaS von Ihrem Rechner aus einfach interagieren können. In Abschnitt 7.4, »Deployment einer Cloud-Foundry-Applikation«, habe ich beschrieben, wie Sie das Cloud Foundry CLI installieren und konfigurieren.

Für ein Deployment Ihrer kompletten Geschäftsanwendung muss jedes Modul (Datenbank, CAP-Sever und Frontend) an die Cloud-Foundry-PaaS übertragen werden. Außerdem muss jede der entstehenden Applikation an die jeweils relevanten Services gebunden werden. Die nötigen Service-Instanzen des SAP HANA Schemas & Container Service und des SAP Cloud Platform Authorization and Trust Management Service haben Sie spätestens in Kapitel 10, »Hybride Entwicklung«, schon erzeugt.

Das Deployment-Manifest

Der CAP-Build-Prozess generiert jeweils ein Cloud-Foundry-Manifest für das Datenbankmodul und das Servermodul. In der Praxis ist es aber nötig, diese bezüglich verschiedenster Aspekte anzupassen. Da die Modulverzeichnisse bei jedem erneuten Aufruf neu generiert werden sollten, haben Sie keine Sicherheit, dass etwaige Änderungen erhalten bleiben. Betrachten Sie deshalb die generierten Manifeste eher als Beispiele, wie die jeweiligen Module deployt werden könnten.

Flexibles Deployment pro Modul

Aus diesem Grund empfehle ich Ihnen, explizit ein Manifest zu erzeugen. Dies kann pro Modul geschehen, oder alle Module können mittels eines Manifests auf einmal deployt werden. Ich zeige Ihnen hier die Variante getrennter Manifeste, da dies die höchste Flexibilität bietet. Sie können dadurch jedes Modul nach Änderungen unabhängig von den anderen erneut deployen. Die Variante der höchsten Flexibilität ist in gewisser Weise das Gegenstück zu der Methode der Multitarget Applications, die ich in Abschnitt 11.3 behandle.

Ich empfehle Ihnen, alle Deployment-Manifeste in einem eigenen Unterverzeichnis des Projekts mit dem Namen **_cf** zu bündeln. Der Unterstrich im Namen dient nur der Einsortierung in der Dateiexplorersicht der IDE, um das Verzeichnis auch optisch getrennt von den eigentlichen Anwendungsartefakten zu halten, wie es auch schon für den Ordner **_requests** der Fall ist. Legen Sie innerhalb des neuen Ordners die Unterordner **app**, **srv** und **db** an. In jedem dieser Unterordner werden Sie eine Datei **manifest.yaml** erstellen, so wie es Abbildung 11.2 zeigt. Für das Arbeiten mit YAML-Dateien beachten Sie auch die Hinweise aus Abschnitt 7.4.5, »Deployment mit Manifest«.

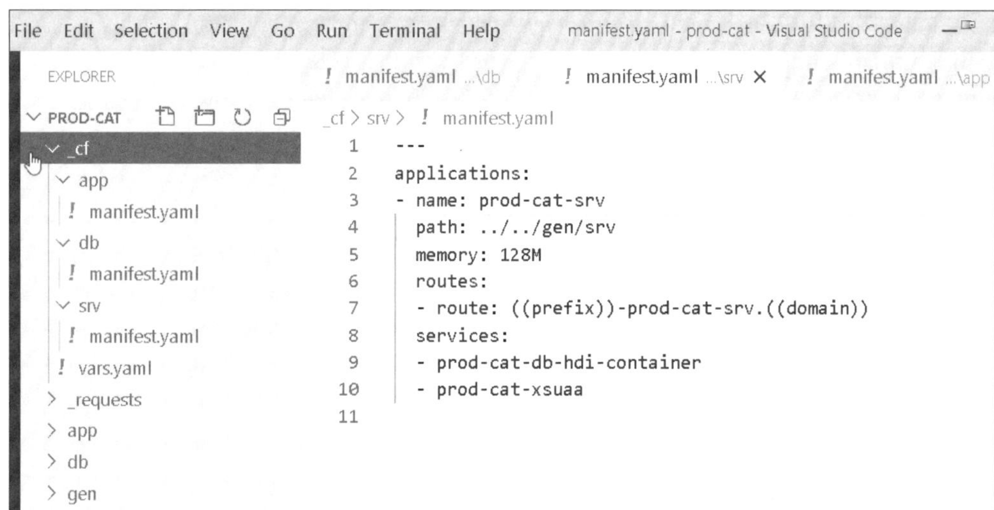

Abbildung 11.2 Organisation der Deployment-Manifeste

11.2.1 Datenbankmodul deployen

Beginnen Sie mit dem Manifest für das Datenbankmodul. Legen Sie innerhalb des Ordners **_cf/db/** die Datei **manifest.yaml** mit dem in Listing 11.3 gezeigten Inhalt an.

```
---
applications:
- name: prod-cat-db
  path: ../../gen/db
  no-route: true
  health-check-type: process
  memory: 128M
  services:
  - prod-cat-db-hdi-container
```

Listing 11.3 Deployment-Manifest für das Datenbankmodul

Der Wert von `path` ist der relative Pfad zu den deployenden Ressourcen im durch den Datenbank-Build erzeugten **gen/db/**-Verzeichnis. Die unter `services` gelistete Service-Instanz wird beim Deployment an die Applikation gebunden. Dies setzt voraus, dass Sie diese Instanz des SAP HANA Schemas & HDI Containers Service unter dem angegebenen Namen schon erzeugt haben.

Applikationen ohne Route

Durch die Angabe `no-route: true` wird der resultierenden Cloud-Foundry-Applikation keine Route zugeordnet. Sie ist also nicht über HTTP zu erreichen. Das ist in diesem Fall nicht erforderlich, da es die Aufgabe dieser Applikation ist, beim Start den Datenbankinhalt nach SAP HANA zu deployen. Betrachten Sie die fehlende Route als eine Maßnahme zur Erhöhung der Sicherheit, da die Applikation dadurch nicht über das Internet zu erreichen ist. Die fehlende Zuweisung einer Route erzwingt allerdings das Setzen von `health-check-type: process`. Die Cloud-Foundry-PaaS prüft regelmäßig den Zustand von Applikationen mittels eines sogenannten *Health Check*. Für eine Applikation wird dazu standardmäßig der HTTP-Port 8080 auf Erreichbarkeit geprüft (`health-check-type: port`). Diese Prüfung würde im Falle des Datenbankmoduls ohne Route fehlschlagen.

Deployment des Datenbankmoduls

Das Datenbankmodul können Sie nun deployen, indem Sie im Terminal das Kommando `cf push -f _cf/db` eingeben. In einer Testphase empfehle Ihnen wieder, die Split-Terminal-Technik anzuwenden (siehe Abschnitt 8.3.4, »Starten und Testen mehrerer Serverprozesse«), um im zweiten Terminal parallel die Protokolle des Datenbankmoduls zu kontrollieren. Nutzen Sie dazu das Kommando `cf logs prod-cat-db`.

Stoppen des Datenbankmoduls

Im Protokoll erkennen Sie, wenn der HDI-Deployer seine Aufgabe erledigt hat. Sie können dann optional diese Applikation stoppen. Nutzen Sie dazu das SAP Cloud Platform Cockpit oder das Kommando `cf stop prod-cat-db`. Die Cloud-Foundry-PaaS unterstützt die Anforderung nach einer einmaligen Ausführung eines Prozesses nur ungenügend. Es existiert zwar das Konzept der *Cloud Foundry Tasks*, jedoch nur für Applikationen, die bereits gestartet wurden. Zum Zeitpunkt der Entstehung dieses Buches gibt es das Cloud Foundry CLI in der Version 7 im Beta-Status, das eine Verbesserung des Task-Konzepts mit sich bringt. Es lohnt sich also, den Status dieser Version zu beobachten (z. B. auf *http://s-prs.de/v765147*). Als Alternative bietet ein Deployment als Multitarget Application (siehe Abschnitt 11.3) ein automatisches Stoppen des HDI-Deployers nach verrichteter Arbeit an.

11.2.2 Servermodul deployen

Für das Servermodul gehen Sie analog zum Datenbankmodul vor und erzeugen ein Deployment-Manifest mit dem in Listing 11.4 gezeigten Inhalt. Dort erkennen Sie eine Besonderheit in Form der Platzhalter `((prefix))` und `((domain))`. Dies sind Platzhalter für die Werte von Variablen, die in einer separaten Datei hinterlegt werden.

```
---
applications:
- name: prod-cat-srv
  path: ../../gen/srv
  memory: 128M
  routes:
  - route: ((prefix))-prod-cat-srv.((domain))
  services:
  - prod-cat-db-hdi-container
  - prod-cat-xsuaa
```

Listing 11.4 Deployment-Manifest für das Servermodul

Platzhalter in Deployment-Manifesten

Der Grund für die Nutzung solcher Variablen liegt zum einen in der notwendigen Eindeutigkeit von Routen in einer Cloud-Foundry-Landschaft, zum anderen in der Notwendigkeit, die gleichen Werte in verschiedenen Manifesten zu verwenden. Hier sind dies die Manifeste für das Servermodul und das Frontend-Modul.

Routen zu Applikationen müssen eindeutige URLs sein. Dies steht im Gegensatz zu den Applikationsnamen oder Namen von Service-Instanzen, die nur innerhalb eines Cloud Foundry Space eindeutig sein müssen. Dies bedeutet, dass Sie nicht die gleiche URL für Ihr Servermodul wählen können, die schon irgendein beliebiger Nutzer der SAP Cloud Platform für seine beliebigen Applikationen gewählt hat.

Landschaften der SAP Cloud Platform

Genauer gesagt besteht die Einschränkung nur per *Landschaft* oder Rechenzentrum, in denen eine Cloud-Foundry-Umgebung aufgebaut ist. SAP betreibt verschiedene Landschaften für die SAP Cloud Platform, z. B. in Europa, USA und Asien. Welche Landschaft für Sie relevant ist, erkennen Sie an der URL mit der Sie das SAP Cloud Platform Cockpit aufrufen. Hat diese URL z. B. die Form *https://cockpit.eu10.hana.ondemand.com/...*, dann werden alle Routen zu Ihren Applikationen die Form *https://<hostname>.cfapps.eu10.hana.ondemand.com* besitzen, wobei *<hostname>* ein von Ihnen frei zu vergebener Name ist. In Ihrem Manifest spielt der Platzhalter `((domain))` die Rolle des URL-Segments *cfapps.eu10.hana.ondemand.com*, das Sie durch eine Variable festlegen sollen.

Wenn Sie keine explizite Route anlegen, dann wird die PaaS automatisch *<hostname>* mit dem Applikationsnamen belegen, also z. B. *prod-cat-srv*, so wie ich ihn in diesem Buch vorschlage. Wenn nun aber alle Leser dieses Buches die Beispiele nachvollziehen, würde dies zu einer Menge von Namenskonflikten bei den automatisch vergebenen Routen führen. Aus diesem Grunde überlegen Sie sich ein persönliches Präfix, das dann durch den Platzhalter `((prefix))` den Namen der Routen beeinflusst.

[«]

Kundendomänen auf der SAP Cloud Platform

Für Kunden der SAP Cloud Platform besteht natürlich die Möglichkeit, eine eigene Domänen für URLs zu ihren Applikationen zu registrieren. Damit sind Sie nicht auf die in diesem Buch genutzten Standarddomänen wie *cfapps.eu10.hana.ondemand.com* beschränkt, sondern könnten eine Domäne wie z. B. *famouscompany.xy* verwenden.

Definition von Variablen für Manifeste

Die Variablen selbst werden in einer separaten Datei definiert. Legen Sie dazu im Verzeichnis **_cf/** die Datei **vars.yaml** mit dem in Listing 11.5 gezeigten Inhalt an. Dies Datei wird bewusst nicht im Verzeichnis **_cf/srv/** angelegt, da die Variablen auch in dem Manifest für das Frontend-Modul wiederverwendet werden sollen.

```
prefix: kk       # replace by your own personal prefix
domain: cfapps.eu10.hana.ondemand.com
```

Listing 11.5 Variablendefinitionen für Deployment-Manifeste

Die Werte der Variable prefix müssen Sie nun durch Ihr eigenes Präfix personalisieren. Wenn Sie einen Trial-Account in Europa nutzen, wird der Wert für die Variable domain richtig sein. Gegebenenfalls müssen Sie aber auch hier Anpassungen vornehmen.

Deployment des Servermoduls

Sie können das Servermodul nun durch das Kommando cf push -f _cf/srv --vars-file _cf\vars.yaml deployen. Über die Option --vars-file geben Sie die Information über die Variablendatei mit. Schauen Sie sich auch hier die Protokolle des Servermoduls in einem eigenen Terminal an, um zu kontrollieren, ob der CAP-Server korrekt gestartet wird. Beachten Sie, dass Sie die xsuaa-Instanz prod-cat-xsuaa zuvor angelegt haben müssen, da das Deployment-Manifest ein Binding zwischen Servermodul und dieser Instanz deklariert. Das haben Sie sicher im Zuge von Abschnitt 10.3.1, »Instanz eines Authorization and Trust Management Service anlegen«, schon getan.

11.2.3 Frontend-Modul deployen

Das Deployment-Manifest für das Frontend zeigt Listing 11.6.

```
---
applications:
- name: prod-cat-app
  path: ../../app
  memory: 128M
  routes:
  - route: ((prefix))-prod-cat-app.((domain))
  env:
    destinations: >
      [
        {
          "name":"backend",
          "url":"https://((prefix))-prod-cat-srv.((domain))",
          "forwardAuthToken": true
        }
      ]
  services:
  - prod-cat-db-hdi-container
  - prod-cat-xsuaa
```

Listing 11.6 Deployment-Manifest für das Frontend-Modul

Im Gegensatz zu den beiden anderen Modulen zeigt der Pfad path nicht auf ein durch den CAP-Build-Prozess generiertes Verzeichnis, sondern auf das originale Frontend-Verzeichnis app/ in Ihrem Projekt. Der Grund dafür ist, dass der Build-Prozess kein fertiges Frontend-Modul erzeugt. Deswegen mussten Sie dieses Modul manuell in Ihrem Projekt vorbereiten. In Listing 11.6 finden Sie auch die beiden Platzhalter `((prefix))` und `((domain))` wieder. Deren Nutzung stellt sicher, dass die gleichen Werte wie im Manifest des Servermoduls genutzt werden.

Setzen der Umgebungsvariable »destinations«

Dies ist insbesondere entscheidend für die Kommunikation von Frontend zu CAP-Server. Diese Verbindung wird über die Umgebungsvariable `destinations` im Frontend konfiguriert (siehe Abschnitt 8.3.3, »Application Router mit CAP-Services verbinden«). Bisher haben Sie diese Variablen mit der Datei **default-env.json** als simulierte Umgebung gesetzt. Die `env`-Angabe im Deployment-Manifest erlaubt das Setzen einer echten Umgebungsvariable für die bereitgestellte Anwendung. Der echten Umgebungsvariable wird dann eine höhere Priorität eingeräumt als einer eventuell gleichlautenden Definition in **default-env.json**. Die URL in der `destinations`-Variable im Frontend-Modul muss nun genau mit der Routendefinition für das Servermodul übereinstimmen. Dies wird durch die Nutzung der gleichen Variablen sichergestellt.

Deployment des Frontend-Moduls

Als letzten Schritt deployen Sie nun das Frontend-Modul durch das Kommando `cf push -f _cf/app --vars-file _cf\vars.yaml`. Ist das Deployment abgeschlossen, öffnen Sie das SAP Cloud Platform Cockpit und navigieren auf die **Applications**-Sicht für Ihren Cloud Foundry Space. Sie sehen nun die drei bereitgestellten Applikationen Ihrer Geschäftsanwendung, wie in Abbildung 11.3 dargestellt ist. Klicken Sie auf den Namen der Frontend-Applikation (**prod-cat-app** in Abbildung 11.3), um zur Detailansicht für das Frontend zu gelangen.

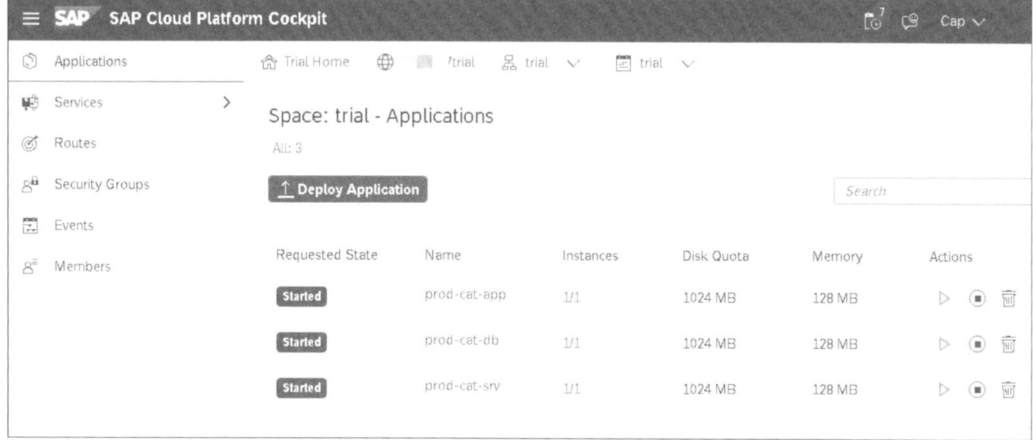

Abbildung 11.3 Cloud-Foundry-Applikationen der Geschäftsanwendung

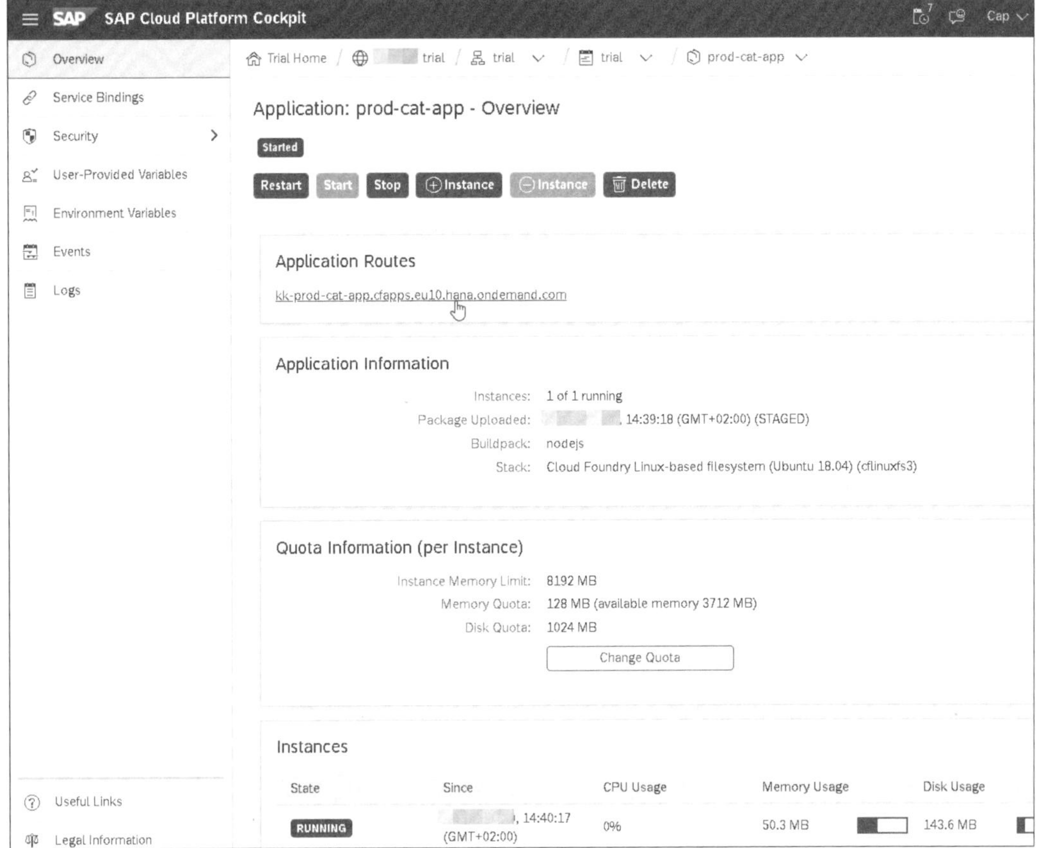

Abbildung 11.4 Details zur Frontend-Applikation

Aufrufen der Anwendung

Wie in Abbildung 11.4 ist in der Kachel **Application Routes** der Link zur Frontend-Anwendung hinterlegt. Durch Klicken auf diesen Link öffnet sich ein neues Browserfenster (ober ein Browser-Tab) mit Ihrer SAP-Fiori-Benutzeroberfläche. Sollten Sie Probleme beim Aufrufen der Anwendung haben, lohnt es sich immer, die Anwendung aus einem privaten Browserfenster anzusprechen. Dies erzwingt eine erneute Anmeldung, sodass ein »frischer«, gültiger JWT-Token erzeugt wird.

11.2.4 Der lange Weg zur produktiven Geschäftsanwendung

Herzlichen Glückwunsch! Wenn Sie an dieser Stelle des Buches angelangt sind und wenn Ihre Geschäftsanwendung in der Cloud-Foundry-Umgebung lauffähig ist, dann haben Sie das »Pflichtprogramm« erfolgreich absolviert. Alles was auf diesen Abschnitt folgt, gehört zur Kür.

Den Stand des Projekts nach diesem Abschnitt finden Sie bei den Downloadmaterialien zum Buch auf dem Server des Rheinwerk-Verlags in der Datei **Kapitel_11.02.zip**. Wie immer sind dem Archiv keine **node_modules/**-Ordner beigefügt. Auch das **gen/**-Verzeichnis müssen Sie mittels des CAP-Build-Prozesses generieren lassen.

Projektstand zum Download

11.3 Deployment als Multitarget Application

Fehlende Metadaten der Anwendungen

Die grundlegende Deployment-Einheit der Cloud-Foundry-PaaS ist die Applikation. Deployment einer Applikation resultiert in einem Staging-Prozess, der am Ende die Serverumgebung bereitstellt und die Applikation darin startet. Es existiert aber quasi keine vorgegebene externalisierte Beschreibung des Objekts Cloud-Foundry-Applikation, z. B. in Form einer Deskriptordatei. Das Deployment-Manifest **manifest.yaml** ist eher eine Eingabehilfe, die als Ersatz für eine Sequenz von Kommandos des Cloud Foundry CLI fungiert. Ein augenscheinlich triviales Beispiel ist das Fehlen eines eindeutigen Identifikators einer Applikation (inklusive deren Version) als Voraussetzung zur Steuerung eines komplexeren Software-Lebenszyklus. Entwickler*innen müssen solche Eigenschaften z. B. irgendwie in den Applikationsnamen kodieren.

Entwicklerfokus vs. verteilte Softwareentwicklung

Teilweise erklärt sich das Fehlen von Metadaten durch einen Standpunkt, der sich extrem auf Entwickler fokussiert, die die gesamte Verantwortung des Lebenszyklus »ihrer« Applikation inne haben. Dies wiederum begründet sich aus dem Ursprung der Cloud Foundry Community in der Hype-Phase von Cloud-Plattformen, Microservices, Continuous Deployment und DevOps.

In der Praxis ist die Entwicklung komplexer Geschäftsanwendungen ein verteilter Prozess, an dem Produktverantwortliche, Entwicklerinnen, Architekten, Release-Managerinnen, Qualitätsmanager, Testerinnen und Betreiber der Software eine Rolle spielen. Am Ende tragen alle diese Rollen zu der gleichen Geschäftsanwendung bei, die deshalb umfangreicher verwaltet werden muss, als nur durch ein Repository in einem Versionskontrollsystem und einen Satz von Deployment-Manifesten.

Dieser Abschnitt gibt Ihnen eine Einführung in das Arbeiten mit *Multitarget Applications* (MTA), die einige der oben aufgeführten Herausforderungen adressieren. Ich beschränke mich auf den Kontext der Cloud-Foundry-Umgebung der SAP Cloud Platform. MTAs kommen nämlich auch in der Neo-Umgebung der SAP Cloud Platform zum Einsatz. Um MTAs in der Praxis kennenzulernen, werden Sie Ihre Beispielanwendung als MTA »verpacken« und deployen. Anhand des Beispiels lernen Sie die wesentlichen Elemente des MTA-Konzepts kennen. Eine detailliertere Einführung in das Arbeiten mit MTAs würde den Rahmen dieses Buches sprengen. Nutzen Sie dazu die Aufstellungen von Links zu weiterführenden Dokumenten in Abschnitt 11.3.8, »Weiterführende Referenzen«.

11.3.1 Problemstellung

Hinter MTAs stehen eine Reihe von Konzepten und Werkzeugen, die speziell für den Einsatzbereich der Cloud-Plattformen einen Kompromiss ermöglichen, zwischen Agilität und Kleinteiligkeit von Anwendungen (Microservices) auf der einen Seite und Release- und Abhängigkeitsmanagement auf der anderen Seite. Konkret beheben MTAs das Problem, dass das Fehlen von standardisierten Metadaten und Werkzeugen zu einer parallelen Codewelt, bestehend aus Orchestrierungs- und Konfigurationsskripten, führt. Außerdem besitzen MTAs eine Identität, die durch den gesamten Software-Lebenszyklus führt.

MTAs für Cloud Foundry

Für das konkrete Beispiel der Cloud-Foundry-PaaS (aber analog auch für andere Plattformen) lassen sich drei Problemfelder aufführen, zu denen MTAs Lösungen anbieten:

- **Geschäftsanwendungen sind verteilte Anwendungen**

  Die relevante Ebene, auf der Geschäftsanwendungen in ihrem Lebenszyklus verwaltet werden, ist nicht notwendigerweise (eher niemals) die Ebene der Cloud-Foundry-Applikation. Obwohl jede dieser Applikationen einen Microservice repräsentieren könnte, kann es dennoch erwünscht sein, eine verteilte Anwendung in der Gesamtheit zu versionieren oder freizugeben. Eventuell erfüllt eine Cloud-Foundry-Applikationen gar nicht die Qualitäten eines Microservices, z. B. wenn sie keine stabilen oder nur interne APIs exponiert. Ein typisches Szenario ist die Trennung in eine Frontend-Applikation und eine Backend-Applikation, die durch eine enge Kopplung keinen getrennten Lebenszyklus zulassen. Diese Situation findet sich z. B. oft in der Kombination SAP-Fiori-UI mit Backend-Services, wenn beide Teile von dem gleichen Team entwickelt werden.

- **Anwendungen haben Abhängigkeiten**

  Es ist von Vorteil, wenn Anwendungen ihre Abhängigkeiten zur Laufzeit- und Deployment-Zeit selbst beschreiben (ich betrachte in diesem Zusammenhang keine Build-Abhängigkeiten). Solche Abhängigkeiten können benötigte Cloud-Foundry-Service-Instanzen sein, oder auch APIs anderer Anwendungen. Wenn eine Anwendung diese Abhängigkeiten explizit macht, dann können Werkzeuge die Anwesenheit benötigter Ressourcen prüfen, diese gegebenenfalls allozieren und an die Anwendungen binden.

- **Multiplizität von Deployments**

  Im Kontext dieses Kapitels spreche ich von Deployment-Konfiguration als solche Daten, die am Ende entweder in Umgebungsvariablen einer Cloud-Foundry-Applikation stehen, den Deployment-Prozess selbst beeinflussen oder als Parameter bei der Erzeugung von Service-Instanzen benutzt werden. Der Grund, warum ein Deployment konfigurierbar gemacht wird, ist, um multiple Deployments zu erzeugen, ohne Codeänderungen vornehmen zu müssen. Anwendung sind keine globalen Singletons. Die Nutzung von Entwicklungs-Spaces, Test-Spaces, produktiven Spaces und sogar multiplen Datenzentren führt zu einer Multiplizität von Deployments ein und derselben Anwendung. Damit wird auch die Trennung in Entwicklerrolle und Deployer-Rolle wichtiger. Entwickler wollen sich nicht mit der Komplexität von Deployment-Landschaften auseinandersetzen. Die Rolle des Deployers auf der anderen Seite muss auf einfache Art und Weise Deployment-Varianten erzeugen können.

  Ein anderer Aspekt dieser Multiplizität führt zu der Anforderung an eine Paketierung von Anwendungen. Ein Transportformat (ein Archiv) wird benötigt, das zentral auf einem Repository bereitgestellt werden kann, um von dort für verschiedene Deployments abgerufen zu werden. Der zunehmende Einsatz von privaten Clouds in großen Unternehmen erfordert auch die Bereitstellung solcher, optimalerweise signierter, Archive durch Anbieter, deren Software in solch einer privaten Cloud installiert werden soll. Im Wesentlichen findet sich dann darin das On-Premise-Modell der Software-Lieferung wieder.

11.3.2 Was MTAs leisten

MTAs spezifizieren ein deklaratives, plattformunabhängiges *MTA-Modell*, das Folgendes leistet:

- Definition einer Anwendung, die aus multiplen, möglicherweise heterogenen Subkomponenten besteht (z. B. Frontend-Modul, Servicemodule und Datenbankmodul). Basierend auf dem MTA-Modell können Werkzeuge einen gemeinsamen Lebenszyklus dieser Komponenten herstellen.
- Deklaration von Ressourcen, die die Anwendung zur Laufzeit oder zum Zeitpunkt des Deployments benötigt. Werkzeuge können dadurch diese Ressourcen allozieren, binden und gegebenenfalls auch wieder abbauen.

- Deklaration von Konfigurationsvariablen und deren Beziehung untereinander. Verschiedene Werte dieser Variablen unterscheiden verschiedene Deployments. Werkzeuge können Subkomponenten der Anwendung verbinden, das Deployment basierend auf Standardwerten automatisieren oder fehlende Variablenwerte interaktiv anfordern.

Einen typischen Entwicklungsprozess mit MTAs zeigt Abbildung 11.5.

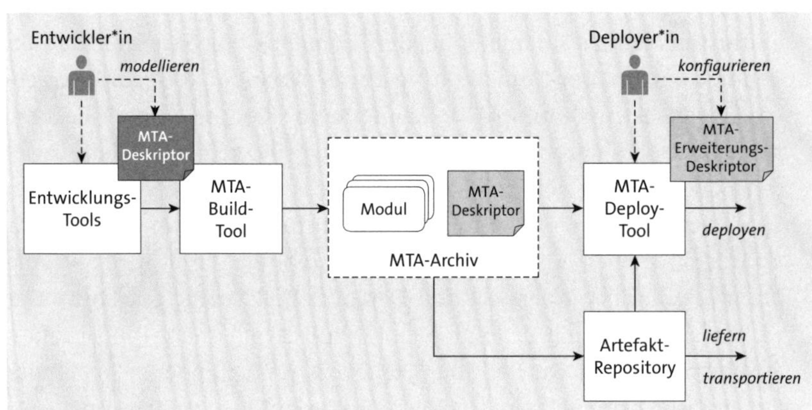

Abbildung 11.5 Entwicklungsprozess mit MTAs

Der MTA-Entwicklungsprozess

Entwickler erstellen das MTA-Modell in Form des *MTA-Deskriptors* als Teil des Entwicklungsprozesses. Dieser deklariert im Wesentlichen die vorhandenen Projektmodule, deren Abhängigkeiten, sowie benötigte Cloud-Plattform-Ressourcen. Als Teil des Build-Prozesses erzeugt das *MTA Build Tool* ein *MTA-Archiv*, das die Softwaremodule in deploybarer Form enthält. Diesen Build-Prozess führen die Entwickler interaktiv aus, oder er passiert im Rahmen einer automatisierten Build Pipeline. Das Archiv kann entweder zur späteren Verwendung auf ein Artefakt-Repository (wie z. B. Sonatype Nexus, oder JFrog Artifactory) hochgeladen werden oder direkt mit dem *MTA Deploy Tool* in die Cloud-Foundry-Umgebung hochgeladen werden. Falls die Anwendung an einen Lieferprozess für Software weitergereicht werden soll, kann dieser auf dem Artefakt-Repository aufsetzen. Beispielsweise ist ein Anschluss von MTA-Archiven an das *SAP Cloud Transport Management* verfügbar.

SAP Deploy Service als Bestandteil der SAP Cloud Platform

Das MTA Deploy Tool besteht aus einer Serverkomponente und einer Client-Komponente. Der *SAP Deploy Service* ist als Serverkomponente in der Cloud-Foundry-Umgebung der SAP Cloud Platform automatisch bereitgestellt. Er erhält ein MTA-Archiv als Eingabe und orchestriert die nötigen Interaktionen mit der Cloud-Foundry-PaaS, um den im MTA-Deskriptor hinterlegten Deployment-Zustand herzustellen. Die Client-Komponente des

MTA Deploy Tools ist durch ein Plugin für das Cloud Foundry CLI realisiert. Dadurch wird unter anderem das Kommando `cf deploy` zur Verfügung gestellt.

Deployer eines MTA-Archivs können mithilfe eines Erweiterungsdeskriptors Anpassungen der Deployment-Parameter und der technischen Anwendungskonfiguration vornehmen. Die Entwickler können dabei vorab bestimmen, welche Anpassungen möglich sind. Diese Technik werde ich in Abschnitt 11.3.7, »Erweiterungen für Deployment-Deskriptoren«, vorstellen.

11.3.3 Der MTA-Deskriptor der Beispielanwendung

Um einen Eindruck aus der MTA-Praxis zu bekommen, erzeugen Sie nun den MTA-Deskriptor für Ihre CAP-basierte Beispielanwendung. Anhand dieses Beispiels werde ich Ihnen nur die für Ihre Beispielanwendung relevanten Elemente des MTA-Modells vorstellen. Dies deckt dennoch die wichtigsten Elemente eines typischen MTA-Deskriptors ab. Wenn Sie sich tiefer in die MTA-Konzepte einarbeiten wollen, nutzen Sie die Aufstellung weiterführender Referenzen in Abschnitt 11.3.8.

Legen Sie im Wurzelverzeichnis Ihres Projekts die MTA-Deskriptordatei **mta.yaml** an und speichern Sie darin den Inhalt, wie ihn Listing 11.7 zeigt. Beachten Sie wieder die allgemeinen Hinweise zum Arbeiten mit YAML-Dateien, die ich in Abschnitt 7.4.5, »Deployment mit Manifest«, gegeben habe.

```
_schema-version: '3.1'
ID: prod-cat
version: 1.0.0
parameters:
  enable-parallel-deployments: true
build-parameters:
  before-all:
  - builder: custom
    commands:
    - npm install --production
    - npx -p @sap/cds-dk cds build --production
modules:
 ##### ---------  DATABASE MODULE  -------------------
- name: prod-cat-db
  type: hdb
  path: gen/db
  requires:
    ## required resources to bind
  - name: prod-cat-db-hdi-container
```

```
  ##### --------  CAP-SERVER MODULE  ----------------
- name: prod-cat-srv
  type: nodejs
  path: gen/srv
  parameters:
    memory: 256M
  requires:
    ## required resources to bind
  - name: prod-cat-db-hdi-container
  - name: prod-cat-xsuaa
  provides:
    ## required by consumers of CAP services (e.g. approuter)
  - name: srv-binding
    properties:
      srv-url: ${default-url}
  ##### -----  FRONTEND MODULE (APPROUTER)  --------
- name: prod-cat-app
  type: nodejs
  path: app
  parameters:
    host:   prod-cat-${org}-${space}
    memory: 128M
  requires:
    ## required resources to bind
  - name: prod-cat-xsuaa
  - name: srv-binding
    properties:
      destinations:
      - name: backend
        url: ~{srv-url}
        forwardAuthToken: true
resources:
 #####  SAP HANA Schemas & HDI Containers Service Instance
- name: prod-cat-db-hdi-container
  type: com.sap.xs.hdi-container
  parameters:
    service: hana
  #### SAP Authorization and Trust Management Service Instance
- name: prod-cat-xsuaa
  type: org.cloudfoundry.managed-service
  parameters:
    service: xsuaa
```

```
    service-plan: application
    # path to xs-security.json to add roles and scopes
    path: ./xs-security.json
```

Listing 11.7 MTA-Deskriptor der Beispielanwendung

Struktur eines MTA-Deskriptors

Ein MTA-Deskriptor beschreibt eine Liste von Modulen (`modules`) und benötigten Ressourcen (`resources`). In der Modul-Sektion finden Sie Datenbank-, Server-, und Frontend-Modul wieder. Die zwei Ressourcen korrespondieren mit den beiden benötigten Services der SAP Cloud Platform. Im Kopf des Deskriptors werden neben der MTA-Schemaversion mindestens eine ID und die Version der gesamten Geschäftsanwendung festgelegt.

Build-Parameter und Deployment-Parameter

Der Deskriptor wird von zwei Werkzeugen interpretiert. Das MTA Build Tool kann durch die Angabe von `build-parameters` gesteuert werden. Das MTA Deploy Tool reagiert auf das Setzen von `parameters`. Beispielsweise bewirkt die Definition des Parameters `enable-parallel-deployment: true` das parallele Deployment der Module. Die im Kopfbereich definierten Build-Parameter bewirken das Ausführen von Kommandos in einer Vorverarbeitungsphase, die vor dem Bauen der Module ausgeführt wird (`before-all`). Es sollen zwei Kommandos zur Ausführung kommen. `npm install --production` sorgt für das Installieren aller Projektabhängigkeiten, die nicht als Entwicklungsabhängigkeiten gekennzeichnet sind. `npx -p @sap/cds-dk cds build --production` ruft das CAP-Build-Kommando auf. Die hier genutzte Variante stellt sicher, dass das CDS Development Kit installiert wird, wenn es nicht vorhanden ist. Dies ist wichtig für die Ausführung des MTA Builds auf einem Build-Server, der das Development Kit nicht als Standardinstallation benutzt.

Der CAP-Build-Prozess ist nicht zu verwechseln mit dem hier betrachteten MTA-Build-Prozess. Der CAP-Build-Prozess erzeugt z. B. die beiden Modulverzeichnisse **gen/db/** und **gen/srv/**, die dann der MTA-Build-Prozess beim Bauen des Datenbank- und Servermoduls berücksichtigt.

Das MTA Build Tool als Build-Orchestrator

Es wird deutlich, dass der MTA-Build-Prozess dafür ausgelegt ist, von möglichst wenig projektspezifischen Annahmen auszugehen. Die in Abschnitt 11.2, »Deployment mittels Cloud-Foundry-Manifest«, gezeigte Option setzte voraus, dass Sie die Installation der Projektabhängigkeiten und den CAP-Build-Prozess manuell durchgeführt hatten. Der MTA-Deskriptor deklariert hingegen den gesamten projektspezifischen Prozess an einer zentralen Stelle, sodass er einfacher auch in automatisierten Build und Deployment Pipelines reproduziert werden kann.

Nach der Vorverarbeitungsphase wird das MTA Build Tool alle drei deklarierten Module bauen. Die Angabe `path` pro Modul enthält die Referenz auf die jeweiligen Quellen. Datenbankmodul und Servermodul werden demnach aus dem vom CAP-Build-Prozess generierten **gen/**-Verzeichnis versorgt, während der Bau des Frontend-Moduls direkt auf dem **app/**-Verzeichnis aufsetzt. Das MTA Build Tool übernimmt im gesamten Build-Prozess die Rolle eines Orchestrators. Abhängig von der `type`-Eigenschaft eines Moduls ruft das MTA Build Tool ein technologieabhängiges Build Tool auf. Für Java-Module ist dies Maven, für Node.js-Module wird `npm install --production` ausgeführt. Die Details dieser Aufrufe können über Build-Parameter weiter konfiguriert werden.

Cloud Foundry Task für das HDI Deployment

Das Datenbankmodul ist vom Typ `hdb`. Dadurch weiß das MTA Deploy Tool, dass es sich hier um eine HDI-Deployer-Applikation handelt. Das Besondere daran ist, dass diese Applikation vom MTA Deploy Tool nicht gestartet wird. Stattdessen wird, basierend auf dem durch das Cloud Foundry Staging erzeugten Droplet, ein sogenannter *Task* ausgeführt. Dies ist ein Prozess, der eine Tätigkeit ausführt und sich danach selbst beendet, sodass die Cloud-Foundry-PaaS die allozierten Ressourcen wieder freigeben kann. Dies steht im Gegensatz zu einer Cloud-Foundry-Applikation, die einen potenziell beliebig lang laufenden Serverprozess repräsentiert. Wenn Sie deshalb das Datenbankmodul als Teil eines MTAs deployen, werden Sie im SAP Cloud Platform Cockpit die zugehörige Applikation immer in dem Status **Stopped** sehen. Diese Optimierung können Sie mit einem einfachen Deployment-Manifest nicht erzielen (zumindest nicht zum Zeitpunkt der Entstehung dieses Buches), ohne manuell das Datenbankmodul nach getaner Arbeit zu stoppen. Dies ist allerdings in einem automatisieren Prozess schwer zeitlich zu synchronisieren.

Module besitzen Abhängigkeiten

Module deklarieren innerhalb ihrer `requires`-Sektion die Abhängigkeiten zu Ressourcen oder auch zu Konfigurationsdaten anderer Module. Beispielsweise deklariert das CAP-Servermodul eine Abhängigkeit zur Ressource `prod-cat-xsuaa`. Das MTA Deploy Tool wird, basierend auf dieser Deklaration, die `xsuaa`-Instanz an das Servermodul binden. Module können auch Konfigurationen für andere Module zur Verfügung stellen. Dies ist für das CAP-Servermodul der Beispielapplikation nötig. Dort deklariert eine `provides`-Sektion, dass eine Sammlung von Konfigurationsdaten mit dem Namen `srv-binding` für andere Module zur Verfügung steht. In diesem Fall besteht die Sammlung im Abschnitt `properties` aus nur einer Konfigurationsvariable mit dem Namen `svr-url`.

Platzhalter für Parameterwerte

Der Wert der Konfigurationsvariable `svr-url` ist durch den Platzhalter `${default-url}` festgelegt. Platzhalter werden durch die Zeichenkombination ${...} kenntlich gemacht. Der Platzhalter steht für den Werte eines Parameters. In diesem Beispiel ist dies der Parameter `default-url`, der dem MTA Deploy Tool bekannt ist. Während des Deployments des Servermoduls wird das Deploy Tool dessen URL festlegen und sie der Konfigurationsvariable `svr-url` zuweisen. Damit können andere Module wiederum konfiguriert werden.

Automatische Konfiguration des Frontend-Moduls

In unserem Beispieldeskriptor geschieht dies für das Frontend-Modul. Durch die Deklaration von `srv-binding` in der `requires`-Sektion des Moduls kann die URL des Servermoduls genutzt werden. In diesem Fall wird die URL gelesen, um die Umgebungsvariable `destinations` zu füllen. Diese Umgebungsvariable bestimmt für den Application Router die Destination mit dem Namen `backend`. In Ihrem Beispiel haben Sie den Application Router so konfiguriert, dass er Anfragen vom SAP-Fiori-UI über diese Destination an den CAP-Server weiterleitet. Das Frontend-Modul legt außerdem seine eigene URL durch den Platzhalter `${org}` und `${space}` fest. Auch die Parameter `org` und `space` ermittelt das MTA Deploy Tool automatisch, abhängig vom gesetzten Deployment-Ziel in der Cloud-Foundry-Umgebung. Durch diese Parametrisierung können Sie ein MTA gleichzeitig in verschiedene Cloud-Foundry-Organisationen und Spaces deployen, ohne dass es zu Namenskonflikten wegen gleichlautender Routen kommt.

Service-Instanzen als benötigte Ressourcen

Ihre Beispielapplikation benötigt zwei Service-Instanzen, die in der `resources`-Sektion des Deskriptors aufgeführt sind. Sollten diese Instanzen noch nicht vorhanden sein, so wird das MTA Deploy Tool sie automatisch erzeugen. Es besteht also keine Notwendigkeit mehr, dies manuell zu tun. Auch Ressourcen sind typisiert. Der Typ `com.sap.xs.hdi-container` instruiert das MTA Deploy Tool beispielsweise, eine Instanz des Services mit dem technischen Namen `hana` und dem Serviceplan `hdi-shared` zu erzeugen.

Die Ressource für den `xsuaa`-Service könnte auch durch den vordefinierten Typ `com.sap.xs.uaa` deklariert werden. Stattdessen habe ich zur Illustration den Typ `org.cloudfoundry.managed-service` benutzt, mit dem Sie eine Instanz eines beliebigen Services auf der SAP Cloud Platform erzeugen können, solange er im Service Marketplace Ihrer Cloud-Foundry-Organisation sichtbar ist.

Konfiguration einer Service-Instanz

In Abschnitt 10.3.1, »Instanz eines Authorization and Trust Management Service anlegen«, haben Sie den Inhalt der Datei **xs-security.json** bei der Anlage der `xsuaa`-Instanz zur Konfiguration genutzt. Das Analogon wird im MTA-Deskriptor durch eine Referenz auf diese Datei mittels des `path`-Elements innerhalb der `xsuaa`-Ressource erreicht.

Basierend auf dem MTA-Deskriptor werden Sie nun ein MTA-Archiv mit dem MTA Build Tool erzeugen und dieses in die Cloud-Foundry-Umgebung deployen.

Generierung eines MTA-Deskriptors

Das CDS Development Kit bietet eine Funktion, um die MTA-Deskriptordatei **mta.yaml** basierend auf der Projektstruktur und Konfiguration generieren zu lassen. Das entsprechende Kommando lautet `cds add mta`. Betrachten Sie den entstehenden Deskriptor allerdings nur als Startpunkt für seine weitere vollständige Ausarbeitung. Beispielsweise wird kein Frontend-Modul-Eintrag erzeugt. Probieren Sie dieses Kommando ruhig aus. Benutzen Sie aber für die Durchführung des MTA-Deployments den Deskriptor aus Listing 11.7.

11.3.4 Installation der MTA Tools

Die beiden MTA Tools für Build und Deployment sind quelloffene Angebote. Sie wurden ursprünglich von SAP entwickelt, sind aber mittlerweile der Open Source Community zugänglich.

Installation das MTA Build Tools

Die Projektseite des MTA Build Tools finden Sie unter *https://sap.github.io/cloud-mta-build-tool/*. Sie beinhaltet Downloadanweisungen sowie auch die Dokumentation des Tools. Am einfachsten erfolgt die Installation als npm-Paket. Geben Sie dazu in einem Terminal die Anweisung `npm install -g mbt` ein, um das MTA Build Tool global auf Ihrem Rechner zu installieren. Überprüfen Sie die Installation durch Eingabe des Kommandos `mbt`, was zur Ausgabe der Hilfeinformation führen sollte.

GNU make für Windows installieren

Als Nutzer*in von Microsoft Windows müssen Sie leider zusätzlich das Werkzeug *GNU make* installieren. Auf Linux-basierten Rechnern ist dies normalerweise schon vorhanden. Es gibt eine Reihe von Quellen im Internet, von denen GNU make für Windows bezogen werden kann. Besuchen Sie z. B. die Seite *Make for Windows* unter *http://s-prs.de/v765148*, laden Sie von dort das komplette Installationspaket mit dem Namen **Setup** herunter und führen Sie es aus. Folgen Sie den Installationsanweisungen. Nach der Installation müssen Sie in den erweiterten Systemeinstellungen Ihres Windows-Rechners die Windows-Umgebungsvariable **Path** um den Installationspfad erweitern. Haben Sie während der Installation alle Voreinstellungen unverändert übernommen, lautet der Pfad **C:\Program Files (x86)**

GnuWin32\bin. Starten Sie danach Visual Studio Code neu und geben Sie im Terminal das Kommando `make` ein. War die Installation erfolgreich, so wird als Antwort folgende (oder eine ähnliche) Textzeile ausgegeben: **make: *** Keine Targets angegeben und keine »make«-Steuerdatei gefunden.**

Installation des MTA-Plugins für das Cloud Foundry CLI

Das MTA Deploy Tool integriert sich durch ein Plug-in in das Cloud Foundry CLI. Besuchen Sie die Projektseite des MTA-Plugins unter *http://s-prs.de/v765149*. Am einfachsten gelingt die Installation über die Variante *CF Community Plugin Repository*, die auf der Projektseite beschrieben ist. Geben Sie dazu in Ihrem Terminal das Kommando `cf install-plugin multiapps` ein. Überprüfen Sie die Installation anschließend durch Eingabe des Kommandos `cf plugins`. In der resultierenden Ausgabeliste sollten Sie mehrere Einträge für das Plug-in **multiapps** sehen. Das wichtigste Kommando, das Ihnen das Plug-in zur Verfügung stellt, ist `cf deploy` zum Deployen von MTA-Archiven in die Cloud-Foundry-Umgebung.

11.3.5 Build und Deployment der Beispielanwendung als MTA

Mit der Installation der MTA Tools sind Sie nun bereit, ein MTA-Archiv zu bauen und zu deployen. Der MTA-Deskriptor ist so gestaltet, dass die gleichen Namen von Modulen und Service-Instanzen gewählt wurden, wie sie bisher auch Verwendung fanden. Wenn Sie die Geschäftsanwendung schon mit der Methode »Deployment mittels Cloud-Foundry-Manifest« aus Abschnitt 11.2 deployt haben, wird die bestehende Geschäftsanwendung durch das Deployment des MTA-Archivs aktualisiert. Um das MTA-Deployment mit dem SAP Cloud Platform Cockpit besser verfolgen zu können und um Seiteneffekte zu vermeiden, empfehle ich Ihnen aber, die schon deployte Geschäftsanwendung aus Ihrem Space zu löschen, um sozusagen mit sauberen Bedingungen neu anzufangen. Beachten Sie, dass beim Löschen der Instanz des SAP HANA Schemas & HDI Container Services vorhandene Daten verloren gehen. Ebenso müssen Sie nach dem Löschen der `xsuaa`-Service-Instanz die Zuordnung von Benutzern zu Rollensammlung erneut vornehmen (siehe auch den Hinweiskasten zum Löschen einer `xsuaa`-Instanz in Abschnitt 10.3.2, »Rollenzuweisung an die Benutzer«). Es kann deshalb ein guter Kompromiss sein, die vorhandenen Service-Instanzen bestehen zu lassen und nur die drei Applikationen (Frontend-, Server- und Datenbankmodul) in der Cloud-Foundry-Umgebung zu löschen.

Bauen des MTA-Archivs

Starten Sie das MTA Build Tool, indem Sie das Kommando `mbt build` in einem Terminal eingeben. Verfolgen Sie die Prozessschritte, wie sie die Ausgabe im Terminal protokolliert. Das MTA Build Tool erzeugt in Ihrem Projekt den Ordner **mta_archives/**, in dem es das Archiv **prod-cat_1.0.0.mtar** anlegen wird. Ein MTA-Archiv hat zur Kennzeichnung die Dateiendung **.mtar**. Die technische Spezifikation ist allerdings die eines Java Archive (JAR, siehe *http://s-prs.de/v765150*). Die Struktur und den Inhalt des Archivs werde ich in Abschnitt 11.3.6, »Im Innern eines MTA-Archivs«, vorstellen.

MTA-Archive im Entwicklungsprozess

Der MTA-Build-Prozess baut die einzelnen Module unter Produktionsbedingungen. Beispielsweise wird für ein Node.js-basiertes Modul das Kommando `npm install --production` ausgeführt. Dadurch werden solche Projektabhängigkeiten nicht installiert, die als nur entwicklungsrelevant gekennzeichnet sind. Das Verzeichnis **node_modules/** wird immer erzeugt und befüllt. Das Co-Deployment der Abhängigkeiten im **node_modules/**-Verzeichnis ist die aus Qualitätsgründen empfohlene Alternative zu einer Installation der Abhängigkeiten während des Staging-Prozesses in der Cloud-Foundry-Umgebung. So besteht die Sicherheit darüber, welche Versionen der abhängigen Pakete installiert werden, und dass mit diesen Paketen die Tests vor einem Deployment durchlaufen wurden.

Der Nachteil ist, dass die MTA-Archive sehr groß und die Upload-Zeiten in die Cloud-Foundry-Umgebung sehr lang werden können. MTA-Archive sind deswegen keine geeigneten Deployment-Artefakte, um in einer interaktiven und iterativen Entwicklungsphase erste Tests auf der SAP Cloud Platform durchzuführen. Nutzen Sie dazu besser die Technik der hybriden Entwicklung (siehe Kapitel 10, »Hybride Entwicklung«), oder die Methode der Cloud-Foundry-Manifeste (siehe Abschnitt 11.2).

MTA-Archive sind nur geeignet für produktionsnahe Tests, für ein automatisiertes Deployment durch eine Pipeline, für Transporte oder für das produktive Deployment selbst.

Deployment des MTA-Archivs

Das gebaute MTA-Archiv kann nun mit dem Kommando `cf deploy mta_archives/prod-cat_1.0.0.mtar` in die Cloud-Foundry-Umgebung hochgeladen werden. Dort werden auf Basis der Spezifikation im MTA-Deskriptor die benötigten Service-Instanzen erzeugt (falls diese noch nicht vorhanden sind) und anschließend die drei Module der Beispielanwendung deployt.

Verfolgen Sie die Terminalausgabe, um einen Eindruck des Prozessablaufs zu bekommen. Beachten Sie dabei, dass im MTA-Deskriptor ein paralleler Deployment-Modus spezifiziert wurde, sodass die Terminalausgaben nicht nach Modul geordnet erscheinen. Nach Abschluss des Deployments können Sie mit dem Kommando `cf mtas` eine Liste der deployten MTAs anfordern. Das Kommando `cf mta prod-cat` liefert eine detaillierte Beschreibung mit Statusinformationen über das von Ihnen deployte MTA.

11.3.6 Im Innern eines MTA-Archivs

Prinzipiell ist ein MTA-Archiv ein unveränderbares Resultat eines Build-Prozesses. Es kann sogar durch eine Signatur geschützt sein, die seine Echtheit und Unversehrtheit bestätigt. Aus Gründen der Fehlersuche ist es jedoch manchmal erforderlich, ein MTA-Archiv zu öffnen, um den Inhalt zu analysieren. Deswegen möchte ich Ihnen den prinzipiellen Aufbau des Archivs anhand des Beispielprojekts zeigen.

Technisch ist das MTA-Archiv eine JAR-Datei, die wiederum ein ZIP-Archiv ist, das zusätzliche Metadaten innerhalb der Datei **META-INF/MANIFEST.MF** enthält. Zum Öffnen des Archivs **prod-cat_1.0.0.mtar** assoziieren Sie entweder die Dateiendung **.mtar** mit einem ZIP-Tool auf Ihrem Rechner, oder Sie benennen die Datei einfach um in **prod-cat_1.0.0.zip**. Ich empfehle Ihnen allerdings die erste Variante.

Ein ZIP-Tool öffnet MTA-Archive

Nun können Sie das Archiv mit einem gewöhnlichen ZIP-Tool öffnen. Abbildung 11.6 zeigt die dann sichtbaren Inhalte. Als Datei erkennen Sie die Konfigurationsdatei **xs-security.json** für den `xsuaa`-Service.

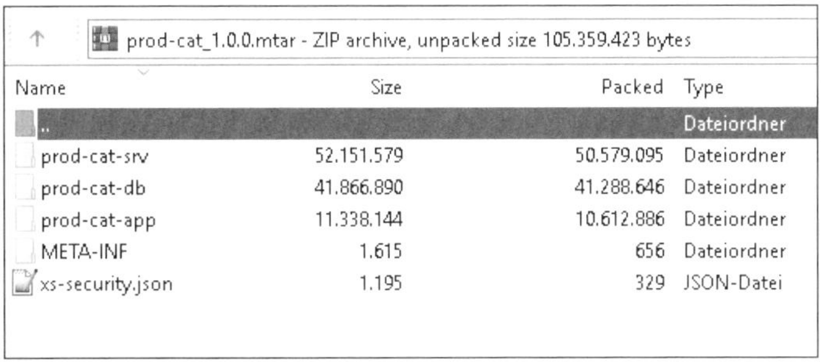

prod-cat_1.0.0.mtar - ZIP archive, unpacked size 105.359.423 bytes

Name	Size	Packed	Type
..			Dateiordner
prod-cat-srv	52.151.579	50.579.095	Dateiordner
prod-cat-db	41.866.890	41.288.646	Dateiordner
prod-cat-app	11.338.144	10.612.886	Dateiordner
META-INF	1.615	656	Dateiordner
xs-security.json	1.195	329	JSON-Datei

Abbildung 11.6 Inhalt eines MTA-Archivs

Für jedes Modul existiert ein Verzeichnis. Wenn Sie in eines der Verzeichnisse hineinnavigieren, finden Sie ein weiteres Archiv **data.zip**. In Falle eines Java-Moduls würde an dieser Stelle ein **.war**-Archiv (*Web Application*

Archive) vorhanden sein. Dieses weitere Archiv enthält die eigentlichen Modulartefakte.

Der Ordner **META-INF**, mit dem in Abbildung 11.7 gezeigten Inhalt, enthält die Metadaten des Archivs. Diese sind über zwei Dateien verteilt.

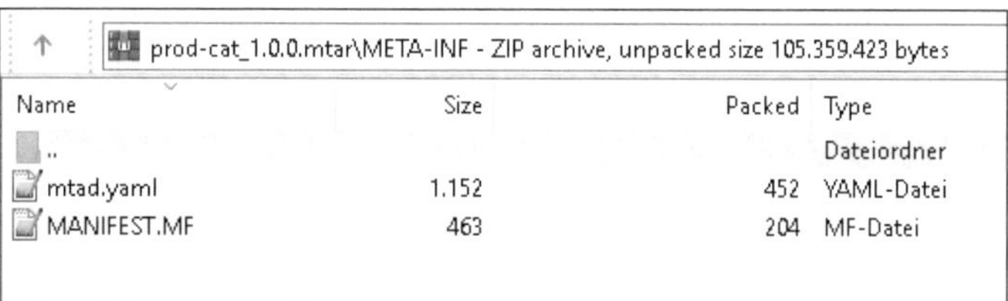

Abbildung 11.7 Inhalt des Archivordners META-INF

Metadaten eines Archivs

Die Datei **MANIFEST.MF** ist durch den *JAR-Standard* vorgeben (siehe *http://s-prs.de/v765151*). Für die Beispielapplikation hat sie den in Listing 11.8 gezeigten Inhalt.

```
manifest-Version: 1.0
Created-By: SAP Application Archive Builder 1.0.14

Name: prod-cat-db/data.zip
MTA-Module: prod-cat-db
Content-Type: application/zip

Name: prod-cat-srv/data.zip
MTA-Module: prod-cat-srv
Content-Type: application/zip

Name: prod-cat-app/data.zip
MTA-Module: prod-cat-app
Content-Type: application/zip

Name: xs-security.json
MTA-Resource: prod-cat-xsuaa
Content-Type: application/json

Name: META-INF/mtad.yaml
Content-Type: text/plain
```

Listing 11.8 Inhalt der Datei MANIFEST.MF

Ihre Aufgabe ist die Deklaration der relevanten Dateien innerhalb des Archivs, bei Bedarf angereichert mit Referenzen auf Signaturen und Schlüssel.

Das MTA Build Tool legt in dieser Datei zusätzliche Informationen für das MTA Deploy Tool ab, welche die Bestandteile des Archivs mit den im MTA-Deskriptor deklarierten Modulen und Ressourcen verknüpfen.

Der zweite Bestandteil des **META-INF**-Ordners ist der sogenannte *MTA-Deployment-Deskriptor* **mtad.yaml**, den das Build Tool aus der Projektdatei **mta.yaml** erzeugt. Beide Dateien haben üblicherweise einen sehr ähnlichen Inhalt. Im Deployment-Deskriptor sind alle build-relevanten Informationen nicht mehr enthalten.

11.3.7 Erweiterungen für Deployment-Deskriptoren

Ein MTA-Archiv ist eine geschlossene Deployment-Einheit, die nur Sie aus Gründen der Fehleranalyse während einer Testphase öffnen. Für die Person oder Organisation, die Software deployt, besteht keine Möglichkeit, den Inhalt eines Archivs zu ändern, zumindest nicht, wenn eine Signierung und Versiegelung erfolgt ist. Auch wenn technisch die Möglichkeit bestünde, ist es nicht zu empfehlen, ein qualitätsgeprüftes, komplexes Softwareartefakt zu verändern. Wie die Prozessdarstellung in Abbildung 11.5 zeigt, unterscheidet das MTA-Konzept deswegen die Rolle des Entwicklers und die des Deployers. Es wäre allerdings ungenügend, der Rolle des Deployers keine Anpassungsmöglichkeiten zu ermöglichen. Die Realität verlangt eine *Multiplizität von Deployments*, wie sie in Abschnitt 11.3.1 auch für Cloud-Szenarien problematisiert wurde.

Anpassung des Deployments eines MTA-Archivs

Für solche Anpassungen gibt es die Möglichkeit, MTA-Archive zusammen mit sogenannten *Erweiterungsdeskriptoren* zu deployen (siehe auch Abbildung 11.5). Ein Erweiterungsdeskriptor hat eine ähnliche Struktur wie der MTA-Deskriptor selbst. Im Wesentlichen beschreibt die Erweiterungsdatei nur die erwünschten Anpassungen von Deployment-Parametern (`parameters`) und Konfigurationsvariablen (`properties`). Es ist nicht möglich die Modulstruktur eines MTAs zu ändern oder Ressourcenanforderungen hinzuzufügen oder zu löschen.

Listing 11.9 zeigt einen möglichen Erweiterungsdeskriptor für die Beispielanwendung. Ziel dieser Erweiterung ist das Deployment des gleichen MTA-Archivs in einen anderen Cloud Foundry Space. Erzeugen Sie die neue Datei **mta-ext.yaml** im Wurzelverzeichnis Ihres Projekts und speichern Sie darin den Inhalt von Listing 11.9.

```
_schema-version: 3.1
ID: prod-cat-ext1
extends: prod-cat       # MTA to extend
```

```
modules:
- name: prod-cat-app   # change this module
  parameters:
    memory: 256M             # overwrite memory
    host: ${default-host}    # overwrite route
    app-name: test-app       # use a different name

resources:
- name: prod-cat-xsuaa
  parameters:
    service-name: test-xsuaa   # use a different name
    config:
      xsappname: test-cat     # OAuth-client must be different
      role-collections:
      - name: test-manager    # name must be different
        role-template-references:
        - $XSAPPNAME.Administrator
        - $XSAPPNAME.Shopper
```

Listing 11.9 MTA-Erweiterungsdeskriptor

Es sollten nur Änderungen für das Frontend-Modul und die xsuaa-Service-Instanz vorgenommen werden. Aus diesem Grund sind die anderen Module und Ressourcen nicht in dem Erweiterungsdeskriptor aufgeführt. Für das Frontend-Modul wird die Speicherobergrenze auf 256 MB geändert, eine neue Route vergeben und die resultierende Cloud-Foundry-Applikation umbenannt. Für die xsuaa-Instanz wird ebenfalls ein anderer Name vergeben. Außerdem wird die Konfiguration der xsuaa-Instanz, die über die Datei xs-security.json mitgegeben wird, verändert. Der Grund ist, dass der Name des generierten OAuth-Clients (xsappname) verschieden von dem im unveränderten MTA-Archiv sein muss, da beide Deployments innerhalb des gleichen Subaccounts vorgenommen werden sollen. Das Gleiche gilt für den Namen der Rollensammlung.

Deployment mit Erweiterung

Das MTA-Archiv kann nun mit dieser Erweiterung durch das Kommando `cf deploy mta_archives/prod-cat_1.0.0.mtar -e mta-ext.yaml` in einen anderen Space deployt werden. Legen Sie dazu mithilfe des SAP Cloud Platform Cockpits einen neuen Space an (z. B. mit dem Namen `trial1`). Es ist wichtig, auch das Deployment-Ziel für Ihr Cloud Foundry CLI entsprechend umzustellen. Dies geschieht durch Eingabe des Kommandos `cf target -s trial1`. Führen Sie für den neu angelegten Space das Deployment mit Erweiterung durch und beobachten Sie die erzeugten Objekte. Beachten Sie, dass Sie nun eine neue Rollensammlung `test-manager` erzeugt haben. Diese Rollensammlung müssen Sie Ihrem Benutzer zuweisen, bevor die Anwendung in dem zweiten Space lauffähig ist.

MTA-Deskriptoren sind deklarativ

Anhand des Erweiterungsdeskriptors kann ich Ihnen sehr gut die deklarative Natur eines MTA-Deskriptors illustrieren. Deployen Sie dazu das MTA-Archiv mit Erweiterungsdeskriptor in Ihren ursprünglichen Cloud Foundry Space, in dem Sie das MTA-Archiv zuvor ohne Erweiterung deployt hatten. Löschen Sie dazu vorher das MTA im Space `trial1` mit dem Kommando `cf undeploy prod-cat --delete-services`.

Das MTA Deploy Tool wird die Erweiterung auf den MTA-Deployment-Deskriptor anwenden und zu einem effektiven Deskriptor gelangen, der die Basis für das Deployment ist. Die Erweiterung besagt, dass das Frontend-Modul und die `xsuaa`-Instanz nun unter einem anderen Namen zu deployen sind. Da in der Cloud-Foundry-Umgebung keine Umbenennung von Applikationen oder Service-Instanzen möglich ist, wird das Deploy Tool das ursprüngliche Frontend-Modul `prod-cat-app` löschen und es dafür unter dem Namen `test-app` neu deployen. Das MTA Deploy Tool stellt also immer den im effektiven Deskriptor beschriebenen Zustand her, auch wenn dies das Löschen von schon deployten Objekten bedingt. Eine Ausnahme besteht bezüglich des Löschens von Service-Instanzen, da damit ein Datenverlust verbunden sein kann, wie z. B. bei einer Datenbankinstanz. Um eine Löschung dennoch zu erreichen, muss bei dem Kommando `cf deploy` die Option `--delete-services` gesetzt werden.

11.3.8 Weiterführende Referenzen

MTA-Spezifikation

Eine detaillierte Darstellung der MTA-Konzepte finden Sie im Dokument »The Multitarget Application Model. A guide to understand multitarget applications« von SAP, das unter *http://s-prs.de/v765152* abrufbar ist. Das Dokument erläutert den Einsatz von MTAs für Entwicklung und Deployment. Die Modellierungselemente innerhalb eines MTA-Deskriptors werden besprochen, sowie die verschiedenen Typen von MTA-Deskriptoren. Die Rolle und Struktur von MTA-Archiven wird dargestellt.

MTA Build Tool

Das MTA Build Tool ist ein Open-Source-Projekt, das unter *http://s-prs.de/v765153* dokumentiert ist. Das Quellcode-Repository dazu finden Sie unter *http://s-prs.de/v765154*.

MTA Deploy Tool

Das MTA Deploy Tool für die Cloud-Foundry-Umgebung der SAP Cloud Platform ist ebenfalls ein Open-Source-Projekt, das im Rahmen der Cloud Foundry Foundation verwaltet wird. Das Quellcode-Repository und die Dokumentation des Plugins für das Cloud Foundry CLI finden Sie unter *http://s-prs.de/v765155*. Eine Spezifikation des MTA-Deployment-Deskriptors findet sich unter *http://s-prs.de/v765156*.

Die Online-Dokumentation von SAP behandelt auch viele Aspekte und Details zum Einsatz von MTAs im Kontext der SAP Cloud Platform unter *http://s-prs.de/v765157*.

MTAs und Microservices

MTAs werden im Kontext von Microservices-Architekturen kontrovers diskutiert. In der Tat können MTAs missbraucht werden, um monolithische Anwendungen in die Cloud zu deployen. Jede Technologie kann bekanntermaßen zum Positiven wie zum Negativen eingesetzt werden. Eine ausführliche Auseinandersetzung mit dieser Kontroverse liefert der Blogbeitrag unter *http://s-prs.de/v765158*.

11.4 Was Sie in diesem Kapitel erreicht haben

CAP-Build-Prozess als Vorbereitung des Deployments

Dieses Kapitel beschließt die Entwicklung einer beispielhaften CAP-basierten Anwendung. Teil des gesamten Entwicklungsprozesses ist eben auch die Bereitstellung der Anwendung in einer produktiven Umgebung, was der Schwerpunkt dieses Kapitels war. Ich habe Sie durch den nicht trivialen Prozess geleitet, der zu einer laufenden Geschäftsanwendung in der Cloud-Foundry-Umgebung der SAP Cloud Platform führt. CAP unterstützt diesen Prozess durch einen Build-Prozess, der deploybare Artefakte für das Servermodul und das Datenbankmodul bereitstellt. CDS-Modelle werden dabei in Inhalte übersetzt, die von der SAP HANA Deployment Infrastructure verarbeitet werden können.

Alternative Deployment-Verfahren

Das eigentliche Deployment-Verfahren wird von CAP nicht adressiert. Sie haben zwei alternative Verfahren durchgespielt. Zum einen die native Option mittels Cloud-Foundry-Manifesten, zum anderen das Deployment einen MTA-Archivs, basierend auf einer deklarativen Beschreibung der Deployment-Struktur der gesamten Geschäftsanwendung, einschließlich der benötigten Services der SAP Cloud Platform.

Das Projekt zum Download

Wie immer finden Sie den Projektstand zum Ende dieses Kapitels auf dem Downloadserver in dem Archiv **Kapitel_11.zip**.

TEIL IV

Integration mit SAP-Produkten und -Services

Kapitel 12
Das SAP Business Application Studio

Cloud-basierte Entwicklungsumgebungen, die bezüglich Performance, Flexibilität und Funktionalität mit etablierten, On-Premise-IDEs in Wettbewerb treten können, waren lange unerreichbar. Das könnte sich mit dem SAP Business Development Studio, insbesondere im CAP-Kontext, eventuell ändern.

Entwicklung **für die** Cloud, aber nicht **in der** Cloud? Der manuelle Entwicklungsprozess stellt hohe Anforderungen an Interaktivität und Erweiterbarkeit. Sie werden keine langen Antwortzeiten beim Bearbeiten und Prüfen von Quellcodes akzeptieren. Serverprozesse müssen schnell gestartet und Code-Kompilate müssen dort schnell zur Ausführung gebracht werden. Gerade quelloffene IDEs wie Eclipse oder Visual Studio Code zeichnen sich zudem durch eine gute Erweiterbarkeit aus. Damit werden die IDEs für nahezu alle Programmiersprachen und Projekttypen nutzbar.

Nachteile von klassischen IDEs

Auf der anderen Seite sind IDEs komplexe Software-Produkte. Der Aufbau einer Entwicklungsumgebung mit allen typischen Werkzeugen ist aufwendig. Insbesondere die Konfiguration einer IDE für die Zusammenarbeit mit zentralen Versionskontrollsystemen, Build-Servern, Netzwerk-Proxys in Unternehmen ist kompliziert und fehleranfällig. Unternehmen, die viele Entwickler*innen beschäftigen, wollen aus Gründen des Qualitätsmanagements und der Sicherheit gerne vorkonfigurierte Entwicklungsumgebungen vorgeben, die auch automatisch aktuell gehalten werden. Entwicklungsteams sollen produktiv entwickeln und nicht Zeit in das Aufsetzen und Pflegen ihrer Werkzeuge verwenden.

Development as a Service

Dies alles sind Argumente, wie sie auch im übertragenen Sinne für Geschäftsanwendungen gelten und die zum Paradigma der *Software as a Service* (SaaS) geführt haben. Analog spricht man auch von *Development as a Service* (DaaS), wenn es darum geht, Entwicklungswerkzeuge als Service aus der Cloud anzubieten. Schon seit einigen Jahren gibt es immer wieder Anstrengungen kommerzieller und nicht-kommerzieller Art, solche Services anzubieten. Die Eclipse Foundation betreibt beispielsweise den Projektcluster *Eclipse Cloud Development* mit ca. zehn Einzelprojekten (siehe *http://*

s-prs.de/v765139). Neben technischen Hürden stellt sich für potenzielle Betreiber einer DaaS-Lösung die Frage nach dem betriebswirtschaftlichen Nutzen eines solchen Angebots. Das Bereitstellen der Cloud-Ressourcen für Entwickler*innen ist ein schwer prognostizierbarer Prozess mit anspruchsvollen Anforderungen an Kapazitäten. Auf der anderen Seite sind Entwicklungsteams oder entwickelnde Unternehmen nicht bereit, monetär viel in solche Services zu investieren. Es gibt ja die bewährten, klassischen Alternativen, die im Extremfall keine Anschaffungskosten verursachen.

DaaS-Evolution bei SAP

Wie andere auch, hat SAP trotzdem schon früh Anstrengungen unternommen, DaaS-Werkeuge anzubieten. Die *SAP Web IDE* existiert seit vielen Jahren und hat mehrere Evolutionsstufen durchlaufen. Ursprünglich positioniert für die Entwicklung von SAP-Fiori-Applikationen in der Neo-Umgebung der SAP Cloud Platform, entwickelte sich die SAP Web IDE immer mehr in Richtung einer allgemein einsetzbaren IDE für die SAP Cloud Platform. Zwei neue Technologien haben es SAP erlaubt, ein neues, modernes IDE-Produkt, das *SAP Business Application Studio*, anzubieten: Zum einen bieten die zugrunde liegenden Kubernetes-Cluster eine flexible und kostengünstige Möglichkeit des Betreibens der Services, zum anderen wird Eclipse Theia als zeitgemäße und offene Cloud-IDE-Architektur genutzt.

Eclipse Theia

Eclipse Theia (*https://theia-ide.org/*) ist ein quelloffenes IDE-Plattform-Projekt, das von der Eclipse Foundation im Rahmen des Projektclusters *Eclipse Cloud Development* betrieben wird. Theia erlaubt es, eine IDE sowohl als Desktopanwendung als auch als Browseranwendung laufen zu lassen. Es existiert eine klare Trennung zwischen Frontend und Backend. Das Frontend kann mittels WebSockets mit dem Backend gekoppelt werden, was eine Voraussetzung für ein Cloud Deployment des Backends ist. Theia erlaubt das Arbeiten mit einem Terminal sowie das Einbetten von Servern, die das *Language Server Protokoll* anbieten (siehe *http://s-prs.de/v765140*). Dies macht die IDE sehr offen für Beiträge aus der Community.

Theia basiert teilweise auf der gleichen Grundlage wie Visual Studio Code. Dies lässt beide IDEs nicht nur ähnlich erscheinen, sondern ermöglicht sogar die Installation von Visual-Studio-Code-Erweiterungen in Theia. Damit stehen tausende von Erweiterungen aus dem Visual-Studio-Code-Marktplatz zur Verfügung. Ein eigener Theia-Marktplatz befindet sich im Aufbau.

Ziele dieses Kapitels

Das SAP Business Application Studio können Sie mit einem Zugang zu der SAP Cloud Platform nutzen. In diesem Kapitel gebe ich Ihnen nur einen kleinen Einblick in die Arbeit mit dem SAP Business Application Studio. Nutzen Sie für weitergehende Informationen die Links zur Dokumentation im Studio selbst oder auch die SAP Community (siehe *http://s-prs.de/v765141*). Es ist mir aber wichtig, Ihnen zu zeigen, wie Sie die IDE in Ihrem SAP-Cloud-Platform-Account aktivieren und im Kontext von CAP nutzen. Nach Aktivierung des Studios werden Sie Ihre Beispielanwendung importieren, testen und deployen können.

[«]

Development as a Service auf der SAP Cloud Platform

Neben der *IDE as a Service* in Form des SAP Business Application Studios bietet SAP zunehmend auch Unterstützung für den zur Entwicklung gehörenden Prozess der *Continuous Integration and Delivery* (*CI/CD*). Dabei werden Entwicklungsprojekte automatisch gebaut, getestet und deployt. Eine Übersicht über das CI/CD-Angebot von SAP finden Sie unter *http://s-prs.de/v765142*.

12.1 Vor der Nutzung

Damit Sie das SAP Business Application Studio nutzen können, müssen einmalige Einstellungen im SAP Cloud Platform Cockpit vorgenommen werden. Dazu benötigen Sie mindestens die Berechtigungen eines Administrators für einen Subaccount. In Ihrem Trial-Account besitzen Sie diese Berechtigungen bereits.

Vorbereitende Schritte

Folgende vorbereitende Schritte sind durchzuführen:

1. Die Aktivierung des SAP Business Application Studio wird durch das SAP Cloud Platform Cockpit auf der Ebene eines Subaccounts vorgenommen. Sie assoziieren den Subaccount mit dem Studio durch die Erzeugung einer *Subscription*, so wie Sie es für andere Services auch vornehmen würden.
2. Sie weisen sich oder anderen Benutzern Rollensammlungen zu, um die nötigen Berechtigungen zur Nutzung des Studios zu erhalten.
3. Sie starten das Studio und erzeugen mindestens einen *Development Space*, der für Ihre Art von Entwicklungsprojekt am besten geeignet ist.

12.1.1 Aktivierung des SAP Business Application Studios

Navigieren Sie im SAP Cloud Platform Cockpit zur Ansicht Ihres Subaccounts. Wählen Sie dort in der linken Navigationsleiste den Eintrag **Sub-**

scriptions. Suchen Sie die Kachel **SAP Business Application Studio** und klicken Sie darauf (siehe Abbildung 12.1).

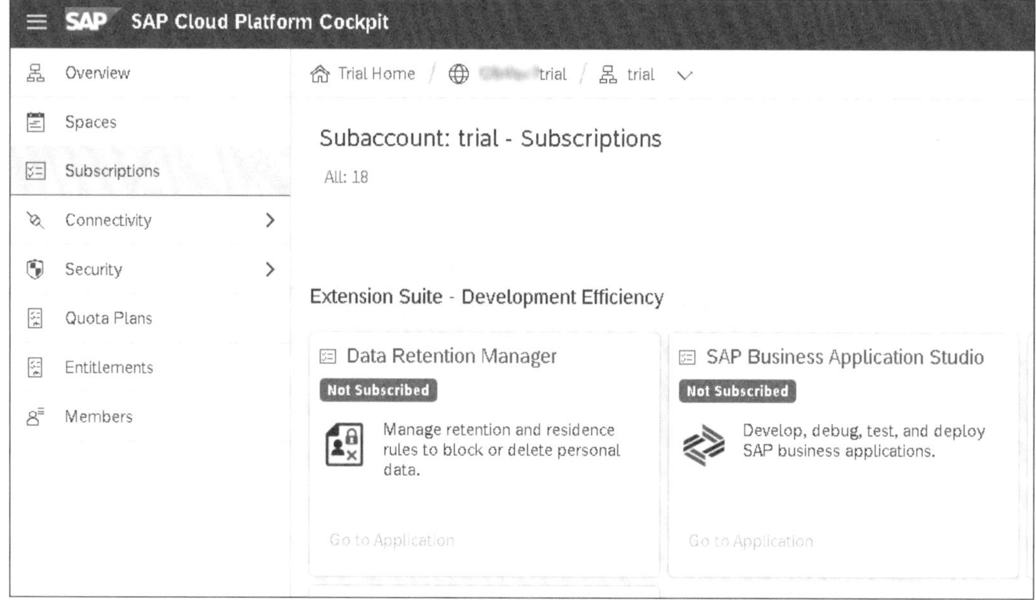

Abbildung 12.1 Ansicht der Services, für die eine Subscription erzeugt werden kann

Im erscheinenden Detailbild wählen Sie die Schaltfläche **Subscribe** und warten, bis der Prozess abgeschlossen ist. Sie erkennen dies am grünen Statusfeld mit dem Text **Subscribed**.

12.1.2 Zuordnung der Rollensammlungen

Wechseln Sie im SAP Cloud Platform Cockpit in die Übersicht zum Subaccount und wählen Sie dort in der linken Navigationsleiste den Eintrag **Security • Trust Configuration**. In einem Trial-Account klicken Sie auf den Hyperlink **sap.default** (siehe Abbildung 12.2).

Berechtigungen zuweisen

Sie gelangen in den Zuordnungsdialog für Rollensammlungen, wie ihn Abbildung 12.3 zeigt. Geben Sie dort zuerst Ihre E-Mail-Adresse ein, mit der Sie am SAP Cloud Platform Cockpit angemeldet sind. Betätigen Sie die Schaltfläche **Show Assignments** und abschließend die Schaltfläche **Assign Role Collection**.

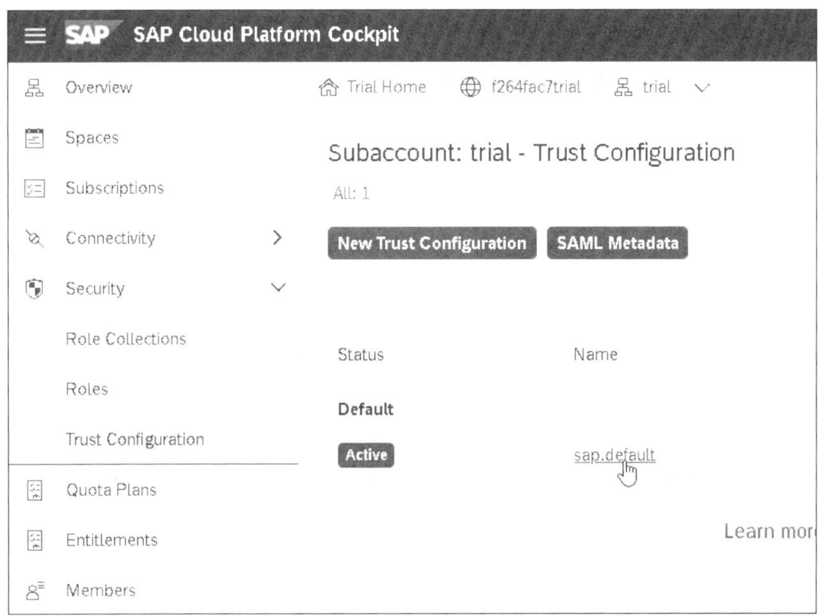

Abbildung 12.2 Starten der »Trust Configuration«

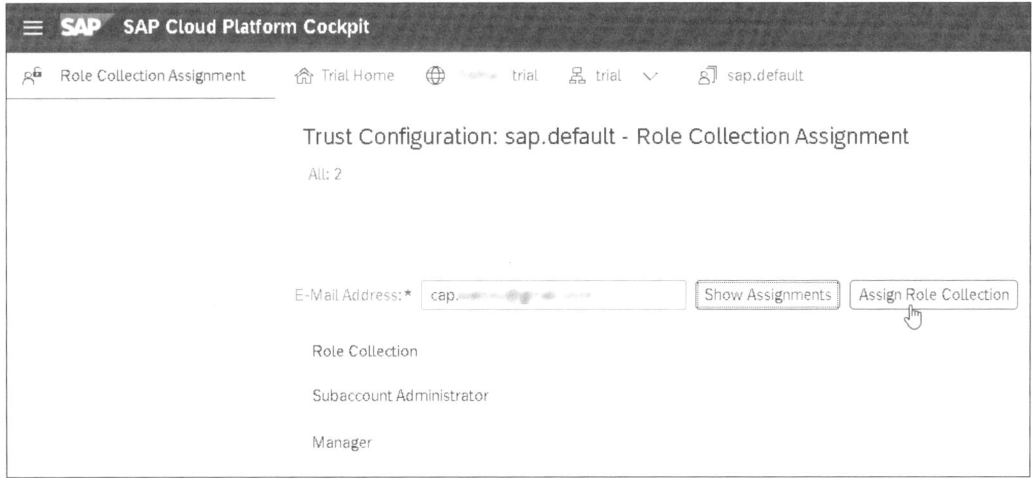

Abbildung 12.3 Zuordnung von Rollensammlungen

Es erscheint ein Auswahldialog, mit dem Sie alle Rollensammlungen zuordnen, die mit dem Begriff **Business_Application_Studio** beginnen (siehe Abbildung 12.4).

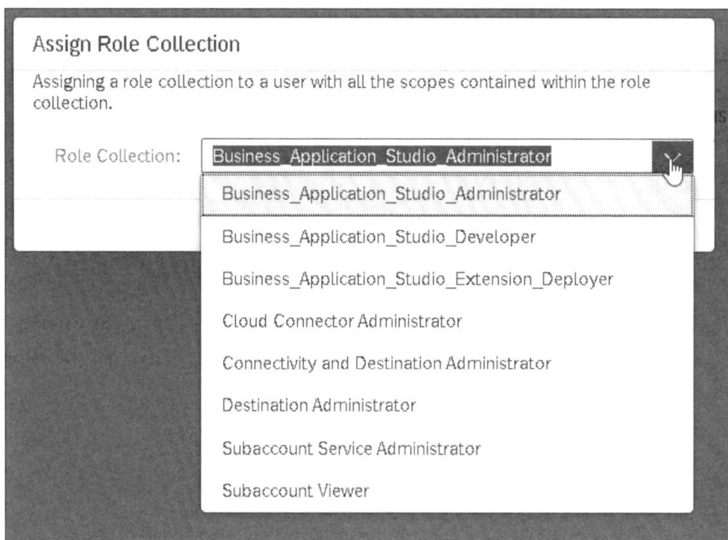

Abbildung 12.4 Zuordnung der Rollensammlungen für das SAP Business Application Studio

Aufruf des SAP Business Application Studios

Wechseln Sie anschließend zurück in die **Subscription**-Sicht, wie sie Abbildung 12.1 zeigt, und wählen Sie dort den jetzt aktiven Hyperlink **Go to Application** auf der Kachel des SAP Business Application Studios aus. Ein neuer Browsertab öffnet sich mit der Einstiegsseite des Business Application Studios. Sollten Sie stattdessen einen Berechtigungsfehler erhalten, so melden Sie sich über die Schaltfläche ⏻ rechts oben vom Studio ab. Erneutes Anmelden bringt sie zur Einstiegsseite, wie sie Abbildung 12.5 zeigt. Fügen Sie diese Seite zu Ihren Browserfavoriten hinzu, um später direkt zum Studio springen zu können.

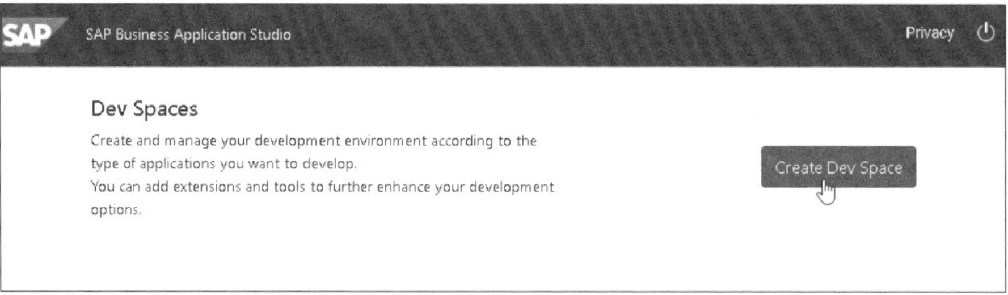

Abbildung 12.5 Einstiegsseite des SAP Business Application Studios

12.1.3 Erzeugen eines Development Space

Das Business Application Studio bietet ein Konzept von *Development Spaces*. Dies sind technisch voneinander getrennte Container mit einem

Linux-Betriebssystem auf einem Dateisystem. Sie können dort fast beliebige Software installieren. Denken Sie sich einen Development Space als einen eigenständigen Computer, zu dem Sie über das SAP Business Application Studio Zugang haben.

Vorlagen für Development Spaces

Sie können einen oder mehrere Development Spaces erzeugen. SAP bietet eine Reihe von Vorlagen für Development Spaces an, die sich darin unterscheiden, welche Komponenten darin bei der Erzeugung vorinstalliert sind. So gibt es z. B. die Vorlage *SAP Cloud Business Application*, die für die Entwicklung CAP-basierter Anwendungen geeignet ist. Bei Bedarf können Sie aber jederzeit weitere Software in Ihrem Development Space installieren. Wenn Sie einen bestehenden Development Space löschen, sind auch alle darin enthaltenen Dateien unwiederbringlich verloren. Arbeiten Sie deshalb immer mit einem Versionskontrollsystem wie Git, das sich einfach in das Studio integriert.

Development Space erzeugen

Betätigen Sie nun die in Abbildung 12.5 gezeigte Schaltfläche **Create Dev Space**. Sie gelangen in den in Abbildung 12.6 gezeigten Dialog. Führen Sie dort folgende Schritte durch:

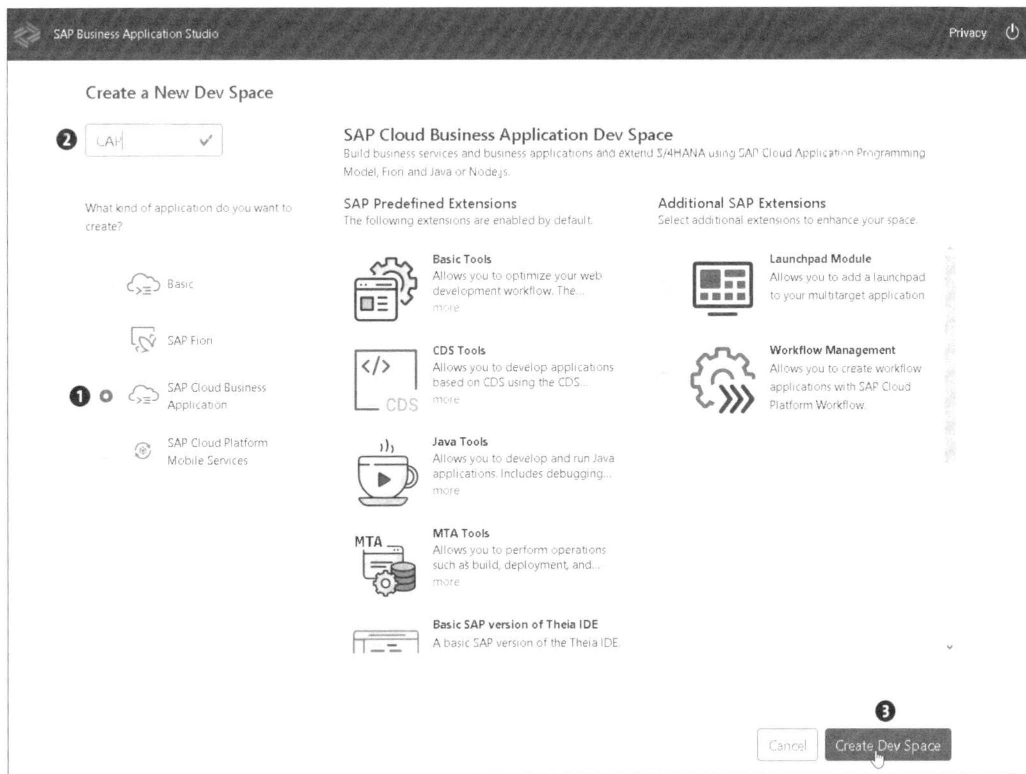

Abbildung 12.6 Anlegen eines Development Space

❶ Markieren Sie die Vorlage **SAP Cloud Business Application**. Im rechten Teil des Bildschirms sehen Sie die resultierenden vorinstallierten Komponenten sowie ein Angebot optionaler Erweiterungen.

❷ Vergeben Sie einen Namen für den Development Space, z. B. *CAP*.

❸ Klicken Sie auf die Schaltfläche **Create Dev Space**.

Sie werden zu der in Abbildung 12.7 gezeigten Übersichtsseite weitergeleitet, die alle von Ihnen erzeugten Development Spaces auflistet. Ihr neuer Space erscheint zuerst im Status **STARTING**. Nach einigen Sekunden wechselt der Status zu **RUNNING**. Sie können dann das SAP Business Application Studio in diesem Development Space durch Klicken auf den Namen des Spaces (hier z. B. **CAP**) aufrufen.

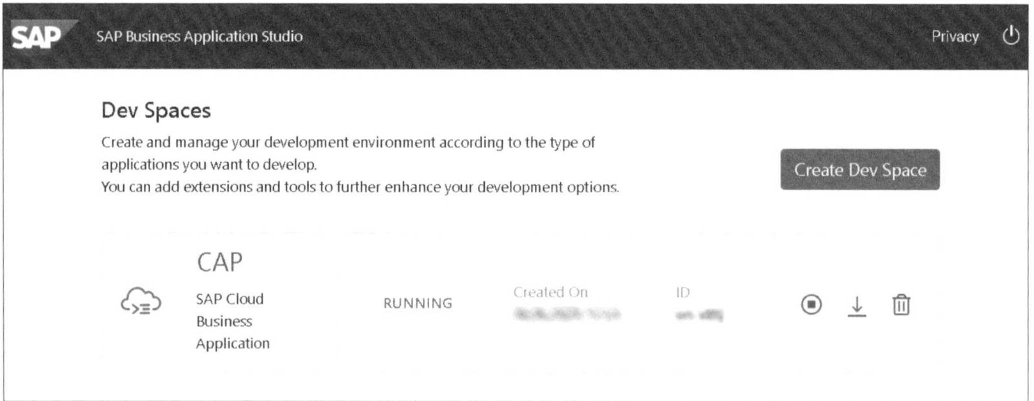

Abbildung 12.7 Übersicht der erzeugten Development Spaces

Wenn Sie einen Development Space längere Zeit nicht nutzen, wird er automatisch in den Zustand **STOPPED** überführt. Ihre Daten im Development Space sind dadurch aber nicht verloren. Starten Sie den Space einfach wieder durch Anklicken des Symbols ⏵.

Eine IDE mit bekannter Oberfläche

Wenn Sie bereits mit Visual Studio Code gearbeitet haben, erkennen Sie, dass sich das Studio in der Menüführung und Bedienung kaum davon unterscheidet. Wenn Sie das Studio im Vollbildmodus auf Ihrem Bildschirm darstellen wollen, drücken Sie im Browser die Funktionstaste [F11]. Bei den nachfolgenden Beschreibungen gehe ich davon aus, dass Sie die Bedienung von Visual Studio Code (und damit vom SAP Business Application Studio) schon kennen. Ist dies noch nicht der Fall, hilft Ihnen Kapitel 2, »Erste Schritte zur eigenen Anwendung«, weiter. Auf der Willkommensseite des Studios finden Sie außerdem einen Link zur aktuellen Dokumentation.

12.2 CAP im SAP Business Application Studio

In diesem Abschnitt demonstriere ich Ihnen, wie Sie ein neues CAP-Projekt anlegen und wie Sie ein bestehendes CAP-Projekt in das SAP Business Application Studio übernehmen können.

12.2.1 Starten eines neuen CAP-Projekts

Auf der Willkommensseite des Studios wählen Sie **New project from template** (siehe Abbildung 12.8).

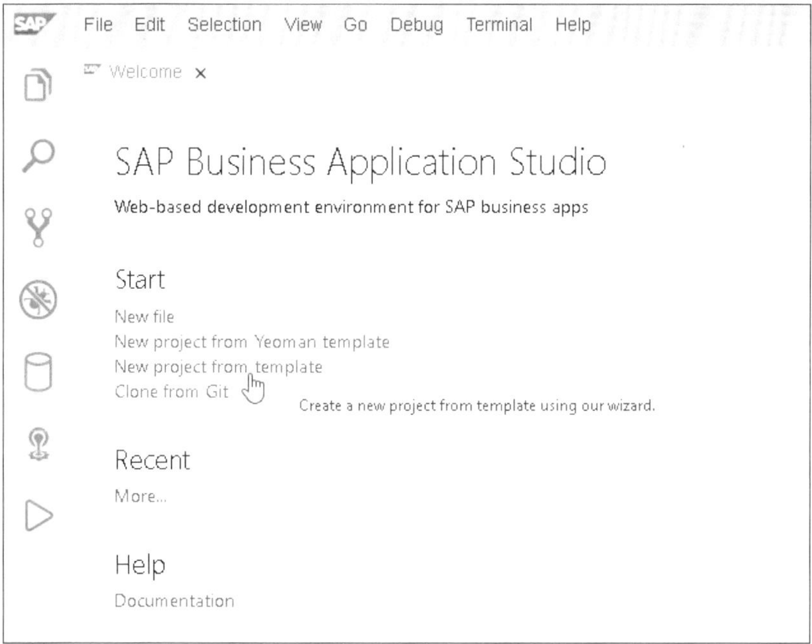

Abbildung 12.8 Anlegen eines neues CAP-Projekts

CAP-Projekt anlegen

Nach einigen Sekunden erscheint ein geführter Dialog, in dem Sie die Kachel **CAP Project** anklicken und dann die nun aktive Schaltfläche **Next** rechts unten auswählen. Auf dem folgenden Bild **Project Details** geben Sie nur den Projektnamen *prod-cat* ein. Lassen Sie die Auswahlfelder unangekreuzt. Klicken Sie auf die Schaltfläche **Next** rechts unten im Fenster. Das Studio blendet eine Bestätigungsinformation ein, wie in Abbildung 12.9 gezeigt ist. Wählen Sie dort **nicht** die Schaltfläche zum Öffnen eines neuen Workspace, sondern schließen Sie das Fenster durch Klicken auf des Kreuz in der rechten oberen Ecke.

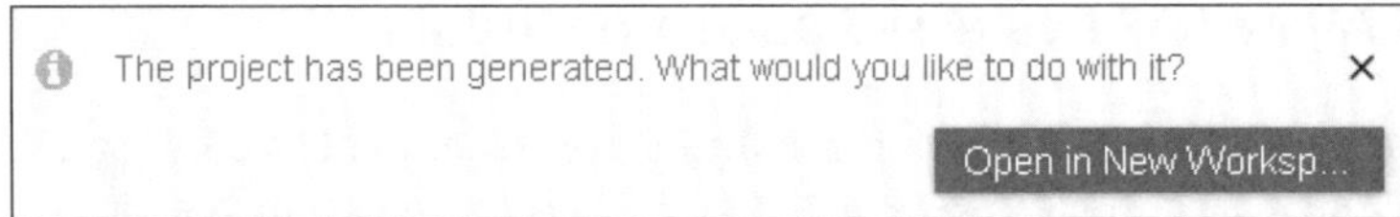

Abbildung 12.9 Bestätigung der Projektgenerierung

Öffnen Sie den Dateiexplorer durch Klicken auf das entsprechende Symbol (siehe Abbildung 12.10). Betätigen Sie anschließend die Schaltfläche **Open Workspace**.

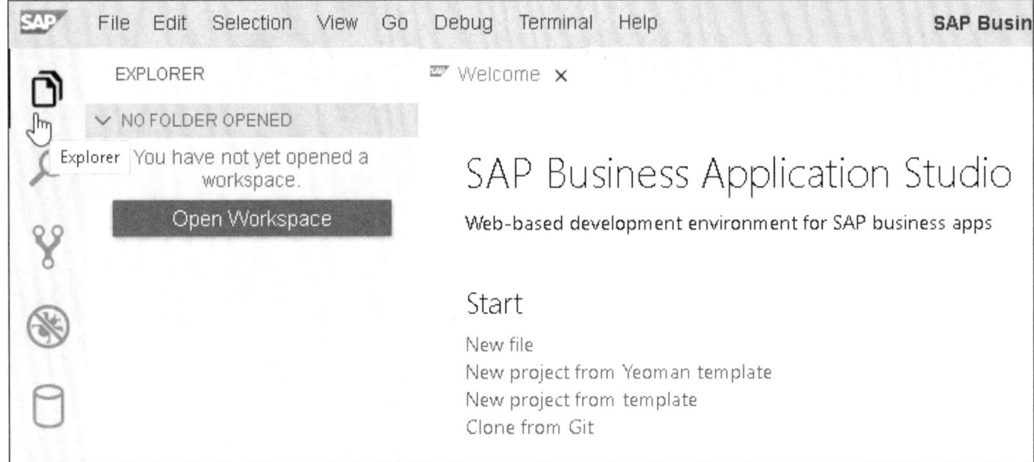

Abbildung 12.10 Öffnen des Dateiexplorers

Im erscheinenden Dialogfenster sehen Sie den neu generierten Workspace **projects** mit Ihrem erzeugten Projekt **prod-cat** (siehe Abbildung 12.11). Übernehmen Sie die angezeigten Informationen unverändert, indem Sie auf die Schaltfläche **Open** rechts unten im Dialogfenster klicken. Im Dateiexplorer sehen Sie nun die erzeugten Verzeichnisse und Dateien für das Projekt **prod-cat**.

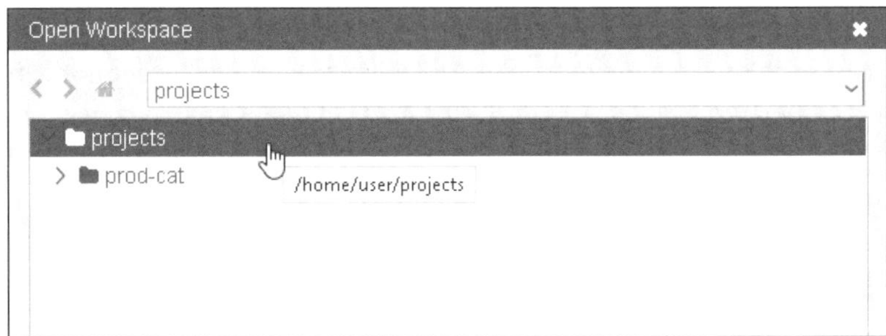

Abbildung 12.11 Auswahl des zu öffnenden Workspaces

Sie sind nun an der gleichen Stelle angelangt, die ich in Abschnitt 3.2, »Entwicklungsprojekt anlegen«, auf Basis von Visual Studio Code beschrieben habe. Wenn Sie möchten, können Sie nun mit dem SAP Business Application Studio die Beispielanwendung beginnend mit Abschnitt 3.2 entwickeln.

12.2.2 Übernahme des fertigen Beispielprojekts

Wenn Sie die Beispielapplikation auf Basis von Visual Studio Code schon fertig entwickelt haben, können Sie diese auch in das SAP Business Application Studio übernehmen. Leider gab es zum Entstehungszeitpunkt dieses Buches keine Importfunktionen für diese Aufgabe. Es ist aber möglich, Dateien mit Drag & Drop in das Studio zu übernehmen.

Vorbereitung des bestehenden Beispielprojekts

Kopieren Sie den Inhalt Ihres Beispielprojekts auf Ihrem Rechner in einen neuen Ordner **prod-cat-final**. Übernehmen Sie dabei nicht die **node_modules**-Verzeichnisse. Sie können den bestehenden Ordner **prod-cat** nicht direkt wiederverwenden, da Sie im vorhergehenden Abschnitt 12.2.1 schon ein gleichnamiges Projekt im SAP Business Application Studio angelegt haben. Alternativ nutzen Sie die Downloadmaterialien zu diesem Buch. Extrahieren Sie dann den Inhalt des Archivs **Kapitel_11.zip** in das neues Verzeichnis **prod-cat-final**.

Übernahme des Beispielprojekts

Benutzen Sie erneut Drag & Drop, um den Ordner **prod-cat-final** von Ihrem Rechner in den Dateiexplorer des SAP Business Application Studios zu ziehen. Lassen Sie den Ordner dort außerhalb des schon vorhandenen Ordners **prod-cat** fallen. Dadurch werden alle Dateien in Ihren Development Space hochgeladen. Der neue Ordner wird als fehlerhaft markiert, da Ihnen noch die Abhängigkeiten auf die CDS-Common-Bibliotheken von CAP fehlen. Dies beheben Sie, indem Sie ein neues Terminal öffnen, dort über `cd prod-cat-final` in das Projektverzeichnis wechseln und dann die Abhängigkeiten mit dem Kommando `npm install` installieren (siehe Abbildung 12.12). Anschließend sollten alle Fehlermarkierungen verschwunden sein.

Bauen und Deployen der Anwendung

Sie können die CAP-basierten Anwendungen nun bauen und in die Cloud-Foundry-Umgebung deployen. Gehen Sie dazu genauso vor, wie in Kapitel 11, »Deployment der Geschäftsanwendung«, beschrieben ist. Beachten Sie, dass bei einem Deployment die Datei **default-env.json** ein syntaktisch korrektes JSON-Format beinhalten muss. Ist dies nicht der Fall, korrigieren Sie den Inhalt, oder benennen Sie die Datei um. Die dortigen Einträge werden zwar auf Cloud Foundry ignoriert, aber das Format wird trotzdem auf Korrektheit geprüft.

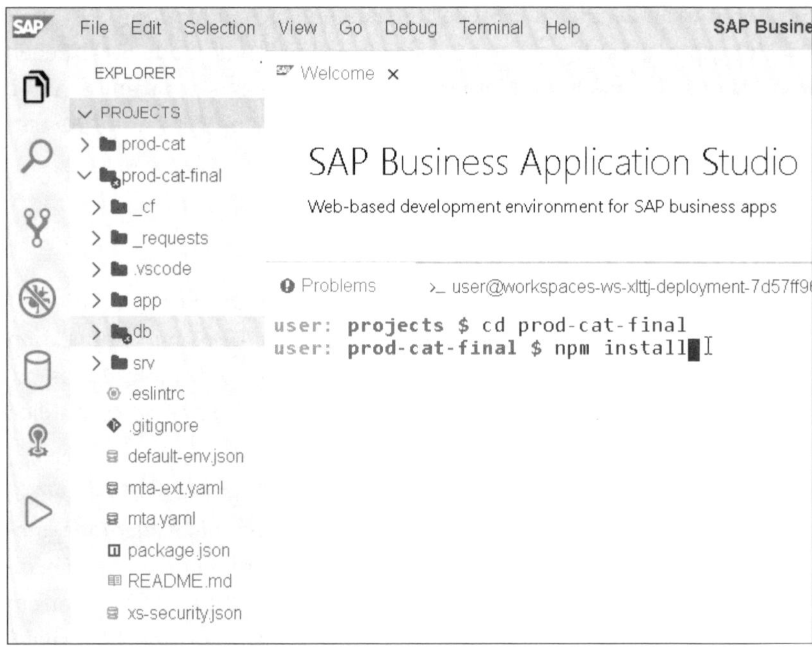

Abbildung 12.12 Installieren von Projektabhängigkeiten

Das SAP Business Application Studio hat alle nötigen Werkzeuge, wie z. B. das CDS Development Kit, die MTA Build und Deployment Tools sowie das Cloud Foundry Command Line Interface, vorinstalliert. Sollte ein Werkzeug nicht oder in einer ungenügenden Version vorhanden sein, so installieren Sie einfach die passende Version mit den Möglichkeiten des Terminals in Ihren Development Space. Dies ist möglicherweise auch für Aktualisierungen von Werkzeugen erforderlich, da ein einmal erzeugter Development Space nicht automatisch für alle Komponenten aktualisiert wird.

Verbinden mit der Cloud-Foundry-Umgebung

Ein Konfigurationsschritt ist allerdings noch zu gehen, bevor Sie eine Anwendung in die Cloud-Foundry-Umgebung deployen können. Genauso wie in der lokalen Entwicklungsumgebung Visual Studio Code muss sich das Cloud Foundry CLI mit einem Cloud Foundry Space verbinden. Eventuell haben Sie schon den entsprechenden Hinweis **The organization and space in Cloud Foundry have not been set** in der Fußzeile des SAP Business Application Studios bemerkt. Klicken Sie in der Fußzeile auf diesen Text (klicken Sie nicht auf den Text **Connect**), um in dem erscheinenden Dialog den Schnittstellenendpunkt der gewünschten Cloud-Foundry-Landschaft einzugeben (siehe dazu auch 7.4.2, »Das Cloud Foundry CLI«). Anschließend werden Sie in einem gleichartigen Dialog zur Eingabe Ihrer E-Mail-Adresse und des Passworts aufgefordert, mit denen Sie sich bei der SAP Cloud Platform registriert haben. Nach erfolgreicher Anmeldung wählen Sie aus einer Liste von Vorschlägen die gewünschte Cloud-Foundry-Organisation und den Space aus. Nun können Sie das Cloud Foundry CLI wie gewohnt nutzen. Alternativ zu der dialoggeführten Anmeldung können Sie die Anmeldemöglichkeiten des Cloud Foundry CLI direkt nutzen.

12.3 Was Sie aus diesem Kapitel mitnehmen sollten

IDE as a Service

Mit dem SAP Business Application Studio bietet SAP eine moderne und offene IDE as a Service auf der SAP Cloud Platform an. Durch die große Community bestehen gute Chancen, eine langfristige, funktional reiche Lösung anbieten zu können. SAP kann und wird das Studio natürlich mit Werkzeugen anreichern, die besonders die Entwicklung mit SAP Technologien unterstützen. Im Fokus stehen dabei vor allem SAP Fiori und das SAP Cloud Application Programming Model.

Vorkonfiguration

Durch vorkonfigurierte Development Spaces arbeiten Sie auf virtuellen Linux-Rechnern, die Software für einen bestimmten Anwendungsfall anbieten. Gleichzeitig sind Sie frei, neue Software zu installieren, oder das SAP Business Application Studio mit Visual Studio-Code- und Theia-Plugins zu erweitern.

Ein kritischer Blick ist erforderlich

Viele Entwickler*innen schauen aus zwei Gründen kritisch auf Cloud-basierte Entwicklungsumgebungen. Zum einen existieren seit Langem weit fortgeschrittene IDEs, wie z. B. die Eclipse-IDE mit den Java Development Tools. Ein Konkurrent muss in diesem Bereich zuerst eine ausreichende funktionale Parität erreichen, damit Entwickler einen Umstieg in Betracht ziehen. Zum anderen bringt eine Online-Entwicklung die Abhängigkeit von ausreichend vorhandener Internetverbindung sowie möglicherweise Sicherheitsbedenken bezüglich des Zugriffs auf den in der Cloud hinterlegten Quellcode.

Ob die Vorteile oder Nachteile für Sie überwiegen, müssen Sie basierend auf Ihren Anforderungen selbst entscheiden. Auf alle Fälle ist es wert, sich mit dem SAP Business Application Studio zu beschäftigen.

Kapitel 13
Integration mit SAP-Lösungen

Eine Anwendung auf der SAP Cloud Platform wird selten ohne Beziehung zu anderen Services oder Anwendungen stehen. Die SAP Cloud Platform stellt deswegen Services und Best Practices bereit, um sichere Kanäle für eine synchrone oder eine ereignisbasierte Kommunikation aufzubauen. CAP macht es Ihnen einfach, diese Services aus Ihrer Anwendung heraus zu nutzen.

Ein populärer Anwendungsfall für die SAP Cloud Platform ist die Implementierung von Erweiterungen zu bestehenden Anwendungen außerhalb der SAP Cloud Platform. Insbesondere existierende On-Premise-Deployments von SAP-Produkten, aber auch neuere SAP-Cloud-Lösungen stehen dabei besonders im Fokus. Beispielsweise sind dies SAP S/4HANA (On-Premise-Deployment und Cloud Deployment), SAP SuccessFactors, SAP Commerce Cloud, SAP Cloud for Customer oder SAP Field Service Management.

Services zur Kommunikation

Es sind zwei prinzipiell verschiedene Services und Techniken zum Aufbau und zur Orchestrierung der Kommunikation zwischen SAP Cloud Platform und diesen Lösungen zu unterscheiden:

- *SAP Cloud Platform Connectivity* ermöglicht eine synchrone Kommunikation von Anwendungen auf der SAP Cloud Platform mit anderen On-Premise- oder Cloud-Lösungen.
- *SAP Cloud Platform Enterprise Messaging* unterstützt eine asynchrone, ereignisbasierte Kommunikation zwischen den beteiligten Systemen.

Häufig kommt auch eine Kombination beider Varianten zum Einsatz.

Ziele dieses Kapitels

Die folgenden Abschnitte 13.1 und 13.2 stellen die grundlegenden Funktionsweisen beider Services und Techniken im Überblick vor. Mehr Details finden Sie in der Online-Dokumentation von SAP unter *http://s-prs.de/v765159* und auf *http://s-prs.de/v765160*. Auf den Seiten der SAP Community (siehe *https://community.sap.com/*) finden sich weitere Informationen und Tutorials. Die Services der SAP Cloud Platform Connectivity sind auch in dem Buch *SAP Cloud Platform. Services, Nutzen, Erfolgsfaktoren* von Holger Seubert ausführlich dargestellt (siehe *www.sap-press.de/4646*).

In den Abschnitten 13.3, »Externe Services an eine CAP-Anwendung anbinden«, und 13.4, »Ereignisse senden und verarbeiten mit CAP«, lernen Sie, wie das SAP Cloud Application Programming Model die Nutzung dieser Services unterstützt. Die dazu nötigen Erweiterungen des Beispielprojekts zu diesem Buch finden Sie in den Downloadmaterialien im Archiv **Kapitel_13.zip**.

13.1 SAP Cloud Platform Connectivity

SAP Cloud Platform Connectivity besteht aus zwei Komponenten (siehe Abbildung 13.1), die sowohl für die Cloud-Foundry-Umgebung als auch für die Neo-Umgebung der SAP Cloud Platform verfügbar sind.

Connectivity Service für Kommunikation nach On-Premise

Die erste Komponente ist der eigentliche *Connectivity Service*. Er wird für die Kommunikation mit On-Premise-Systemen benötigt. Im Zusammenspiel mit dem *Cloud Connector* kann eine Kommunikation über einen sicheren Tunnel erfolgen.

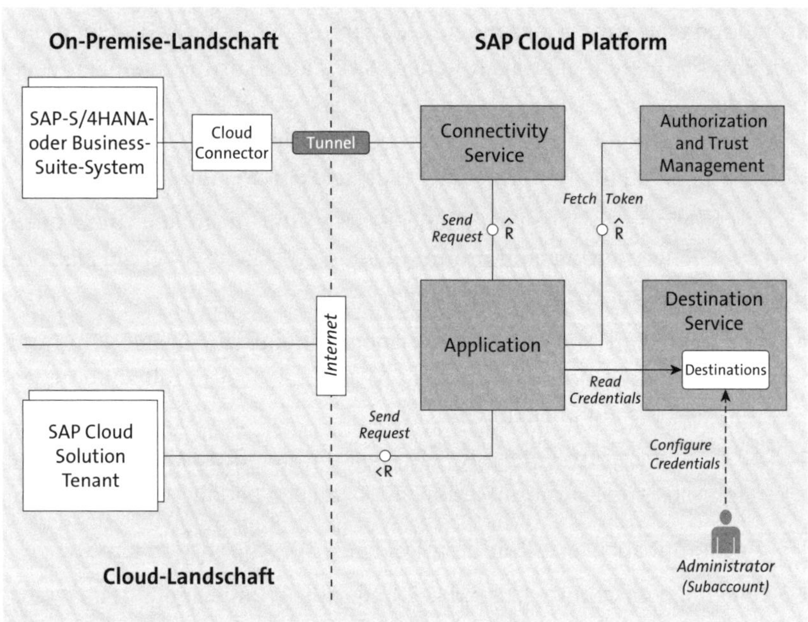

Abbildung 13.1 Nutzung der SAP Cloud Platform Connectivity Services

Destination Service als Konfigurationsservice

Die zweite Komponente ist der *Destination Service*. Dies ist der zentrale *Konfigurationsservice* für Kommunikationszwecke der SAP Cloud Platform. Ein Konfigurationsservice ermöglicht befugten Personen das Erfassen von Konfigurationsdaten für bestimmte Verwender. Für den Destination Service ist dies der Administrator bzw. die Administratorin eines Subaccounts (siehe Abbildung 13.1). Das SAP Cloud Platform Cockpit wird hierbei genutzt, um sogenannte *Destinations* anzulegen, für die dann Konfigurationsdaten hinterlegt werden können. Konkret betreffen diese Daten die Information über zu verbindende Systeme und deren Zugangsdaten bzw. die zu nutzende Authentifizierungsmethodik. Abbildung 13.2 zeigt den Anlagedialog für eine Destination. Zu hinterlegen sind unter anderem der Verbindungstyp (z. B. HTTP, oder RFC), die URL des Zielsystems und die Art der Authentifizierung (z. B. **Basic Authentication**, **Client Certificate** oder **OAuth Client Credentials**).

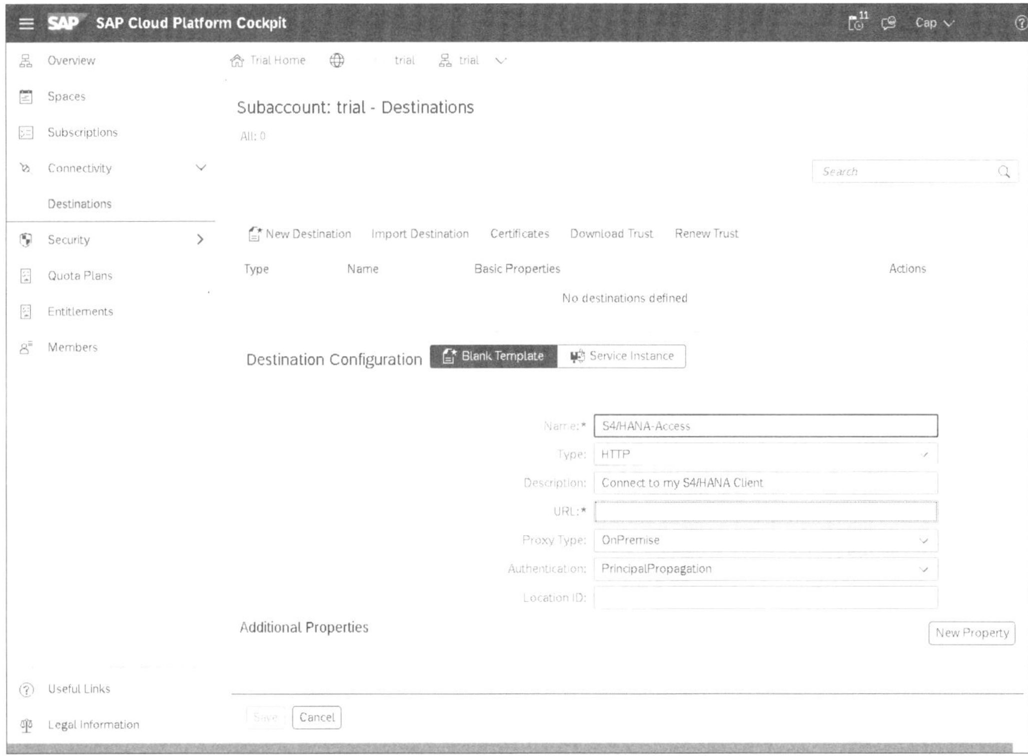

Abbildung 13.2 Eigenschaften einer Destination

Auslesen der Konfiguration

Wenn diese Informationen durch den Administrator oder die Administratorin des Subaccounts vorgegeben sind, kann eine Applikation die Konfiguration zur Laufzeit auslesen und für einen Verbindungsaufbau nutzen. In der Cloud-Foundry-Umgebung legen Anwendungsentwickler dazu eine Instanz des Destination Service an, innerhalb des Spaces, in dem auch ihre Applikation deployt ist. Durch Binden der Service-Instanz an die Applikation erhält die Anwendung die Information, wie die Konfiguration auszulesen ist, in die Umgebungsvariable `VCAP_SERVICES` injiziert (siehe Abschnitt 7.3.4,

»Binden einer Service-Instanz«, für eine detaillierte Darstellung des Binding-Mechanismus).

Kommunikation mit der Zielanwendung

Mit den gelesenen Verbindungsdaten kann die Applikation dann mit dem gewünschten Ziel direkt über das Internet kommunizieren. Als Zwischenschritt ist zuvor typischerweise noch eine Kommunikation mit dem Authorization and Trust Management der SAP Cloud Platform nötig, um geeignete Authentifizierungs-Token für die Zielapplikation zu erhalten (siehe Abbildung 13.1).

Ist das Kommunikationsziel ein SAP-System in einer On-Premise-Landschaft, dann erfolgt die Kommunikation über den Connectivity Service. Auch davon haben die Anwendungsentwickler*innen dann eine Service-Instanz erzeugt und an ihre Anwendung gebunden.

13.2 SAP Cloud Platform Enterprise Messaging

Vorteile eines Message Brokers

In der Cloud-Foundry-Umgebung bietet die SAP Cloud Platform einen *Messaging Service* an. Damit verbinden Sie Anwendungen, Services und Systeme durch den asynchronen Austausch von Nachrichten und Ereignissen. Im Vergleich dazu unterstützen die Services der SAP Cloud Platform Connectivity nur eine synchrone Punkt-zu-Punkt-Kommunikation, d. h. die direkte Verbindung zweier Partner. Durch die Einführung eines zentralen Nachrichtenvermittlers, auch *Message Broker* genannt, ermöglicht das Enterprise Messaging eine skalierbare und robuste Kommunikation. Nachrichten können sicher und zuverlässig zwischen einer großen Anzahl von Sendern und Empfängern ausgetauscht werden. Durch die Asynchronität werden sendende Systeme nicht blockiert, um auf eine Antwort zu warten. Zusätzlich können Sender und Empfänger informativ entkoppelt werden, indem sich Empfänger nur auf bestimmte Ereignisse registrieren.

Ein Beispielszenario

Abbildung 13.3 zeigt ein hypothetisches, aber dennoch typisches Szenario, in dem SAP Enterprise Messaging in Kombination mit einer synchronen Datenanfrage genutzt wird. Der Ablauf ist in Abbildung 13.3 dargestellt.

❶ Ein SAP-S/4HANA-Cloud-System sendet die beiden Ereignisse `PRODUCT_CREATED` und `CUSTOMER_UPDATED` als Reaktion auf Stammdatenänderungen.

❷ Zwei Erweiterungsanwendungen auf der SAP Cloud Platform haben sich auf jeweils eines der Ereignisse registriert. Die Anwendung **Product Rating Extension** empfängt das Ereignis `PRODUCT_CREATED`. Mit dem Ereignis wird ein reduzierter Produktstammdatensatz gesendet, den die Anwendung für spätere Bewertungen persistiert. Die Anwendung **Customer**

Risk Analysis wird durch das Ereignis CUSTOMER_UPDATED über eine Änderung eines Kundenstammdatensatzes informiert.

❸ Als Reaktion auf das Ereignis wird die Anwendung **Customer Risk Analysis** eine Neubewertung des Kunden vornehmen. Um die dafür benötigten aktuellen Daten zu beziehen, liest die Anwendung die Zugangsdaten zum SAP-S/4HANA-Cloud-System aus einer Instanz des Destination Services.

❹ Die aktuellen Transaktionsdaten zum geänderten Kunden werden gelesen, um die Neubewertung durchzuführen.

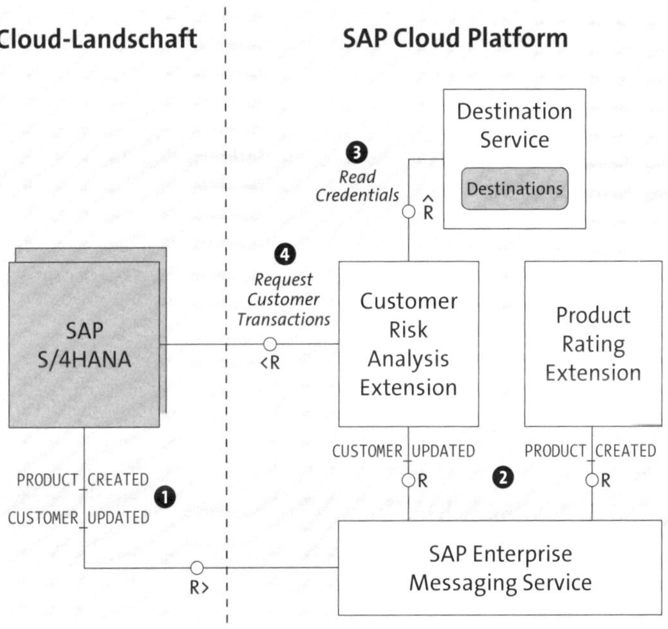

Abbildung 13.3 SAP Enterprise Messaging in Kombination mit direkter, synchroner Kommunikation

Minimaler Datentransport in Ereignissen

Dieses hypothetische Szenario verdeutlicht ein empfohlenes Skalierungsprinzip. Ereignisse sollten über Zustandsänderungen informieren und nicht komplette Zustände transportieren. Da das System der SAP S/4HANA Cloud unter Umständen nicht weiß, wer sich auf ein Ereignis CUSTOMER_UPDATED registriert hat, wird die Information, die als Teil des Ereignisses gesendet wird, immer unvollständig sein. Die Alternative wäre das Senden des kompletten Kundenstammsatzes, was die Menge an transportierter Information enorm vergrößert. Dies wird unvermeidlich zu Performanz- und

Speicherproblemen führen. Aus diesem Grund sollten sich Anwendungen als Reaktion auf Ereignisse gezielt die für ihre Zwecke benötigen Informationen besorgen.

13.3 Externe Services an eine CAP-Anwendung anbinden

CAP bietet eine einfache Integration externer Services in eine Anwendung. Entwickler gehen dazu auf folgende Weise vor:

- **Importieren eines Servicedokuments**

  Ist für den externen Service ein *OData-Servicedokument* verfügbar, kann dieses in ein Entwicklungsprojekt importiert werden. In einer Entwicklungsphase kann dann schon die Antwort des externen Services per Mocking simuliert werden.

- **Berücksichtigung des externen Servicemodells innerhalb des Gesamtmodells**

  Basierend auf dem importierten Servicemodell können in CDS Projektionen definiert werden, die Teil des Domänen- oder Servicemodells der Anwendung werden.

- **Implementierung des externen Zugriffs**

  In Ereignisbehandlern werden Anfragen an den externen Service weitergeleitet. Die Kommunikation kann auch schon im Mocking-Modus getestet werden.

- **Konfiguration der Konnektivität**

  Das CAP-Projekt wird konfiguriert, um für den echten externen Servicezugriff eine Destination der SAP Cloud Platform Connectivity zu nutzen.

Die folgenden Abschnitte geben Ihnen eine Umsetzungsanleitung zu diesen einzelnen Schritten anhand des SAP-S/4HANA-Business-Partner-Service, dessen Metadaten über den SAP API Business Hub zur Verfügung gestellt wird.

13.3.1 Importieren eines Servicedokuments

Der Import eines Servicedokuments kann anhand eines realen SAP-Services für den Zugriff auf das SAP-Business-Partner-Objekt nachvollzogen werden. Ich setzte voraus, dass Sie dazu ein CAP-Projekt angelegt haben, in das Sie den für Sie externen Business-Partner-Service integrieren wollen. Die unten gezeigten Abbildungen und Beispiele gehen vom Stand des Beispielprojekts zu diesem Buch am Ende von Kapitel 3, »Start des Entwicklungsprojekts«

aus. Wenn Sie das folgende Beispiel selbst nachvollziehen wollen, laden sie das Archiv **Kapitel_03.zip** aus den Downloadmaterialen zu diesem Buch herunter. Extrahieren Sie den Inhalt in ein Verzeichnis Ihrer Wahl und starten Sie dann dort die Visual-Studio-Code-IDE.

Der SAP API Business Hub

Der *SAP API Business Hub* stellt Ihnen unter anderem Daten- und Servicemodelle aus der SAP-Welt zur Verfügung. Er kann genutzt werden, um die OData-Metadaten des Business-Partner-Services zu erhalten. Öffnen Sie dazu im Browser die Adresse *https://api.sap.com*. Melden Sie sich dort mit Ihren Zugangsdaten zur SAP Cloud Platform an, die Sie z. B. für einen Trial-Account nutzen.

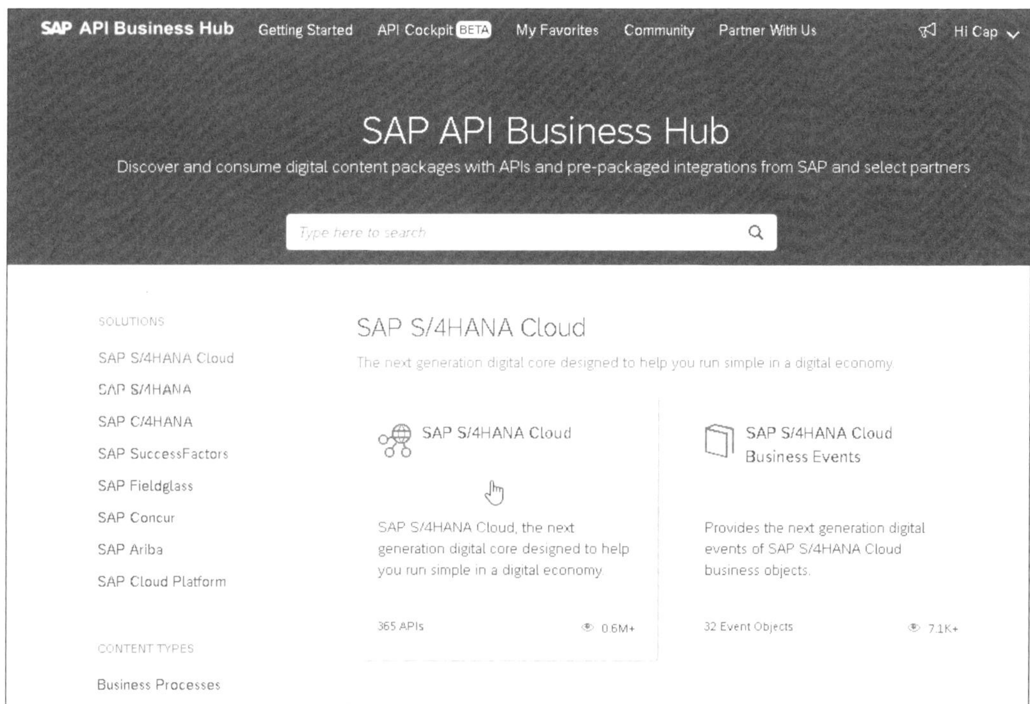

Abbildung 13.4 Einstiegsseite des SAP API Business Hub

OData-API des SAP Business Partners

Auf der Einstiegsseite, klicken Sie auf die Kachel **SAP S/4HANA Cloud** (siehe Abbildung 13.4). Geben Sie dann in das Suchfeld den Begriff *Business Partner* ein und klicken Sie auf das Lupensymbol neben dem Suchfeld. Aus den erscheinenden Kacheln klicken Sie auf **Business Partner (A2X)**, um das OData-API des SAP Business Partners auszuwählen (siehe Abbildung 13.5).

Die Details zu diesem API (Methoden und Entitäten) werden Ihnen daraufhin angezeigt. Klicken Sie auf die Navigationsoption **Details** oberhalb der Methodenansicht (siehe Abbildung 13.6).

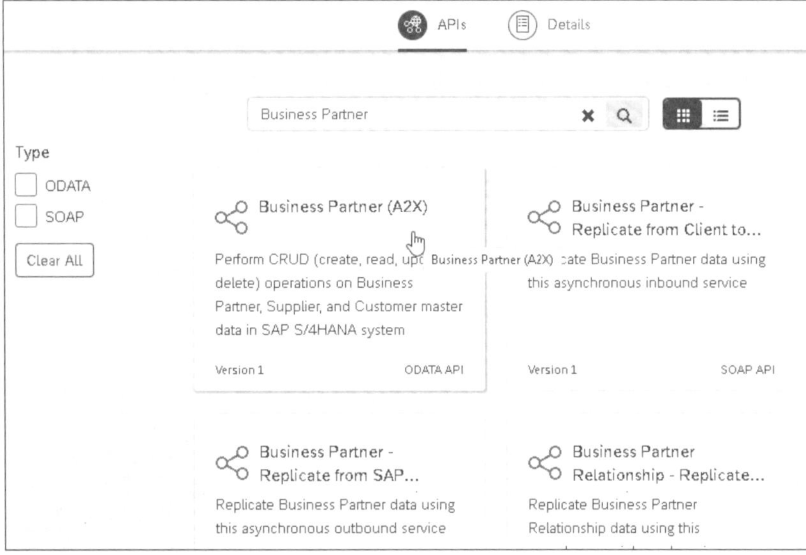

Abbildung 13.5 Auswahl des OData-API des SAP Business Partners

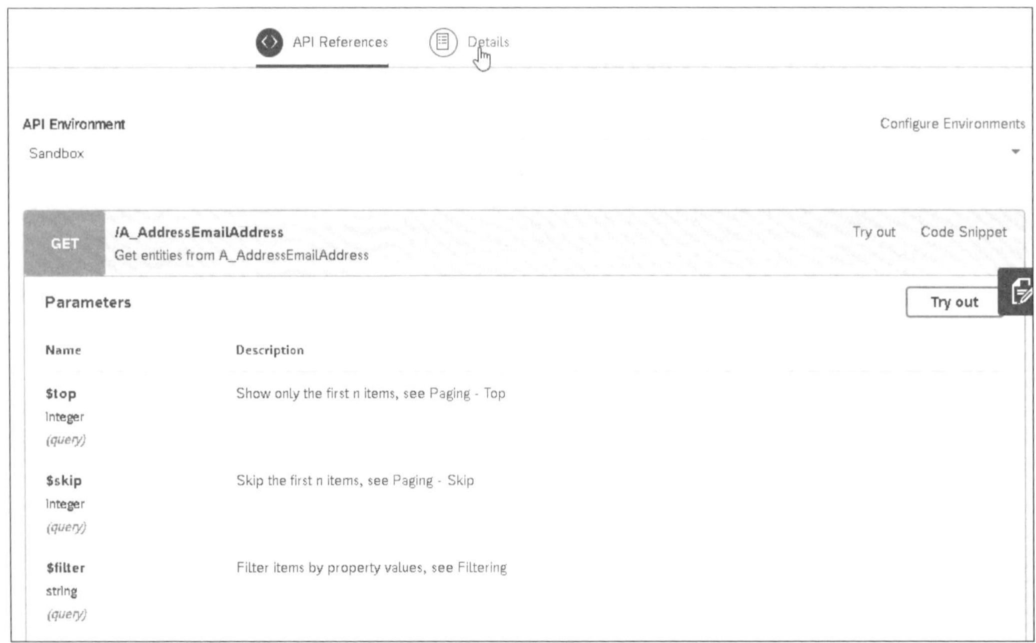

Abbildung 13.6 Methodensicht des Business-Partner-API

In der erscheinenden Detailansicht klicken Sie auf **Download Specification** und wählen den Eintrag **EDMX** aus (siehe Abbildung 13.7). Die OData-Metadaten des Business-Partner-Service werden daraufhin im XML-Format auf

Ihren Rechner unter der Bezeichnung **API_BUSINESS_PARTNER.edmx** heruntergeladen.

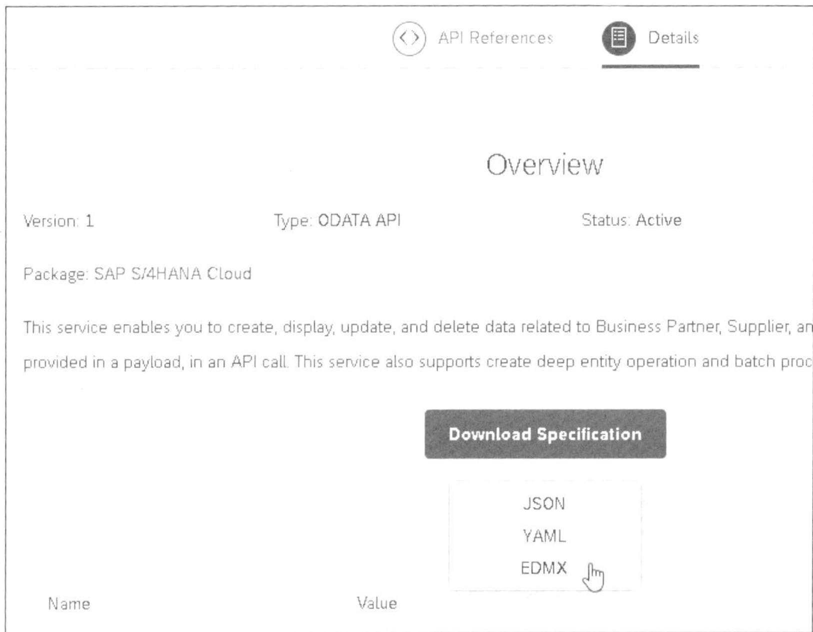

Abbildung 13.7 Herunterladen der OData-Metadaten

Import in ein CAP-Projekt

Das heruntergeladene Servicedokument können Sie nun in ein CAP-Projekt importieren. Öffnen Sie dazu ein Projekt (starten Sie beispielsweise mit **Kapitel_03.zip** aus den Downloadmaterialen zu diesem Buch), z. B. in der Visual-Studio-Code-IDE. In einem Terminal geben Sie das Kommando `cds import <Servicedokument>` ein, wobei *<Servicedokument>* für den vollständigen Pfad und Namen der heruntergeladenen EDMX-Datei steht.

```
>> cds import C:\...\Downloads\API_BUSINESS_PARTNER.edmx
[cds] - updated ./package.json
[cds] - imported API to srv\external\API_BUSINESS_PARTNER.csn
> use it in your CDS models through the like of:
  using { API_BUSINESS_PARTNER as external } from
      './external/API_BUSINESS_PARTNER.csn';
>>
```

Listing 13.1 Terminalausgabe nach der Ausführung von »cds import«

Auswirkungen des Imports

Listing 13.1 zeigt die Terminalausgabe nach der Ausführung des Kommandos `cds import`. Zwei Reaktionen auf Ihre Eingabe sind dort vermerkt. Zum einen wird der Projektdeskriptor **package.json** um einen Konfigurationseintrag für den benötigten Business-Partner-Service erweitert (siehe Listing 13.2).

```
"cds": {
  "requires": {
     "API_BUSINESS_PARTNER": {
        "kind": "odata",
        "model": "srv/external/API_BUSINESS_PARTNER"
     }
  }
}
```

Listing 13.2 Konfigurationseintrag für den benötigten Service API_BUSINESS_PARTNER

Zum anderen wird im **srv/**-Verzeichnis für Servicedefinitionen ein Unterverzeichnis **external/** angelegt, das zwei Dateien enthält. Neben der originalen, heruntergeladenen EDMX-Datei liegt dort die Datei **API_BUSINESS_PARTNER.csn**, welche die Definition des Business-Partner-Service im CSN-Format von CAP enthält (siehe Abschnitt 4.1, »CDS als Familie von Modellierungssprachen«). Wie in der Terminalausgabe in Listing 13.1 angedeutet, können Sie damit den Business-Partner-Service über eine `using`-Beziehung in Ihr eigenes CDS-Modell integrieren.

13.3.2 Mocking eines importierten Services

Starten Sie `cds watch` für Ihr Projekt. Neben den bekannten Meldungen über das Füllen der SQLite-Datenbank und das Starten des Administratorservices erscheint auch die Meldung `mocking API_BUSINESS_PARTNER { at: '/api-business-partner' }`. Sollte diese Meldung nicht erscheinen, liegt das an einem Fehler in bestimmten Versionen von CAP für Windows. Stoppen Sie in diesem Fall `cds watch` und starten Sie es erneut.

Wenn Sie Ihren Browser nun mit der Adresse *http://localhost:4004* starten, sehen Sie eine Seite wie in Abbildung 13.8. Klicken sie Beispielsweise auf den Link **A_Business_Partner**, um zu sehen, dass noch keine Business-Partner-Daten über den Service angeboten werden.

Testdaten anlegen

Sie können nun Testdaten für die Business-Partner-Entität erzeugen, indem Sie die **.csv**-Datei **API_BUSINESS_PARTNER-A_BusinessPartner.csv** anlegen. Platzieren Sie diese Datei in einem neuen Unterverzeichnis **data** innerhalb von **srv/external/** (siehe auch Abschnitt 2.3.3, »Testdaten für die Datenbank bereitstellen«). Füllen Sie die **.csv**-Datei beispielsweise mit dem Inhalt, wie ihn Listing 13.3 zeigt. Dort werden nur drei Felder der Business-Partner-

Entität gefüllt. Beachten Sie, dass der Eintrag für den Business-Partner 303 keine Angabe für `Supplier` enthält. Prüfen Sie das Lesen der Testdaten, indem Sie erneut den Link **A_Business_Partner** der CDS-Services-Willkommensseite auswählen.

Welcome to *cds.services*

These are the paths currently served ...

/api-business-partner / $metadata

- A_AddressEmailAddress ...in Fiori
- A_AddressFaxNumber ...in Fiori
- A_AddressHomePageURL ...in Fiori
- A_AddressPhoneNumber ...in Fiori
- A_BPContactToAddress ...in Fiori
- A_BPContactToFuncAndDept ...in Fiori
- A_BuPaAddressUsage ...in Fiori
- A_BuPaIdentification ...in Fiori
- A_BuPaIndustry ...in Fiori
- A_BusinessPartner ...in Fiori
- A_BusinessPartnerAddress ...in Fiori
- A_BusinessPartnerBank ...in Fiori

Abbildung 13.8 Links zu den Metadaten und Entitäten des importierten Business-Partner-Services

```
BusinessPartner;BusinessPartnerName;Supplier
301;MediaTV Inc.;"301"
302;Clever Company;"302"
303;Electronics All Over;
304;Stationery For You;"304"
```

Listing 13.3 Testdaten zum Business Partner

Alle Felder, die nicht durch die **.csv**-Datei mit Inhalten versehen sind, werden den Wert `null` ausweisen.

13.3.3 Referenzieren eines importierten Services im CDS-Modell

Erweiterung des Servicemodells

Bisher habe Sie den externen Service nur durch Metadaten beschrieben und Mock-Daten angelegt. Im nächsten Schritt müssen Sie den Business-Partner zu einem Teil Ihres Domänen- oder Servicemodells machen. Wie diese Integration zu erfolgen hat, hängt natürlich vom geplanten Verwendungszweck der externen Information ab. Ich zeige Ihnen hier, wie Sie beispielsweise den externen Business-Partner über den Administratorservice exponieren. Öffnen Sie dazu die Datei **srv/admin-service.cds** und erweitern Sie diese, wie Listing 13.4 zeigt.

```
using my.domain from '../db/schema';
using { API_BUSINESS_PARTNER } from './external/API_BUSINESS_
  PARTNER';

service AdminService {
  entity Products as projection on domain.Products;
  entity Suppliers as projection on domain.Suppliers
  entity Orders as projection on domain.Orders;

  @readonly entity BusinessPartners
    as projection on API_BUSINESS_PARTNER.A_BusinessPartner {
      key BusinessPartner as ID,
      BusinessPartnerName as Name,
      Supplier
    }
}
```

Listing 13.4 Der Business Partner als Teil des Administratorservice

Projizieren der benötigten Felder

Sie sehen zwei Änderungen gegenüber der ursprünglichen Definition des Administratorservices. Zum einen wird die Definition `API_BUSINESS_PARTNER` über die `using`-Direktive aus dem externen CSN-Modell importiert. Darauf aufbauend wird die nur lesbare Entität `BusinessPartners` als Teil des Services definiert. Mittels einer Projektion werden nur die gewünschten Felder übernommen und teilweise auch umbenannt.

[»]

Projektionen auf externen Daten

Am Beispiel des Business-Partner-OData-Services von SAP S/4HANA sehen Sie, dass die zugehörigen Datensätze extrem »breit« sind, also viele Datenfelder enthalten. Eine Erweiterungsanwendung wird nicht alle Aspekte eines Business-Partners aus SAP S/4HANA benötigen, da sie einen fokussierten Funktionsumfang bereitstellen wird. Nutzen Sie deshalb konsequent Projektionen, um nur die benötigten Informationen in Ihr CDS-Modell aufzunehmen. Die resultierenden OData-Querys werden nur diese Informationen aus SAP S/4HANA anfragen. Die Menge der übertragenen Daten wird damit auf das Nötigste reduziert.

Auf der Willkommensseite von CDS Services sehen Sie nun die neue Entität als Teil des Administratorservice (siehe Abbildung 13.9).

- A_SupplierWithHoldingTax ...in Fiori

/admin / $metadata

- BusinessPartners ...in Fiori
- Orders ...in Fiori
- Products ...in Fiori
- Suppliers ...in Fiori

Abbildung 13.9 Der Business-Partner als Teil des Administratorservice

Klicken Sie auf den Link **BusinessPartners**, um Ihre Testdaten im Format der vorgenommenen Projektion zu sehen.

13.3.4 Implementierung des Lesezugriffs

Im vorherigen Abschnitt haben Sie gesehen, dass das Lesen der Daten des Business-Partners über den erweiterten Administratorservice automatisch funktioniert. Zum Zeitpunkt des Schreibens dieses Buches ist dies allerdings nur für das Lesen der Mock-Daten der Fall. Für den Zugriff auf die echten externen Daten müssen Sie noch den Lesezugriff in einem Ereignisbehandler implementieren. In Zukunft wird dies wahrscheinlich nicht mehr nötig sein. Sie lernen aber in diesem Abschnitt anhand dieses Lesezugriffs, wie man eine Verbindung zu dem externen Service aufbaut und die Daten aus liest. Wenn die externe Entität nicht Teil eines Services ist, Sie aber in einem Ereignisbehandler die externen Daten lesen müssen, werden Sie die gezeigte Technik genau so anwenden können. CAP kann Ihnen in diesem Fall nicht mit einer allgemeinen Lösung helfen.

Verbinden mit einem externen Service

Für den Administratorservice nutzen Sie wieder die Datei **srv/admin-service.js**, um eine Behandlung des `on.READ`-Ereignisses für die Service-Entität `BusinessPartners` zu implementieren. Listing 13.5 zeigt diese Implementierung zusammen mit dem schon vorher implementierten `after.Read`-Ereignisbehandler für die `Products`-Entität.

```
module.exports = async (srv)=>{
  const {Products, BusinessPartners} = srv.entities
  // Connect to remote service
  const BPsrv = await cds.connect.to('API_BUSINESS_PARTNER')

  // Compute margin after a READ operation
  srv.after ('READ', Products, (each)=>{
    let num = each.retail - each.price;
    each.margin = num.toFixed(2);  // comply to Decimals(9,2)
```

```
  })

  // Read BusinessParters from remote services
  srv.on('READ', BusinessPartners, (req) => {
    BPsrv.tx(req).run(req.query)
  })
}
```

Listing 13.5 Lesen von externen Daten in einem Ereignisbehandler

Beachten Sie, dass das JavaScript-Modul nun eine asynchrone Funktion exportiert. Dadurch kann die Verbindung mit dem externen Service, wie erforderlich, mit der Funktion `cds.connect.to` und der `await`-Direktive aufgebaut werden. Die eigentliche Ereignisbehandlung ist sehr einfach. Mittels der Anweisung `BPsrv.tx(req).run(req.query)` wird das eingehende Request-Objekt an eine Transaktion gebunden und die eingehende Query `req.query` wird an den externen Service geschickt.

Mehr Erläuterungen zu den hier benutzten Methoden des CDS API finden Sie in Kapitel 6, »Das CDS API für Node.js«.

13.3.5 Zugriff auf externen Service konfigurieren

Für den realen Zugriff auf einen externen Service benutzt CAP den Destination Service der SAP Cloud Platform, den ich in Abschnitt 13.1, »SAP Cloud Platform Connectivity«, vorgestellt habe. Im Projektdeskriptor **package.json** wird in der `credentials`-Sektion dazu der Name einer vorhandenen Destination eingetragen (siehe Listing 13.6).

```
"requires": {
   "API_BUSINESS_PARTNER": {
     "kind": "odata",
     "model": "srv/external/API_BUSINESS_PARTNER",
     "credentials": { "destination": "To-S4HANA" }
   }
}
```

Listing 13.6 Konfiguration einer Destination für den externen Service

Referenz auf eine Destination konfigurieren

Der Name `To-S4HANA` ist beispielhaft eingetragen. Sie müssen dort den Namen einer existierenden Destination eintragen, die Sie mithilfe des SAP Cloud Platform Cockpits erzeugt und für Ihr Zielsystem konfiguriert haben.

Eine weitere Voraussetzung ist, dass Sie in Ihrem Cloud Foundry Space eine Instanz des Destination Service erzeugt haben, die an Ihre Anwendung gebunden ist. Sollten Sie die Anwendung noch nicht in die Cloud-Foundry-Umgebung deployt haben, so können Sie dennoch die Technik der hybriden Entwicklung nutzen (siehe Kapitel 10, »Hybride Entwicklung«), um Ihre Anwendung mit Daten des echten externen Service zu testen.

13.4 Ereignisse senden und verarbeiten mit CAP

Im vorangegangenen Abschnitt 13.3 habe ich Ihnen gezeigt, wie Sie einen externen Service für eine synchrone Kommunikation an eine CAP-basierte Anwendung anschließen. Wie in Abschnitt 13.2, »SAP Cloud Platform Enterprise Messaging«, diskutiert, behält die synchrone Kommunikation trotz Messaging-Infrastrukturen ihre Daseinsberechtigung (siehe dazu Abbildung 13.3).

Nutzung des SAP Enterprise Messaging

Aufbauend auf dem Beispiel des externen Business-Partner-Services zeige ich Ihnen in diesem Abschnitt, wie Sie mit CAP im Zusammenspiel mit SAP Enterprise Messaging auf der SAP Cloud Platform eine ereignisbasierte Kommunikation aufbauen. Die Vorgehensweise nutzt dabei wieder die Mocking-Fähigkeiten von CAP, um vorerst ohne echte externe Konnektivität die Anwendungslogik zu entwickeln. Erst wenn die Logik erfolgreich lokal getestet ist, wird durch eine Konfiguration die externe Kommunikation hergestellt.

13.4.1 Mocking von externen Ereignissen

Um in den Mocking-Modus zurückzukehren, löschen Sie die `credentials`-Sektion im Projektdeskriptor **package.json**. Alternativ können Sie diese Sektion auch durch eine Umbenennung deaktivieren. Fügen Sie dazu z. B. einen Unterstrich als Präfix zu dem `credentials`-Element hinzu (siehe Listing 13.7).

```
"requires": {
  "API_BUSINESS_PARTNER": {
    "kind": "odata",
    "model": "srv/external/API_BUSINESS_PARTNER",
    "_credentials": { "destination": "To-S4HANA" }
  }
}
```

Listing 13.7 Reaktivierung des Mocking-Modus durch Umbenennung des »credentials«-Abschnitts

Simulation eines SAP-S/4HANA-Ereignisses

Im Folgenden nutzen Sie die Mock-Implementierung von CAP für den externen Business-Partner-Service, um das Erzeugen und Senden eines Events aus SAP S/4HANA zu simulieren. Legen Sie dazu im Verzeichnis **srv/external/** die JavaScript-Datei **API_BUSINESS_PARTNER.js** an. Wie gewohnt entspricht dies der CAP-Konvention für die Implementierung von Ereignisbehandlern zu einem Service, der in der Datei **API_BUSINESS_PARTNER.csn** definiert ist. Erfassen Sie in der JavaScript-Datei den Code, wie ihn Listing 13.8 zeigt.

```
module.exports = (srv) => {
  srv.on('UPDATE', req => {
    // payload structure of S/4HANA event
    const payload =
       { KEY: [{BUSINESSPARTNER: req.data.BusinessPartner}] }
  srv.emit('BusinessPartner/Changed', payload)
  console.log('EMITTED BusinessPartner/
Changed with payload ', payload)
  })
}
```

Listing 13.8 Erzeugen eines Ereignisses für den simulierten Business-Partner-Service

Mit der Anweisung `srv.emit` wird das Ereignis `BusinessPartner/Changed` erzeugt. Das Format der mit dem Ereignis transportierten Daten (der *Payload*) muss der von SAP S/4HANA vorgegebenen Struktur entsprechen.

Auslösen des Ereignisses

Starten Sie `cds watch` und senden Sie eine PATCH-Request gegen den Endpunkt des simulierten externen Business-Partner-Service. Der PATCH-Request wird den Behandler `on.UPDATE` aufrufen und damit das Ereignis auslösen. Sie können dies über die mit `console.log` geschriebene Terminalausgabe kontrollieren.

Um den PATCH-Request zu erzeugen, können Sie beispielsweise so vorgehen, wie es in Abschnitt 3.6, »Testen mit einem HTTP-Client«, beschrieben wird. Nutzen Sie dazu eine **.http**-Datei, wie sie Listing 13.9 zeigt.

```
PATCH  http://localhost:4004/api-business-partner/A_
BusinessPartner('303')
Content-Type: application/json

{
    "Supplier": "303"
}
```

Listing 13.9 Datei zur Erzeugung eines PATCH-Requests

Damit haben Sie ein Ereignis erzeugt, wie es auch SAP S/4HANA erzeugen würde, wenn ein Business-Partner geändert wird. Dazu haben Sie die CDS-API-Methode `srv.emit()` genutzt. Im nächsten Schritt soll das Ereignis empfangen und verarbeitet werden.

13.4.2 Verarbeitung externer Ereignisse

Service-Proxy

Zur Implementierung des Lesezugriffs auf den externen Service in Abschnitt 13.3.4, »Implementierung des Lesezugriffs«, haben Sie mit der Anweisung `const BPsrv = await cds.connect.to('API_BUSINESS_PARTNER')` den *Service-Proxy* `BPsrv` erzeugt, über den Sie auf den externen Service zugreifen können (siehe Listing 13.5). Konsequenterweise definieren Sie nun einen Ereignisbehandler für den Service-Proxy `BPsrv`, um auf das Ereignis `BusinessPartner/Changed` zu reagieren. Fügen Sie dazu die Funktion `BPsrv.on` aus Listing 13.10 zur Datei **srv/admin-service.js** hinzu. Platzieren Sie die Funktion dort unterhalb der Definition des Service-Proxy, so wie es Listing 13.10 zeigt.


```
module.exports = async (srv)=>{
  const {Products, BusinessPartners} = srv.entities
  // Connect to remote service
  const BPsrv = await cds.connect.to('API_BUSINESS_PARTNER')

  //Handler for BusinessPartner/Changed event
  BPsrv.on('BusinessPartner/Changed', async (msg) => {
    console.log('RECEIVED: BusinessPartner/
Changed with data ', msg.data)
  })
...
```

Listing 13.10 Ausschnitt aus der Datei »srv/admin-service.js« mit dem neuen Behandler für das Ereignis »BusinessPartner/Changed«

Nach Senden des PATCH-Requests wird nun als Reaktion auf das Ereignis eine Empfangsbestätigung im Terminal ausgegeben. In einer produktiven Anwendung würden Sie im Ereignisbehandler, basierend auf den in `msg.data` übertragenen Daten, auf eine im Kontext Ihrer Anwendung sinnvolle Weise auf das Ereignis reagieren.

13.4.3 SAP Enterprise Messaging aktivieren

Um SAP Enterprise Messaging für Ihre CAP-basierte Anwendung zu aktivieren, fügen Sie den `messaging`-Konfigurationseintrag im Projektdeskriptor **package.json** hinzu, wie in Listing 13.11 gezeigt. Vergessen Sie auch nicht, die `credentials`-Sektion für den synchronen Zugriff auf den externen Service wieder herzustellen.

```
"cds": {
  "requires": {
    "API_BUSINESS_PARTNER": {
      "kind": "odata",
      "model": "srv/external/API_BUSINESS_PARTNER",
      "credentials": { "destination": "To-S4HANA" }
    },
    "messaging": {
      "kind": "enterprise-messaging"
    }
  }
}
```

Listing 13.11 Aktivierung des Enterprise Messaging in der CAP-Konfiguration

Als weitere Voraussetzung müssen sie in Ihrem Cloud Foundry Space neben der Instanz für den Destination Service auch eine Instanz des SAP Enterprise Messaging Service erzeugt und an Ihre Anwendung gebunden haben.

Umgebungsvariablen für das hybride Szenario

Sollten Sie die Anwendung noch nicht in die Cloud-Foundry-Umgebung deployt haben, so können Sie dennoch die Technik der hybriden Entwicklung nutzen (siehe Kapitel 10, »Hybride Entwicklung«), um die Instanz des Enterprise Messaging Service anzubinden. Beachten Sie dabei, dass Sie dann in der Datei **default-env.json** nicht nur die Umgebungsvariable `VCAP_SERVICES` definieren müssen, sondern auch eine Variable `VCAP_APPLICATION`. Die dort enthaltene Information wird von CAP genutzt, um spezifische *Queues* für das SAP Enterprise Messaging zu generieren. In einer solchen Queue werden Nachrichten an die Anwendung zwischengespeichert, um eine sichere Zustellung zu garantieren. Der Inhalt der Datei **default-env.json** könnte wie in Listing 13.12 gestaltet sein. Der dortige Abschnitt `enterprise-messaging` muss mit einem Service Key der SAP-Enterprise-Messaging-Service-Instanz gefüllt werden (siehe Kapitel 10, »Hybride Entwicklung«).

```
{
  "VCAP_SERVICES": {
      "enterprise-messaging": [{ ... }]
  },
  "VCAP_APPLICATION": {
    "application_name": "myCAPapp",
```

```
    "application_id": "f03723793-14h5-5cff-8813-558b03ngdf9r"
  }
}
```

Listing 13.12 Simulierte Umgebungsvariablen für das SAP Enterprise Messaging in der Datei »default-env.json«

13.5 Was sollten Sie aus diesem Kapitel mitnehmen?

Eine Anwendung kommt selten allein

Anwendungen auf der SAP Cloud Platform implementieren häufig Teile von verteilten Geschäftsprozessen. Dies erfordert oft eine Kommunikation mit Services und Anwendungen, die nicht auf der SAP Cloud Platform betrieben werden. Zu diesem Zweck bietet die Plattform Services an, mit denen Anwendungen sich auf sichere Weise entweder in synchrone oder in nachrichtenbasierte, asynchrone Kommunikationsszenarien integrieren.

Synchrone Kommunikation

SAP Cloud Platform Connectivity unterstützt synchrone Kommunikationsszenarien. Im Zusammenspiel mit dem Authorization and Trust Management der SAP Cloud Platform können andere SAP-Lösungen angebunden werden. Die gilt sowohl für Cloud-Lösungen von SAP als auch für On-Premise-Deployments, aber prinzipiell auch für Lösungen, die nicht von SAP stammen.

Ereignisbasierte Kommunikation

SAP Cloud Platform Enterprise Messaging fungiert als eine zentrale Vermittlungsstelle. Es ermöglicht Anwendungen, Ereignisse zu verschicken und Ereignisse zu empfangen. Damit ist eine robuste, lose gekoppelte Kommunikation mit SAP-Lösungen, aber auch anderen Systemen möglich, solange diese gängige offene Standards unterstützen. Sendende Anwendungen publizieren Ereignisse, auf die sich empfangende Anwendungen registrieren können. Dies entkoppelt Sender und Empfänger. Das gesamte Netzwerk skaliert, wenn ein Ereignis nur die nötigste Information enthält, mit der Empfänger, je nach Verwendungszweck, spezifisch weitere Details anfragen können.

CAP kennt Services und Ereignisse

Services und Ereignisse sind die beiden zentralen Elemente von CAP (siehe dazu Abschnitt 6.1, »CAP-Laufzeit = Services + Events«). Durch die zusätzliche einfache Anbindung an die Connectivity und Messaging Services der SAP Cloud Platform wird CAP deshalb zu einem idealen Programmiermodell zum Erstellen von Erweiterungsanwendungen.

»Grow as you go« auch für Integration

Entsprechend des CAP-Prinzips *Grow as you go* bedarf es nicht der sofortigen Anbindung eines externen Services oder Ereignisemitters. Durch den Import von Metadaten eines externen Services (wie sie z. B. der SAP API Business Hub bereitstellt) unterstützt CAP eine Anwendungsentwicklung basierend auf simulierten Servicedaten und Ereignissen. Wie auch für anwendungsinterne Ereignisse wird die Reaktion auf externe Ereignisse in Behandlerroutinen kodiert. Der erstellte Programmcode muss nicht geändert werden, wenn die Connectivity und Messaging Services der SAP Cloud Platform produktiv genutzt werden sollen. Diese Anbindung erfolgt alleine durch eine Änderung von Konfigurationseinstellungen der Anwendung.

Kapitel 14
Problembehandlung

Besonders moderne Software läuft in immer komplexer werdenden Umgebungen ab. Damit ergeben sich eine Menge Voraussetzungen an den Kontext, in dem die Software reibungslos läuft. Dieser nötige Kontext ist nicht immer ausreichend dokumentiert, oder Entwickler der Software machen implizite Annahmen, die ihnen nicht bewusst sind. All dies führt dazu, dass auch heutzutage Anleitungen zur Fehlerbehebung immer noch nötig sind.

In diesem Kapitel versuche ich einige typische Fallstricke und ihre Auflösungen aus meiner eigenen Erfahrung und der der SAP Community an Sie weiterzugeben. Weitere Informationen, die Ihnen bei eventuell auftretenden Problemen weiterhelfen können, finden Sie auch auf meiner Internetseite mit Zusatzinformationen zu diesem Buch, die Sie unter *https://klako.info/books/cap_sap_press_de/* erreichen.

Sollten Sie der Meinung sein, einen Fehler in den SAP-Bibliotheken von CAP gefunden zu haben, so können Sie sich auch der entsprechenden Support-Kanäle von SAP bedienen. Für CAP finden Sie dazu die nötigen Information unter *https://cap.cloud.sap/docs/resources*.

14.1 Installieren von npm-Paketen schlägt fehl

Nach der Eingabe von `npm install` bricht die Installation nach einiger Zeit mit Fehlermeldungen ab. Führen Sie die folgenden Prüfungen durch.

14.1.1 npm-Registry prüfen

Prüfen Sie die Konfiguration des npm-Paketmanagers, ob dort die korrekte npm-Registry eingetragen ist. Geben Sie dazu das Kommando `npm config ls` in ein Terminal ein. In der Ausgabe sollte der Eintrag `registry = "https://registry.npmjs.org/"` sichtbar sein. Ist dies nicht der Fall, geben Sie das Kommando `npm config set registry https://registry.npmjs.org/` ein.

14.1.2 Wird ein Proxy verwendet?

Unternehmensnetzwerke kommunizieren oft über ein Proxy mit der Außenwelt. Fragen Sie Ihre Netzwerkadministratoren, ob dies der Fall ist. Der npm-Paketmanager muss entsprechend konfiguriert werden, um den Proxy kontaktieren zu können. Nutzen Sie dazu die Kommandos `npm config set proxy http://proxy.xyz.abc:port` und `npm config set https-proxy http://proxy.xyz.abc:port`. Die Proxyadresse und den Port erhalten Sie dabei von Ihrem Netzwerkadministrator bzw. Ihrer Netzwerkadministratorin. Probleme können auch durch fehlende Zertifikate verursacht werden. Probieren Sie in diesem Fall das Kommando `npm set strict-ssl false`.

Verlangt der Proxy eine Autorisierung, so nutzen Sie die Variante `npm config set proxy http://user:passwort@proxy.xyz.abc:port`.

14.1.3 Nutzen Sie noch die »alte« SAP npm-Registry?

SAP-Pakete für npm im Namensraum `@sap` wurden früher auf der SAP-eigenen npm-Registry *npm.sap.com* angeboten. Diese Pakete wurden in die öffentliche Registry *registry.npmjs.org* übertragen. Geben Sie das Kommando `npm ls config` ein und prüfen Sie, ob die Registry *npm.sap.com* noch eingetragen ist. Ist dies der Fall, so entfernen Sie den Eintrag durch das Kommando `npm config delete "@sap/registry"`.

14.1.4 Fehlende Berechtigungen für Mac/Linux

Wenn Sie Fehlermeldungen wie `Error: EACCES: permission denied` erhalten und wenn Sie das macOS- oder Linux-Betriebssystem nutzen, befolgen Sie die Lösungsvorschläge auf *http://s-prs.de/v765146*.

14.1.5 Fehlende Umgebungsvariablen unter Windows

Globale npm-Installationen werden in dem benutzerspezifischen Verzeichnis **C:\Users\<Benutzername>\AppData\Roaming\npm** abgelegt (die Laufwerksbezeichnung kann abweichen). Tragen Sie dieses Verzeichnis in die Umgebungsvariable `PATH` des Windows-Betriebssystems ein. Setzen Sie zusätzlich die Umgebungsvariable `NODE_PATH` auf den Wert **C:\Users\<Benutzername>\AppData\Roaming\npm\node_modules**.

14.2 »cds compile« erzeugt nicht verarbeitbare Dateien

Unter Microsoft Windows kann Ihre PowerShell so konfiguriert sein, dass ein Kommando wie `cds compile schema.cds > schema.csn` eine nach UTF-16-kodierte Datei erzeugt. Eine Weiterverarbeitung, z. B. mittels `cds compile schema.csn --to hana`, führt dann zu einer Fehlermeldung `[ERROR] schema.csn:1:1: Illegal JSON: Unexpected token � in JSON at position 0`.

Sie können die betroffene Datei mit der erforderlichen UTF-8-Kodierung speichern. Öffnen Sie dazu die Datei in Visual Studio Code zur Ansicht im Editor. Die Kodierung der Datei wird in der linken unteren Ecke des Fensters in einer blauen Leiste angezeigt (siehe Abbildung 14.1).

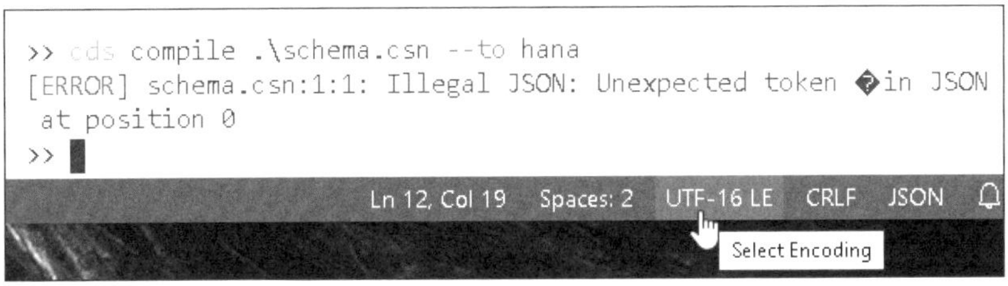

```
>> cds compile .\schema.csn --to hana
[ERROR] schema.csn:1:1: Illegal JSON: Unexpected token �in JSON
 at position 0
>>
```

Ln 12, Col 19   Spaces: 2   UTF-16 LE   CRLF   JSON

Select Encoding

Abbildung 14.1 Ändern der UTF-Kodierung einer Datei in Visual Studio Code

Klicken Sie auf die Angabe **UTF-16**. Das in Abbildung 14.2 gezeigte Auswahlfenster erscheint, worin Sie die Aktion **Save with Encoding** auswählen. Aus der erscheinenden Liste wählen Sie den Eintrag **UTF-8 utf8**. Als Ergebnis ist die Datei im UTF-8-Format gespeichert worden.

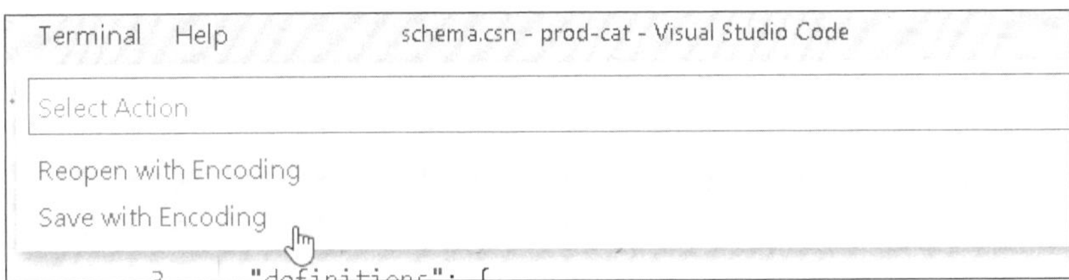

Abbildung 14.2 Speichern einer Datei mit neuer Kodierung

14.3 Debugging

Sie starten die Debug-Konfiguration `cds run`, so wie in Abschnitt 3.7, »Debuggen einer Service-Implementierung«, beschrieben. In der Debug-Konsole von Visual Studio Code sehen Sie die Fehlermeldung `Error: Cannot find module '@sap/cds'`. Dies geschieht, wenn Sie keine Projektabhängigkeiten in den Ordner **node_modules/** installiert haben. Prüfen Sie, ob dieser Ordner vorhanden ist. Falls nicht, führen Sie das Kommando `npm install` aus und starten dann den Debug-Prozess erneut.

14.4 Senden von HTTP-Requests

Error while deserializing payload

Nach einem HTTP-Request erhalten Sie die Fehlermeldung `Error while deserializing payload; consider using parameter IEEE754Compatible=true in content-type with adjusted formatting. An error occurred during deserialization of the entity. A JSON number is not supported as Edm.Decimal value.`

Die Ursache ist, dass Sie ein Datenfeld vom CDS-Typ `Decimal` anlegen oder ändern wollen. JavaScript kennt allerdings, im Gegensatz zu CDS und OData, keinen nativen Datentyp `Decimal`.

Zur Problembehebung nehmen Sie die Einstellung `IEEE754Compatible=true` in den Request Header auf. Ein Beispiel finden Sie im Abschnitt 3.6.3, »Datenänderungen über einen CDS-Service«.

14.5 Arbeiten mit SAP HANA

Deployment nach SAP HANA schlägt ohne Zertifikat fehl

Wenn Sie unter Microsoft Windows die Fehlermeldung `Cannot create certificate store` erhalten, müssen Sie die SAP CommonCryptoLib installieren. Die Anleitung dazu ist in Abschnitt 9.2, »Anbindung von SAP HANA an die lokale Entwicklungsumgebung«, beschrieben.

14.5.1 Deployment nach SAP HANA schlägt fehl für .hdbcds-Artefakte

Im Applikationslog des HDI-Deployers (auszulesen mit z. B. `cf logs prodcat-db`) finden Sie Fehlermeldungen wie

```
Error: "src/gen/ADMINSERVICE_COUNTRIES.hdbcds": could not create a compile unit for the file.
```

Varianten für HDI

Das Deployment von Datenbankdefinitionen (Tabellen, Views etc.) nach SAP HANA erfolgt über HDI. HDI kennt zwei Varianten von Deployment-Artefakten: Der SAP HANA Cloud Service auf der SAP Cloud Platform unterstützt nur die Variante `hdbtable` und nicht die voreingestellte Variante `hdbcds`. Stellen Sie daher sicher, dass Ihr CAP-Projektdeskriptor **package.json** den Eintrag `"hana": {"deploy-format": "hdbtable"}` enthält. Lesen Sie dazu auch in Abschnitt 9.2.1, »Projektkonfiguration für SAP HANA«, nach.

14.5.2 Instanzerzeugung für den SAP HDI Container Service schlägt fehl

Sie wollen eine Instanz des Services SAP HANA Schemas & HDI Containers erzeugen. Die Instanzerzeugung bricht mit einer Fehlermeldung wie `Service operation failed: Service "prod-cat-db-hdi-container" could not be created because none of the service offering(s) "[hanatrial, hanatrial]" match with existing service offerings or provide service plan "hdi-shared"` ab.

Auf einem Trial-Account der SAP Cloud Platform ist dieser Service unter dem technischen Namen `hanatrial` oder `hana` anzusprechen. Auf einem regulären Kundenkonto ist er dagegen nur unter dem Namen `hana` verfügbar. Wählen Sie also den technischen Namen entsprechend dem für Sie zugänglichen Kontotyp.

14.6 Aufruf des SAP-Fiori-UI

Sie haben die Beispielanwendung in die Cloud-Foundry-Umgebung deployt oder arbeiten im hybriden Entwicklungsszenario. Beim Aufruf des SAP-Fiori-UIs erscheint ein Fenster mit einer Fehlermeldung wie in Abbildung 14.3.

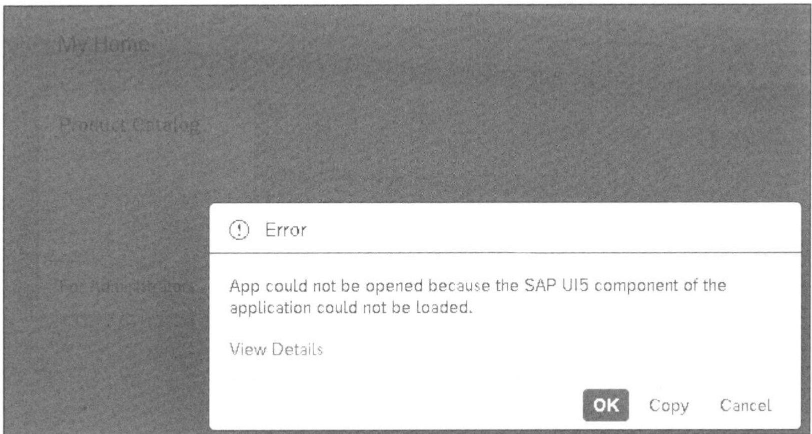

Abbildung 14.3 Fehlermeldung beim Aufruf des SAP-Fiori-UI

Fehlende Berechtigungen

Eine häufige Ursache ist, dass Sie nicht die erforderlichen Berechtigungen zugeordnet haben. Diese erlangen Sie durch Zuordnung der relevanten Rollensammlung mithilfe des SAP Cloud Platform Cockpits. Dieser Prozess ist in Abschnitt 10.3.2, »Rollenzuweisung an die Benutzer«, beschrieben.

Kapitel 15
Zusammenfassung und Ausblick

Das SAP Cloud Application Programming Model ist eine Antwort von SAP auf die Herausforderungen der Entwicklung von Geschäftsanwendungen für die Cloud. SAP kombiniert darin offene und proprietäre Technologien zusammen mit Best Practices, die auf der langen Historie von SAP als Anbieter betriebswirtschaftlicher Software beruhen.

Mit diesem Buch habe ich Sie auf eine praxisorientierte Weise mit Methoden der Anwendungsentwicklung auf der SAP Cloud Platform und insbesondere mit dem SAP Cloud Application Programming Model bekannt gemacht. Ich hoffe, dadurch haben Sie einen größeren Lerneffekt erzielt als durch eine rein theoretische Darstellung der Materie. Die dafür entworfene Beispielanwendung ist naturgemäß relativ einfach geblieben, soll sie doch die wichtigsten Paradigmen von CAP demonstrieren und gleichzeitig für Sie schnell implementierbar sein. In einem Buch über Anwendungsentwicklung durfte aus meiner Sicht nicht der Aspekt des Anwendungs-Deployments auf die SAP Cloud Platform fehlen. Dies ist ein Thema, das über CAP hinausgeht, aber erfahrungsgemäß den Anwendungsentwicklern einiges an Wissen abverlangt. Deswegen wurde diesem Aspekt in diesem Buch auch viel Raum gegeben.

Geschäftsanwendungen für die Cloud

Es ist ein wesentliches Ziel von CAP, zusammen mit der SAP Cloud Platform die Entwicklung von Geschäftsanwendungen für den Anwendungsentwickler möglichst einfach zu gestalten. CAP bietet dazu Unterstützung auf verschiedenen Ebenen an.

Best-Practice-Entwicklungsmodell

Ein Best-Practice-Entwicklungsmodell liefert Ihnen auf jeder Komplexitätsstufe Ihrer Anwendung ausführbare und testbare Einheiten (Grow as you go), was CAP durch seine Mocking-Fähigkeiten ermöglicht. Die Entwicklung kann lokal beginnen und mit der Zeit zunehmend und kontrolliert Ressourcen der SAP Cloud Platform integrieren (hybride Entwicklung).

Core Data Services in CAP

CAP-basierte Anwendungen stützen sich auf deklarative CDS-Modelle einer betriebswirtschaftlichen Domäne sowie der Serviceschicht. CDS für CAP beschreibt Datenmodelle, Datenabfragen, Servicesignaturen und Serviceoperationen. Die CAP-Laufzeitbibliotheken nutzen CDS-Modelle, um voll funktionale OData-, oder REST-Services anzubieten. Datenmodelle werden durch einen Build-Prozess automatisch in adäquate SAP-HANA-Artefakte transformiert und können in eine Instanz des SAP HANA Cloud Service deployt werden.

Ereignisbasierte Anwendungsarchitektur für Java und Node.js

Die CAP-Laufzeit stellt sich als eine Orchestrierungsmaschine für Ereignisse dar. Sie implementieren betriebswirtschaftliche Logik in Ereignisbehandlern. Damit integrieren sich CAP-basierte Services leicht in moderne, verteilte Anwendungsarchitekturen, die lose gekoppelt über Messaging-Infrastrukturen kommunizieren. Die SAP Cloud Platform stellt für eine ereignisbasierte Kommunikation zwischen SAP-Lösungen das SAP Enterprise Messaging bereit. Das CDS API bietet Ihnen Methoden zur Request- und Ereignisverarbeitung, sowie zur Konstruktion und Ausführung von Datenabfragen. Sie haben die Wahl zwischen den beiden populären Programmiersprachen Java und JavaScript mit Node.js, für welche die CAP-Laufzeitbibliotheken verfügbar sind.

Offen, aber doch integriert

CAP ist ein offener Ansatz, bei dem Sie entscheiden, wie sehr Sie sich von CAP leiten lassen und welche Aspekte von CAP Sie nutzen möchten. Ein fast unverzichtbarer Aspekt ist die vorhandene Integration von CAP mit Services der SAP Cloud Platform, wie SAP Cloud Platform Authorization and Trust Management, SAP HANA Cloud, Connectivity Services und SAP Enterprise Messaging.

Wie geht es weiter?

Das SAP Cloud Application Programming Model befindet sich bezüglich des Lebenszyklus noch in einer ungestümen Jugendzeit. Wir werden auch weiterhin viele allgemeine Innovationen in Cloud Technologien und damit auch in der SAP Cloud Platform sehen. Sollte man in einem so variablen Umfeld eine Vorhersage wagen, wie es mit der Anwendungsentwicklung auf der SAP Cloud Platform weitergeht? Basierend auf meiner persönlichen Einschätzung und auf dem Feedback der SAP Community kann ich einige Ausblicke geben.

Vieles ist in der Entwicklung

Teilweise waren Entwicklungen schon verfügbar, sind aber für mich zum Zeitpunkt des Schreibens dieses Buches noch nicht ausgereift genug oder noch nicht zur produktiven Nutzung freigegeben gewesen. Folgende Funktionen könnten relativ kurzfristig in produktiver Qualität verfügbar sein:

- eine produktive Version von SAP Fiori Elements mit OData v4
- die vollständige Umsetzung des Fiori-Draft-Konzepts in CAP
- das Arbeiten mit Konfigurationsprofilen
- die Verarbeitung zeitabhängiger Daten
- eine bessere Integration eigener Startskripte (**server.js**) unter Node.js
- das Anbieten von Mediendaten über Services (»Streaming«)

- Konfliktererkennung und Pufferung (Caching) basierend auf HTTP-ETags
- Kommunikation mehrerer Services in einem lokalen Entwicklungsszenario
- Lokalisierung von Fehlermeldungen

Schauen Sie regelmäßig nach Neuerungen auf *https://cap.cloud.sap/* und *https://cap.cloud.sap/docs/releases*.

Java-basierte Anwendungen mit CAP

In diesem Buch habe ich die Node.js-Fraktion der Entwickler*innen vertreten. Die dargestellten Prinzipien von CAP und CDS als Modellierungssprache, die Einbettung in die SAP Cloud Platform und sogar das CDS-API-Design sind für Java-Entwickler*innen aber genauso relevant. Ich glaube deswegen, auch für die Java-Fraktion mit diesem Buch Wert stiften zu können. Meine Voraussage ist, dass CAP für Java nach dem Redesign in den vergangenen Monaten sehr schnell produktiv nutzbar sein wird. Halten Sie sich mit der Seite *https://cap.cloud.sap/docs/java* auf dem Laufenden.

Mehr SAP Cloud Platform Services für CAP

Neben den hier gezeigten Integrationspunkten mit den Services SAP HANA Cloud, SAP Cloud Platform Authorization and Trust Management, SAP Cloud Platform Connectivity und SAP Cloud Platform Enterprise Messaging gibt es einige für Geschäftsanwendungen sehr relevante Services, die CAP sinnvollerweise ebenso adoptieren sollte. Ich denke dabei beispielsweise an die Themen Anwendungslogs (Application Logging), Auditlogs (Audit Logging), betriebswirtschaftliche Konfiguration (Business Configuration) oder die Umsetzung gesetzlicher Anforderungen an die Datenhaltung (Data Retention und Data Privacy). Zu all diesen Aspekten gibt es auf der SAP Cloud Platform schon ein Angebot. Im Prinzip ist die Nutzung dieser Services durch eigene Programmierung in CAP heute schon möglich. Es ist aber sinnvoll, die Anwendungsentwickler*innen bei der Integration der genannten Services in ihre Anwendung so gut wie möglich zu unterstützen.

SaaS-Anwendungen

In diesem Buch habe ich den großen Themenbereich der Entwicklung von SaaS-Anwendungen ausgespart, einfach weil CAP noch keine freigegebene dedizierte Unterstützung für das Entwickeln von Multi-Tenant-fähigen Anwendungen anbietet. Zumindest war das zum Zeitpunkt der Entstehung dieses Buches der Fall. Ich denke aber, dass sich dies schnell ändern wird, da die Entwicklung von SaaS-Anwendungen eine wichtige Anforderung von Kunden der SAP Cloud Platform ist. Die SAP Cloud Platform stellt dafür auch schon die wesentlichen Strukturierungsebenen in ihrem Domänenmodell bereit. Das zentrale Objekt ist dabei der Subaccount, der als Repräsentant eines Tenants einer SaaS-Anwendung dient. Auch im Authorization and Trust Management der SAP Cloud Platform ist die Abbildung mehrerer Tenants vorgesehen. Insofern bietet die SAP Cloud Platform schon ein Programmiermodell für Multi-Tenant-fähige Anwendungen (siehe *http://s-prs.de/v765143*). In Zukunft wird CAP mit Sicherheit sehr viele der heute noch vorhandenen Komplexitäten vor den Anwendungsentwicklern verstecken. Besuchen Sie die Internetseite *http://s-prs.de/v765163*, um sich über den aktuellen Stand zum Thema *Multitenancy* auf dem Laufenden zu halten.

Tenant-spezifische Erweiterungen

Eine spannende Frage im Zusammenhang mit SaaS-Anwendungen wird sein, wie sich das Thema der Erweiterbarkeit für SaaS-Kunden darstellt. Offensichtlich nutzt SAP selbst schon CAP für die Erstellung seiner eigenen SaaS-Anwendungen, denn die CAP-Dokumentation beschreibt auf CDS basierende Möglichkeiten einer Tenant-spezifischen Erweiterung (siehe *http://s-prs.de/v765144*). Eine Lücke ist in diesem Zusammenhang noch die konsequente Nutzung des SAP Enterprise Messaging, um eine Code-basierte Erweiterung der Kunden mit einem ihrer Tenants einer SaaS-Anwendung lose zu koppeln.

CAP in der SAP Community

Es gibt also einige Bereiche, in denen CAP über die Zeit sicher noch mehr Signifikanz erhalten wird. Bleiben Sie deswegen gut informiert und verfolgen Sie die Entwicklung auf *https://cap.cloud.sap*. Die aktuellen Neuerungen finden Sie dort immer unter *https://cap.cloud.sap/docs/releases*. Am besten werden Sie auch Teil der SAP Community für das SAP Cloud Application Programming Model (siehe *http://s-prs.de/v765145*). Ich würde mich freuen, Sie dort zu treffen.

Linksammlung

In unserer schnelllebigen Zeit ist viele Information in aktueller Form nur noch über das Internet verfügbar. Deswegen finden Sie in diesem Anhang eine Sammlung von Internetlinks zu Themen, die ich in diesem Buch präsentiert, oder auch nur erwähnt habe. Nutzen Sie diese thematisch strukturierte Sammlung um sich weiter in die SAP Cloud Platform, das SAP Cloud Application Programming Model und in die Entwicklung von cloud-nativen Anwendungen allgemein einzuarbeiten.

SAP Cloud Platform

- Das SAP Cloud Platform Authorization and Trust Management: *https://help.sap.com/viewer/65de2977205c403bbc107264b8eccf4b/Cloud/en-US/419ae2ef1ddd49dca9eb65af2d67c6ec.html*
- Die Cloud-Foundry-Dokumentation: *https://docs.cloudfoundry.org/*
- Das Cloud Foundry Command Line Interface: *https://docs.cloudfoundry.org/cf-cli/*
- Der Cloud-Foundry-Entwicklungsleitfaden: *https://docs.cloudfoundry.org/devguide/*
- Einstiegsseite des SAP API Business Hub: *https://api.sap.com/*
- Ein technischer Artikel über den SAP Application Router: *https://blogs.sap.com/2020/04/03/sap-application-router/*
- Alles zum SAP Business Application Studio: *https://community.sap.com/topics/business-application-studio*
- Einstiegsseite zur SAP Cloud Platform Connectivity: *https://help.sap.com/viewer/product/CP_CONNECTIVITY*
- Einstiegsseite des SAP Cloud Platform Enterprise Messaging: *https://help.sap.com/viewer/product/SAP_ENTERPRISE_MESSAGING*
- Die Homepage der SAP Cloud Platform: *https://www.sap.com/germany/products/cloud-platform.html*
- Einstieg zum Anlegen eines Trial-Accounts auf der SAP Cloud Platform: *https://www.sap.com/cmp/td/sap-cloud-platform-trial.html*
- Die Download-Seite für alle freien SAP Tools: *https://tools.hana.ondemand.com/*

SAP CAP

- CAP in der SAP Community: *https://community.sap.com/topics/cloud-application-programming*
- Fragen und Antworten zu CAP in der SAP Community: *https://answers.sap.com/tags/9f13aee1-834c-4105-8e43-ee442775e5ce*
- Übersicht über weitere CAP-Ressourcen und Support-Wege: *https://cap.cloud.sap/docs/resources*
- Das Eclipse-Plug-in für CDS: *https://tools.hana.ondemand.com/#cloud-eclipsecds*
- Ein Blog über die Inbetriebnahme des CDS OData v2 Adapter Proxy: *https://blogs.sap.com/2020/06/30/how-to-add-odata-v2-adapter-proxy-to-your-cap-project/*
- Die Dokumentation zum npm-Paket des CDS OData v2 Adapter Proxy: *https://www.npmjs.com/package/@sap/cds-odata-v2-adapter-proxy*
- Die CAP-Dokumentation von SAP mit API-Referenz: *https://cap.cloud.sap/docs/*
- Das GitHub-Repository zu CAP der SAP-Mentoren mit einigen Beispielen: *https://github.com/sapmentors/cap-community*

Open Data Protocol (OData)

- Ein Blog über die Inbetriebnahme des CDS OData v2 Adapter Proxy: *https://blogs.sap.com/2020/06/30/how-to-add-odata-v2-adapter-proxy-to-your-cap-project/*
- Die Dokumentation zum npm-Paket des CDS OData v2 Adapter Proxy: *https://www.npmjs.com/package/@sap/cds-odata-v2-adapter-proxy*
- Nutzung der OData-Draft-Funktionalität in CAP: *https://cap.cloud.sap/docs/guides/fiori#fiori-draft-support*
- Alles über das OData-Protokoll: *https://www.odata.org/*
- Das OData-Vokabular der OASIS-Organisation: *https://github.com/oasis-tcs/odata-vocabularies*
- Das OData-Vokabular von SAP: *https://github.com/SAP/odata-vocabularies*
- Eine Definition des Representational State Transfer (REST): *https://de.wikipedia.org/wiki/Representational_State_Transfer*
- Die URL-Parameterspezifikation für OData: *https://docs.oasis-open.org/odata/odata/v4.01/odata-v4.01-part2-url-conventions.html*

SAP Fiori

- Das Beta-Programm für SAP Fiori Elements basierend auf OData v4: *https://blogs.sap.com/2020/03/17/fiori-elements-floorplans-for-odata-v4-coming-soon/*
- Design-Richtlinien für SAP Fiori Elements: *https://experience.sap.com/fiori-design-web/smart-templates/*
- SAP Fiori Elements in der SAP Community: *https://community.sap.com/topics/fiori-elements*
- Homepage des JavaScript-Frameworks SAPUI5: *https://sapui5.hana.ondemand.com/*

SAP HANA

- SAP HANA Cloud, die cloud-native Datenbankplattform: *https://www.sap.com/products/hana/cloud.html*
- Technische Dokumentation der SAP HANA Deployment Infrastructure (HDI): *https://help.sap.com/viewer/c2cc2e43458d4abda6788049c58143dc/cloud/en-US/4077972509f5437c85d6a03e01509417.html*

Multitarget Applications (MTA)

- Dokumentation des MTA Build Tools: *https://sap.github.io/cloud-mta-build-tool*
- Eine Spezifikation des MTA-Deployment-Deskriptors: *https://github.com/cloudfoundry-incubator/multiapps-controller/wiki/Deployment-Descriptor*
- MTA-Dokumentation für die Cloud-Foundry-Umgebung der SAP Cloud Platform im SAP Help Portal: *https://help.sap.com/viewer/65de2977205c403bbc107264b8eccf4b/Cloud/en-US/d04fc0e2ad894545aebfd7126384307c.html*
- Das MTA-Plugin für das Cloud Foundry Command Line Interface: *https://github.com/cloudfoundry-incubator/multiapps-cli-plugin*
- Die grundlegende MTA-Spezifikation: *https://www.sap.com/documents/2016/06/e2f618e4-757c-0010-82c7-eda71af511fa.html*
- Eine Diskussion über MTAs und ihre Beziehung zu Microservices: *https://blogs.sap.com/2018/01/05/multi-target-applications-microservices-and-apis/*

Visual Studio Code

- Homepage der Visual-Studio-Code-IDE: *https://code.visualstudio.com/*
- Ein Einführungsleitfaden zu Visual Studio Code: *https://code.visualstudio.com/docs*
- Der Marktplatz für Erweiterungen: *https://marketplace.visualstudio.com/vscode*

Node.js and Node Package Manager (npm)

- Allgemeine Dokumentation zu dem Express-Web-Framework: *https://expressjs.com/*
- Wie bauen Sie sichere Anwendungen mit dem Express-Web-Framework: *https://expressjs.com/en/advanced/best-practice-security.html*
- Die Homepage der Node.js-JavaScript-Laufzeit: *https://nodejs.org/*
- Die Homepage des Node Package Managers (npm): *https://docs.npmjs.com/*
- Die Passport-Authentifizierungsbibliothek: *http://www.passportjs.org/*
- Über den npm-Projektdeskriptor **package.json**: *https://docs.npmjs.com/files/package.json*
- Die Spezifikation der Methode der semantischen Versionierung: *https://semver.org/*
- Die Spezifikation semantischer Versionsbereiche: *https://docs.npmjs.com/misc/semver*

Verschiedenes

- Martin Fowlers Blog über Microservices: *https://martinfowler.com/articles/microservices.html*
- Die SQLite-Entwicklungsdatenbank: *https://www.sqlite.org/*

Der Autor

Nach einer Universitätslaufbahn begann Dr. Klaus Kopecz 1997 bei SAP und war dort in verschiedenen Funktionen und Entwicklungsbereichen aktiv. Beginnend in der Anwendungsentwicklung für die Retail-Branche war er als Entwickler, Teamleiter, Produktmanager und Architekt für die Themen Stammdaten, Analytics und Planung sowie Komponentenintegration verantwortlich. Im Jahr 2011 wechselte sein Tätigkeitsschwerpunkt in die Plattformentwicklung bei SAP, mit den Themenbereichen SAP HANA und SAP Cloud Platform. Mit seinem Hintergrund der Anwendungsentwicklung arbeitet er seitdem als teamübergreifender Architekt an dem Ziel, die SAP Cloud Platform für die Zielgruppe der Entwickler*innen von Geschäftsanwendungen noch attraktiver zu machen. Er gestaltete das SAP Cloud Application Programming Model von Beginn an mit und war dort unter anderem für die Plattformadaption und Entwicklung von SaaS-Anwendungen verantwortlich. Seit 2020 ist er als freiberuflicher Autor von Fachpublikationen tätig.

Index

D

E

T

U

V

W

X

Y

Z